华东交通大学教材（专著）基金资助项目

模拟电子技术基础

主　编　钟化兰　周　霞

副主编　傅军栋　徐　征

西南交通大学出版社

·成　都·

内容简介

本书按照国家教育部高等学校工科电工电子基础课程教学指导分委员会关于模拟电子技术课程教学的基本要求，在总结了作者多年的模拟电子技术课程教学经验的基础上编写而成。

全书共分10章，内容包括：绪论、半导体二极管及其基本电路、双极型晶体管及其放大电路基础、场效应管及其放大电路、多级放大电路与频率响应、集成运算放大电路、反馈放大电路、信号的运算与处理电路、波形发生与信号转换电路、功率放大电路直流稳压电源。

本书可作为高等学校电气信息类各专业“模拟电子技术基础”课程的教材，也可供其他相关专业选用和从事电子技术工作的工程技术人员参考。

图书在版编目（CIP）数据

模拟电子技术基础 / 钟化兰，周霞主编. —成都：西南交通大学出版社，2021.5
ISBN 978-7-5643-8048-9

Ⅰ. ①模… Ⅱ. ①钟… ②周… Ⅲ. ①模拟电路－电子技术－高等学校－教材 Ⅳ. ①TN710

中国版本图书馆CIP数据核字（2021）第095778号

Moni Dianzi Jishu Jichu
模拟电子技术基础

主编 钟化兰 周 霞

责任编辑 黄淑文
封面设计 曹天擎

出版发行 西南交通大学出版社
（四川省成都市金牛区二环路北一段111号
西南交通大学创新大厦21楼）
邮政编码 610031
发行部电话 028-87600564 028-87600533
网址 http://www.xnjdcbs.com
印刷 成都中永印务有限责任公司

成品尺寸 185 mm×260 mm
印张 18.75
字数 468千
版次 2021年5月第1版
印次 2021年5月第1次
定价 58.00元
书号 ISBN 978-7-5643-8048-9

课件咨询电话：028-81435775
图书如有印装质量问题 本社负责退换

前言 PREFACE

“模拟电子技术基础”课程是电气信息类各专业的一门技术基础课，本教材按照国家教育部高等学校工科电工电子基础课程教学指导分委员会关于模拟电子技术课程教学的基本要求进行编写，本书注意总结作者多年来的教学实践经验。

本书注重模拟电子技术的基本理论和基本分析方法的讲述，对模拟电子技术中的重要概念、重要分析方法及较难理解的内容都提供了比较典型的例题和习题。力求做到通俗易懂、便于教与学。每章都有一定数量并有启发意义的思考题，通过精选的习题，其内容和难易程度覆盖了不同层次高等学校（包括不同专业）的要求。

本书的特色是“定位准确、确保基础、注重实用、精讲多练、易教易学”。

本书由钟化兰副教授担任第一主编，负责全书的组织和定稿，周霞讲师担任第二主编，协助第一主编工作。傅军栋、徐征副教授担任副主编，协助主编工作。其中，钟化兰副教授编写了绪论、第 6、7、8 章，周霞讲师编写了第 5、10 章，傅军栋副教授编写了第 1、2、3 章，徐征副教授编写了第 4、9 章。

本书的编写得到了华东交通大学电气与电子工程学院的大力支持，在此表示衷心的感谢。

由于编写的时间仓促，书中难免有不少错误与不妥之处，敬请读者批评指正。

作　者

2020 年 12 月 1 日

目录 CONTENTS

第1章 半导体基础及二极管

半导体器件是现代电子技术的重要组成部分，由于它具有体积小、重量轻、使用寿命长、输入功率小和功率转换效率高等优点而得到广泛的应用。本章将讨论半导体的基础知识，二极管的工作原理、特性曲线和主要参数，以及基本电路及其分析方法与应用。

1.1 半导体基础知识

半导体的导电性能介于导体与绝缘体之间。大多数电子元器件之所以采用半导体制作，主要原因在于其导电性能的可控性。例如，半导体受到外界光和热的激励时，其导电能力将发生显著变化。又如在纯净的半导体中加入微量的杂质，其导电能力也会有显著的提高。为了理解这些器件在电路中呈现出的特性，首先必须从物理的角度了解它们是如何工作的。

在电子器件中，常用的半导体材料有：元素半导体，如硅（Si）、锗（Ge）等；化合物半导体，如砷化镓（GaAs）等。其中硅是目前最常用的一种半导体材料，砷化镓及其化合物一般用在较特殊的场合，如超高速器件和光电器件中。

1.1.1 本征半导体

完全纯净（99.9999999%，常称为“九个 9”）的、具有晶体结构的半导体称为本征半导体。

1.1.1.1 本征半导体的晶体结构

物质的导电性能取决于原子结构。导体一般为低价元素，它们的最外层电子极易挣脱原子核的束缚成为自由电子，在外电场的作用下产生定向移动形成电流。高价元素（如惰性气体）或高分子物质（如橡胶），它们的最外层电子受原子核束缚力很强，很难成为自由电子，所以导电性极差，一般为绝缘体。常用的半导体材料硅（Si）和锗（Ge）均为四价元素，原子核最外层的四个电子称为**价电子**。在常温下，价电子既不像导体那么容易挣脱原子核的束缚，也不像绝缘体那样被原子核束缚得那么紧，因而其导电性介于二者之间。

将纯净的半导体经过一定的工艺过程制成单晶体，即为**本征半导体**。晶体中的原子在空间形成排列整齐的点阵，称为**晶格**。由于相邻原子间的距离很小，因此，相邻两个原子的一对最外层电子（即价电子）不但各自围绕自身所属的原子核运动，而且出现在相邻原子所属的轨道上，成为共用电子，这样的组合称为共价键结构，如图 1.1.1 所示。图中标有“+4”的圆圈表示除价电子外的正离子芯。图中表示的是二维结构，实际上半导体晶体结构是三维的。

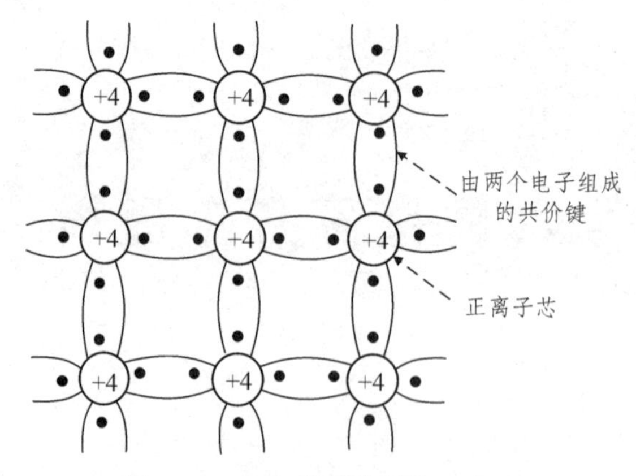

图 1.1.1　本征半导体结构示意图

1.1.1.2　本征半导体中的两种载流子

晶体中的共价键具有很强的结合力。在 $T = 0$ K 和没有外界激发时，由于每一原子的外围电子被共价键所束缚，这些被束缚的电子对无法在半导体内传导电流。但是，在室温（300 K 即 27 ℃）下，被束缚的价电子就会获得足够的随机热振动能量而挣脱共价键的束缚，成为**自由电子**，如图 1.1.2 所示。这种现象称为**本征激发**，也称**热激发**。与此同时，在共价键中留下一个空位置，称为空穴。空穴的出现是半导体区别于导体的一个重要特征。原子因失掉一个价电子而带正电，或者说空穴带正电。空穴看成是一个带正电荷的粒子，它所带的电荷量与电子相等，电极性相反。在本征半导体中，自由电子与空穴是成对出现的，即自由电子与空穴数目相等，称为**空穴-电子对**，如图 1.1.2 所示。

由于共价键中出现了空位，在外加电场或其他能量的作用下，邻近价电子就有可能填补到这个空位上，而在这个价电子原来的位置上就留下了新的空位，以后其他价电子又可以转移到这个新空位上。这一现象反映了共价键中的电荷迁移。在外加电场作用下，空穴也可以自由地在晶体中运动，和自由电子一样可参与导电，所以空穴也是一种载流子。

图 1.1.3 显示了在外电场 E 的作用下，共价键中空穴和电子在晶体中的移动过程。图中的圆圈表示空穴。由图可见，如果自由电子在外电场 E 的作用下，在由 $X_3 \rightarrow X_2 \rightarrow X_1$ 的方向移动，则空穴可以看成由 $X_1 \rightarrow X_2 \rightarrow X_3$ 方向移动，空穴移动的方向与电子移动的方向是相反的。

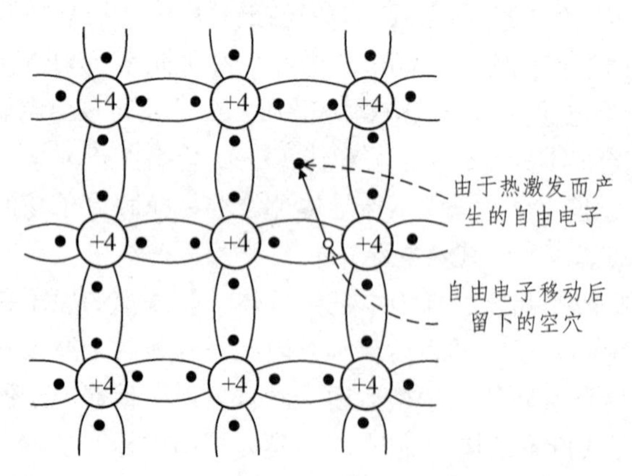

图 1.1.2　由于本征激发产生的空穴-电子对

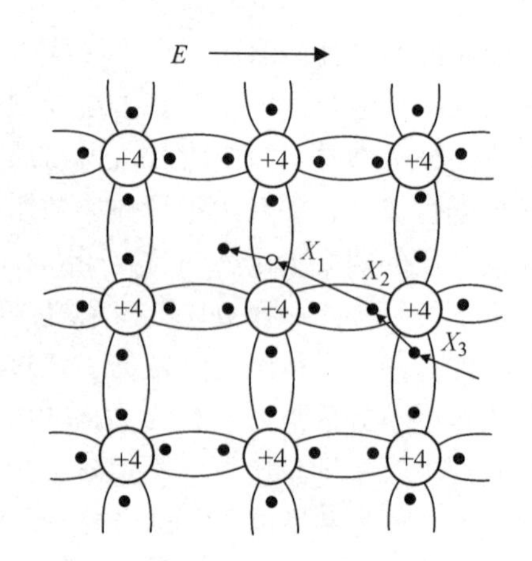

图 1.1.3　电子与空穴的移动

因此，本征半导体有两种载流子，即自由电子和空穴均参与导电，这是半导体导电的特殊性质。在外电场的作用下，本征半导体中一方面有自由电子产生定向移动形成的电子电流；另一方面由于空穴的存在，价电子将按一定的方向依次填补空穴，也就是说空穴也产生定向移动，形成空穴电流。由于自由电子和空穴所带电荷极性不同，所以它们的运动方向相反，本征半导体中的电流是两个电流之和。

1.1.1.3 本征半导体中载流子的浓度

自由电子在运动的过程中如果与空穴相遇就会填补空穴，使两者同时消失，这种现象称为**复合**。在一定的温度下，本征激发所产生的自由电子与空穴对，与复合的自由电子与空穴对数目相等，达到动态平衡。载流子浓度是一定的，并且自由电子与空穴的浓度相等。当环境温度升高时，热运动加剧，挣脱共价键束缚的自由电子增多，空穴也随之增多，即载流子的浓度升高，因而必然使得导电性能增强。反之，若环境温度降低，则载流子的浓度降低，因而导电性能变差。

当 $T = 0$ K 时，自由电子与空穴的浓度均为零，本征半导体成为绝缘体；在一定范围内，当温度升高时，本征半导体载流子的浓度近似按指数曲线升高。在常温下，即 $T = 300$ K 时，硅材料的本征载流子浓度约为 1.5×10^{10} cm^{-3}，锗材料的本征载流子浓度约为 2.4×10^{13} cm^{-3}。应当指出，本征半导体的导电性能很差，且与环境温度密切相关。半导体材料性能对温度的这种敏感性，可以用来制作热敏和光敏器件，但也是造成半导体器件温度稳定性差的原因。

1.1.2 杂质半导体

本征半导体中，载流子是由热激发产生的。在室温下，载流子浓度距实际半导体导电需要的浓度相差甚远，且其浓度与温度密切相关，这是电路工作时不期望看到的。目前，实际半导体器件都是通过在本征半导体中加入一定浓度的杂质原子，解决半导体导电能力的问题。

在本征半导体中掺入微量的杂质，就会使半导体的导电性能发生显著的改变。按掺入的杂质元素不同，可形成 N 型半导体和 P 型半导体。

1.1.2.1 N 型半导体

为在半导体内产生更多的自由电子，在纯净的硅晶体中掺入五价元素（如磷、砷和锑），使之取代晶格中硅原子的位置，就形成了 N（Negative）型半导体。由于杂质原子的最外层有五个价电子，所以除了与其周围硅原子形成共价键外，还多出一个电子，称为**施主原子**，如图 1.1.4 所示。

多出的电子不受共价键的束缚，只需获得很少的能量，就能成为自由电子。在常温下，由于热激发，就可使它们成为自由电子。而杂质原子因在晶格上且又缺少电子，故变为不能移动的正离子。N 型半导体中，自由电子的浓度大于空穴的浓度，故称自由电子为多数载流子，简称为**多子**，空穴为少数载流子，简称为**少子**。N 型半导体主要靠自由电子导电，掺入的杂质越多，多子的浓度就越高，导电性能也就越强。

例如，在室温条件下，硅晶体本征激发的自由电子和空穴对的浓度均为 $n_i \approx 1.5\times10^{10}/\text{cm}^3$，若掺杂后 N 型半导体中自由电子浓度变为 $n = 5\times10^{16}/\text{cm}^3$，则此时空穴的浓度变为 $p = n_i^2/n \approx 4.5\times10^3/\text{cm}^3$。可以看出，N 型半导体中自由电子浓度与空穴浓度的差别接近 10^{13} 倍，表明杂质半导体中本征激发产生的载流子数量要远少于掺杂产生的载流子数量，其导电性能主要取决于掺杂程度。

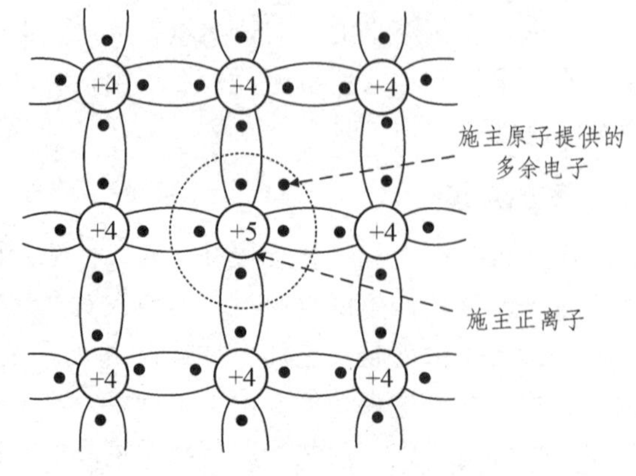

图 1.1.4　N 型半导体

1.1.2.2　P 型半导体

为在半导体内产生更多的空穴，在纯净的硅晶体中掺入三价元素（如硼、铟和铝），使之取代晶格中硅原子的位置，就形成 P 型半导体。由于杂质原子的最外层有 3 个价电子，所以当它们与周围的硅原子形成共价键时，就产生了一个“空位”（空位为电中性）。当硅原子的外层电子填补此空位时，其共价键中便产生一个空穴，杂质原子成为不可移动的负离子。由于杂质原子中的空位吸收电子，故称之为**受主原子**，如图 1.1.5 所示。在 P 型半导体中，空穴为多子，自由电子为少子，主要靠空穴导电。与 N 型半导体相同，掺入的杂质越多，空穴的浓度就越高，使得导电性能越强。

杂质半导体由于掺入的杂质使多子数目大大增加，从而使多子与少子复合的机会大大增多。因此，多子的浓度愈高，少子的浓度就愈低。可以认为，多子的浓度约等于所掺杂质原子的浓度，因而它受温度影响很小；而少子是本征激发形成的，尽管其浓度很低，却对温度非常敏感，这将影响半导体器件的性能。

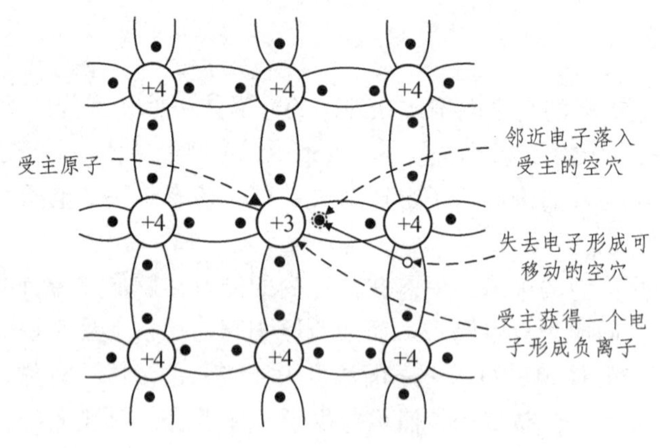

图 1.1.5　P 型半导体

1.1.3　PN 结

采用不同的掺杂工艺，将 P 型半导体与 N 型半导体制作在同一块硅片上，在它们的交界

面就形成 **PN** 结。在外加电压时 PN 结会显示它的基本特性——单向导电性。

1.1.3.1 PN 结的形成

物质总是从浓度高的地方向浓度低的地方运动，这种由于浓度差而产生的运动称为扩散运动。当把 P 型半导体和 N 型半导体制作在一起时，在它们的交界面，两种载流子的浓度差很大，因而 P 区的空穴必然向 N 区扩散，与此同时，N 区的自由电子也必然向 P 区扩散，如图 1.1.6 所示。

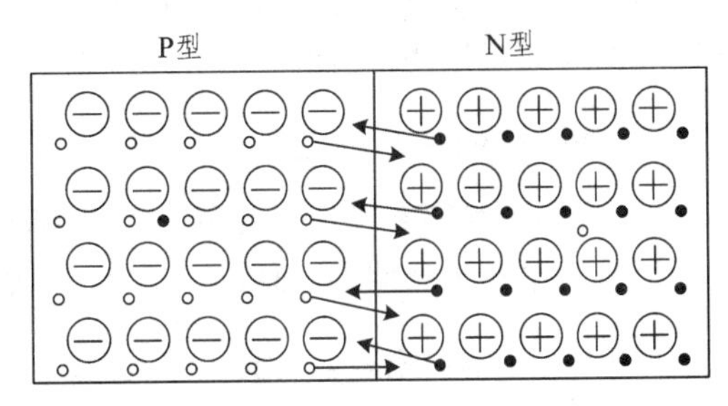

图 1.1.6 载流子的扩散

图中 P 区标有负号的小圆图表示除空穴外的负离子（即受主原子），N 区标有正号的小圆圈表示除自由电子外的正离子（即施主原子）。由于扩散到 P 区的自由电子与空穴复合，而扩散到 N 区的空穴与自由电子复合，所以在交界面附近多子的浓度下降，P 区出现负离子区，N 区出现正离子区，它们是不能移动的，形成一个很薄的**空间电荷区**，这就是 **PN 结**。在这个区域内，多数载流子已扩散到对方并复合掉了，或者说消耗尽了，因此空间电荷区有时又称为耗尽区或耗尽层。由于该区域缺少载流子，所以它的电阻率很高。扩散越强，空间电荷区越宽。

在出现了空间电荷区以后，由于正负离子之间的相互作用，在空间电荷区中就形成了一个电场，其方向是从带正电的 N 区指向带负电的 P 区。由于这个电场不是外加电压形成的，而是由 PN 结内部形成的，故称为内电场。显然，这个内电场的方向是阻止载流子扩散运动的。

在电场力作用下，载流子的运动称为**漂移运动**。当空间电荷区形成后，在内电场作用下，少子产生漂移运动，空穴从 N 区向 P 区运动，而自由电子从 P 区向 N 区运动。在无外电场和其他激发作用下，参与扩散运动的多子数目等于参与漂移运动的少子数目，从而达到动态平衡，PN 结的宽度保持稳定，如图 1.1.7 所示。

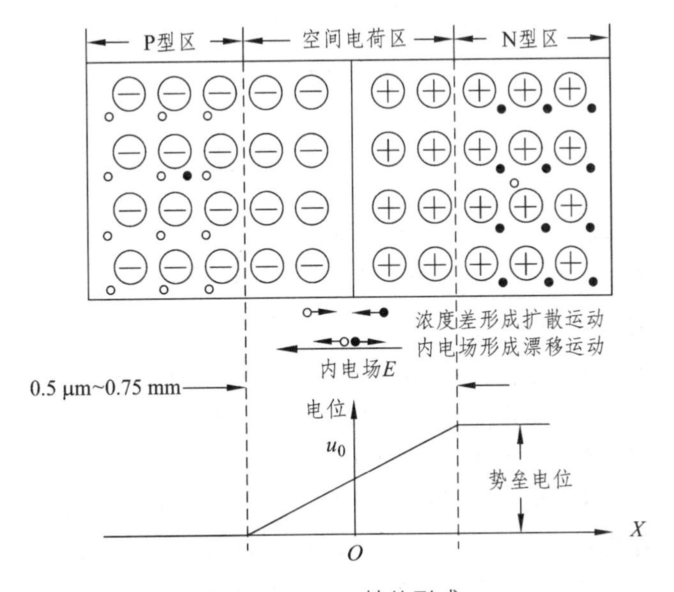

图 1.1.7 PN 结的形成

当P区与N区杂质浓度相等时，负离子区与正离子区的宽度也相等，称为**对称PN结**；而当两边杂质浓度不同时，浓度高的一侧离子区宽度低于浓度低的一侧，称为**不对称PN结**；两种结的外部特性是相同的。

1.1.3.2 PN结的单向导电性

如果在PN结的两端外加电压，就将破坏原来的平衡状态。此时，扩散运动不再等于漂移运动，当外加电压极性不同时，PN结表现出截然不同的导电性能，即呈现出单向导电性。

1. PN结外加正向电压时处于导通状态

当电源的正极（或正极串联电阻后）接到PN结的P端，且电源的负极（或负极串联电阻后）接到PN结的N端时，称PN结外加**正向电压**，也称**正向接法**或**正向偏置**。此时，外加电压形成的外加电场E_F，与PN结内电场E_O方向相反。外电场E_F将多数载流子推向空间电荷区，加强了扩散运动，扩散到对端的载流子又与带电离子中和，削弱内电场E_O，使漂移运动减弱。当$E_F>E_O$时，空间电荷区消失，扩散运动将源源不断地进行，形成正向电流I_F。导通后正向的PN结表现为一个阻值很小的电阻，此时也称**PN结导通**。PN结导通时的结压降只有零点几伏，因而应在它所在的回路中串联一个电阻，以限制回路的电流，防止PN结因正向电流过大而损坏。如图1.1.8所示。

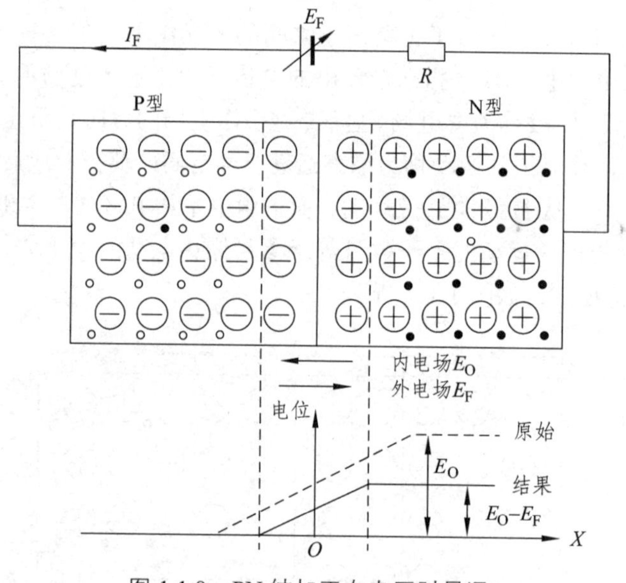

图1.1.8 PN结加正向电压时导通

2. PN结外加反向电压时处于截止状态

在图1.1.9中，当电源的正极接到PN结的N端，且电源的负极接到PN结的P端时，称PN结外加**反向电压**，也称**反向接法**或**反向偏置**。此时，外加电压形成的外电场E_R方向与PN结内电场E_O方向相同。在电场的作用下，P区中的空穴和N区中的电子都将进一步离开PN结，使耗尽区厚度加宽。PN结电场强度的增加，阻碍了多数载流子的扩散运动，因此扩散电流趋近于零。但是，结电场的增加使N区和P区中的少数载流子更容易产生漂移运动，因此，PN结内的电流由起支配地位的漂移运动所决定。表现在外电路上有一个流入N区的反向电流

I_R，它是由少数载流子的漂移运动形成的。由于少数载流子的浓度很低，数量很少，所以 I_R 是很微弱的，一般硅管为微安数量级。又因为少数载流子是由本征激发产生的，当管子制成后，少数载流子的浓度取决于温度。换言之，在一定温度 T 下，少数载流子的数量是一定的，它几乎与外加电压 U_R 无关。所以当外加反向电压时，电流 I_R 的值将趋于恒定，这时的反向电流 I_R 就是反向饱和电流，用 I_S 表示。由于 I_S 很小，所以 PN 结在反向偏置时，呈现出一个阻值很大的电阻，此时可认为它基本上是不导电的，称为 **PN 结截止**。但因 I_S 受温度的影响，在某些实际应用中，还必须予以考虑。

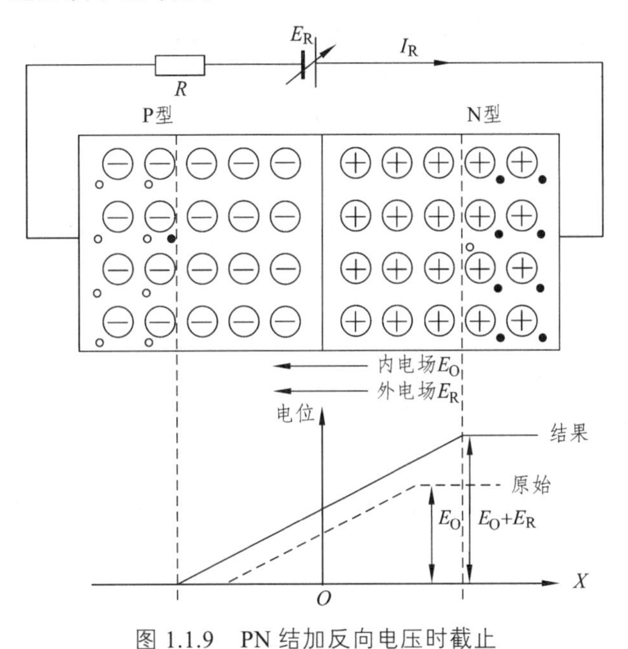

图 1.1.9　PN 结加反向电压时截止

由此看来，PN 结加正向电压时，电阻值很小，PN 结导通；加反向电压时，电阻值很大，PN 结截止，这就是 PN 结的单向导电性。PN 结具有单向导电性的关键是耗尽区的存在以及耗尽区宽度具有随外加电压不同而变化的特性。

1.1.3.3　PN 结的 *I-U* 特性

现以硅结型二极管的 PN 结为例来说明它的 *I-U* 特性。在硅二极管 PN 结的两端施加正、反向电压时，通过管子的电流如图 1.1.10 所示。其中，$u_D>0$ 的部分称为正向特性，$u_D<0$ 的部分称为反向特性。

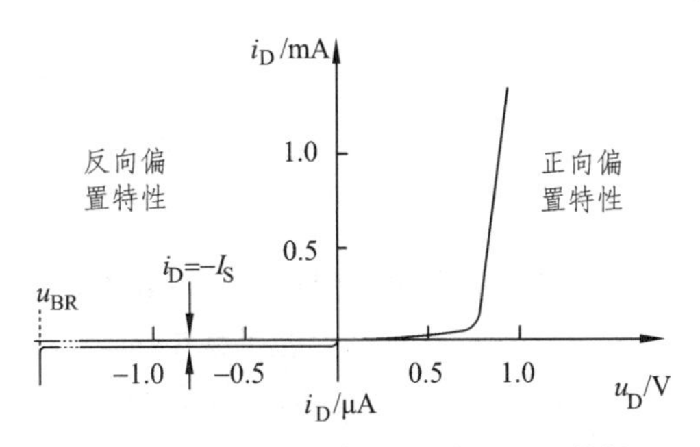

图 1.1.10　硅二极管 PN 结的 *I-U* 特性

根据半导体物理的理论分析，PN 结所加端电压 u_D 与流过它的电流 i_D 的关系为

$$i_D = I_S(e^{\frac{u_D}{U_T}} - 1) \tag{1.1.1}$$

式中，i_D 为通过 PN 结的电流，u_D 为 PN 结两端的外加电压；I_S 为反向饱和电流，对于分立器件，其典型值约为 10^{-14}~10^{-8} A。集成电路中的 PN 结，其 I_S 值则更小。U_T 为温度的电压当量，常温下（$T = 300$ K）时，$U_T \approx 26$ mV。

由式（1.1.1）可知，当 PN 结外加正向电压且 $u_D >> U_T$ 时，$i_D = I_S e^{\frac{u_D}{U_T}}$，即 i_D 随 u_D 按指数规律变化；当 PN 结外加反向电压且 $|u_D| >> U_T$ 时，$i_D \approx -I_S$。

1.1.3.4 PN 结的电容效应

在一定条件下，PN 结具有电容效应，PN 结的电容效应直接影响半导体器件（二极管、三极管、场效应管等）的高频特性和开关特性。根据产生原因不同分为势垒电容和扩散电容。

1. 势垒电容

当 PN 结外加的反向电压变化时，空间电荷区的宽度将随之变化，即耗尽层的电荷量随外加电压而增大或减小，这种现象与电容器的充放电过程相同，如图 1.1.11（a）所示。耗尽层宽窄变化所等效的电容称为**势垒电容 C_b**。C_b 具有非线性，它与结面积、耗尽层宽度、半导体的介电常数及外加电压有关。对于一个制作好的 PN 结，C_b 与外加电压 u 的关系如图 1.1.11（b）所示。利用 PN 结加反向电压时 C 随 u 变化的特性，可制成各种变容二极管。

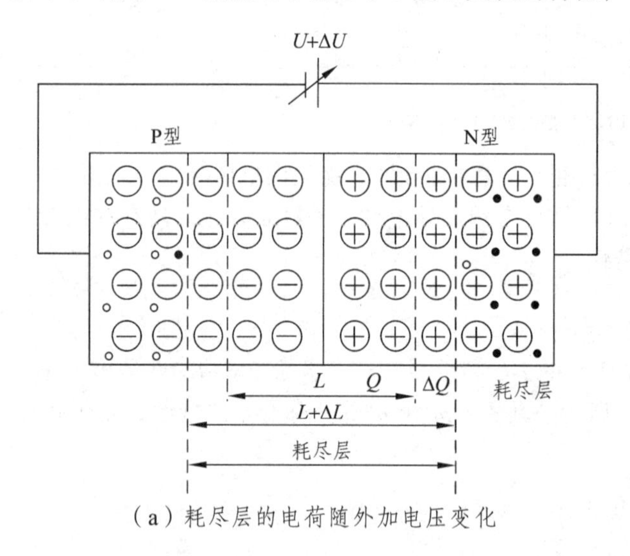

（a）耗尽层的电荷随外加电压变化

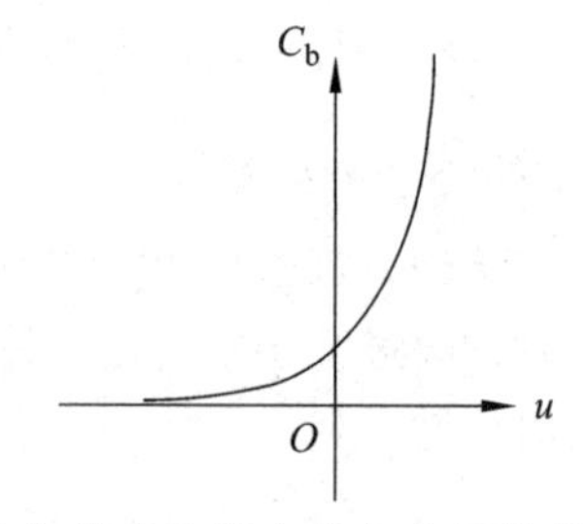

（b）势垒电容与外加电压的关系

图 1.1.11　PN 结的势垒电容

2. 扩散电容

PN 结处于平衡状态时的少子常称为**平衡少子**。PN 结处于正向偏置时，从 P 区扩散到 N 区的空穴和从 N 区扩散到 P 区的自由电子均称为**非平衡少子**。当外加正向电压一定时，靠近耗尽层交界面的地方非平衡少子的浓度高，而远离交界面的地方浓度低，且浓度自高到低逐渐衰减直到零，形成一定的浓度梯度（即浓度差），从而形成扩散电流。当外加正向电压增大

时，非平衡少子的浓度增大且浓度梯度也增大，从外部看正向电流（即扩散电流）增大。当外加正向电压减小时与上述变化相反。

图 1.1.12 所示的三条曲线是在不同正向电压下 P 区少子浓度的分布情况。各曲线与 $n_p = n_{p0}$ 所对应的水平线之间的面积代表了非平衡少子在扩散区域的数目。当外加电压增大时，曲线由①变为②，非平衡少子数目增多；当外加电压减小时，曲线由①变为③，非平衡少子数目减少。扩散区内，电荷的积累和释放过程与电容器充放电过程相同，这种电容效应称为**扩散电容 C_d**。与 C_b 一样，C_d 也具有非线性，它与流过 PN 结的正向电流 i_D、温度的电压当量 U_T 以及非平衡少子的寿命 τ 有关。i 越大、τ 越大、U_T 越小，C_d 就越大。

由此可见，PN 结的极间电容 C_j 是 C_b 与 C_d 之和，即

$$C_j = C_b + C_d \tag{1.1.2}$$

由上可见，PN 结的电容效应是扩散电容 C_b 和势垒电容 C_d 的综合反映。由于 C_b 与 C_d 一般都很小（结面积小的为 1pF 左右，结面积大的为几十至几百皮法），对于低频信号呈现出很大的容抗，其作用可忽略不计。在高频运用时，必须考虑 PN 结电容的影响。PN 极间电容的大小除了与本身结构和工艺有关外，还与外加电压有关。当 PN 结处于正向偏置时，极间电容较大（主要决定于扩散电容 C_d）；当 PN 结处于反向偏置时，极间电容较小（主要取决于势垒电容 C_b）。

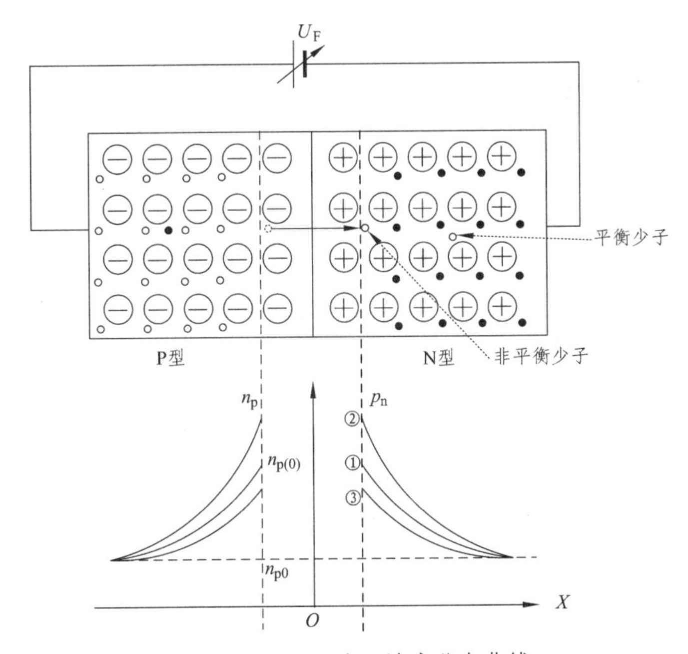

图 1.1.12　P 区少子浓度分布曲线

1.1.3.5　PN 结的反向击穿

在测量 PN 结的 I-U 特性时，如果加到 PN 结两端的反向电压增大到一定数值时，反向电流突然增加，如图 1.1.13 所示，这个现象就称为 PN 结的**反向击穿**（电击穿）。发生击穿所需的反向电压 U_{BR} 称为**反向击穿电压**。PN 结电击穿后电流很大，容易使 PN 结发热。这时 PN 结的电流和温度进一步升高，很容易烧毁 PN 结。反向击穿电压的大小与 PN 结制造参数有关。

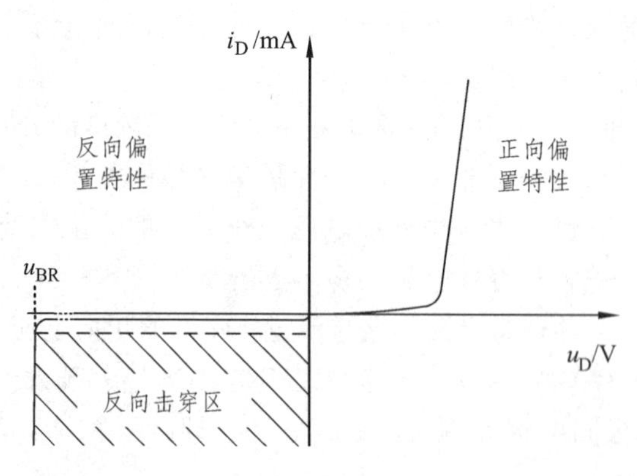

图 1.1.13　PN 结的反向击穿

产生 PN 结电击穿的原因之一是，当 PN 结反向电压增加时，空间电荷区中的电场随之增强。产生漂移运动的少数载流子通过空间电荷区时，在很强的电场作用下获得足够的动能，与晶体原子发生碰撞，从而打破共价键的束缚，形成更多的自由电子–空穴对，这种现象称为**碰撞电离**。新产生的电子和空穴与原有的电子和空穴一样，在强电场作用下获得足够的能量，继续碰撞电离，再产生电子–空穴对，这就是载流子的倍增效应。当反向电压增大到某一数值后，载流子的倍增情况就像在陡峭的积雪山坡上发生雪崩一样，载流子增加得多而快，使反向电流急剧增大，于是 PN 结被击穿，这种击穿称为**雪崩击穿**。

PN 结击穿的另一个原因是，在加有较高的反向电压时，PN 结空间电荷区存在一个很强的电场，它能够破坏共价键的束缚，将电子分离出来产生电子–空穴对，在电场作用下，电子移向 N 区，空穴移向 P 区，从而形成较大的反向电流，这种击穿现象称为**齐纳击穿**。发生齐纳击穿需要的电场强度约为 2×10^5 V/cm，这只有在杂质浓度特别高的 PN 结中才能达到。因为杂质浓度大，空间电荷区内电荷（即杂质离子）密度也大，因而空间电荷区很窄，电场强度就可能很高。齐纳击穿的物理过程和雪崩击穿完全不同。一般整流二极管掺杂浓度较低，它的电击穿多数是雪崩击穿。齐纳击穿多数出现在特殊的二极管中，如齐纳二极管（稳压二极管）。

必须指出，上述两种电击穿过程是可逆的，当加在稳压二极管两端的反向电压降低后，管子仍可以恢复原来的状态。但它有一个前提条件，就是反向电流和反向电压的乘积不超过 PN 结容许的耗散功率，超过了就会因为热量散不出去而使 PN 结温度上升，直到过热而烧毁，这种现象就是热击穿。所以热击穿和电击穿的概念是不同的。但往往电击穿与热击穿共存。电击穿可为人们所利用（如稳压二极管），而热击穿则是必须尽量避免的。

思考题

1.1.1　为什么称空穴是载流子?在空穴导电时，电子运动吗?

1.1.2　如何从 PN 结的电流方程来理解其伏安特性曲线和温度对伏安特性的影响?

习　题

1.1.1　判断下列说法是否正确，用“√”和“×”表示并将结果填入空内。

（1）在 P 型半导体中如果掺入足够量的五价元素，可将其改型为 N 型半导体。(　　)

（2）因为 P 型半导体的多子是空穴，所以它带正电。（　　）

（3）PN 结在无光照、无外加电压时，结电流为零。（　　）

1.1.2　选择正确答案填入空内。

（1）在本征半导体中加入（　　）元素可形成 N 型半导体，加入（　　）元素可形成 P 型半导体。

A. 五价　　B. 四价　　C. 三价

（2）PN 结加正向电压时，空间电荷区将（　　）。

A. 变窄　　B. 基本不变　　C. 变宽

1.2　二极管及其分析方法

实际上，半导体二极管与上一节介绍的 PN 结并无多大差别，可以将二极管看作是 PN 结的一个物化器件。将 PN 结用外壳封装起来并加上电极引线就构成了半导体二极管，简称二极管。由 P 区引出的电极为阳极，由 N 区引出的电极为阴极，常见的外形如图 1.2.1 所示。

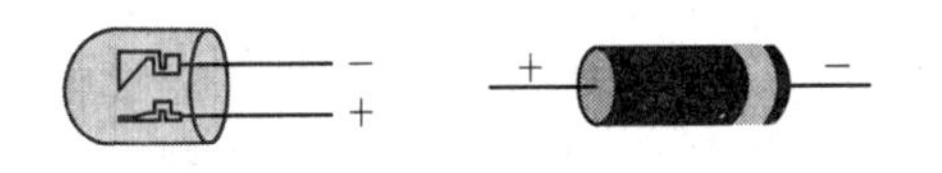

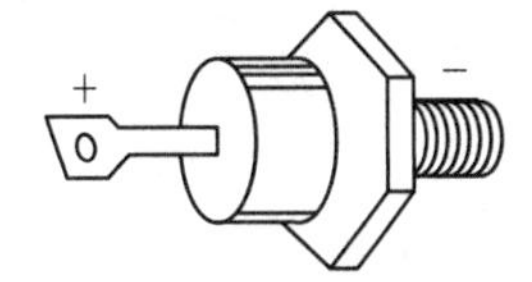

图 1.2.1　二极管的几种外形

1.2.1　二极管

1.2.1.1　二极管的几种常见结构

二极管的几种常见结构如图 1.2.2（a）~（c）所示，二极管的代表符号如图（d）所示。

图（a）所示的点接触型二极管，由一根金属丝经过特殊工艺与半导体表面相接形成 PN 结。因而其结面积小，不能通过较大的电流。但其结电容较小，一般在 1 pF 以下，工作频率可达 100 MHz 以上，适用于高频电路和数字电路。例如 2API 是点接触型锗二极管，最大整流电流为 16 mA，最高工作频率为 150 MHz。

图（b）所示的面接触型二极管是采用合金法工艺制成的。其结面积大，能够流过较大的电流，但其结电容也大，因而只能在较低频率下工作，一般仅作为整流管，而不宜用于高频电路中。如 2CP1 为面接触型硅二极管，其最大整流电流为 400 mA，最高工作频率只有 3 kHz。图（c）所示的平面二极管是采用扩散法制成的，其中结面积较大的可用于大功率整流，结面积小的可作为脉冲数字电路中的开关管。

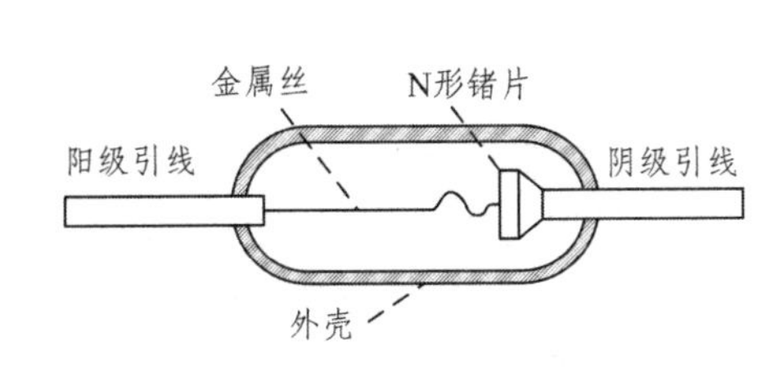

（a）点接触型二极管

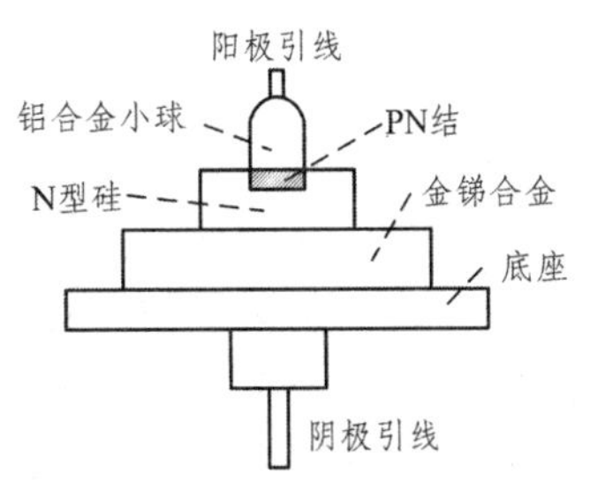

（b）面接触型二极管

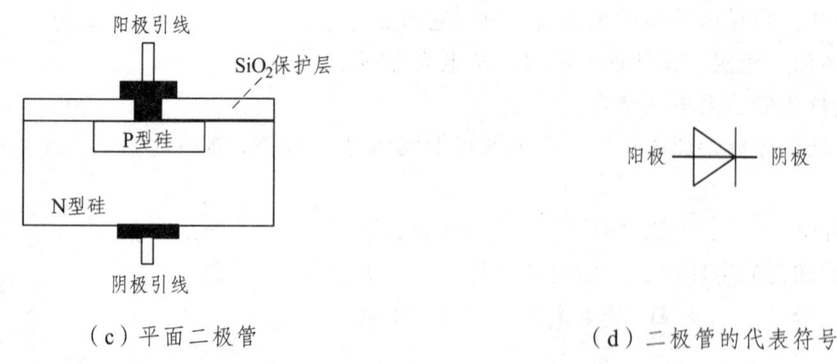

（c）平面二极管　　　　（d）二极管的代表符号

图 1.2.2　二极管的几种常见结构及符号

1.2.1.2　二极管的 *I-U* 特性

与 PN 结一样，二极管具有单向导电性。由于二极管存在半导体体电阻和引线电阻，所以当外加正向电压时，在电流相同的情况下，二极管的端电压大于 PN 结上的压降；或者说，在外加正向电压相同的情况下，二极管的正向电流要小于 PN 结的电流；在大电流情况下，这种影响更为明显。另外，由于二极管表面漏电流的存在，使外加反向电压时的反向电流增大。图 1.2.3（a）和（b）分别是硅材料二极管和锗材料二极管的 *I-U* 特性，两者在局部细节上还是有些差别的。

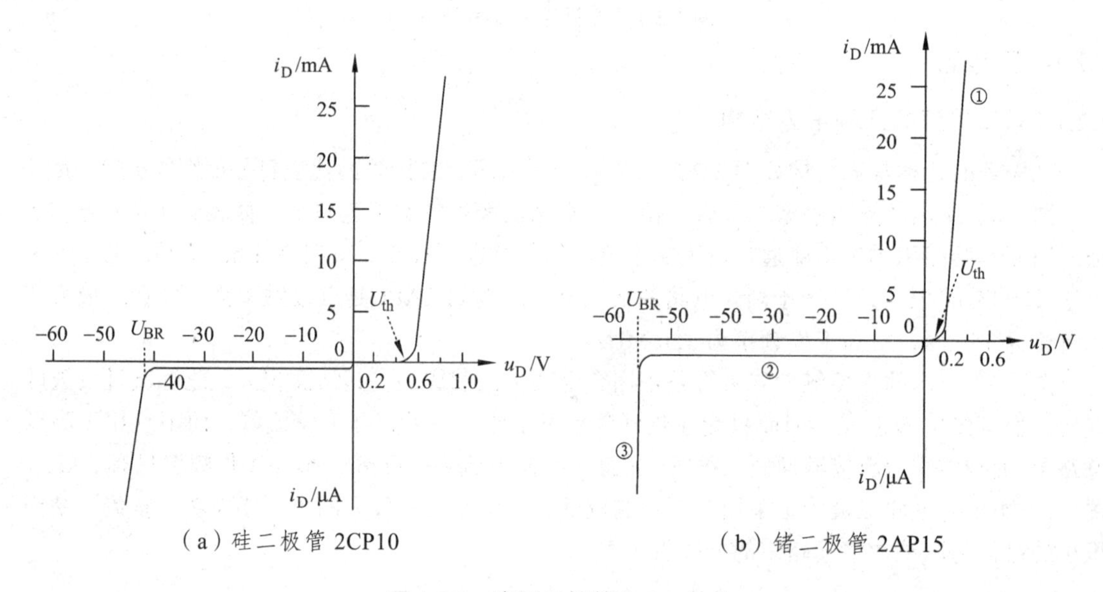

（a）硅二极管 2CP10　　　　（b）锗二极管 2AP15

图 1.2.3　实际二极管的 *I-U* 特性

1. 正向特性

在二极管加正向电压导通前，需要有一个外电场克服 PN 结的内电场，这个电压称开启电压 U_{th}（又称死区电压）。硅管的开启电压 U_{th} 约为 0.5 V，锗管约为 0.1 V。图 1.2.3（b）的第①段为正向特性，各点的阻值可以通过 $R = \Delta U / \Delta I$ 来计算。可以看出，在①段正向特性的起始部分，由于正向电压较小，外电场还不足以克服 PN 结的内电场，因而这时的正向电流几乎为零，故电阻可视为无穷大。而在导通区，此时加于二极管的正向电压不大，流过管子的电流相对来说却很大，因此管子呈现的电阻很小。当正向电压大于 U_{th} 时，内电场大为削弱，电流因而迅速增长，二极管正向导通。由于二极管导通后，曲线较垂直陡峭，所以通常认为，硅管正向导通压降 U_{on} 为 0.6~0.8 V，锗管 0.1~0.3 V，见表 1.2.1。通常取它们的中间值，硅管正向导通压降约为 0.7 V，锗管约为 0.2 V。在近似分析时，仍然用 PN 结的电流方程式（1.1.1）来描述二极管的伏安特性。需要注意的是，方程式描述的是二极管导通后的电压-电流关系。

表 1.2.1　硅（Si）、锗（Ge）二极管参数比较

材料	开启电压 U_{th}/V	导通压降 U_{on}/V	反向饱和电流 I_S/μA
硅（Si）	≈0.5	0.6 ~ 0.8	<0.1
锗（Ge）	≈0. 1	0.1 ~ 0.3	几十

2. 反向特性

P 型半导体中的少数载流子（自由电子）和 N 型半导体中的少数载流子（空穴），在反向电压作用下很容易通过 PN 结，形成反向饱和电流。但由于少数载流子的数目很少，所以反向电流很小，如图 1.2.3（b）的第②段所示。根据前述的半导体知识，少数载流子是本征激发产生的，所以当温度升高时，半导体少数载流子数目增加，反向电流也将随之明显增加。对比图 1.2.3（a）和（b）的反向特性部分，可以看出，一般硅管的反向电流比锗管小得多，见表 1.2.1。

3. 反向击穿特性

当反向电压增加到一定值（U_{BR}）时，反向电流将急剧增加，这便是二极管的反向击穿（实际上就是二极管中 PN 结的反向击穿），对应于图 1.2.3（b）的第③段。

4. 温度对二极管 *I-U* 特性的影响

当环境温度升高时，二极管的正向特性曲线将左移，反向特性曲线将下移，如图 1.2.4 中虚线所示。在室温附近，若正向电流不变，则温度每升高 1°C，正向压降减小 2~2.5 mV；温度每升高 10°C，反向电流 I_S 约增大 1 倍。可见，二极管的特性对温度很敏感。

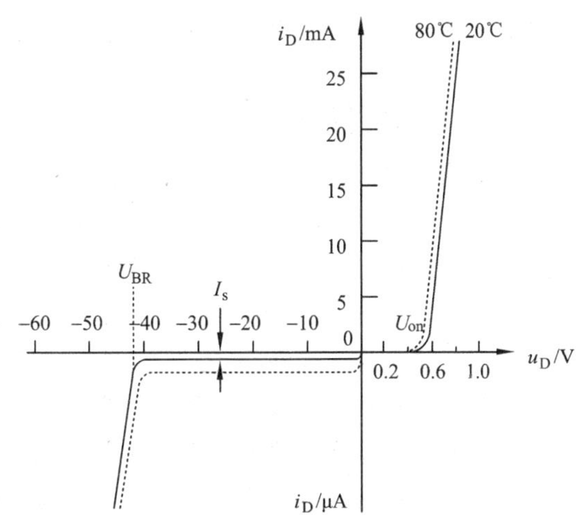

图 1.2.4　温度对二极管 *I-U* 特性的影响

1.2.1.3　二极管的主要参数

为描述二极管的性能，常引用以下几个主要参数：

1. 最大整流电流 I_F

I_F 是二极管长期运行时允许通过的最大正向平均电流，其值与 PN 结面积及外部散热条件等有关。在规定散热条件下，二极管正向平均电流若超过此值，则将因结温升过高而烧坏。例如 2AP1 最大整流电流为 16 mA。

2. 反向击穿电压 U_{BR}

U_{BR} 指管子反向击穿时的电压值。击穿时，反向电流剧增，二极管的单向导电性被破坏，甚至因过热而烧坏。一般手册上给出的最高反向工作电压 U_R 约为击穿电压的一半，以确保管子安全运行。例如 2AP1 最高反向工作电压规定为 20 V，而反向击穿电压实际上大于 40 V。

3. 反向电流 I_R

I_R 是二极管未击穿时的反向电流。I_R 愈小，二极管的单向导电性愈好，I_R 对温度非常敏感。

4. 极间电容 C_j

在讨论 PN 结时，已知 PN 结存在势垒电容 C_b 和扩散电容 C_d，极间电容是反映二极管中 PN 结电容效应的参数，$C_j = C_b + C_d$。在高频或开关状态运用时，必须考虑极间电容的影响。

5. 最高工作频率 f_M

f_M 是二极管工作的上限截止频率。超过此值时，由于结电容的作用，二极管将不能很好地体现单向导电性。

二极管的参数是正确使用二极管的依据，一般半导体器件手册中都给出不同型号管子的参数。在使用时，应特别注意不要超过最大整流电流和最高反向工作电压，否则管子容易损坏。由于制造工艺所限，半导体器件参数具有分散性，同一型号管子的参数值也会有相当大的差距，因而手册上往往给出的是参数的上限值、下限值或范围。此外，使用时应特别注意手册上每个参数的测试条件，当使用条件与测试条件不同时，参数也会发生变化。

1.2.2 二极管的分析方法

在电子技术中，利用二极管的单向导电性，可以构成许多二极管应用电路，如整流电路、限幅电路、开关电路等。由二极管的 *I-U* 特性可知，二极管是一种非线性器件，因此，一般需要采用非线性电路的分析方法来分析设计二极管电路，相对来说比较复杂。实际上经常采用两种方法来简化二极管电路的分析，一种是图解分析法，另一种是简化模型分析法。图解法无需理会线性与非线性问题，简单直观，但前提条件是已知二极管的 *I-U* 特性曲线。简化模型法是将二极管的非线性关系近似为几段线性关系，从而获得二极管的分段线性简化模型。这样，就可以用线性电路分析方法来分析二极管电路了。

二极管的伏安特性具有非线性，为了便于分析，常在一定的条件下，用线性元件所构成的电路来近似模拟二极管的特性，并用之取代电路中的二极管。能够模拟二极管特性的电路称为二极管的等效电路，也称为**二极管的等效模型**。通常，人们通过两种方法建立模型：一种是根据器件物理原理建立等效电路，由于其电路参数与物理机理密切相关，因而适用范围广，但模型较复杂，适于计算机辅助分析；另一种是根据器件的外特性来构造等效电路，因而模型较简单，适于近似分析。根据二极管的伏安特性可以构造多种等效电路，对于不同的应用场合，不同的分析要求，应选用其中一种。

1.2.1.1 静态模型

二极管的理想模型、恒压降模型和折线模型反映了二极管正常工作在正偏和反偏时的全部特性，这些模型常用于电路直流状态的电压或电流的估算，也称为静态模型。

1. 理想模型

图 1.2.5 表示理想二极管的 *I-U* 特性。由图 1.2.5（a）可见，在正向偏置时，是一条与纵轴重合的垂线，表明管压降为 0 V；而当二极管处于反向偏置时，是一条与横轴重合的水平线，认为此时的电阻为无穷大，电流为零。图中的虚线表示实际二极管的 *I-U* 特性。图 1.2.5（b）为理想二极管的代表符号（注意三角形是实心的）。图 1.2.5（c）和图 1.2.5（d）分别为二极管正偏和反偏时的电路模型。在实际电路中，当电源电压远比二极管的正向管压降大时，利用此模型来近似分析是可行的。

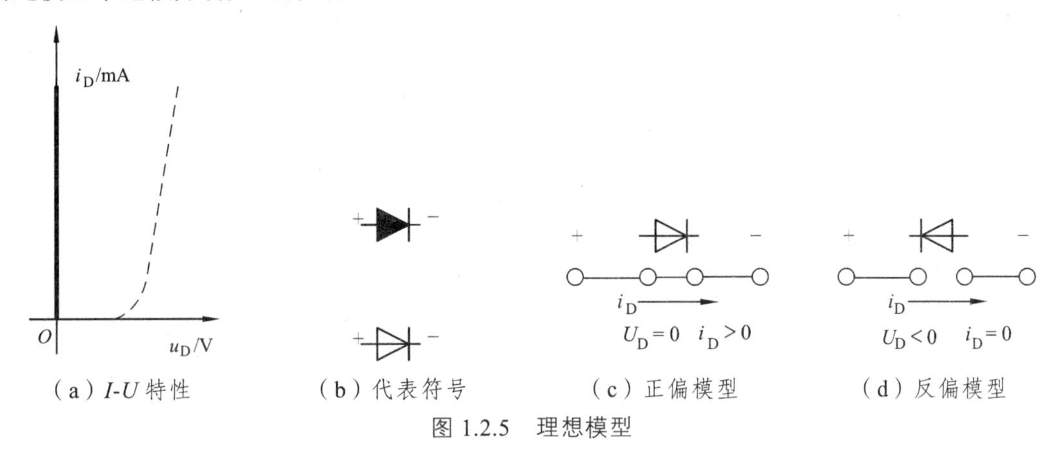

（a）*I-U* 特性　（b）代表符号　（c）正偏模型　（d）反偏模型

图 1.2.5　理想模型

2. 恒压降模型

恒压降模型如图 1.2.6 所示，其基本思想是当二极管导通后，认为其管压降是恒定的，且不随电流变化，在图 1.2.6（a）中以垂线表示，其横轴对应的电压典型值为 0.7 V（硅管）或 0.2 V（锗管）。图 1.2.6（b）是二极管恒压降电路模型。该模型提供了合理的近似，因此应用也较广。

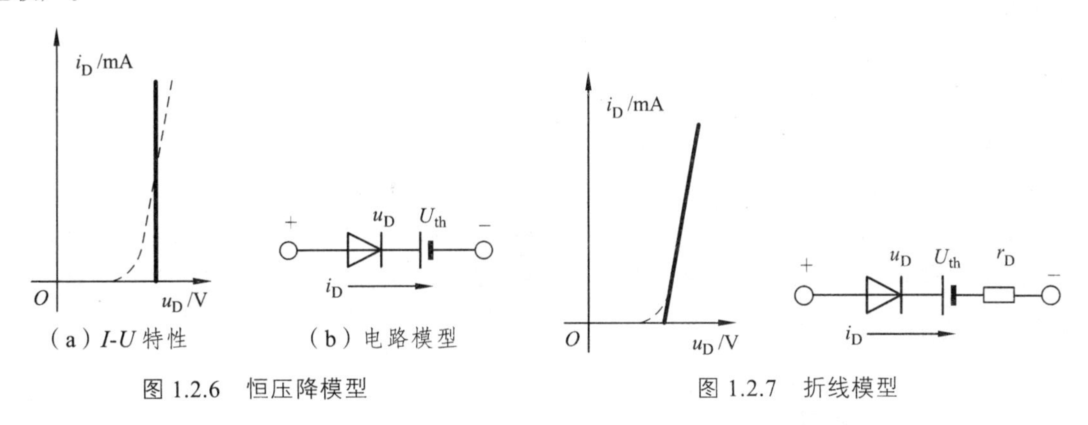

（a）*I-U* 特性　（b）电路模型

图 1.2.6　恒压降模型

图 1.2.7　折线模型

3. 折线模型

为了较真实地描述二极管的 *I-U* 特性，在恒压降模型的基础上做一定的修正，即认为二极管的正向管压降不是恒定的，而是随着流过二极管的电流增加而增加，所以在模型中用一个电池和一个电阻 r_D 来做进一步的近似（参见图 1.2.7）。这个电池的电压选定为二极管的开启电压 U_{th}，约为 0.5 V（硅管）。至于 r_D 的值，可以这样来确定，即当二极管的导通电流为 1 mA 时，管压降为 0.7 V，于是 r_D 的值可计算如下：

$$r_D = \frac{0.7\ \text{V} - 0.5\ \text{V}}{1\ \text{mA}} = 200\ \Omega$$

1.2.2.2 动态模型

动态即电路在一定的直流工作情况下再叠加一个小的变化状态。当仅考虑小信号变化时所建立的模型称为**小信号模型**。

如图 1.2.8（a）的电路中直流电源 V_{DD} 中又串联了一个交流小电压信号 u_s。当 $u_s = 0$ 时，

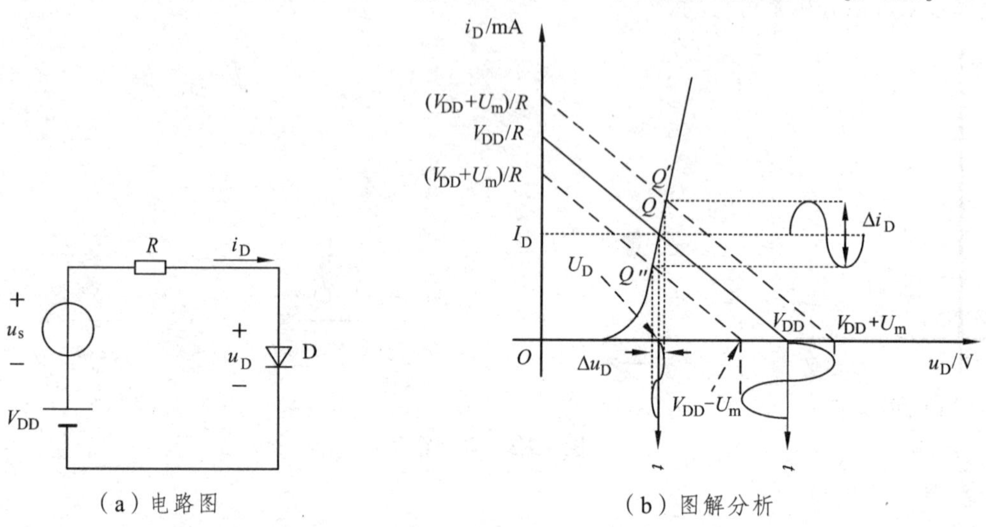

（a）电路图　　（b）图解分析

图 1.2.8　直、交流电压源同时作用时的二极管电路

电路中只有直流量，二极管两端电压和流过二极管的电流就是图 1.2.8（b）中 Q 点的值。此时，电路处于直流工作状态，也称**静态**，Q 点也称为**静态工作点**。当 $u_s = U_m \sin \omega t$ 时（$U_m << V_{DD}$），电路的负载线为

$$i_D = -\frac{1}{R}u_D + \frac{1}{R}(V_{DD} + u_s) \tag{1.2.1}$$

根据 u_s 的正负峰值 $+U_m$ 和 $-U_m$ 图解可知，工作点将在 Q' 和 Q'' 之间移动，则二极管电压和电流变化为 Δu_D 和 Δi_D。由上看出，在交流小信号 u_s 的作用下，工作点沿 I-U 特性曲线，在静态工作点 Q 附近小范围内变化，此时可把二极管 I-U 特性近似为以 Q 点为切点的一条直线，其斜率的倒数就是小信号模型的微变电阻 r_d，由此得到小信号模型如图 1.2.9 所示。

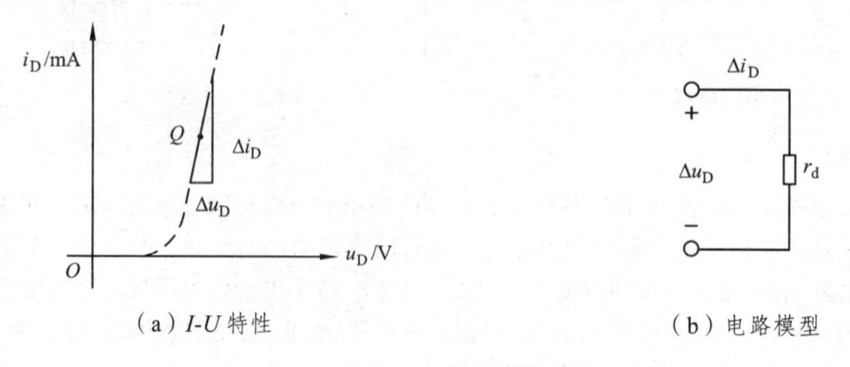

（a）I-U 特性　　（b）电路模型

图 1.2.9　小信号模型

$$\frac{1}{r_d}=\frac{\Delta i_D}{\Delta u_D}\approx\frac{di_D}{du_D}=\frac{d[I_S(e^{\frac{u_D}{U_T}}-1)]}{du_D}\approx\frac{I_S}{U_T}\cdot e^{\frac{u_D}{U_T}}\approx\frac{I_D}{U_T}$$

$$r_d\approx\frac{U_T}{I_D}=\frac{26(\text{mV})}{I_D(\text{mV})}\text{（常温下，}T=300\ \text{K）} \tag{1.2.2}$$

式中的 I_D 是 Q 点的电流。值得注意的是，小信号模型中的微变电阻 r_d 与静态工作点 Q 有关，静态工作点位置不同，r_d 的值也不同。由于二极管正向特性为指数曲线，所以 Q 点愈高，r_d 的数值愈小。例如，当 Q 点上的 $I_D = 2$ mA 时，$r_d = 26$ mV/2 mA = 13 Ω。该模型主要用于二极管处于正向偏置且 $U_D >> U_T$ 的条件下。

1.2.3 二极管的应用及分析举例

1.2.3.1 整流电路

所谓整流通常是指将双极性电压（或电流）变为单极性电压（或电流）的处理过程。

例 1.2.1 二极管基本电路如图 1.2.10（a）所示，已知 u_s 是为正弦波，如图 1.2.10（b）所示。试利用二极管理想模型，定性地绘出 u_o 的波形。

解： 由于 u_s 的值有正有负，当 u_s 为正半周时，二极管正向偏置，根据理想模型特性，此时二极管导通且导通压降为 0 V，所以 $u_o = u_s$。

当 u_s 为负半周时，二极管反向偏置，此时二极管截止，电阻 R 中无电流流过，$u_o = 0$。所以波形如图 1.2.10（b）中的 u_o 所示。

该电路称为**半波整流电路**。

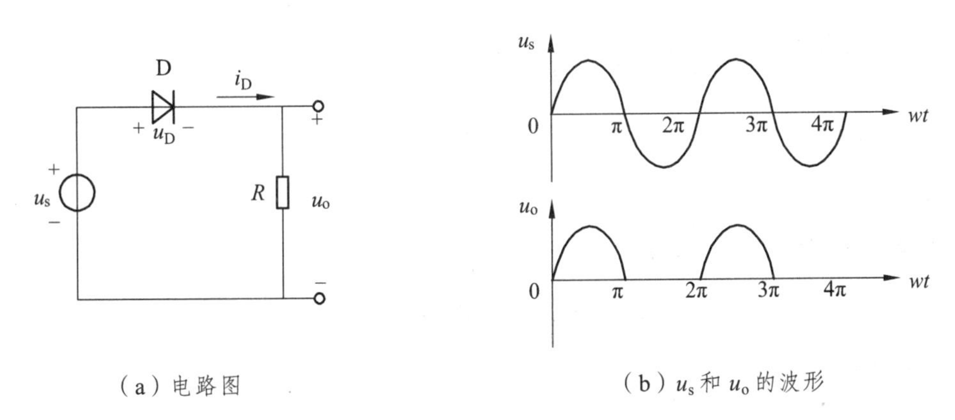

（a）电路图　　（b）u_s 和 u_o 的波形

图 1.2.10　例 1.2.1 的电路

1.2.3.2 静态工作情况分析

通常利用二极管大信号模型来分析电路的静态工作情况比较方便，现举例说明。

例 1.2.2 设二极管电路如图 1.2.11（a）所示，$R=10\ \text{k}\Omega$，图（b）是它的习惯画法。对于下列两种情况，求电路的静态工作点，即求 I_D 和 U_D 的值：（1）$V_{DD}=10\ \text{V}$；（2）$V_{DD}=1\ \text{V}$。在每种情况下，应用理想模型、恒压降模型和折线模型求解。

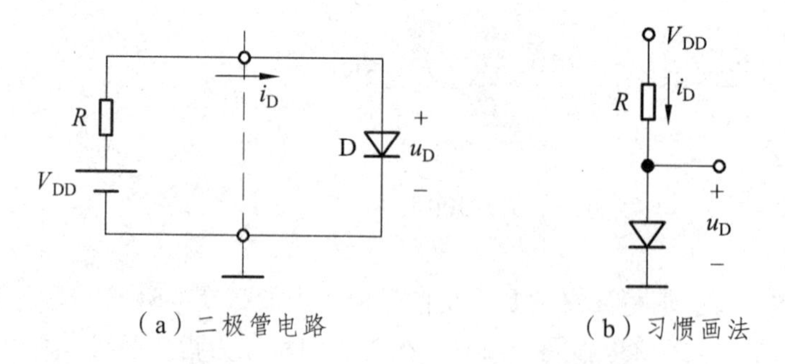

图 1.2.11　例 1.2.2 的电路

解：图 1.2.11（a）所示电路中，虚线左边为线性部分，右边为非线性部分。

（1）$V_{DD}=10\text{ V}$。

① 使用理想模型可以求得：

$$U_D = 0\text{V},$$
$$I_D = V_{DD}/R = 10\text{ V}/10\text{ k}\Omega = 1\text{ mA}$$

② 使用恒压降模型可以求得：

$$U_D = 0.7\text{ V}$$

$$I_D = \frac{V_{DD}-U_D}{R} = \frac{10\text{ V}-0.7\text{ V}}{10\text{ k}\Omega} = 0.93\text{ mA}$$

③ 使用折线模型可以求得：

$$I_D = \frac{V_{DD}-U_{th}}{R+r_D} = \frac{10\text{ V}-0.5\text{ V}}{10\text{ k}\Omega+0.2\text{ k}\Omega} = 0.931\text{ mA}$$

$$U_D = 0.5\text{ V}+I_D\cdot r_D = 0.5\text{ V}+0.931\text{ mA}\times0.2\text{ k}\Omega = 0.69\text{ V}$$

（2）$V_{DD}=1\text{ V}$。

① 使用理想模型可以求得：

$$U_D = 0\text{ V},\quad I_D = V_{DD}/R = 1\text{ V}/10\text{ k}\Omega = 0.1\text{ mA}$$

② 使用恒压降模型可以求得：

$$U_D = 0.7\text{ V},\quad I_D = \frac{V_{DD}-U_D}{R} = \frac{1\text{ V}-0.7\text{ V}}{10\text{ k}\Omega} = 0.03\text{ mA}$$

③ 使用折线模型可以求得：

$$I_D = \frac{V_{DD}-U_{th}}{R+r_D} = \frac{1\text{ V}-0.5\text{ V}}{10\text{ k}\Omega+0.2\text{ k}\Omega} = 0.049\text{ mA}$$

$$U_D = 0.5\text{ V}+I_D\cdot r_D = 0.5\text{V}+0.049\text{ mA}\times0.2\text{ k}\Omega = 0.51\text{ V}$$

上例说明，在电源电压远大于二极管管压降的情况下，恒压降模型能得出比较合理的结果，但当电源电压较低时，折线模型能够提供比较合理的结果。所以，正确选择器件的模型，是电子电路工作者必须掌握的基本技能。

1.2.3.3　限幅与钳位电路

在电子电路中，常用限幅电路对各种信号进行处理，它是用来让信号在预置的电平范围内，有选择地传输一部分。限幅电路有时也称为削波电路，现举例说明。

例 1.2.3　一限幅电路如图 1.2.12（a）所示，$R = 1\ \text{k}\Omega$，$U_{REF} = 3\ \text{V}$，二极管为硅二极管。已知二极管导通电压 U_{on} 约为 0.7 V，当 $u_i = 6\sin\omega t$ V 时，绘出相应的输出电压 u_o 的波形。

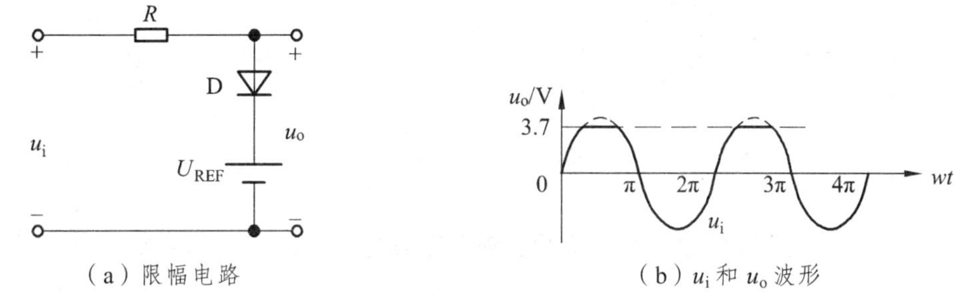

（a）限幅电路　　（b）u_i 和 u_o 波形

图 1.2.12　例 1.2.3 的电路

解：题目中提到二极管导通电压 U_{on} 约为 0.7 V，所以采用恒压降模型。

当 $u_i \leqslant (U_{REF}+U_{on})$时，二极管处于截止状态，$u_o = u_i$；当 $u_i > U_{REF}+U_{on}$ 时，$u_o = U_{REF}+U_{on} = 3.7$ V，波形如图 1.2.12（b）所示。

1.2.3.4　小信号工作情况分析

在用小信号模型分析二极管电路时，要特别注意微变电阻 r_d 是与静态工作点 Q 有关的。一般首先分析电路的静态工作情况，求得静态工作点 Q；其次，根据 Q 点算出微变电阻 r_d；再次，根据小信号模型的交流等效电路，求出小信号作用下电路的交流电压、电流；最后与静态值叠加，得到电路响应的总量结果。

思考题

1.2.1　为什么说在使用二极管时，应特别注意不要超过最大整流电流和最高反向工作电压？

1.2.2　如何用万用表的“Ω”档来判断一只二极管的阴、阳两极？（提示：指针式万用表的黑表笔接表内直流电源的正极；数字式万用表的红表笔接表内直流电源的正极）

1.2.3　比较硅、锗两种二极管的性能，说明在工程实际中，为什么硅二极管用得较普遍？

1.2.4　二极管有几种折线化的伏安特性?它们分别适用于什么应用场合?

1.2.5　什么情况下应用二极管的微变等效电路来分析电路?

习　题

1.2.1　二极管电路如图题 1.2.1 所示，试判断图中二极管是导通还是截止，并求输出电压 U_o 的值。（设二极管是理想的。）

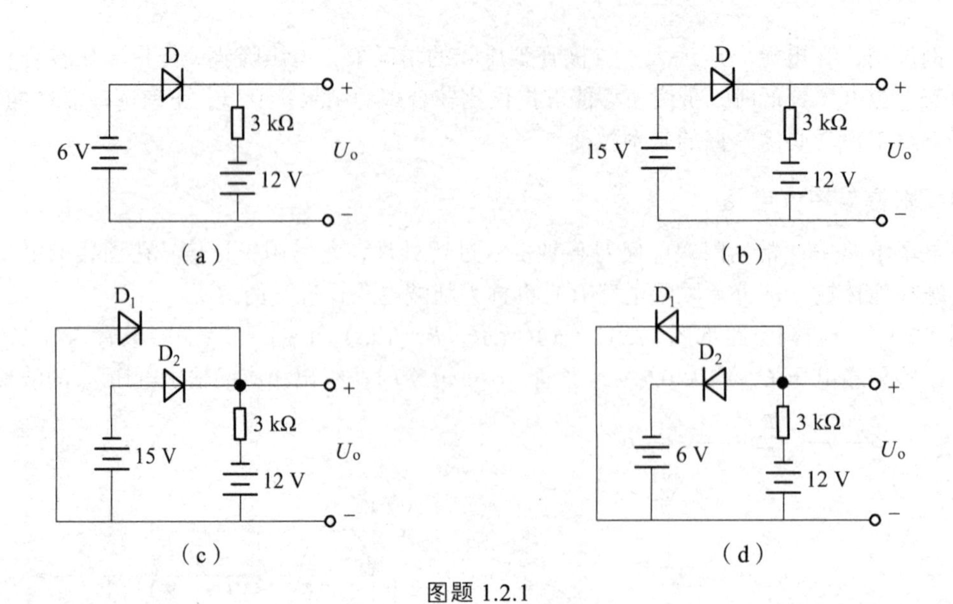

图题 1.2.1

1.2.2　试判断图题 1.2.2 所示电路中二极管是导通还是截止，为什么？（设二极管是理想的。）

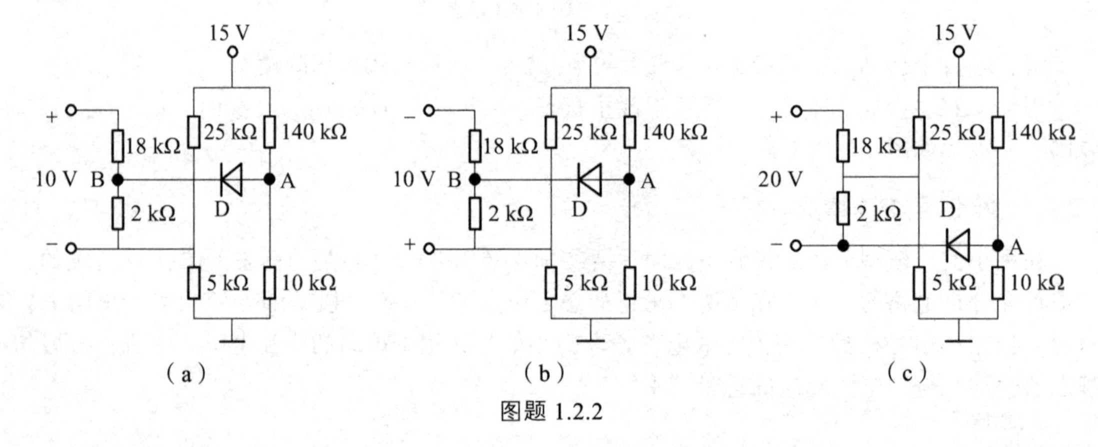

图题 1.2.2

1.2.3　电路如图题 1.2.3 所示，已知 $u_i = 8\sin\omega t$ V，二极管导通电压 $U_{on} = 0.7$ V。试画出 u_i 与 u_o 的波形并标出幅值。

1.2.4　电路如图题 1.2.4 所示，$u_S = 22\sin\omega t$ V，试分别绘出两个电路负载 R_L 两端的电压波形。（设二极管是理想的。）

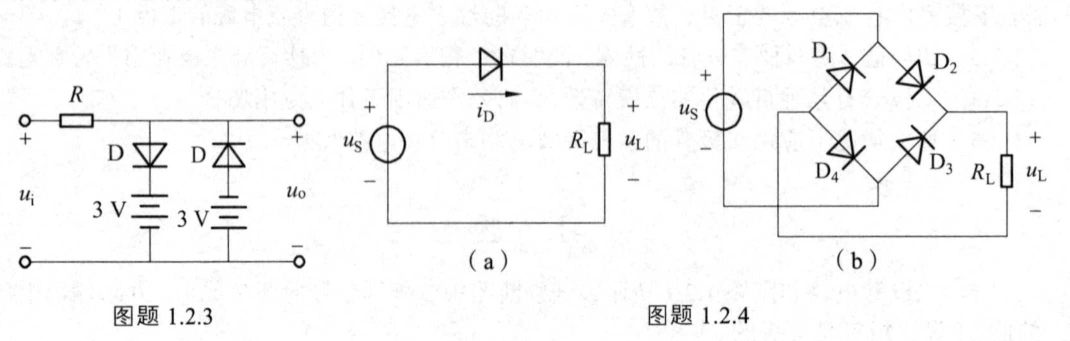

图题 1.2.3　　图题 1.2.4

1.2.5　电路如图题 1.2.5 所示，二极管导通电压 $U_{on}=0.7\ V$，常温下 $U_T\approx 26\ mV$，电容 C 对交流信号可视为短路；u_i 为正弦波，有效值为 10 mV。试问二极管中流过的交流电流有效值为多少?

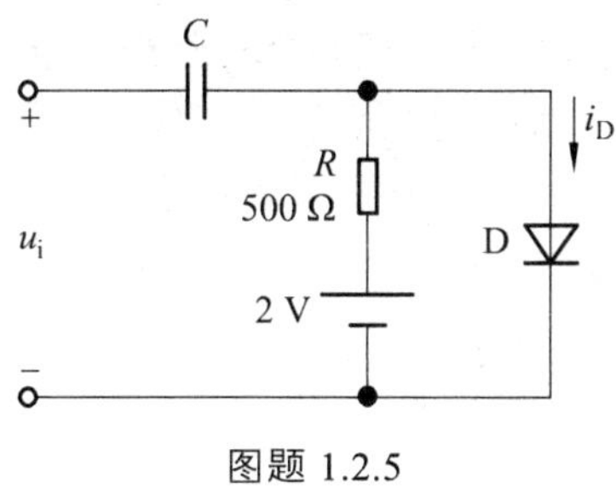

图题 1.2.5

1.3　特殊二极管

除前面所讨论的普通二极管外，还有若干种特殊二极管，如稳压二极管、变容二极管、肖特基二极管、光电器件（包括光电二极管、发光二极管、激光二极管和太阳能电池）等。

1.3.1　稳压二极管

稳压二极管是一种硅材料制成的面接触型晶体二极管，简称稳压管。稳压管在反向击穿时，在一定的电流范围内（或者说在一定的功率损耗范围内），端电压几乎不变，表现出稳压特性，因而广泛用于稳压电源与限幅电路之中。

1.3.1.1　稳压管的伏安特性

稳压二极管又称齐纳二极管，简称稳压管，是一种用特殊工艺制造的面接触型硅半导体二极管，其代表符号如图 1.3.1（a）所示。这种管子的杂质浓度比较高，空间电荷区内的电荷密度也大，因而该区域很窄，容易形成强电场。当反向电压加到某一定值时，反向电流急增，产生反向击穿，特性如图 1.3.1（b）所示。

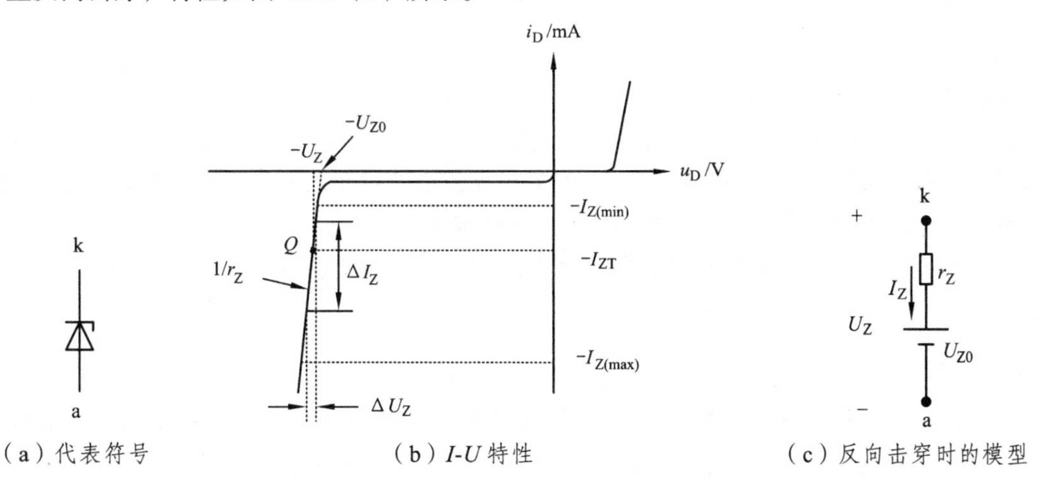

图 1.3.1　稳压管的代表符号与 *I*-*U* 特性

图中的 U_Z 表示反向击穿电压，即稳压管的稳定电压，它是在特定的测试电流 I_{ZT} 下得到的电压值。稳压管的稳压作用在于，电流增量 ΔI_Z 很大，只引起很小的电压变化 ΔU_Z。曲线越陡，动态电阻 $r_Z = \Delta U_Z/\Delta I_Z$ 越小，稳压管的稳压性能越好。$I_{Z(min)}$和 $I_{Z(max)}$为稳压管工作在正常稳压状态的最小和最大工作电流。反向电流小于 $I_{Z(min)}$时，稳压管进入反向特性的转弯段，稳压特性消失；反向电流大于 $I_{Z(max)}$时，稳压管可能被烧毁。根据稳压管的反向击穿特性，得到如图 1.3.1（c）所示的等效模型。由于稳压管正常工作时都处于反向击穿状态，所以图 1.3.1（c）中稳压管的电压、电流参考方向与普通二极管标法不同。由图 1.3.1（c）可知，一般稳压值 U_Z 较大时，可以忽略 r_Z 的影响，即 $r_Z = 0$，U_Z 为恒定值。

1.3.1.2 稳压管的主要参数

1. 稳定电压 U_Z

U_Z 是在规定电流下稳压管的反向击穿电压。由于半导体器件参数的分散性，同一型号的稳压管的 U_Z 存在一定差别。例如，型号为 2CW11 的稳压管的稳定电压为 3.2~4.5 V。但就某一只管子而言，U_Z 应为确定值。

2. 稳定电流 I_Z

I_Z 是稳压管工作在稳压状态时的参考电流，电流低于此值时稳压效果变坏，甚至根本不稳压，故也常将 I_Z 记作 $I_{Z(min)}$。

3. 额定功耗 P_{ZM}

P_{ZM} 等于稳压管的稳定电压 U_Z 与最大稳定电流 I_{ZM} 的乘积。

稳压管的功耗超过此值时，会因结温升过高而损坏。对于一只具体的稳压管，可以通过其 P_{ZM} 的值，求出 I_{ZM} 的值。只要不超过稳压管的额定功率，电流愈大，稳压效果愈好。

4. 动态电阻 r_Z

r_Z 是稳压管工作在稳压区时，端电压变化量与其电流变化量之比，即 $r_Z = \Delta U_Z/\Delta I_Z$。$r_Z$ 愈小，电流变化时 U_Z 的变化愈小，即稳压管的稳压特性愈好。对于不同型号的管子，r_Z 将不同，从几欧到几十欧。对于同一只管子，工作电流愈大，r_Z 愈小。

5. 温度系数 α

α 表示温度每变化 1°C 稳压值的变化量，即 $\alpha = \Delta U_Z/\Delta T$。稳定电压小于 4 V 的管子具有负温度系数（属于齐纳击穿），即温度升高时稳定电压值下降；稳定电压大于 7 V 的管子具有正温度系数（属于雪崩击穿），即温度升高时稳定电压值上升；而稳定电压为 4~7 V 的管子，温度系数非常小，近似为零（齐纳击穿和雪崩击穿均有）。

由于温度对半导体导电性能有影响，所以温度也将影响 U_Z 的值。影响程度由温度系数衡量，一般不超过 $\pm 10\times 10^{-4}$ V/°C 的范围。

1.3.1.3 举例

稳压管在直流稳压电源中获得广泛应用。图 1.3.2 为一简单稳压电路，U_I 为待稳定的直流电源电压，一般是由整流滤波电路提供。D_Z 为稳压管，R 为限流电阻，它的作用是将稳压管的工作电流限定在合适的范围内（$I_{Z(min)} < I_Z < I_{Z(max)}$）。负载 R 与稳压管两端并联，因而称为并联式稳压电路。当电源电压 U_I 产生波动或负载电阻 R 在一定范围内发生变化时，由于稳压管

的稳压作用，负载上的电压 U_O 将基本保持不变，从而达到稳压目的。

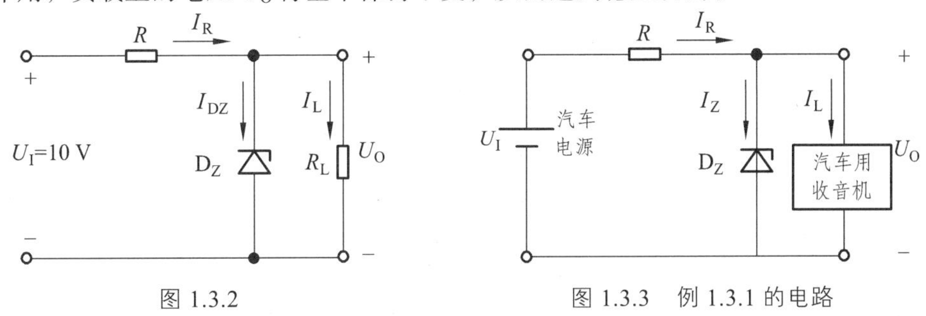

图 1.3.2　　　　图 1.3.3　例 1.3.1 的电路

例 1.3.1　设计一稳压管稳压电路，作为汽车用收音机的供电电源。已知收音机的直流电源为 9 V，音量最大时需供给的功率为 0.5 W。汽车上的供电电源在 12~13.6 V 之间波动。要求选用合适的稳压管（$I_{Z(min)}$，$I_{Z(max)}$、U_Z、P_{ZM}）以及合适的限流电阻（阻值、额定功率）。

解：依题意，稳压电路如图 1.3.3 所示，$U_L = U_Z$，由于负载所消耗的功率 $P_L = U_L I_L$，所以负载电流的最大值

$$I_{L(max)} = \frac{P_{L(max)}}{U_I} = \frac{0.5\ \text{W}}{9\ \text{V}} \approx 56\ \text{mA}$$

选取限流电阻 R 时，必须保证稳压管工作在反向击穿状态。R 太大可能使 I_Z 太小，无法使稳压管反向击穿；R 太小可能使 I_Z 太大，烧毁稳压管。所以，在保证稳压管可靠击穿的情况下，尽可能选择较大的 R 值。根据电路，可得到限流电阻 R 的关系式

$$R = \frac{U_I - U_Z}{I_Z + I_L} \tag{1.3.1}$$

考虑最坏情况，即当输入电压最小 $U_{I(min)}$、负载电流最大 $I_{L(max)}$时，流过稳压管的电流最小。此时 R 的最大值必须保证稳压管中的电流大于 $I_{Z(min)}$，即

$$\frac{U_{I(min)} - U_Z}{R_{(max)}} - I_{L(max)} > I_{Z(min)}$$

一般稳压管的 $I_{Z(min)}$为几毫安到十几毫安，这里若取 $I_{Z(min)} = 5$ mA，则 R 的最大值为

$$R_{(max)} < \frac{U_{I(min)} - U_Z}{I_{Z(min)} + I_{L(max)}} = \frac{(12-9)\ \text{V}}{(5+56)\ \text{mA}} \approx 0.049\ \text{k}\Omega = 49\ \Omega \tag{1.3.2}$$

R 的取值也将直接影响实际工作时流过稳压管的最大电流。当取电阻标称值 $R = 47\ \Omega$ 时，还要考虑另一种最坏情况，即输入电压达到最大 $U_{I(max)}$时，负载电流达到最小，也就是负载开路，$I_L = 0$。此时原本流过负载的电流将全部流经稳压管，I_Z 达到最大值 $I_{Z(max)}$，即

$$I_{Z(max)} = \frac{U_{I(max)} - U_Z}{R} - I_{L(min)} = \frac{(13.6-9)\ \text{V}}{49\ \Omega} \approx 0.098\ \text{mA} = 98\ \text{mA}$$

已知收音机需要 9 V 直流电压，即稳压管的稳压值 $U_Z = 9$ V，此时稳压管最大耗散功率为

$$P_{ZM} = U_Z I_{Z(max)} = 9\ \text{V} \times 98\ \text{mA} = 882\ \text{mW} = 0.882\ \text{W}$$

当 $U_{\mathrm{I}} = U_{\mathrm{I(max)}}$且为满负荷的情况下，$R$ 上所消耗的功率为

$$P_{\mathrm{R}} = U_{\mathrm{R}} I_{\mathrm{R}} = (U_{\mathrm{I(max)}} - U_{\mathrm{Z}}) \frac{U_{\mathrm{I(max)}} - U_{\mathrm{Z}}}{R} = \frac{(U_{\mathrm{I(max)}} - U_{\mathrm{Z}})^2}{R}$$

$$= \frac{(13.6\ \mathrm{V} - 9\ \mathrm{V})^2}{47\ \Omega} \approx 0.45\ \mathrm{W}$$

综上所述，稳压管的选取应为：稳压值等于 9 V，最小电流小于等于 5 mA，最大电流大于 98 mA，最大耗散功率大于 0.882 W。选用 2CW107 可满足要求。电阻的选取为：阻值等于 47 Ω，额定功率大于 0.45 W。为安全和可靠起见，限流电阻 R 选用 47Ω、1W 的电阻为宜。

1.3.2 其他类型二极管

1. 发光二极管

发光二极管（Light Emitting Diode，简称 LED）包括可见光、不可见光、激光等不同类型。发光二极管的发光颜色取决于所用材料，目前有红、绿、黄、橙等色。发光二极管也具有单向导电性，只有当外加的正向电压使得正向电流足够大时才发光，它的开启电压比普通二极管大，红色的为 1.6~1.8 V，绿色的约为 2 V。正向电流愈大，发光愈强。使用时，应特别注意不要超过最大功耗、最大正向电流和反向击穿电压等极限参数。发光二极管因其驱动电压低、功耗小、寿命长、可靠性高等优点广泛用于显示电路中。目前已有高亮度、颜色可变的新产品，用于装饰、显示屏、汽车尾灯、照明，等等。

2. 光电二极管

光电二极管是远红外线接收管，是一种进行光能与电能转换的器件。PN 结型光电二极管充分利用 PN 结的光敏特性，将接收到的光的变化转换成电流的变化。在无光照时，与普通二极管一样，具有单向导电性。

除上述特殊二极管外，还有利用 PN 结势垒电容制成的变容二极管，可用于电子调谐、频率的自动控制、调频调幅、调相和滤波等电路中；利用高掺杂材料形成 PN 结的隧道效应制成的隧道二极管，可用于振荡、过载保护、脉冲数字电路中；利用金属与半导体之间的接触势垒而制成的肖特基二极管，因其正向导通电压小、结电容小而用于微波混频、检测，集成化数字电路等场合。

思考题

1.3.1 稳压电路中的限流电阻 R 起什么作用?

1.3.2 现有两只稳压管，它们的稳定电压分别为 6 V 和 8 V，正向导通电压为 0.7 V。将它们串联相接，则可得到几种稳压值?各为多少?将它们并联相接，则又可得到几种稳压值?各为多少?

习　题

1.3.1 已知稳压管的稳定电压 $U_{\mathrm{Z}} = 6\ \mathrm{V}$，稳定电流的最小值 $I_{Z(\min)} = 5\ \mathrm{mA}$，最大功耗

$P_{ZM}=150\ \text{mW}$。试求图题 1.3.1 所示电路中电阻 R 的取值范围。

1.3.2 已知图题 1.3.2 所示电路中稳压管的稳定电压 $U_Z=6\ \text{V}$，稳定电流的最小值 $I_{Z(\min)}=5\ \text{mA}$，最大稳定电流 $I_{Z(\max)}=25\ \text{mA}$。

（1）分别计算 U_I 为 10 V、15 V、35 V 三种情况下的输出电压 U_O 的值；

（2）若 $U_I=35$ V 时负载开路，则会出现什么现象？为什么？

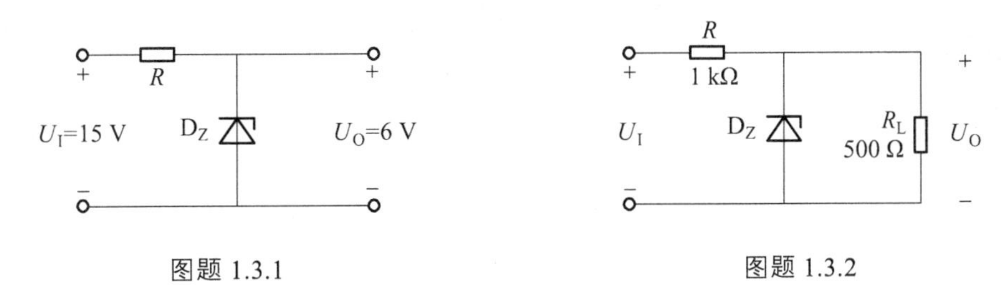

图题 1.3.1　　　　图题 1.3.2

1.3.3 电路如图题 1.3.3（a）、（b）所示，稳压管的稳定电压 $U_Z=3\ \text{V}$，R 取值合适，u_I 的波形如图（c）所示。试分别画出 u_{O1} 和 u_{O2} 的波形。

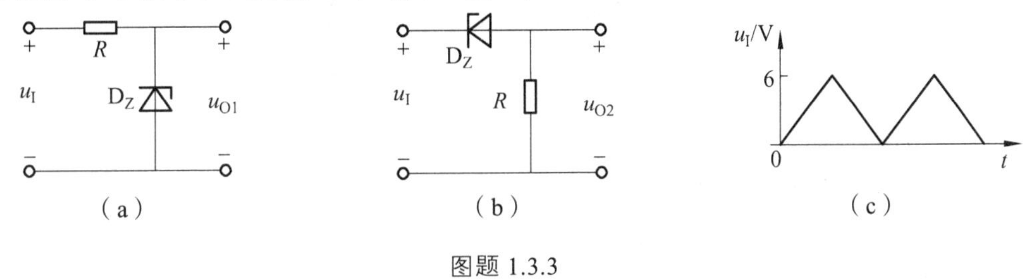

图题 1.3.3

1.3.4 在图题 1.3.4 所示电路中，发光二极管导通电压 $U_D=1.5\ \text{V}$，正向电流在 5 ~ 15 mA 时才能正常工作。试问：

（1）开关 S 在什么位置时发光二极管才能发光？

（2）R 的取值范围是多少？

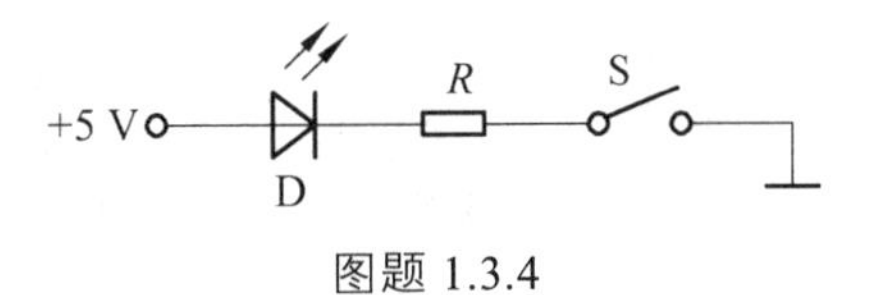

图题 1.3.4

第 2 章　双极型三极管及其放大电路

双极型三极管（Bipolar Junction Transistor，BJT）俗称半导体三极管，在它问世后的近 30 年时间里，一直是电子电路设计中的首选器件。BJT 作为一种重要的器件，在某些应用领域（如汽车电子仪器、无线系统的射频电路中）具有一定的优势。在高速数字系统中，BJT 射极耦合逻辑器件也被使用。

本章将首先介绍 BJT 的物理结构、工作原理、*I–U* 特性曲线和主要参数。接着讨论 BJT 构成的放大电路的两种基本分析方法，即图解法和小信号模型分析法，以及共射极、共集电极、共基极三种组态的放大电路的性能和特点。

2.1　双极型三极管

BJT 因其有自由电子和空穴两种极性的载流子同时参与导电而得名。它的种类很多，按照所用的半导体材料分，有硅管和锗管；按照工作频率分，有低频管和高频管；按照功率分有小、中、大功率管，等等。常见的 BJT 外形如图 2.1.1 所示。

图 2.1.1　晶体管的几种常见外形

2.1.1　晶体管的结构及类型

BJT 的结构示意图如图 2.1.2（a）、（b）所示。在一个硅（或锗）片上生成三个杂质半导体区域：一个 P 区夹在两个 N 区中间，或者一个 N 区夹在两个 P 区中间。因此，BJT 有两种类型：NPN 型和 PNP 型。从三个杂质半导体区域各自引出一个电极，分别称为发射极 e、集电极 c、基极 b，它们对应的杂质半导体区域分别称为发射区、集电区和基区。这三个区域的特点是：基区宽度很薄（微米数量级），而且掺杂浓度很低；发射区和集电区是同类型的杂质半导体，但前者比后者掺杂浓度高很多，而集电结面积大于发射结面积，因此它们不是电气对称的。BJT 的外特性与这三个区域的特点密切相关。三个杂质半导体区域之间形成了两个离得很近的 PN 结，发射区与基区间的 PN 结称为发射结，集电区与基区间的 PN 结称为集电结。图 2.1.2（c）、（d）分别是 NPN 型和 PNP 型 BJT 的电路符号，其中发射极上的箭头表示发射结外加正偏电压时，发射极电流的实际方向。

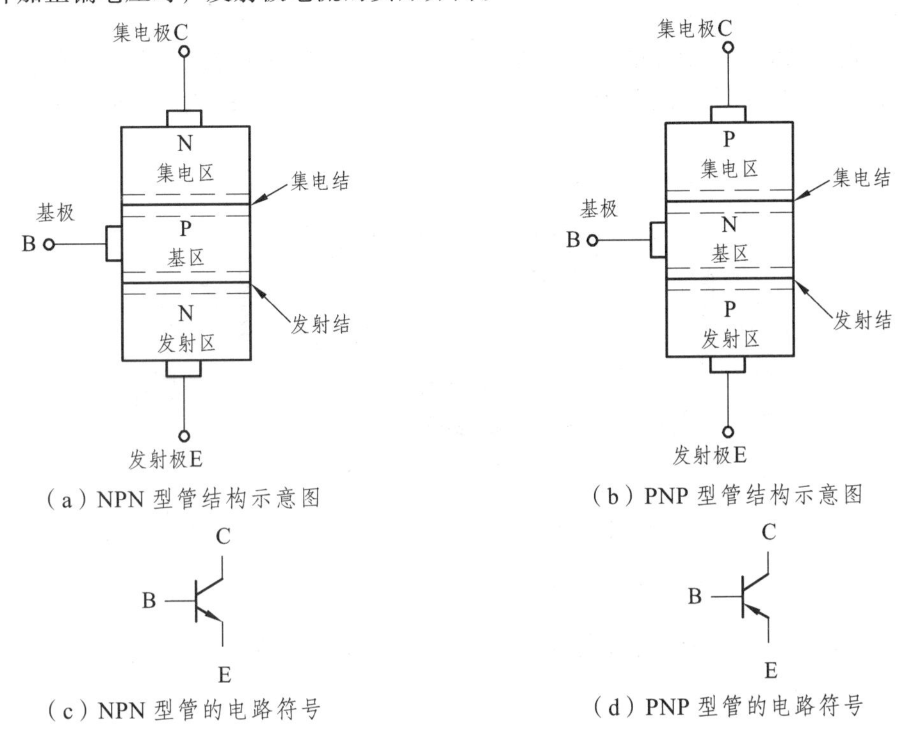

（a）NPN 型管结构示意图

（b）PNP 型管结构示意图

（c）NPN 型管的电路符号

（d）PNP 型管的电路符号

图 2.1.2　两种类型 BJT 的结构示意图及其电路符号

本章主要讨论 NPN 型 BJT 及其电路，但结论对 PNP 型 BJT 同样适用，只不过两者所需的直流电源电压的极性相反，产生的电流方向也相反。

2.1.2　放大状态下 BJT 的工作原理

BJT 内部含有两个背靠背互有影响的 PN 结。当这两个 PN 结的偏置条件（正偏或反偏）不同时，BJT 将呈现不同的特性和功能，可能有四种工作状态：放大、饱和、截止与倒置。下面讨论 BJT 在放大状态下的工作原理。

2.1.2.1　BJT 内部载流子的传输过程

BJT 的电流放大作用是由其内部载流子的定向（由发射区向集电区）运动体现出来的。为保证内部载流子能做这样的定向运动，实现电流放大作用，则要求无论是 NPN 型还是 PNP 型的 BJT，都应将它们的发射结加正向偏置电压、集电结加反向偏置电压。下面以 NPN 型管为例，分析在两组偏置电压的共同作用下，BJT 内部载流子的传输过程。

1. 发射区向基区扩散载流子，形成发射极电流 I_E

图 2.1.3 示出了一个处于放大状态的 NPN 型 BJT 内部载流子的传输过程。由于发射结外加正向电压，发射区的多子电子将不断通过发射结扩散到基区，形成发射结电子扩散电流 I_{EN}，

其方向与电子扩散方向相反。同时，基区的多子空穴也要扩散到发射区，形成空穴扩散电流 I_{EP}，其方向与 I_{EN} 相同。I_{EN} 和 I_{EP} 一起构成受发射结正向电压 U_{BE} 控制的发射结电流（也就是发射极电流）I_E，即

$$I_E = I_{EN} + I_{EP} = I_{ES}(e^{U_{BE}/U_T} - 1) \approx I_{ES}e^{U_{BE}/U_T} \tag{2.1.1}$$

式中，I_{ES} 为发射结的反向饱和电流，其值与温度、发射区及基区的掺杂浓度有关，还与发射结的面积成比例。I_{ES} 的典型值在 10^{-15}~10^{-12} A。对于某些特殊的 BJT，I_{ES} 的值也可能超出这一范围。

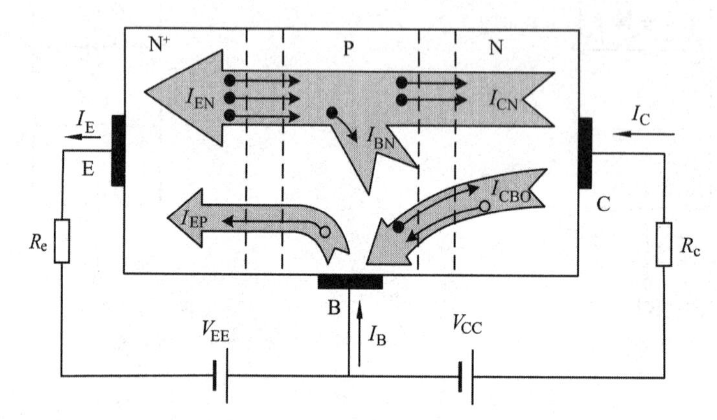

图 2.1.3　放大状态下 BJT 中载流子的传输过程

式（2.1.1）说明发射极电流 I_E 与发射结正偏电压 U_{BE} 呈指数关系。由于基区掺杂浓度很低，I_{EP} 很小，可以认为

$$I_E = I_{EN} + I_{EP} \approx I_{EN} \tag{2.1.2}$$

2. 载流子在基区扩散与复合，形成复合电流 I_{BN}

由发射区扩散到基区的载流子电子在发射结边界附近浓度最高，离发射结越远浓度越低，形成了一定的浓度梯度。浓度差使扩散到基区的电子继续向集电结方向扩散。在扩散过程中，有一部分电子与基区的空穴复合，形成基区复合电流 I_{BN}。由于基区很薄，掺杂浓度又低，因此电子与空穴复合的机会少，I_{BN} 很小，大多数电子都能扩散到集电结边界。基区被复合掉的空穴由电源 V_{EE} 从基区拉走电子来补充。

3. 集电区收集载流子，形成集电极电流 I_C

由于集电结上外加反偏电压，空间电荷区的内电场被加强，对基区扩散到集电结边缘的载流子电子有很强的吸引力，使它们很快漂移过集电结，被集电区收集，形成集电极电流中受发射结正向电压 U_{BE} 控制的电流 I_{CN}，其方向与电子漂移的方向相反。显然有 $I_{CN} = I_{EN} - I_{BN}$。与此同时，基区自身的少子电子和集电区的少子空穴也要在集电结反偏电压作用下产生漂移运动，形成集电结反向饱和电流 I_{CBO}，其方向与 I_{CN} 方向一致。I_{CN} 和 I_{CBO} 一起构成集电极电流 I_C，即

$$I_C = I_{CN} + I_{CBO} \tag{2.1.3}$$

I_{CBO} 不受发射结电压控制，因而对放大没有贡献。它的大小取决于基区和集电区的少子浓

度，数值很小，但它受温度影响很大，容易使 BJT 工作不稳定。

由图 2.1.3 和式（2.1.2）、式（2.1.3）可见，BJT 的基极电流为

$$I_B = I_{EP} + I_{BN} - I_{CBO} = I_{EP} + I_{EN} - I_{CN} - I_{CBO} = I_E - I_C \tag{2.1.4}$$

BJT 有三个电极，在放大电路中也有三种连接方式，共基极、共发射极（简称共射极）和共集电极，即分别把基极、发射极、集电极作为输入和输出端口的共同端，如图 2.1.4 所示。需要说明的是，无论是哪种连接方式，要使 BJT 有放大作用，都必须保证发射结正偏、集电结反偏，而其内部载流子的传输过程相同，电流分配关系也相同。

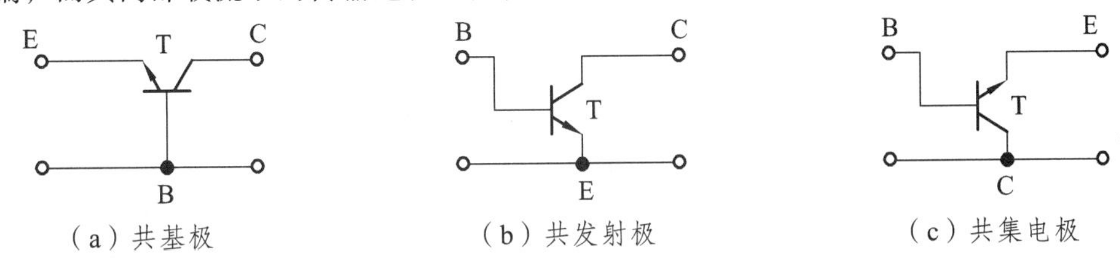

图 2.1.4　BJT 的三种连接方式

2.1.2.2　晶体管的电流分配关系

从载流子的传输过程可知，由于 BJT 结构上的特点，确保了在发射结正偏电压、集电结反偏电压的共同作用下，由发射区扩散到基区的载流子绝大部分能够被集电区收集，形成电流 I_{CN}，一小部分在基区被复合，形成电流 I_{BN}。通常把 I_{CN} 与发射极电流 I_E 的比定义为 BJT 共基极直流电流放大系数 $\bar{\alpha}$，即

$$\bar{\alpha} = \frac{I_{CN}}{I_E} \tag{2.1.5}$$

它表达了 I_E 转化为 I_{CN} 的能力。显然 $\bar{\alpha} < 1$ 但接近于 1，一般在 0.98 以上。

将式（2.1.5）代入式（2.1.3），则得

$$I_C = \bar{\alpha} I_E + I_{CBO} \tag{2.1.6}$$

当 I_{CBO} 很小时，有

$$I_C \approx \bar{\alpha} I_E \tag{2.1.7}$$

式（2.1.7）描述了 BJT 在共基极连接时（如图 2.1.3 所示），输出电流 I_C 受输入电流 I_E 控制的电流分配关系。

由于 $I_E = I_C + I_B$，将它代入式（2.1.6）整理后可得 BJT 在共射极连接时输出电流 I_E 受输入电流 I_B 控制的电流分配关系，即

$$I_C = \frac{\bar{\alpha}}{1-\bar{\alpha}} I_B + \frac{1}{1-\bar{\alpha}} I_{CBO} = \bar{\beta} I_B + I_{CEO} \tag{2.1.8}$$

其中

$$\bar{\beta} = \frac{\bar{\alpha}}{1-\bar{\alpha}} \tag{2.1.9}$$

$$I_{CEO} = \frac{1}{1-\overline{\alpha}} I_{CBO} = (1+\overline{\beta}) I_{CBO} \tag{2.1.10}$$

$\overline{\beta}$称为共射极直流电流放大系数。I_{CEO}是集电极与发射极之间的反向饱和电流，常称为穿透电流。I_{CEO}的数值一般很小，当它可忽略时，式（2.1.10）可简化为

$$I_C \approx \overline{\beta} I_B \tag{2.1.11}$$

由式（2.1.4）、式（2.1.11）可得 BJT 在共集电极连接时输出电流 I_E受输入电流 I_B控制的电流分配关系，即

$$I_E = I_B + I_C = (1+\overline{\beta}) I_B \tag{2.1.12}$$

上述电流分配关系说明，无论采用哪种连接方式，BJT 在发射结正偏、集电结反偏，而且$\overline{\alpha}$或$\overline{\beta}$保持不变时，输出电流 I_C（或 I_E）正比于输入电流 I_E（或 I_B）。如果能控制输入电流，就能控制输出电流，所以常将 BJT 称为电流控制器件。实质上由式（2.1.1）可知，I_E是受正向发射结电压 U_{BE}控制的，因此 I_C和 I_B也是受正向发射结电压 U_{BE}控制的。这体现了 BJT 的正向受控特性。利用这一特性，可以把微弱的电信号加以放大。

2.1.2.3　BJT 在电压放大电路中的应用举例

图 2.1.5 是一个简单电压放大电路的原理图。其中电源 V_{EE}保证 BJT 的发射结处于正偏，而 V_{CC}保证集电结处于反偏，使 BJT 工作在不失真的放大状态。在发射极和基极之间的输入回路中加入一待放大的输入信号 Δu_i（例如 $\Delta u_i = 20$ mV），这样发射结的外加电压 u_{EB}（$=-V_{EE}+\Delta u_i+i_E R_e$）将随 Δu_i而变化。由于 PN 结上的正向电压对电流的控制作用是很灵敏的，因此 Δu_i的微小变化就可以引起 i_E的很大变化量（例如 $\Delta i_E = 1$ mA），相应产生 i_C的变化量 Δi_C（当 $\alpha = 0.98$ 时，$\Delta i_C = 0.98$ mA），Δi_C流过接在集电极上的负载电阻 R_L(1 kΩ)，产生一个变化的电压 Δu_o（$\Delta u_o = \Delta i_C \times R_L = 0.98\ \text{mA} \times 1\ \text{k}\Omega = 0.98$ V），则从 R_L上取出来的变化电压 Δu_o随时间的变化规律和 Δu_i相同，但幅度却大了许多倍，实现了电压放大，电压增益为：

$$\dot{A}_u = \frac{\Delta u_o}{\Delta u_i} = \frac{0.98\ \text{V}}{20\ \text{mV}} = 49$$

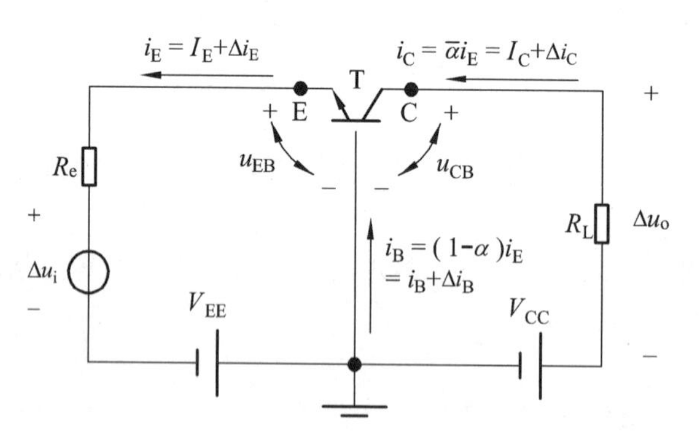

图 2.1.5　简单电压放大电路的原理图

2.1.3　BJT 的共射极 *I-U* 特性曲线

BJT 的 *I-U* 特性曲线能直观地描述各极电流与各极间电压之间的关系。由图 2.1.4 可见，

不管是哪种连接方式，都可以把 BJT 视为一个二端口网络，其中一个端口是输入端口（端口变量是输入电流和输入电压），另一个端口是输出端口（端口变量是输出电流和输出电压）。因此要完整地描述 BJT 的 *I-U* 特性，必须选用两组特性曲线。工程上最常用的是 BJT 的输入特性和输出特性曲线，一般都采用实验方法逐点描绘出来或用专用的晶体管 *I-U* 特性图示仪直接在荧屏上显示出来。

由于 BJT 在不同组态时具有不同的端电压和电流，因此，它们的 *I-U* 特性曲线也就各不相同。这里着重讨论共射极连接时的 *I-U* 特性曲线。

BJT 连接成共射极形式时，输入电压为 u_{BE}，输入电流为 i_B，输出电压为 u_{CE}，输出电流为 i_C，如图 2.1.6 所示。

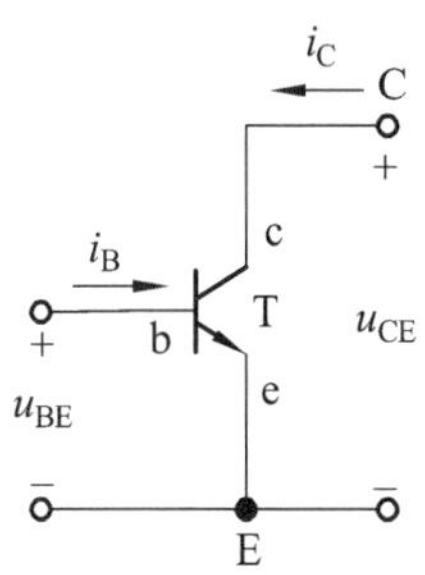

图 2.1.6　共射极连接

2.1.3.1　输入特性曲线

输入特性曲线描述管压降 u_{CE} 一定的情况下，基极电流 i_B 与发射结压降 u_{BE} 之间的函数关系，即

$$i_B = f(u_{BE})\big|_{u_{CE}=常数} \tag{2.1.13}$$

因为发射结正偏，所以 BJT 的输入特性曲线与半导体二极管的正向 *I-U* 特性曲线相似。但随着 u_{CE} 的增加，特性曲线向右移动。也就是说，当保持 u_{BE} 不变时，随着 u_{CE} 的增加，i_B 将减小。或者说，当保持 i_B 不变时，随着 u_{CE} 的增加，u_{BE} 将增大。

当 u_{CE} = 0 V 时，相当于集电极与发射极短路，即发射结与集电结并联。因此，输入特性曲线与 PN 结的伏安特性相类似，呈指数关系，见图 2.1.7 中标注 u_{CE} = 0V 的那条曲线。当 u_{CE} 增大时，曲线将右移，见图 2.1.7 中标注 1 V 和 10 V 的曲线。这是因为，由发射区注入基区的非平衡少子有一部分越过基区和集电结形成集电极电流 i_C，使得在基区参与复合运动的非平衡少子随 u_{CE} 的增大（即集电结反向电压的增大）而减小；因此，要获得同样的 i_B 就必须加大 u_{BE}，使发射区向基区注入更多的电子。

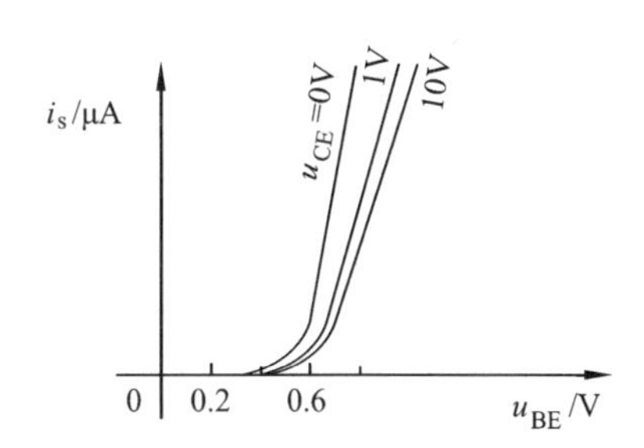

图 2.1.7　共射极输入特性曲线

实际上，对于确定的 u_{BE} 当 u_{CE} 增大到一定值以后，集电结的电场已足够强，可以将发射区注入基区的绝大部分非平衡少子都收集到集电区，因而再增大 u_{CE}，i_C 也不可能明显增大了，也就是说 i_B 已基本不变。因此，u_{CE} 超过一定数值后，曲线不再明显右移而基本重合。对于小功率管，可以用 u_{CE} 大于 1 V 的任何一条曲线来近似 u_{CE} 大于 1 V 的所有曲线。

2.1.3.2　输出特性曲线

输出特性曲线描述基极电流 i_B 为常量时，集电极电流 I_C 与管压降 u_{CE} 之间的函数关系，即

$$i_C = f(u_{CE})\big|_{I_B=常数} \tag{2.1.14}$$

图 2.1.8 是 NPN 型硅 BJT 共射极连接时的输出特性曲线。由图可以看到 BJT 的三个工作

区域：放大区、饱和区和截止区（图中的截止区范围有所夸大，实际上对硅管而言，$i_B=0$ 的那条曲线几乎与横轴重合）。

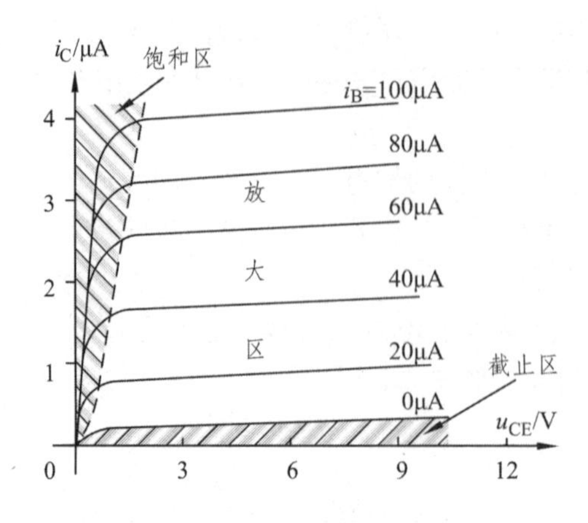

图 2.1.8　共射极输出特性曲线

1. 放大区

BJT 工作在放大区时，发射结正偏电压大于开启电压，而集电结反偏。在放大区域内，BJT 输出特性曲线的特点是各条曲线几乎与横坐标轴平行，但随着 u_{CE} 的增加，各条曲线略向上倾斜。在理想情况下，当 i_B 按等差变化时，输出特性是一簇横轴的等距离平行线，i_C 几乎仅仅取决于 i_B，而与 u_{CE} 无关，表现出 i_B 对 i_C 的控制作用：$I_C=\overline{\beta}I_B$，$\Delta i_C=\beta\Delta i_B$。

2. 饱和区

一般称 BJT 的发射结和集电结均处于正向偏置的区域为饱和区。在该区域内，有 $u_{CE}\leqslant u_{BE}$，因而集电结内电场被削弱，集电结收集载流子的能力减弱，这时即使 i_B 增加，i_C 也增加不多，或者基本不变，说明 i_C 不再服从 βi_B 的电流分配关系了。但 i_C 随 u_{CE} 的增加而迅速上升。该区域内的 u_{CE} 很小，称为 BJT 的饱和压降 u_{CES}，其大小与 i_B 及 i_C 有关。图 2.1.8 中的虚线是饱和区与放大区的分界线，称为临界饱和线。对于小功率管，认为当 $u_{CE}=u_{BE}$（即 $u_{BC}=0$）时，BJT 处于临界饱和（或临界放大）状态。但在实际应用中，当集电结上所加的正向偏置电压较小（硅管小于 4 V，锗管小于 0.1 V）时，集电结收集载流子的能力仍然较强，结电压对电流的控制作用和放大状态接近。

3. 截止区

截止区是指集电结反向偏置，发射结上偏置电压小于 PN 结的开启电压，发射极电流 $i_E=0$ 时所对应的区域，此时 $i_B=-I_{CBO}$。但对于小功率管而言，工程上常把 $i_B=0$ 的那条输出特性曲线以下的区域称为截止区。因为 $i_B=0$ 时，虽有 $i_C=I_{CEO}$，但小功率管的 I_{CEO} 通常很小，可以忽略它的影响。

2.1.3.3　举例

例 2.1.1　现已测得某电路中几只 NPN 型晶体管三个极的直流电位如表 2.1.1 所示，各晶体管 b-e 间开启电压 U_{on} 均为 0.5 V。试分别说明各管子的工作状态。

解：在电子电路中，可以通过测试晶体管各极的直流电位来判断晶体管的工作状态。

对于 NPN 型管，当 b-e 间电压 $u_{BE}<U_{on}$ 时，管子截止；当 $u_{BE}>U_{on}$ 且管压降 $u_{CE}\geqslant u_{BE}$（或 $V_C\geqslant V_B$）时，管子处于放大状态；当 $u_{CE}\geqslant u_{BE}$ 且管压降 $u_{CE}<u_{BE}$（或 $V_C<V_B$）时，管子处于饱和状态。

硅管的 U_{on} 约为 0.5 V，锗管的 U_{on} 约为 0.1 V。对于 PNP 型管，读者可类比 NPN 型管总结规律。

表 2.1.1　例 2.1.1 中各晶体管电极直流电位

晶体管	T_1	T_2	T_3	T_4
基极直流电位 V_B/V	0.7	1	−1	0
发射极直流电位 V_E/V	0	0.3	−1.7	0
集电极直流电位 V_C/V	5	0.7	0	15
工作状态				

根据上述规律可知，T_1 处于放大状态，因为 $U_{BE}=0.7$ V 且 $U_{CE}=5$ V，$U_{CE}>U_{BE}$。T_2 处于饱和状态，因为 $U_{BE}=0.7$ V，且 $U_{CE}=U_C-U_E=0.4$ V，$U_{CE}<U_{BE}$。T_3 处于放大状态，因为 $U_{BE}=U_B-U_E=0.7$ V，且 $U_{CE}=U_C-U_E=1.7$ V，$U_{CE}>U_{BE}$。T_4 处于截止状态，因为 $U_{BE}=0$ V $<U_{on}$。将分析结果填入表 2.1.2。

表 2.1.2　例 2.1.1 中各晶体管的工作状态

晶体管	T_1	T_2	T_3	T_4
工作状态	放大	饱和	放大	截止

2.1.4　晶体管的主要参数

BJT 的参数可用来表征其性能的优劣和适应范围，是合理选择和正确使用 BJT 的依据。在计算机辅助分析和设计中，根据晶体管的结构和特性，要用几十个参数全面描述它。这里只介绍在近似分析中最主要的参数，它们均可在半导体器件手册中查到。

2.1.4.1　直流参数

1. 共射直流电流放大系数 $\overline{\beta}$

$$\overline{\beta}\approx\frac{I_C-I_{CEO}}{I_B} \tag{2.1.15}$$

当 $I_C>>I_{CEO}$ 时，有

$$\overline{\beta}\approx\frac{I_C}{I_B} \tag{2.1.16}$$

2. 共基直流电流放大系数 $\overline{\alpha}$

$$\overline{\alpha}=\frac{I_C-I_{CBO}}{I_E} \tag{2.1.17}$$

当 I_{CBO} 可忽略时，有

$$\overline{\alpha} \approx I_C / I_E \tag{2.1.18}$$

3. 极间反向电流

1）集电极-基极反向饱和电流 I_{CBO}

I_{CBO} 是集电结加上一定的反偏电压时，集电区和基区的平衡少子各自向对方漂移形成的反向电流。它实际上和单个 PN 结的反向电流是一样的，因此，它只取决于温度和少数载流子的浓度。在一定温度下，这个反向电流基本上是个常数，所以称为反向饱和电流。一般 I_{CBO} 的值很小，小功率硅管的 I_{CBO} 小于 1 μA，而小功率锗管的 I_{CBO} 约为 10 μA。因 I_{CBO} 是随温度增加而增加的，因此在温度变化范围大的工作环境应选用硅管。

2）集电极-发射极反向饱和电流 I_{CEO}

I_{CEO} 是基极开路时，由集电区穿过基区流向发射区的反向饱和电流，所以也常称为穿透电流，$I_{CEO} = (1+\overline{\beta})I_{CBO}$。同一型号的管子反向电流愈小，性能愈稳定。选用管子时，I_{CBO} 与 I_{CEO} 应尽量小。硅管比锗管的极间反向电流小 2~3 个数量级，因此温度稳定性也比锗管好。

2.1.4.2 交流参数

交流参数是描述晶体管对于动态信号的性能指标。

1. 共射交流电流放大系数 β

$$\beta = \left.\frac{\Delta i_C}{\Delta i_B}\right|_{u_{CE}=\text{常数}} \tag{2.1.19}$$

显然，β 与 $\overline{\beta}$ 的含义不同，$\overline{\beta}$ 反映静态（直流工作状态）时的电流放大特性，β 反映动态（交流工作状态）时的电流放大特性。但在 BJT 输出特性曲线比较平坦（恒流特性较好）且各条曲线间距离相等的条件下，可认为 $\beta \approx \overline{\beta}$，故可混用。由于制造工艺的分散性，即使是同型号的 BJT，其 β 值也有差异，通常为 50~200。一般分立元件放大电路中取 $\beta = 30\sim80$ 的 BJT 为宜。集成电路中，由于制造工艺和电路功能的不同，有些 BJT 的 β 值可能小于 10，如横向 PNP 型管；有些则可能高达数千，如超 β 管。

2. 共基交流电流放大系数 α

$$\alpha = \left.\frac{\Delta i_C}{\Delta i_E}\right|_{u_{CB}=\text{常数}} \tag{2.1.20}$$

同样，在输出特性曲线较平坦且各曲线间距相等的条件下，可认为 $\alpha \approx \overline{\alpha} = 1$。

3. 特征频率 f_T

由于晶体管中 PN 结结电容的存在，晶体管的交流电流放大系数是所加信号频率的函数。信号频率高到一定程度时，集电极电流与基极电流之比不但数值下降，而且会产生相移。使共射电流放大系数的数值下降到 1 的信号频率称为特征频率 f_T。

2.1.4.3 极限参数

极限参数是指为使晶体管安全工作对它的电压、电流和功率损耗的限制。

1. 最大集电极耗散功率 P_{CM}

P_{CM} 取决于晶体管的温升。当硅管的温度高于 150°C、锗管的温度高于 70°C 时，管子特性明显变坏甚至烧坏。对于确定型号的晶体管，P_{CM} 是一个确定值，即 $P_{CM} = i_C u_{CE}$ = 常数，在输出特性坐标平面中为双曲线中的一条，如图 2.1.9 所示。曲线右上方为过损耗区。

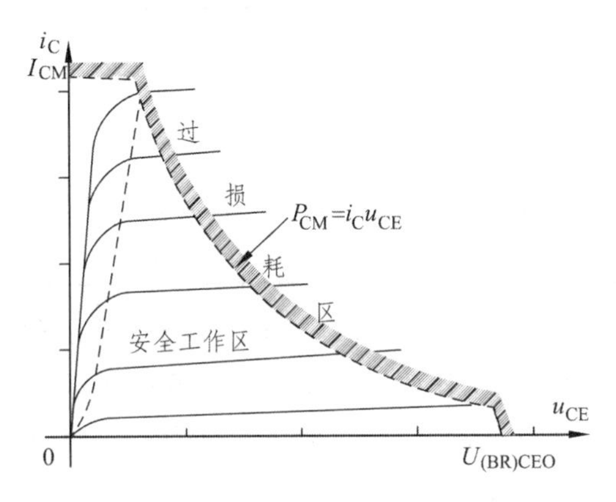

图 2.1.9　晶体管的极限参数

对于大功率管的 P_{CM}，应特别注意测试条件，如对散热片的规格要求。当散热条件不满足要求时，允许的最大功耗将小于 P_{CM}。

2. 最大集电极电流 I_{CM}

i_C 在相当大的范围内 β 值基本不变，但当 i_C 的数值大到一定程度时 β 值将减小。使 β 值明显减小的 i_C 即为 I_{CM}。对于合金型小功率管，定义当 $u_{CE} = 1$ V 时，由 $P_{CM} = i_C u_{CE}$ 得出的 i_C 即为 I_{CM}。

3. 极间反向击穿电压

晶体管的某一电极开路时，另外两个电极间所允许加的最高反向电压称为极间反向击穿电压，超过此值时管子会发生击穿现象。下面是各种击穿电压的定义：

$U_{(BR)CBO}$ 是发射极开路时集电极-基极间的反向击穿电压，这是集电结所允许加的最高反向电压。

$U_{(BR)CEO}$ 是基极开路时集电极-发射极间的反向击穿电压，此时集电结承受反向电压。

$U_{(BR)EBO}$ 是集电极开路时发射极-基极间的反向击穿电压，这是发射结所允许加的最高反向电压。

对于不同型号的管子，$U_{(BR)CBO}$ 为几十伏到上千伏，$U_{(BR)CEO}$ 小于 $U_{(BR)CBO}$，而 $U_{(BR)EBO}$ 只有 1 V 以下到几伏。此外，集电极-发射极间的击穿电压还有：b-e 间接电阻时的 $U_{(BR)CER}$，短路时的 $U_{(BR)CES}$，接反向电压时的 $U_{(BR)CEX}$ 等。

在组成晶体管电路时，应根据需求选择管子的型号。例如用于组成音频放大电路时，应选低频管；用于组成宽频带放大电路时，应选高频管或超高频管；用于组成数字电路时，应选开关管；若管子温升较高或反向电流要求小，则应选用硅管；若要求 b-e 间导通电压低，则应选用锗管。而且，为防止晶体管在使用中损坏，必须使之工作在图 2.1.9 所示的安全区，同时 b-e 间的反向电压要小于 $U_{(BR)EBO}$；对于功率管，还必须满足散热条件。

2.1.4.4 举例

例 2.1.2 在一个单管放大电路中，电源电压为 30 V，已知三只管子的参数如表 2.1.3 所示，请选用一只管子并简述理由。

表 2.1.3 例 2.1.2 的晶体管参数表

晶体管参数	T_1	T_2	T_3
I_{CBO}/μA	0.01	0.1	0.05
U_{CEO}/V	50	50	20
β	15	100	100

解： T_1 管虽然 I_{CBO} 很小，即温度稳定性好，但 β 很小，放大能力差，故不宜选用。T_3 管虽然 I_{CBO} 较小且 β 较大，但因 U_{CEO} 仅为 20 V，小于工作电源电压 30 V，在工作过程中有可能被击穿，故不能选用。T_2 管的 I_{CBO} 较小，β 较大，且 U_{CEO} 大于电源电压，所以 T_2 最合适。

2.1.5 温度对晶体管特性及参数的影响

由于半导体材料的热敏性，晶体管的参数几乎都与温度有关。对于电子电路，如果不能解决温度稳定性问题，将不能使其实用。

1. 温度对 I_{CBO} 的影响

因为 I_{CBO} 是集电结加反向电压时平衡少子的漂移运动形成的，所以，当温度升高时，热运动加剧，有更多的价电子获得足够的能量挣脱共价键的束缚，从而使少子浓度明显增大。因而参与漂移运动的少子数目增多，从外部看就是 I_{CBO} 增大。可以证明，温度每升高 10 °C，I_{CBO} 增加约 1 倍。反之，当温度降低时 I_{CBO} 减小。

由于 $I_{CEO}=(1+\overline{\beta})I_{CBO}$，所以温度变化时，$I_{CEO}$ 也会产生相应的变化。

由于硅管的 I_{CBO} 比锗管的小得多，所以从绝对数值上看，硅管比锗管受温度的影响要小得多。

2. 温度对输入特性的影响

与二极管伏安特性相类似，当温度升高时，正向特性将左移，如图 2.1.10 所示，反之将右移。

$|u_{BE}|$具有负温度系数，当温度变化 1 °C 时，若 i_B 不变，则$|u_{BE}|$大约变化 2~2.5 mV，即温度每升高 1 °C，大约下降 2~2.5 mV。换言之，若 u_{BE} 不变，则当温度升高时 i_B 将增大，反之 i_B 减小。

3. 温度对输出特性的影响

图 2.1.11 所示为某晶体管在温度变化时输出特性变化的示意图，实线所示为 20 °C 时的特性曲线，虚线所示为 60 °C 时的特性曲线，且 I_{B1}、I_{B2}、I_{B3} 分别等于 I'_{B1}、I'_{B2}、I'_{B3}。当温度

从 20 °C 升高至 60 °C 时，不但集电极电流增大，而且其变化量 $\Delta i'_C > \Delta i_C$，说明温度升高时 β 增大。可见，温度升高时，由于 I_{CEO}、β 增大，且输入特性左移，所以导致集电极电流增大。

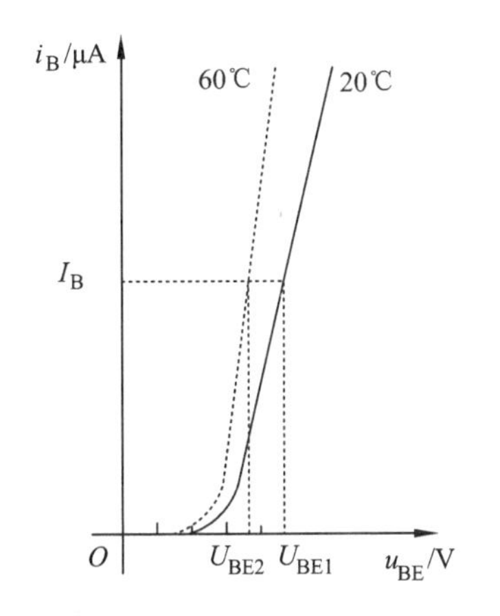

图 2.1.10　温度对晶体管输入特性的影响

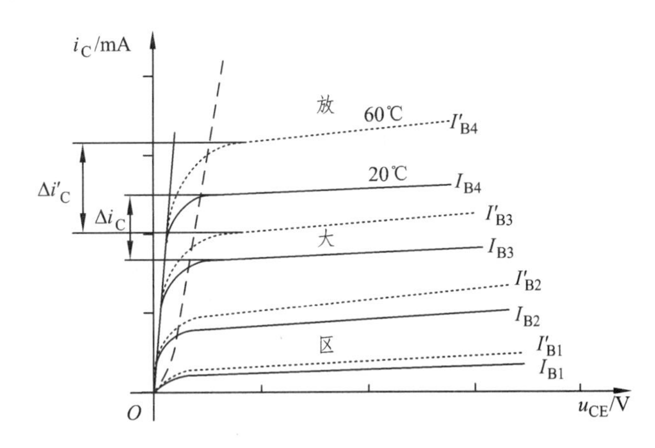

图 2.1.11　温度对晶体管输出特性的影响

思考题

2.1.1　既然晶体管具有两个 PN 结，可否用两个二极管相连以构成一只晶体管？试说明其理由。

2.1.2　晶体管的电流放大系数 α、β 是如何定义的？能否从共射极输出特性上求得 β 值，并算出 α 值？在整个输出特性上，$\beta(\alpha)$值是否均匀一致？

2.1.3　为什么说少数载流子的数目虽少，但却是影响二极管、晶体管温度稳定性的主要因素？

2.1.4　晶体管要安全工作，受哪些极限参数的限制?这些极限参数是如何规定的?

2.1.5　为使 NPN 型管和 PNP 型管工作在放大状态，应分别在外部加什么样的电压?

2.1.6　在实验中应用什么方法判断晶体管的工作状态?

习　题

2.1.1　填空题

1. 晶体管工作在放大区时，b-e 间为（　　），b-c 间为（　　）；工作在饱和区时，b-e 间为（　　），b-c 间为（　　）。

2. 工作在放大状态的晶体管，流过发射结的主要是(　　)，流过集电结的主要是(　　)。

3. NPN 型和 PNP 型晶体管的区别是（　　）。

2.1.2　有两个晶体管，A 管的 $\beta = 200$，$I_{CEO(pt)} = 200$ μA；B 管的 $\beta = 50$，$I_{CEO(pt)} = 10$ μA；其他参数大致相同。请问，相比之下哪个管子性能好？为什么？

2.1.3　在放大电路中，测得晶体管 A 和 B 的三个电极对地电位分别为：9 V，3.6 V，3 V 和−9 V，−6 V，−6.2 V。试据此判别这两个晶体管的类型（是 NPN 管还是 PNP 管，是硅管还是锗管），并指出 E、B、C 三个电极。

2.1.4　已知两只晶体管的电流放大系数 β 分别为 50 和 100，现测得放大电路中这两只管子两个电极的电流如图题 2.1.4 所示。分别求另一电极的电流，标出其实际方向，并在圆圈中画出管子。

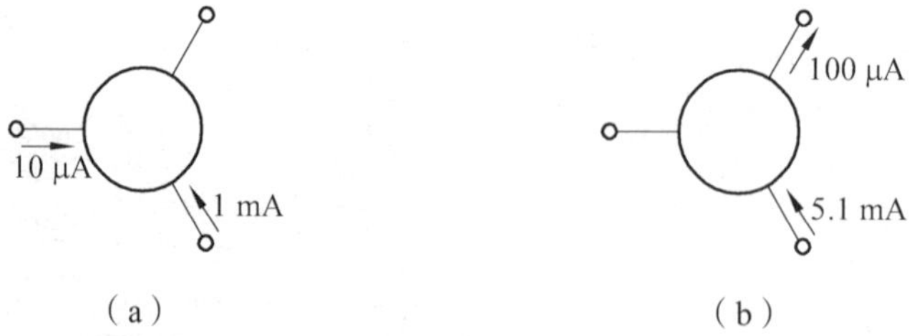

10 μA　1 mA　100 μA　5.1 mA

（a）　（b）

图题 2.1.4

2.1.5　测量三极管三个电极对地电位如图题 2.1.5 所示，试判断三极管的工作状态。

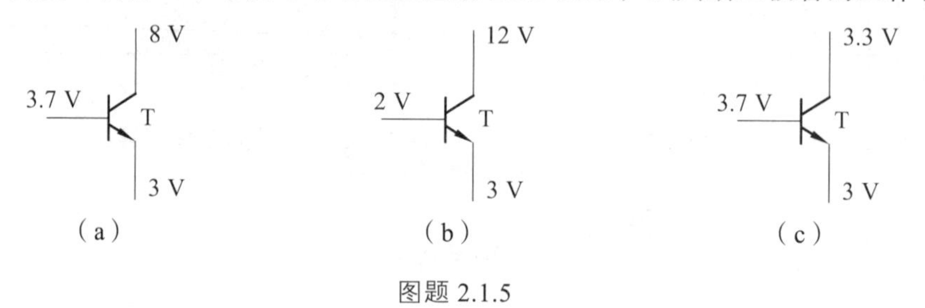

（a）　（b）　（c）

图题 2.1.5

2.2　放大电路模型及主要性能指标

信号的放大是最基本的模拟信号处理功能，它是通过放大电路实现的，大多数模拟电子系统中都应用了不同类型的放大电路。放大电路也是构成其他模拟电路，如滤波、振荡、稳压等功能电路的基本单元电路。所以可以说，放大电路是模拟电子技术的核心电路。

2.2.1　放大的概念

传感器输出的电信号通常是很微弱的，例如，微音器的输出电压仅有毫伏量级，而细胞电生理实验中所检测到的电流甚至只有皮安（pA，10^{-12} A）量级。对这些过于微弱的信号，一般情况下既无法直接显示，也很难做进一步分析处理。若想用传统指针式仪表显示出来，通常必须把它们放大到数百毫伏量级才行。若对信号进行数字化处理，则需要把信号放大到数伏量级才能被一般的模数转换器所接受。还有些电子系统需要输出较大的功率，例如，家用音响系统往往需要把音频信号功率提高到数瓦数十瓦甚至更高。对这些信号的处理都离不开放大电路。

这里所说的放大都是指线性放大，也就是说放大电路输出信号中包含的信息与输入信号完全相同，既不减少任何原有信息，也不增加任何新的信息，只改变信号幅度或功率的大小（在时域或频域观察，信号任何一点的幅值都是按照相同的比例变化）。例如，将信号送入放大电路放大后，希望放大电路输出的信号，除了幅值增大外，应是输入信号的重现。输出波形的任何变形，都被认为是产生了失真。

针对不同的应用，需要设计不同的放大电路，其细节将在本书后续各章中讨论，这里作为引导，只简要介绍有关放大电路的基本概念。

2.2.2 放大电路的模型

根据实际所关注的输入信号形式和输出信号形式的不同，放大电路可分为 4 种类型，即：电压放大、电流放大、互阻放大和互导放大。根据双口网络的端口特性，可以建立 4 种不同类型的放大电路模型。电压放大模型适用于信号源内阻 R_{si} 较小而且负载电阻 R_L 较大的场合，是采用较多的模型。电压放大模型如图 2.2.1 所示。

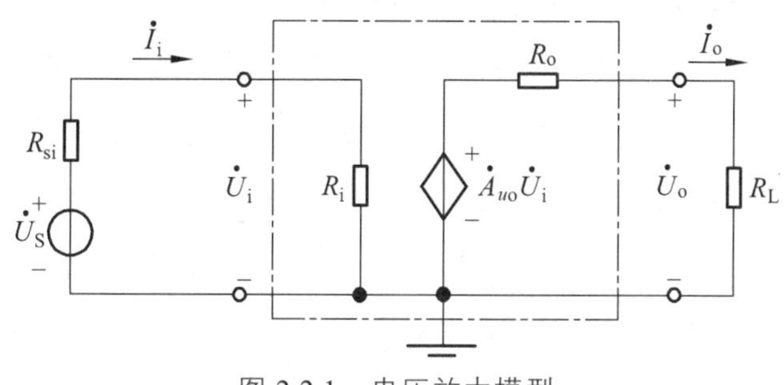

图 2.2.1　电压放大模型

主要考虑电压增益的电路称为**电压放大电路**。电压放大电路中输出电压 u_o 和输入电压 u_i 的关系，则可表达为

$$\dot{U}_o = \dot{A}_u\dot{U}_i \tag{2.2.1}$$

式中 $\dot{A}_u$ 为电路的**电压增益**。语音放大系统中对微音器输出电压信号的放大，使用的就是这种放大电路。

放大电路输入端口电压和电流的关系，可以用一个等效电阻来反映。而对于放大电路的输出端口，根据电路理论知识，可以用一个信号源和它的内阻来等效。图 2.2.1 中点画线框内是一般化的电压放大电路模型。

模型由输入电阻 R_i、输出电阻 R_o 和受控电压源 $\dot{A}_{uo}\dot{U}_i$ 三个基本元件构成，其中 u_i 为输入电压，$\dot{A}_{uo}$ 为输出开路（$R_L = \infty$）时的电压增益。值得注意的是，由于放大电路的输出总是与输入有关，即受输入信号的控制，所以，电路模型输出端口中的信号源是受控源，而不是独立信号源。在图 2.2.1 所示模型中，受控电压源 $\dot{A}_{uo}\dot{U}_i$ 受输入电压 $\dot{U}_i$ 的控制并随 $\dot{U}_i$ 线性变化。信号源中的信号通过该模型，可在 R_L 两端得到与 u_s 呈线性关系的输出信号 $\dot{U}_o$。

从图 2.2.1 可以看出，由于 R_o 与 R_L 的分压作用，使负载电阻 R_L 上的电压信号 u_o 小于受控电压源的幅值，即

$$\dot{U}_o = \dot{A}_{uo}\dot{U}_i \frac{R_L}{R_L + R_o} \tag{2.2.2}$$

可见，其电压增益为

$$\dot{A}_u = \frac{\dot{U}_o}{\dot{U}_i} = \dot{A}_{uo}\frac{R_L}{R_L + R_o} \tag{2.2.3}$$

$\dot{A}_u$ 的恒定性受到 R_L 变化的影响，随 R_L 的减小而降低。为了减小负载电阻对放大电路电压增益的影响，就要求在电路设计时努力使 $R_o \ll R_L$，理想电压放大电路的输出电阻应为 $R_o = 0$。

信号衰减的另一个环节在输入回路。信号源内阻 R_{si} 和放大电路输入电阻 R_i 的分压作用，使真正到达放大电路输入端的实际电压为

$$\dot{U}_i = \dot{U}_s \frac{R_i}{R_{si} + R_i} \tag{2.2.4}$$

显然，只有当 $R_i > R_{si}$ 时，才能使 R_{si} 对信号的衰减作用大为减小。这就要求设计电压放大电路时，应尽量提高电路的输入电阻 R_i。理想电压放大电路的输入电阻应为 $R_i \to \infty$。此时，$\dot{U}_i = \dot{U}_s$ 避免了信号在输入回路的衰减。当然，输入电阻过大也会导致输入电流过小，易受外界电磁信号的干扰，所以也不宜过大。

2.2.3 放大电路的性能指标

放大电路的性能指标是衡量它的品质优劣的标准，并决定其适用范围。这里主要讨论放大电路的输入电阻、输出电阻、增益、频率响应和非线性失真等几项主要性能指标。

2.2.3.1 输入电阻

前述四种放大电路，不论使用哪种模型，其输入电阻 R_i 和输出电阻 R_o 均可用图 2.2.2 来表示。由图可以看出，输入电阻等于输入电压 $\dot{U}_i$ 与输入电流 $\dot{I}_i$ 的比值，即 $R_i = \frac{\dot{U}_i}{\dot{I}_i}$。输入电阻 R_i 的大小决定了放大电路能从信号源获取多大的信号。对于输入为电压信号的放大电路，即电压放大和互导放大电路，R_i 越大，则放大电路输入端的 $\dot{U}_i$ 值越大。反之，输入为电流信号的放大电路，即电流放大和互阻放大电路，R_i 越小，注入放大电路的输入电流 $\dot{I}_i$ 越大。

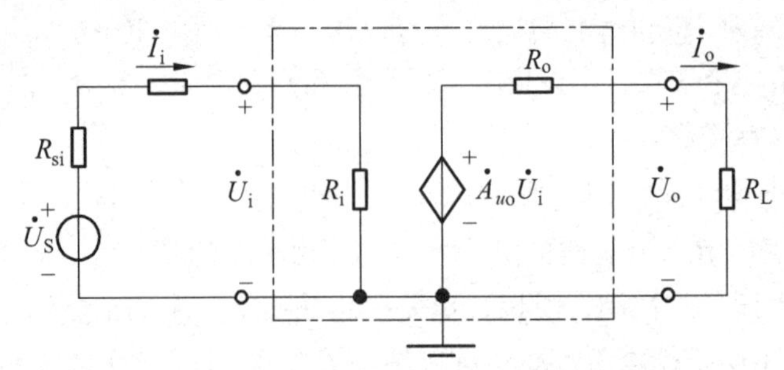

图 2.2.2 放大电路的输入电阻和输出电阻

当定量分析放大电路的输入电阻 R_i 时，一般可假定在输入端外加一测试电压 $\dot{U}_t$，如图 2.2.3（a）所示，相应地产生一测试电流 $\dot{I}_t$，于是可算出输入电阻为

$$R_i = \frac{U_t}{I_t} \tag{2.2.5}$$

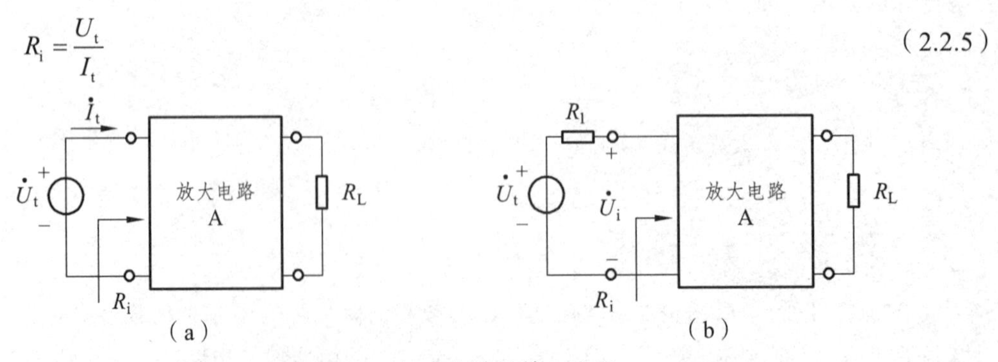

图 2.2.3 放大电路的输入电阻

实际上，实验中大多采用测电压的方法，即在输入回路串入一个已知的电阻 R_1，如图 2.2.3（b）所示，测得电压 $\dot{U}_i$，由公式 $R_i=\dfrac{R_1\dot{U}_i}{\dot{U}_t-\dot{U}_i}$ 计算得到 R_i 的值。

2.2.3.2　输出电阻

放大电路输出电阻 R_o 的大小将影响它带负载的能力。所谓带负载能力，是指放大电路输出量随负载变化的程度。当负载变化时，输出量变化很小或基本不变表示带负载能力强，即输出量与负载大小的关联程度越弱，放大电路的带负载能力越强。对于不同类型的放大电路，输出量的表现形式是不一样的。例如，电压放大和互阻放大电路，输出量为电压信号。对于这类放大电路，R_o 越小，负载电阻 R_L 的变化对输出电压 u_o 的影响越小[参见式（2.2.3）]。这两种放大电路中只要负载电阻 R_L 足够大，信号输出功率 $P_o=U_o^2/R_L$ 就比较低，供电电源的能耗也较低，它们多用于信号的前置放大和中间级放大。对输出为电流信号的放大电路，即电流放大和互导放大，与受控电流源并联的输出电阻 R_o 越大，负载电阻 R_L 的变化对输出电流 i_o 的影响就越小[参见式（2.2.6）]。在供电电源电压相同的条件下，与前两种放大电路相比，这两种放大电路可输出较大的电流信号，从而输出功率 $P_o=I_o^2R$ 可能达到较大的值，同时电源供给的功率也较大，通常用于电子系统的输出级，可作为各种变换器（如音响系统的扬声器、动力系统的电动机等）的驱动电路。这些变换器可以将电信号变换为其他物理量。

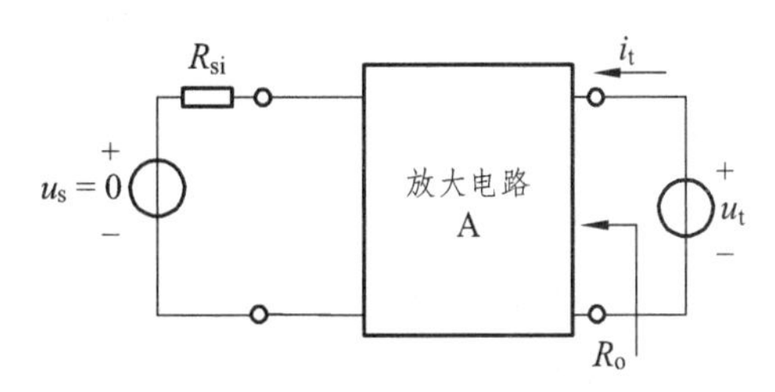

图 2.2.4　放大电路的输出电阻

当定量分析放大电路的输出电阻 R_o 时，可采用图 2.2.4 所示的方法。在信号源短路（$u_s=0$，但保留 R_{si}）和负载开路（$R_L=\infty$）的条件下，在放大电路的输出端加一测试电压 u_t，相应地产生一测试电流 i_t，于是可得输出电阻为

$$R_o=\left.\frac{\dot{U}_t}{\dot{I}_t}\right|_{u_s=0,\ R_L=\infty} \tag{2.2.6}$$

根据这个关系，即可算出各种放大电路的输出电阻。

在实验中，通常采用测量电压的方法，即分别测得放大电路开路时的输出电压 $\dot{U}_o'$ 和带已知负载 R_L 时的输出电压 $\dot{U}_o$，由公式

$$R_o=\left[\left(\frac{\dot{U}_o'}{\dot{U}_o}\right)-1\right]R_L$$

计算得到 R_o 的值。必须注意，以上所讨论的放大电路的输入电阻和输出电阻不是直流电阻，而是在线性运用情况下的交流电阻，用符号 R 带有小写字母下标 i 和 o 来表示。有关这方面的详细情况，将在后续章节中讨论。

2.2.3.3　增益

4 种放大电路分别具有不同的增益，如电压增益 A_u、电流增益 A_i、互阻增益 A_r 及互导增益 A_g。它们实际上反映了放大电路在输入信号控制下，将供电电源能量转换为信号能量的能力。其中 A_u 和 A_i 两种无量纲增益在工程上常用以 10 为底的对数增益表达，其基本单位为贝

尔（Bel，B），平时用它的 1/10 单位“分贝”（decibel，dB）。这样用分贝表示的电压增益和电流增益分别如下所示：

$$A_u(\mathrm{dB}) = 20\lg|\dot{A}_u|\,\mathrm{dB} \tag{2.2.7}$$

$$A_i(\mathrm{dB}) = 20\lg|\dot{A}_i|\,\mathrm{dB} \tag{2.2.8}$$

由于功率与电压（或电流）的平方成比例，因而功率增益表示为

$$A_p(\mathrm{dB}) = 10\lg A_p\,\mathrm{dB} \tag{2.2.9}$$

因为在某些情况下，$\dot{A}_u$ 或 $\dot{A}_i$ 可能为负数，意味着信号的输出与输入之间存在 180°的相位差，这与对数增益为负值时的意义是不同的。所以为避免混淆，用分贝表示增益时，$\dot{A}_u$ 和 $\dot{A}_i$ 取绝对值。例如，当放大电路的电压增益为–20dB 时，表示信号电压经过放大电路后，衰减到原来的 1/10，即$|\dot{A}_u| = 0.1$；而当增益为–20 倍时，表示$|\dot{A}_u| = 20$，但输出电压与输入电压之间的相位差是 180°。也就是说，当用分贝数表示放大电路增益时，仅反映输出与输入信号之间的大小关系，不包含相位关系。用对数方式表达放大电路的增益之所以在工程上得到广泛应用，是由于：（1）当用对数坐标表达增益随频率变化的曲线时，可大大扩大增益变化的视野（参见本书有关频率响应的讨论）；（2）计算多级放大电路的总增益时，可将乘法化为加法进行运算。上述两点有助于简化电路的分析和设计过程。

2.2.3.4　通频带

实际的放大电路中总是存在一些电抗性元件，如电容和电感元件以及电子器件的极间电容、接线电容与接线电感等。因此，放大电路的输出和输入之间的关系必然和信号频率有关。放大电路的频率响应，是指在输入正弦信号情况下，输出随输入信号频率连续变化的稳态响应。

若考虑电抗性元件的作用和信号角频率变量，则放大电路的电压增益可表达为

$$\dot{A}_u(\mathrm{j}\omega) = \frac{\dot{U}_\mathrm{o}(\mathrm{j}\omega)}{\dot{U}_\mathrm{i}(\mathrm{j}\omega)} \tag{2.2.10}$$

或

$$\dot{A}_u = A_u(\omega)\angle\varphi(\omega) \tag{2.2.11}$$

式中 ω 为信号的角频率，$A_u(\omega)$ 表示电压增益的模与角频率之间的关系，称为**幅频响应**；而 $\varphi(\omega)$ 表示放大电路输出与输入正弦电压信号的相位差与角频率之间的关系，称为**相频响应**，将二者综合起来可全面表征放大电路的频率响应。

图 2.2.5 是一个普通音响系统放大电路的幅频响应。为了符合通常的习惯，横坐标采用频率单位 $f = \omega/(2\pi)$。值得注意的是，图中的坐标均采用对数刻度。这样处理不仅把频率和增益变化范围扩展得很宽，而且在绘制近似频率响应曲线时也十分简便。

图 2.2.5 所示幅频响应的中间一段是平坦的，即增益保持常数 60 dB，称为中频区（也称为通带区）。在 20 Hz 和 20 kHz 两点处增益分别下降 3 dB，而在低于 20 Hz 和高于 20 kHz 的两个区域，增益随频率远离这两点而下降。在输入信号幅值保持不变的条件下，对应于增益下降 3 dB 的频率点处，其输出功率约等于中频区输出功率的一半，因此该频率点通常也称为半功率点。一般把幅频响应的高、低两个半功率点间的频率差，定义为放大电路的带宽或通

频带，即

$$BW = f_H - f_L \tag{2.2.12}$$

式中，f_H 是频率响应的高端半功率点，也称为**上限频率**，而 f_L 则称为**下限频率**。由于通常有 $f_L << f_H$ 的关系，故有 BW ≈ f_H。

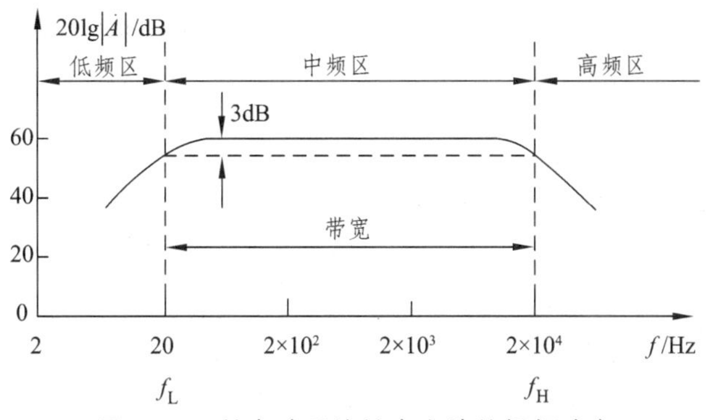

图 2.2.5　某音响系统放大电路的幅频响应

2.2.3.5　失真

1. 线性失真

理论上许多非正弦信号的频谱范围都延伸到无穷大，而放大电路的带宽却是有限的，并且相频响应也不能保持为常数。例如，图 2.2.6（a）中输入信号由基波和二次谐波组成，如果受放大电路带宽所限制，基波增益较大，而二次谐波增益较小，于是输出电压波形产生了失真。这种由于放大电路带宽所限，导致对不同频率信号幅值的放大倍数不同而产生的失真，称为**幅度失真**。同样，当放大电路对不同频率的信号产生的时延不同时也会产生失真，称为**相位失真**。在图 2.2.6（b）中，如果放大后二次谐波的时延与基波的时延不同，输出电压波形也会变形。应当指出，一般情况下幅度失真和相位失真几乎是同时发生的，在图 2.2.6 中分开讨论这两种失真，只是为了方便读者理解。幅度失真和相位失真总称为**频率失真**，它们都是由线性电抗元件引起的，所以又称为**线性失真**，以区别于由于元器件非线性特性造成的非线性失真。

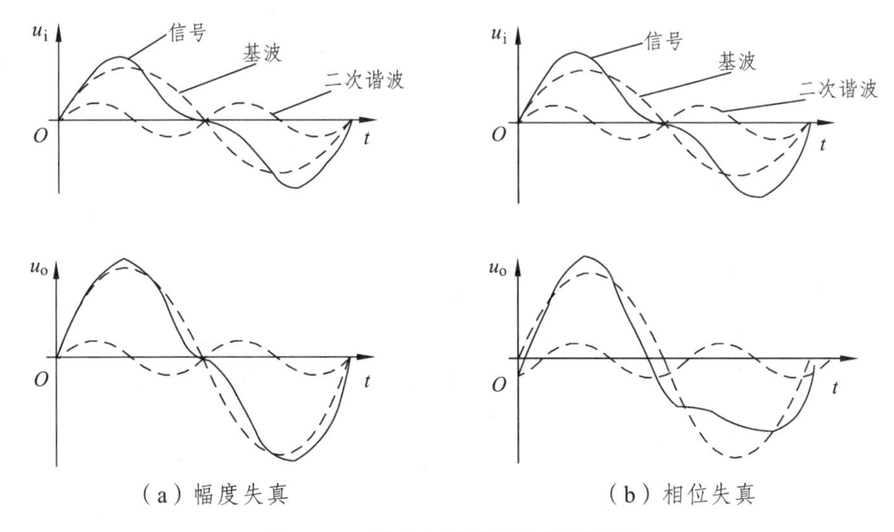

图 2.2.6　放大电路的输入输出波形

为将信号的频率失真限制在容许的范围之内，就要求在设计放大电路时，正确估计信号的有效带宽（即包含信号主要能量或信息的频谱宽度），以使放大电路带宽与信号带宽相匹配。若放大电路带宽不够，则会带来明显的频率失真；而带宽过宽，往往造成噪声电平升高或使电路成本增加。

语音系统放大电路带宽定在 20 Hz~20 kHz，这与人类听觉的生理功能相匹配。由于人耳对音频信号的相位变化不敏感，所以不过多考虑放大电路的相频响应特性。但在有些情况下，特别是对信号的波形形状有严格要求的场合，确定放大电路的带宽还须兼顾其相频响应特性。

2. 非线性失真

放大电路对信号的放大应是线性的。例如，可以通过图 2.2.7（a）所示的电压传输特性曲线，来描述放大电路输出电压与输入电压的这种线性关系。描述放大电路输出量与输入量关系的曲线，称为放大电路的传输特性曲线。图 2.2.7（a）中的电压传输特性是一条直线，表明输出电压 u_o 与输入电压 u_i 具有线性关系，直线的斜率就是放大电路的电压增益。然而，实际的放大电路并非如此。由于构成放大电路的元器件本身是非线性的，加之放大电路工作电源的电压都是有限的。所以，实际的传输特性不可能达到图 2.2.7（a）所示的理想状态，较典型的情况如图 2.2.7（b）所示。由此看出，曲线上各点切线的斜率并不完全相同，表明放大电路的电压增益不能保持恒定，而是随输入电压的变化而变化。由放大电路这种非线性特性引起的失真称为**非线性失真**。从频域的角度看，非线性失真会使输出波形产生新的高次谐波分量。在设计和应用放大电路时，应尽可能使放大电路工作在线性区。对于图 2.2.7（b）来说，应工作在曲线的中间部位，该部位的斜率基本相同。有关非线性失真的细节，将在后续相关章节中讨论。

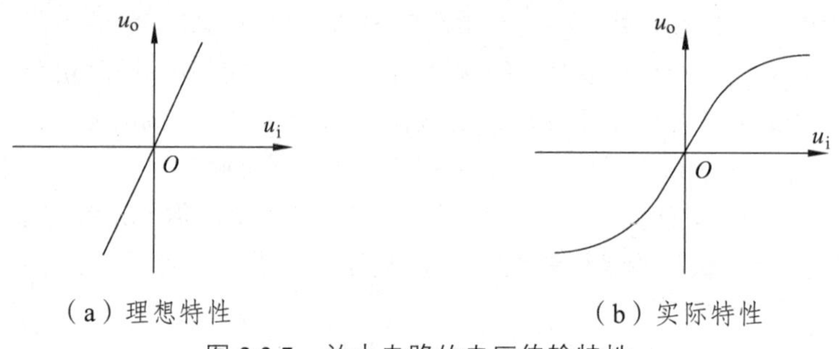

（a）理想特性　　（b）实际特性

图 2.2.7　放大电路的电压传输特性

向放大电路输入标准的正弦波信号，可以测定输出信号的非线性失真程度，并用下面定义的非线性失真系数来衡量

$$\gamma = \frac{\sqrt{\sum_{k=2}^{\infty} U_{ok}^2}}{U_{o1}} \times 100\% \qquad (2.2.13)$$

式中，U_{o1} 是输出电压信号基波分量的有效值，U_{ok} 是各高次谐波分量的有效值，k 为正整数。可见，非线性失真系数越大，表明失真越严重。非线性失真程度对某些放大电路来说显得比较重要，高保真度的音响系统即是常见的例子。随着电子技术的进步，目前即使增益较高、输出功率较大的放大电路，非线性失真系数也可做到不超过 0.01%。

放大电路除上述 5 种主要性能指标外，针对不同用途的电路，还常会提出一些其他指标，诸如最大输出功率、效率、转换速率、信号噪声比、抗干扰能力等，甚至在某些特殊使用场合还会提出体积、重量、工作温度、环境温度等要求。其中有些在通常条件下很容易达到的技术指标，在特殊条件下往往就变得很难达到。强背景噪声、高温等恶劣运行环境，即属于这类特殊条件。要想全面达到应用中所要求的性能指标，除合理设计电路外，还要靠选择高质量的元器件及高水平的制造工艺来保证，尤其是后者经常被初学者所忽视。上述问题有些在后续章节中进行讨论，有些则不属于本课程的范围，有兴趣的读者可参考有关文献资料及在以后工作实践中学习。

思考题

2.2.1 在放大电路中，输出电流和输出电压是由有源元件提供的吗?为什么?

2.2.2 在放大电路中，输出电压是否一定大于输入电压?输出电流是否一定大于输入电流?放大电路放大的特征是什么?

习 题

2.2.1 有两个 $R_b = 100$ 的放大电路Ⅰ和Ⅱ分别对同一个具有内阻的电压信号进行放大时，得到 $U_{o1} = 4.85\ \text{V}$，$U_{o2} = 4.95\ \text{V}$。由此可知放大电路（ ）比较好，因为它的（ ）。

2.2.2 在某放大电路输入端测量到输入正弦信号的电流和电压峰-峰值分别为 5 μA 和 5 mV，输出端接 2 kΩ 电阻负载，测量到正弦电压信号峰-峰值为 1 V。试计算该放大电路的电压增益 A_u，电流增益 A_i，并分别换算成 dB 数。

2.2.3 当负载电阻 $R_L = 1\ \text{k}\Omega$ 时，电压放大电路输出电压比负载开路（$R_L = \infty$）时输出电压减少 20%，求该放大电路的输出电阻 R_o。

2.2.4 一电压放大电路输出端接 1 kΩ 负载电阻时，输出电压为 1 V；负载电阻断开时，输出电压上升到 1.1 V。求该放大电路的输出电阻 R_o。

2.2.6 图题 2.2.6 所示电流放大电路的输出端直接与输入端相连，求输入电阻 R_i。

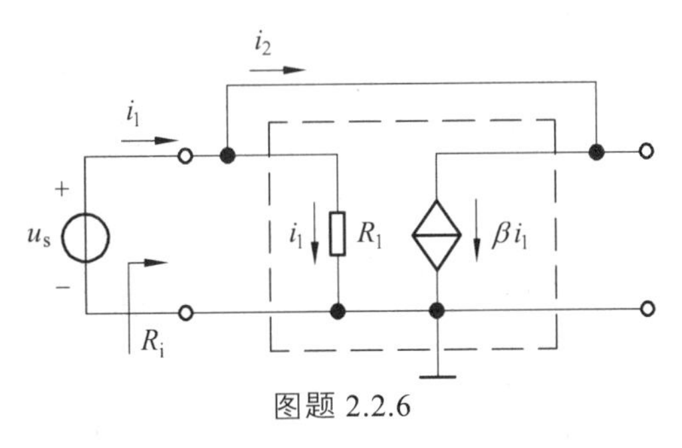

图题 2.2.6

2.3 基本共射极放大电路

2.3.1 基本共射极放大电路的工作原理

2.3.1.1 基本共射极放大电路的组成

图 2.3.1 是基本共射极放大电路的原理图。其中具有电流放大作用的 BJT 是核心元件。直

流电源 V_{BB} 通过电阻 R_b 给 BJT 的发射结提供正偏电压，并产生基极直流电流 I_B（常称为偏流）。直流电源 V_{CC} 通过电阻 R_c 并与 V_{BB} 和 R_b 配合，给集电结提供反偏电压，使 BJT 工作于放大状态。电阻 R_c 的另一个作用是将集电极电流 i_c 的变化转换为电压的变化，再送到放大电路的输出端。u_s 是待放大的时变输入信号，加在基极与发射极间的输入回路中。输出信号从集电极-发射极间取出，发射极是输入回路与输出回路的共同端，所以称为**共射极放大电路**。

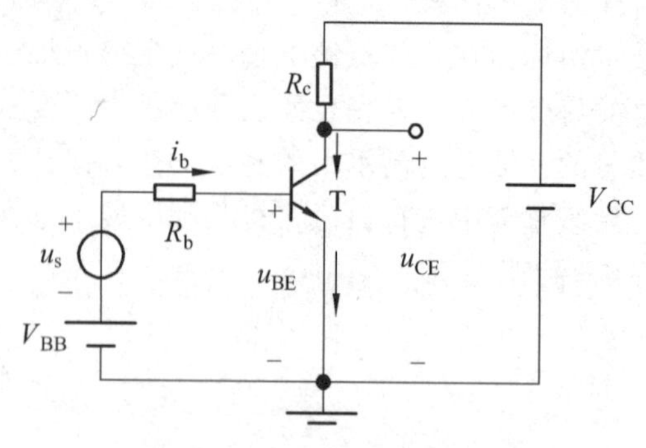

图 2.3.1　基本共射放大电路

2.3.1.2　基本共射极放大电路的工作原理

1. 静态与动态

当 $u_i = 0$ 时，称放大电路处于**静态**。在输入回路中，基极电源 V_{BB} 使晶体管 b-e 间电压 U_{BE} 大于开启电压 U_{on}，并与基极电阻 R_b 共同决定基极电流 I_B。在输出回路中，集电极电源 V_{CC} 应足够高，使晶体管的集电结反向偏置，以保证晶体管工作在放大状态，因此集电极电流 $I_C = \beta I_B$。集电极电阻 R_c 上的电流等于 I_C，因而其电压为 $I_C R_c$，从而确定了 c-e 间电压 $U_{CE} = V_{CC} - I_C R_c$。

当 u_i 不为 0 时，称放大电路处于**动态**。在输入回路中，必将在静态值的基础上产生一个动态的基极电流 i_b，当然，在输出回路就得到动态电流 i_c。集电极电阻 R_c 将集电结电流的变化转化成电压的变化，使得管压降 u_{CE} 产生变化，管压降的变化量就是输出动态电压 u_o，从而实现了电压放大。直流电源 V_{CC} 为输出提供所需能量。

2.3.1.3　直流通路与交流通路

通常，在放大电路中，直流电源的作用和交流信号的作用总是共存的，即静态电流、电压和动态电流、电压总是共存的。但是由于电容、电感等电抗元件的存在，直流量所流经的通路与交流信号所流经的通路不完全相同。因此，为了研究问题方便起见，常把直流电源对电路的作用和输入信号对电路的作用区分开来，分成直流通路和交流通路。

直流通路是在直流电源作用下直流电流流经的通路，也就是静态电流流经的通路，用于研究静态工作点。对于直流通路，有：① 电容视为开路；② 电感线圈视为短路（即忽略线圈电阻）；③ 信号源视为短路，但应保留其内阻。图 2.3.1 所示共射放大电路的直流通路如图 2.3.2（a）所示。

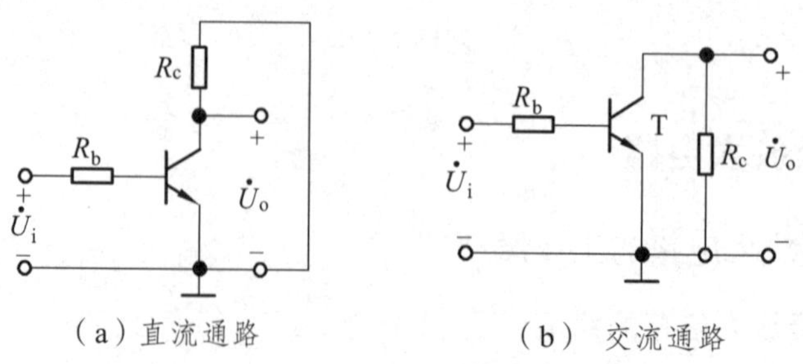

图 2.3.2　所示共射放大电路的直流通路和交流通路

交流通路是输入信号作用下交流信号流经的通路，用于研究动态参数。对于交流通路，有：①容量大的电容（如耦合电容）视为短路；②无内阻的直流电源（如 V_{CC}）视为短路。根据上述原则，图中基极电源 V_{BB} 和集电极电源 V_{CC} 的负极均接地。为了得到交流通路，应将直流电源 V_{BB} 和 V_{CC} 均短路，因而集电极电阻 R_c 并联在晶体管的集电极和发射极之间，如图 2.3.3（b）所示。

2.3.2 图解法分析及静态工作点估算

2.3.2.1 静态工作的图解分析

基本共射极放大电路如图 2.3.3 所示，用虚线把电路分成 3 部分：BJT、输入回路的管外电路、输出回路的管外电路。

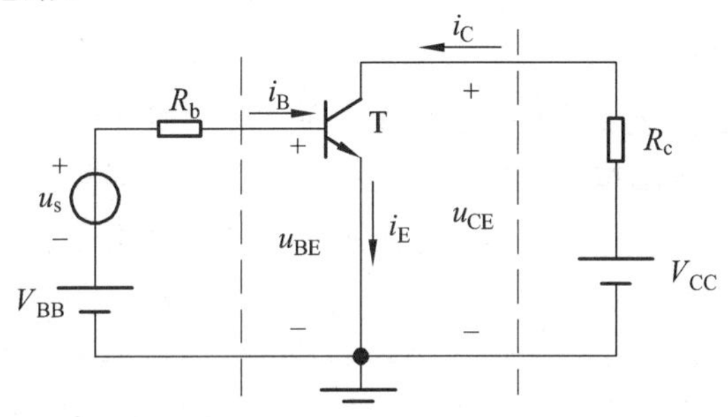

图 2.3.3 基本共射极放大电路原理图

静态时，令图中 $u_s = 0$，即得该电路的直流通路。在输入回路中，静态电流 I_B 和电压 U_{BE} 既应在 BJT 的输入特性曲线 $i_B = f(u_{BE})\big|_{u_{CE}\geq 1}$ 上，又应满足外电路（由 V_{EE}、R_b 组成）的回路方程 $u_{BE} = V_{BB} - i_B R_b$。显然，由此回路方程可作出一条斜率为 $-1/R_b$ 的直线，称其为输入直流负载线。为此，可以在 BJT 的输入特性曲线图上作出这条输入直流负载线，即在横坐标轴上取一点（V_{BB}，0），在纵坐标轴上取一点（0，V_{BB}/R_b），并连接这两点成直线，如图 2.3.4（a）所示。该直流负载线与输入特性曲线的交点就是所求的静态工作点 Q（Quiescent），其横坐标值为 U_{BEQ}，纵坐标值为 I_{BQ}。

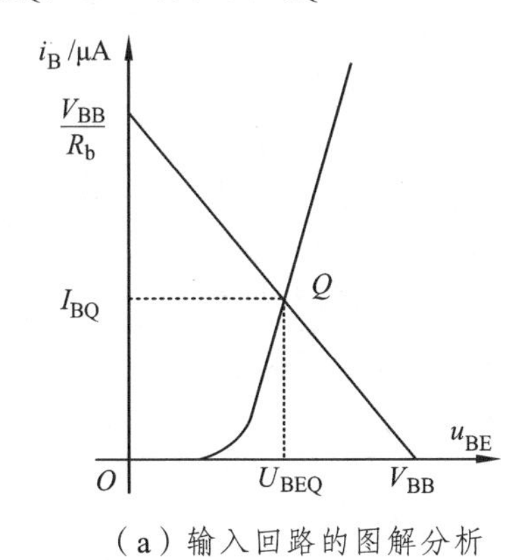

（a）输入回路的图解分析

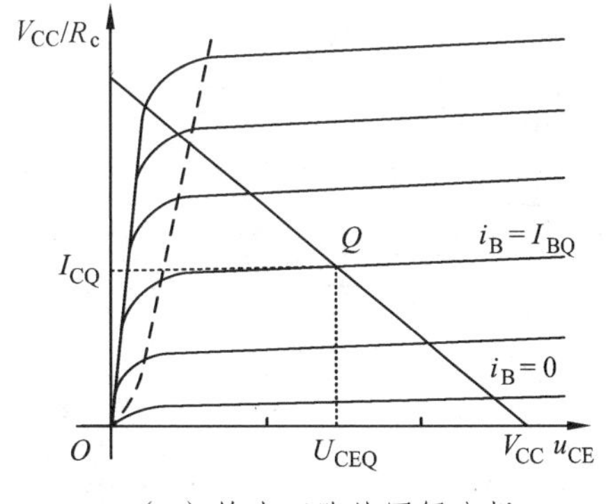

（b）输出回路的图解分析

图 2.3.4 静态工作点的图解分析

与输入回路相似，在输出回路中，静态电流 I_C 和电压 U_{CE} 既应在 $i_B = I_{BQ}$ 的那条输出特性曲线上，又应满足外电路（由 V_{CC}、R_c 组成）的回路方程 $u_{CE} = V_{CC} - i_C R_c$。该方程也是一条直线，

称为输出直流负载线，其斜率为$-1/R_c$。在 BJT 的输出特性曲线图上作出这条直线，即连接横坐标轴上的点（V_{CC}，0）和纵坐标轴上的点（0，V_{CC}/R_c）成直线，如图 2.3.4（b）所示。该直线与曲线 $i_C = f(u_{CE})|_{I_B=I_{BQ}}$ 的交点就是要求的静态工作点 Q，其横坐标值为 U_{CEQ}，纵坐标值为 I_{CQ}。

所以，静态工作点指的是点 Q（I_{BQ}，U_{BEQ}）和 Q（I_{CQ}，U_{CEQ}），因此常将上述四个直流电量写成 I_{BQ}、I_{CQ}、U_{BEQ}、U_{CEQ}。在 BJT 的放大电路中设置合适的静态工作点同样是必不可少的，因为将输入信号进行不失真地放大才有实际意义，为此，电路中的 BJT 必须始终工作在放大区域。如果没有直流电压和电流，即图 2.3.3 中的 $V_{BB}=0$，当输入电压 u_s 的幅值小于发射结的开启电压 U_{th}（硅管 0.5 V、锗管 0.1 V）时，则在输入信号的整个周期内 BJT 始终是截止的，因而输出电压没有变化量。即使输入电压幅值足够大，BJT 也只能在输入信号正半周大于 U_{th} 的时间内导通，这必然使输出电压出现严重失真。

2.3.2.2 静态工作点的估算

BJT 放大电路的静态工作点也可由它的直流通路用近似估算的方法求得。静态工作点的估算，就是将 b-e 间电压 U_{BEQ} 取一个固定数值，即认为 b-e 间等效为直流恒压源，假设晶体管在静态时工作在放大状态，集电极电流 $I_{CQ}=\beta I_{BQ}$，然后利用 I_{CQ} 求出静态管压降 U_{CEQ}，最后验证是否工作在放大区。

例 2.3.3 设图 2.3.5 所示电路中的 $V_{BB}=4$ V，$V_{CC}=12$ V，$R_b=220$ kΩ，$R_c=5.1$ kΩ，$\beta=80$，$U_{BEQ}=0.7$ V。试求该电路中的电流 I_{BQ}、I_{CQ}、U_{CEQ}，并说明 BJT 的工作状态。

解：（1）将 u_s 短路，画出图 2.3.5（a）所示电路的直流通路，如图 2.3.5（b）所示。

（2）由基极-发射极回路求 I_{BQ}。

$$I_{BQ}=\frac{V_{BB}-U_{BEQ}}{R_b}=\frac{(4-0.7)\text{V}}{220\times10^3}=1.5\times10^{-5}\text{ A}=15\ \mu\text{A}$$

（3）假设 BJT 工作在放大区，由 BJT 的电流分配关系求得

$$I_{CQ}=\beta I_{BQ}+I_{CEQ}\approx\beta I_{BQ}=80\times15\ \mu\text{A}=1.2\text{ mA}$$

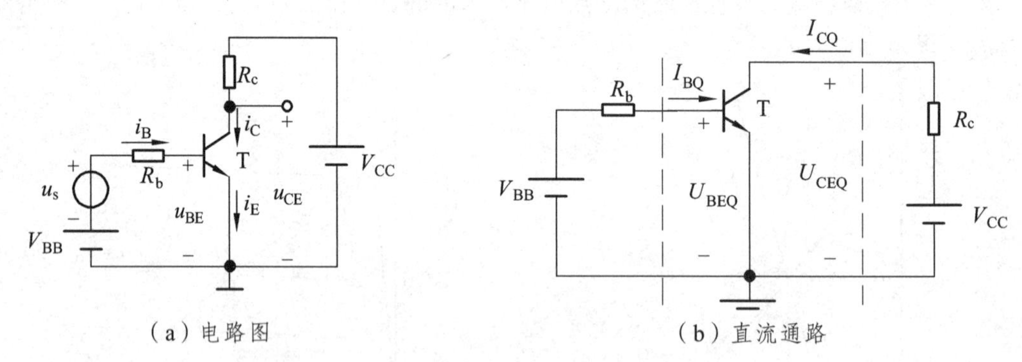

图 2.3.5 例 2.3.2 电路图

（4）由集电极-发射极回路求 U_{CEQ}。

$$U_{CEQ}=V_{CC}-I_{CQ}R_C=12-1.2\text{ mA}\times5.1\text{ k}\Omega\approx5.9\text{ V}$$

由 $U_{BEQ}=0.7$ V，$U_{CEQ}\approx5.9$ V 知，该电路中的 BJT 工作于发射结正偏、集电结反偏的放大区，假设成立。

2.3.2.3　动态工作情况的图解分析

动态图解分析能够直观地显示出在输入信号作用下，BJT 放大电路中各电压及电流波形的幅值大小和相位关系，可较全面地了解电路的动态工作情况。动态图解分析是在静态分析的基础上进行的，其步骤如下。

（1）根据 u_s 的波形，在 BJT 的输入特性曲线图上画出 u_{BE}、i_B 的波形。

设图 2.3.6 中的输入信号 $u_s = U_{sm}\sin\omega t$。在 V_{BB} 及 u_s 共同作用下，输入回路方程变为 $u_{BE} = V_{BB}+u_s-i_B R_b$，相应的输入负载线是一组斜率为 $-\dfrac{1}{R_b}$ 且随 u_s 变化而平行移动的直线。图 2.3.7（a）中虚线①②是 $u_s = \pm U_{sm}$ 时的输入负载线。根据它们与输入特性曲线的相交点的移动，便可画出 u_{be} 和 i_b 的波形。

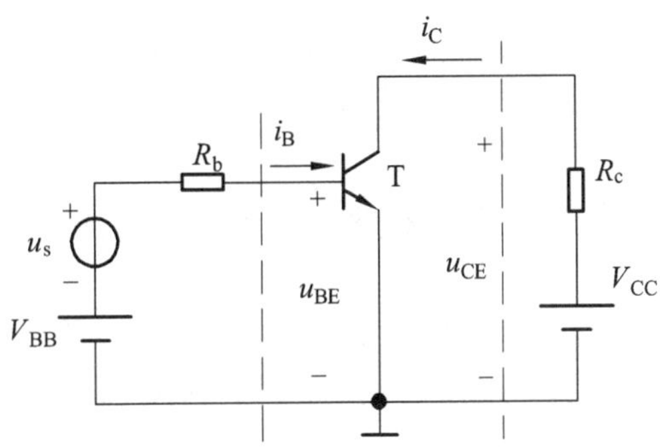

图 2.3.6　基本共射极放大电路原理图

（2）根据 i_B 的变化范围在输出特性曲线图上画出 i_C 才和 u_{CE} 的波形。

由图 2.3.7（a）可见，加上输入信号 u_s 后，在静态工作点的基础上，基极电流 i_B 将随 u_s 的变化规律，在 i_{B1} 和 i_{B2} 之间变化。而从图 2.3.6 可知，加上输入信号后，输出回路的方程仍为 $u_{CE} = V_{CC} - i_C R_c$，即输出负载线不变。因此，由 i_B 的变化范围及输出负载线可共同确定 i_C 和 u_{CE} 的变化范围，即在 Q' 和 Q'' 之间，由此便可画出 i_C 及 u_{CE} 的波形，如图 2.3.7（b）所示。u_{CE} 中的交流量 u_{CE} 就是输出电压 u_o，它是与 u_s 同频率的正弦波，但二者的相位相反，这是共射极放大电路的一个重要特点。

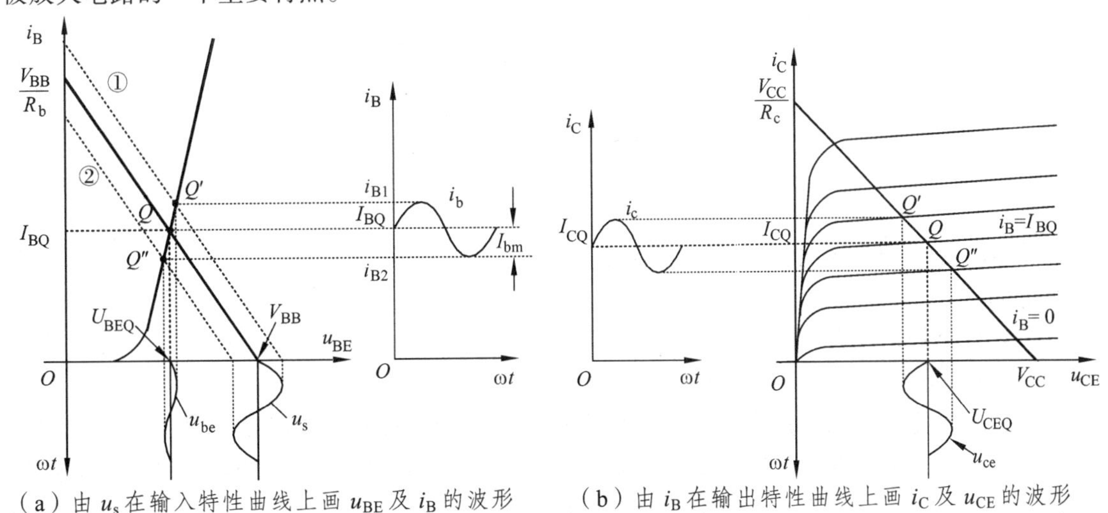

（a）由 u_s 在输入特性曲线上画 u_{BE} 及 i_B 的波形　（b）由 i_B 在输出特性曲线上画 i_C 及 u_{CE} 的波形

图 2.3.7　动态工作情况的图解分析

由以上分析可知，只要在 BJT 放大电路中设置合适的静态工作点，并在输入回路加上一个能量较小的信号，利用发射结正向电压对各极电流的控制作用，就能将直流电源提供的能量，按输入信号的变化规律转换为所需要的形式供给负载。因此，再次证明放大作用实质上是放大器件的控制作用，放大器是一种能量控制部件。

2.3.2.4　静态工作点对波形失真的影响

要使 BJT 放大电路能够不失真地放大输入信号，就必须设置合适的静态工作点 Q。对于小信号线性放大电路来说，为保证在交流信号的整个周期内 BJT 都处于放大区域内（不能进入截止区和饱和区），静态工作点 Q 的选择应满足下列条件：

$$I_{CQ} > I_{cm} + I_{CEQ}，\ U_{CEQ} > U_{cem} + U_{CES}$$

如果静态工作点 Q 过高，U_{BEQ}、I_{BQ} 过大，则 BJT 会在交流信号 U_{be} 正半周的峰值附近的部分时间内进入饱和区，引起 i_C、u_{CE} 及 u_{ce} 的波形失真，如图 2.3.8 所示。因 Q 点过高而产生的失真称为**饱和失真**。

显然，Q 点设置过高时，最大不失真输出电压的幅值 U_{om} 将受到饱和失真的限制，$U_{om} = U_{CEQ} - U_{CES}$。

如果 Q 点选择过低，U_{BEQ}、I_{BQ} 过小，则 BJT 会在交流信号 u_{be} 负半周的峰值附近的部分时间内进入截止区，使 i_B、i_C、u_{CE} 及 u_{ce} 的波形失真，如图 2.3.9 所示。因静态工作点 Q 偏低而产生的失真称为**截止失真**。

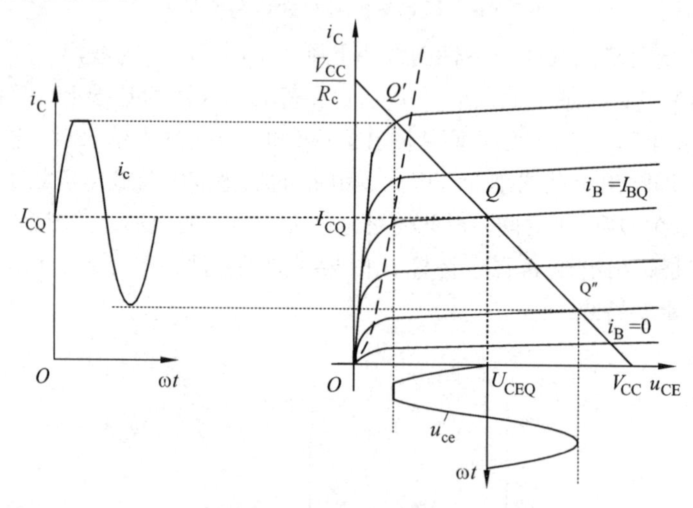

图 2.3.8　饱和失真的波形

显然，在 Q 点设置过低时，最大不失真输出电压的幅值 U_{om} 将受到截止失真的限制，而使 $U_{om} \approx I_{CQ}R_c$。

如果 Q 点的位置设置合理，但输入信号 u_s 的幅值过大，输出信号 u_o 也会产生失真，而且饱和失真和截止失真可能会同时出现。

为了减小或避免 BJT 放大电路的非线性失真，必须合理地设置其静态工作点 Q。当输入信号 u_s 较大时，应把 Q 点设置在输出交流负载线的中点（如图 2.3.8 中线段 $Q'Q''$ 的中点），这样可以得到输出电压的最大动态范围。当 u_s 较小时，为了降低电路的功率损耗，在不产生截止失真和保证一定的电压增益的前提下，可把 Q 点选得低一些。

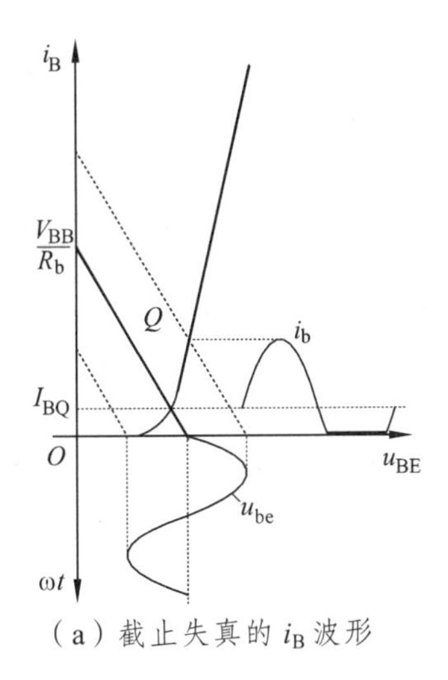

（a）截止失真的 i_B 波形

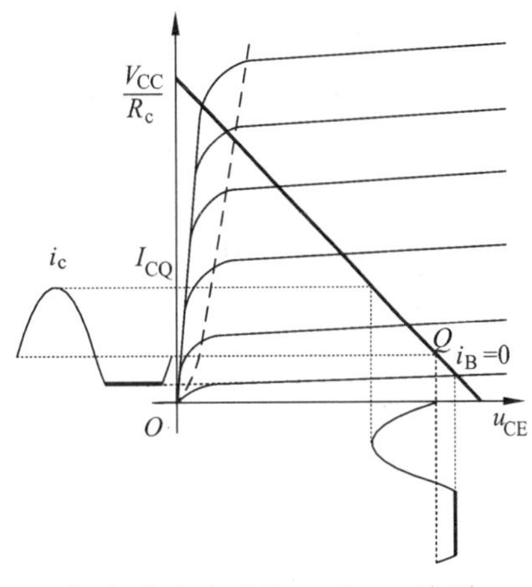

（b）截止失真的 i_C 及 u_{CE} 波形

图 2.3.9　截止失真的波形

如果将晶体管的特性理想化，即认为在管压降总量 u_{CE} 最小值大于饱和管压降 U_{CES}（即管子不饱和），且基极电流总量 i_B 的最小值大于 0（即管子不截止）的情况下，非线性失真可忽略不计，那么就可以得出放大电路的最大不失真输出电压 U_{OM}。对于图 2.3.6 所示的放大电路，从图 2.3.7（b）所示输出特性的图解分析可得最大不失真输出电压的峰值，其方法是以 U_{CEO} 为中心，取“V_{CC}-U_{CEO}”和 U_{CEO}-U_{CES} 这两段距离中较小的数值并除以 2，则得到其有效值 U_{OM}。为了使 U_{OM} 尽可能大，应将 Q 点设置在放大区内负载线的中点，即其横坐标值为（V_{CC}+U_{CES}）/2 的位置，此时的 $U_{OM}=\dfrac{V_{CC}-U_{CEQ}}{\sqrt{2}}$。

2.3.2.5　举例

例 2.3.4　电路如图 2.3.10 所示，设 $U_{BEQ}=0.7V$。（1）试从电路组成上说明它与图 2.3.6 所示电路的主要区别；（2）画出该电路的直流通路与交流通路；（3）估算静态电流 I_{BQ}，并用图解法确定 I_{CQ}、U_{CEQ}；（4）写出加上输入信号后电压 u_{BE} 的表达式；（5）作输出交流负载线。

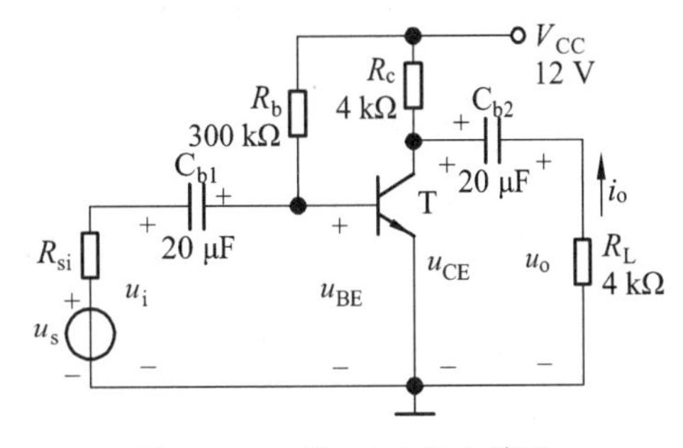

图 2.3.10　例 2.3.4 的电路图

解：（1）该电路与图 2.3.6 所示电路在组成上的主要区别如下。

① 图 2.3.6 所示电路只是一个原理电路，并不实用。因为电路中的正弦信号源没有接地（共同端），实际应用时可能会因干扰而不稳定。而图 2.3.10 中正弦信号源有一端接共同端。

② 图 2.3.10 中将基极直流电源与集电极直流电源 V_{CC} 合并，通过 R_b 提供基极偏置电流及偏置电压。

③ 图 2.3.10 的输入与输出回路中各接了一个大电容起连接作用，C_{b1} 连接信号源与放大电路，C_{b2} 连接放大电路与负载，故该电路为阻容耦合共射极放大电路。

（2）直流与交流通路：由于电容有隔离直流的作用，即对直流相当于开路，因此，信号源 u_s 及其内阻 R_{si}、负载电阻 R_L 对电路的静态工作点 Q 不产生影响。由此可画出图 2.3.10 所示电路的直流通路，如图 2.3.11（a）所示。对一定频率范围内的交流信号而言，C_{b1}、C_{b2} 呈现的容抗很小，可近似认为短路。另外，电源 V_{CC} 的内阻很小，对交流信号也可视为短路。因此可画出图 2.3.10 所示电路的交流通路，如图 2.3.11（b）所示。

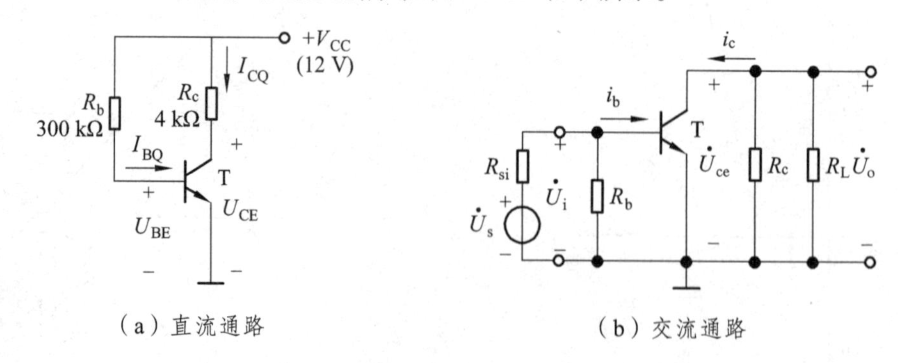

图 2.3.11　图 2.3.10 所示电路的直流通路和交流通路

（3）估算法求 I_{BQ}、图解法求 I_{CQ} 及 U_{CEQ}。

由图 2.3.11（a）所示直流通路的输入回路求得

$$I_{BQ} = \frac{V_{CC} - U_{BEQ}}{R_b} = \frac{(12-0.7)\text{V}}{300\ \text{k}\Omega} \approx \frac{12\text{V}}{300\ \text{k}\Omega} = 40\ \mu\text{A}$$

由输出回路写出直流负载线方程 $U_{CE} = V_{CC} - i_C R_c = 12 - 4i_C$，并在 BJT 的输出特性曲线图上作出该**直流负载线**，它与横坐标轴及纵坐标轴分别相交于 M(12 V , 0 mA)和 N(0 V , 3 mA)两点，斜率为 $-\frac{1}{R_c}$，如图 2.3.12 所示。直流负载线与 $i_B = I_{BQ} = 40\ \mu\text{A}$ 的那条输出特性曲线的交点即 Q 点，其纵坐标值为 $I_{CQ} = 1.5$ mA，横坐标值为 $U_{CEQ} = 6$ V。

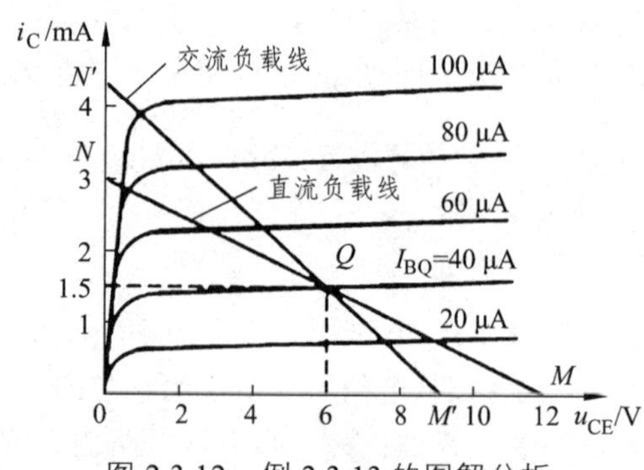

图 2.3.12　例 2.3.13 的图解分析

（4）电压 u_{BE} 的表达式。

由图 2.3.10 可见，静态（$u_i = 0$）时，$u_{BE} = U_{Cb1} = U_{BEQ}$，加上 u_s 后，由于 C_{b1} 对交流相当于短路，所以仍有 $U_{Cb1} = U_{BEQ}$，而 $u_{BE} = U_{Cb1} + u_i = U_{BEQ} + u_i$，即电压 u_{BE} 等于 U_{BEQ} 上叠加一个交流分量 u_i（u_{be}）。

（5）画输出交流负载线。

图 2.3.10 中，由于电容 C_{b2} 对直流相当于开路，对交流相当于短路，所以负载电阻 R_L 上只有交流电流 i_o 和电压 u_o，电容 C_{b2} 上只有直流电压 U_{Cb2} 且 $U_{Cb2} = U_{CEQ}$。由此可知电压 $u_{CE} = U_{Cb2} + u_o = U_{CEQ} + u_o$。由图 2.3.11（b）所示的交流通路可见 $u_o = u_{ce} = -i_c(R_c//R_L) = -i_c R'_L$，其中负号表示 u_{ce} 的实际方向与参考方向相反。于是 $u_{CE} = U_{CEQ} - i_c R'_L = U_{CEQ} - (i_C - I_{CQ})R'_L = U_{CEQ} + I_{CQ}R'_L - i_C R'_L$，显然这是一条直线，是动态时工作点移动的轨迹，称为输出交流负载线。它的第一个特点是斜率为 $-1/R'_L$，另一个特点是它必然通过静态工作点 Q，因为当正弦信号的瞬时值 u_i 为零时，电路的状态相当于静态。根据这两个特点便可作出交流负载线，即过 Q 点作一条斜率为 $-1/R'_L$ 的直线，如图 2.3.12 中的直线 $M'N'$ 所示。

2.3.3　小信号模型及动态性能分析

BJT 是一个非线性器件，不能直接采用线性电路的分析方法来分析计算 BJT 放大电路。但在输入为低频小信号的条件下，可以把 BJT 在静态工作点附近小范围内的 I-U 特性曲线近似地用直线代替，这时可以用一个线性化的小信号模型代替 BJT，从而将 BJT 放大电路当作线性电路来分析。可以将 BJT 看成一个二端口网络，根据输入、输出端口的电压、电流关系式，求出相应的网络参数，从而得到它的等效模型。

2.3.3.1　BJT 的小信号模型

在共射接法的放大电路中，在低频小信号作用下，将晶体管看成一个线性双口网络，如图 2.3.13（a）所示。利用网络的 H 参数来表示输入端口、输出端口的电压与电流的相互关系，可得出等效电路，称之为共射 H 参数等效模型。这个模型只能用于放大电路低频动态小信号参数的分析。

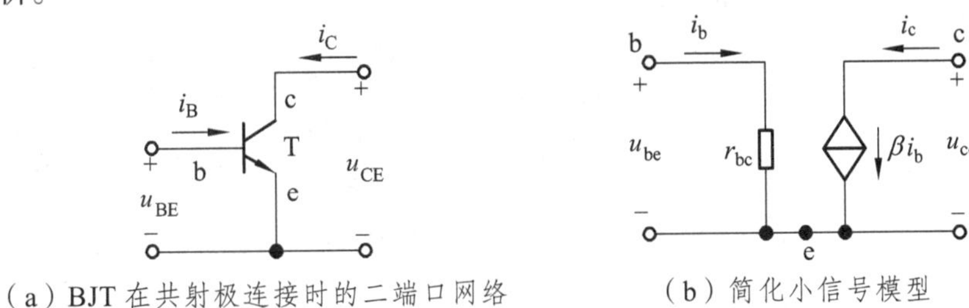

（a）BJT 在共射极连接时的二端口网络　　（b）简化小信号模型

图 2.3.13　BJT 的二端口网络及简化小信号模型

BJT 的三个电极在电路中可连接成一个二端口网络。以共射极连接为例，在图 2.3.13（a）所示的二端口网络中，分别用 u_{BE}、i_B 和 u_{CE}、i_C 表示输入端口和输出端口的电压及电流。经过 H 参数模型简化后，可以得到 BJT 的简化小信号模型，如图 2.3.13（b）所示。晶体管的输入回路可近似等效为一个动态电阻 r_{be}。晶体管的输出回路可近似等效为一个受控电流源 i_c，$i_c=\beta i_b$。

r_{be} 可由下面的表达式求得：

$$r_{be}=r_{bb'}+(1+\beta)(r_e+r_e')\qquad（2.3.1）$$

式中，r_{bb}' 为 BJT 基区的体电阻，如图 2.3.14 所示，r_e' 是发射区的体电阻。r_{bb}' 和 r_e' 仅与掺杂浓度及制造工艺有关，基区掺杂浓度比发射区掺杂浓度低，所以 r_{bb}' 比 r_e' 大得多，对于小功率的 BJT，r_e' 约为几十至几百欧，而 r_e' 仅为几欧或更小，可以忽略。r_e 为发射结电阻，根据 PN 结的电流方程，可以推导出 $r_e'=U_T/I_{EQ}$。常温下 $r_e=\dfrac{26(\text{mV})}{I_{EQ}(\text{mA})}$，所以常温下，式（2.3.1）可写成：

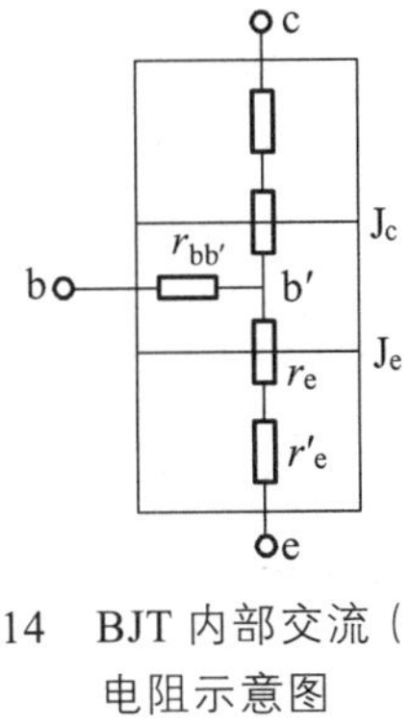

图 2.3.14　BJT 内部交流（动态）电阻示意图

$$r_{be}=r_{bb}'+(1+\beta)\frac{26\,(\text{mV})}{I_{EQ}\,(\text{mA})}\qquad（2.3.2）$$

特别需要指出的是：

① 流过 $r_{bb'}$ 的电流是 i_b，流过 r_e 的电流是 i_e，（$1+\beta$）r_e 是 r_e 折合到基极回路的等效电阻。

② r_{be} 是交流（动态）电阻，只能用来计算 BJT 放大电路的交流性能指标，不能用来求静态工作点 Q 的值，但它的大小与静态电流 I_{EQ} 的大小有关。

③ 式（2.3.2）的适用范围为 $0.1\text{mA}<I_{EQ}<5\text{ mA}$，超出此范围时，将会产生较大误差。

PNP 型 BJT 与 NPN 型 BJT 的小信号模型是相同的。

2.3.3.2　BJT 的小信号模型分析电路举例

例 2.3.5　设图 2.3.15 所示电路中 BJT 的 $\beta=40$，$r_{bb'}=200\ \Omega$，$U_{BEQ}=0.7\ \text{V}$，其他元件参数如图所示。试求该电路的 $\dot{A}_u$、R_i、R_o。若 R_L 开路，则 $\dot{A}_u$ 如何变化?

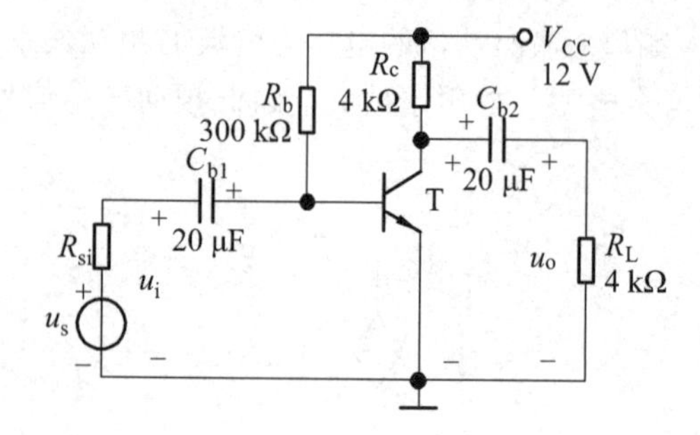

图 2.3.15　例 2.3.5 的电路图

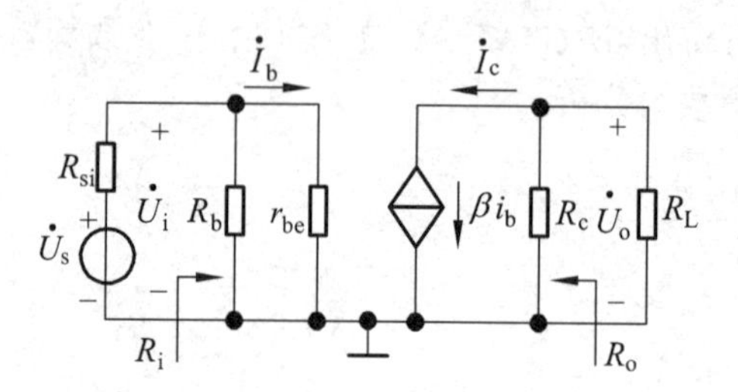

图 2.3.16　图 2.3.15 的小信号等效电路

解:（1）画出图 2.3.15 所示电路的交流通路，然后用 BJT 的小信号模型替换三极管，就可以得到小信号等效电路，如图 2.3.16 所示。

（2）估算 r_{be}。

要估算 r_{be}，必须先求静态电流 I_{EQ}，即

$$I_{EQ}\approx\beta I_{BQ}=\beta\frac{V_{CC}-U_{BEQ}}{R_b}\approx\beta\frac{V_{CC}}{R_b}=40\times\frac{12\ \text{V}}{300\ \text{k}\Omega}=1.6\ \text{mA}$$

$$r_{be}=r'_{bb}+(1+\beta)\frac{U_T}{I_{EQ}}=200\ \Omega+(1+40)\times\frac{26\ \text{mV}}{1.6\ \text{mA}}\approx 866\ \Omega$$

（3）求电压增益 $\dot{A}_u$。

如图 2.3.16 所示，有

$$\dot{U}_i=\dot{I}_b r_{be}$$

$$\dot{U}_o=-\dot{I}_c(R_C//R_L)=-\beta\dot{I}_b(R_C//R_L)$$

根据电压增益的定义，有

$$\dot{A}_u=\frac{\dot{U}_o}{\dot{U}_i}=\frac{-\beta\dot{I}_b(R_c//R_L)}{\dot{I}_b r_{be}}=\frac{-\beta(R_c//R_L)}{r_{be}}=\frac{-40\times\dfrac{4\times4}{4+4}\text{k}\Omega}{0.866\ \text{k}\Omega}\approx-92.4$$

（4）计算输入电阻 R_i。

根据放大电路输入电阻的概念，可求得图 2.3.16 所示电路的输入电阻为

$$R_i = \frac{\dot{U}_i}{\dot{I}_i} = R_b // r_{be} = \frac{1}{\frac{1}{300}+\frac{1}{0.866}} k\Omega \approx 0.866\ k\Omega$$

（5）计算输出电阻 R_o。

在信号源短路（$u_s = 0$，但保留 R_{si}）和负载开路（$R_L = \infty$）的条件下，在放大电路的输出端加一测试电压 u_t，相应地产生一测试电流 i_t，画出求图 2.3.16 所示电路的输出电阻的等效电路，如图 2.3.17 所示。由该图可见，当令 $u_s = 0$ 时，$i_b = 0$，则受控电流 $\beta i_b = 0$，于是有

$$\dot{I}_t = \frac{\dot{U}_t}{R_o}$$

从而求得输出电阻为

$$R_o = \left.\frac{\dot{U}_t}{\dot{I}_t}\right|_{u_s=0,\ R_L=\infty} = R_c = 4\ k\Omega$$

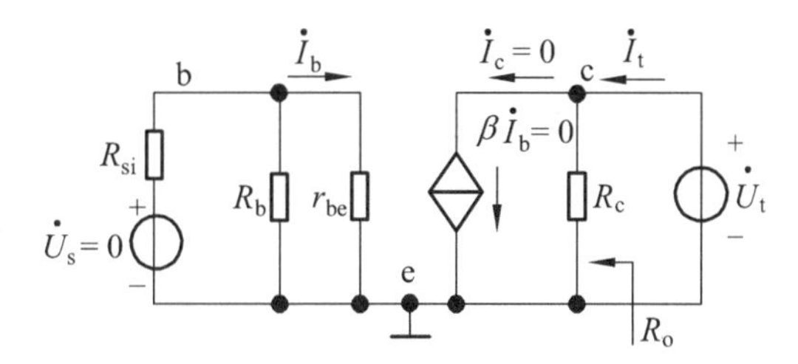

图 2.3.17　求基本共射极放大电路的输出电阻

（6）R_L 开路时，$\dot{A}_u = \frac{-\beta R_c}{r_{be}} = \frac{-40\times 4}{0.866} - 184.8$，$\dot{A}_u$ 的数值增大了。

思考题

2.3.1　电子电路中的“地”是什么意思?如何用万用表来测量电路中各点的电位?

2.3.2　试用 NPN 型管组成一个共射放大电路，使之在输入为零时输出为零。要求画出电路图。可以用一路电源，也可用两路电源。

2.3.3　用 NPN 型晶体管和 PNP 型晶体管组成放大电路时,各元器件的安排及电源极性有何不同?为什么?试分别画出相应的共射极放大电路，并标出各极电压、电流的极性和方向。

2.3.4　放大电路为什么要设置静态工作点?设置静态工作点时应考虑哪些问题?

2.3.5　放大电路的静态和动态有什么区别和联系?求静态、动态参量时，分别采用哪种通道?画这些通道的原则各是什么?

2.3.6　PNP 管共射放大电路的输出电压与输入电压反相吗?用波形来分析这个问题。

2.3.7　何谓放大电路的交、直流负载线?二者有何区别和联系?怎样在输出特性坐标平面上画出交流负载线?

2.3.8　在画小信号等效电路时，常将电路中直流电源短路，即把直流电源 V_{CC} 的正端看成直流正电位、交流地电位。对此如何解释?

习　题

2.3.1　在括号内用“√”和“×”表明下列说法是否正确。

（1）只放大电压不放大电流或只放大电流不放大电压的电路，不能称其为放大电路。(　　)

（2）可以说任何放大电路都有功率放大作用。(　　)

（3）放大电路中输出的电流和电压都是由有源元件提供的。(　　)

（4）电路中各电量的交流成分是交流信号源提供的。(　　)

（5）放大电路必须加上合适的直流电源才能正常工作。(　　)

（6）由于放大的对象是变化量，所以当输入信号为直流信号时，任何放大电路的输出都毫无变化。(　　)

（7）只要是共射放大电路，输出电压的底部失真都是饱和失真。(　　)

2.3.2　电路如图题 2.3.2 所示，试问 β 大于多少时晶体管饱和？

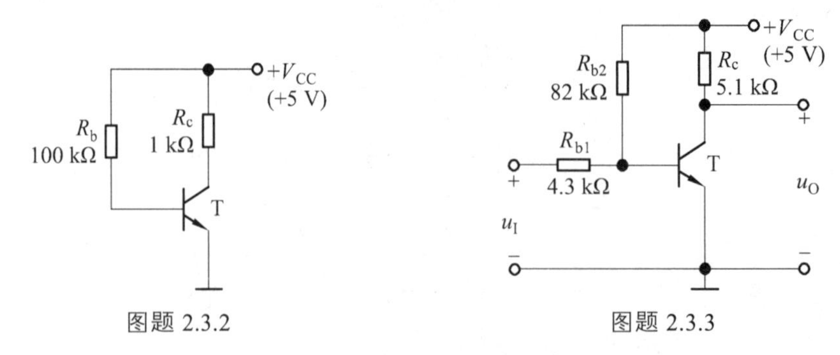

图题 2.3.2　　图题 2.3.3

2.3.3　电路如图题 2.3.3 所示，已知晶体管 $\beta = 120$，$U_{BE} = 0.7$ V，饱和管压降 $U_{CES} = 0.5$ V。在下列情况下，用直流电压表测晶体管的集电极电位，应分别为多少？

（1）正常情况；（2）R_{b1} 短路；（3）R_{b1} 开路；（4）R_{b2} 开路；（5）R_{b2} 短路；（6）R_c 短路。

2.3.4　电路如图题 2.3.4(a)所示，图题 2.3.4(b)是晶体管的输出特性，静态时 $U_{BEQ} = 0.7$ V。利用图解法分别求出 $R_L = \infty$ 和 $R_L = 3$ kΩ 时的静态工作点和最大不失真输出电压 U_{om}（有效值）。

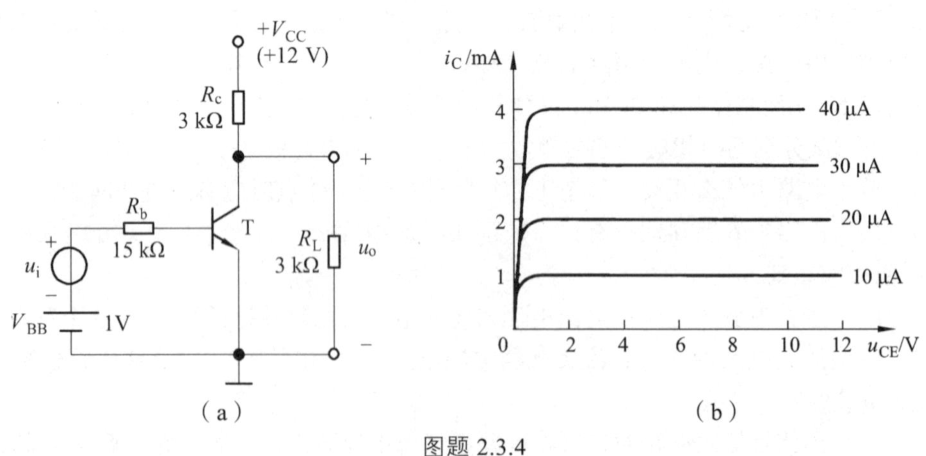

图题 2.3.4

2.3.5　已知电路如图题 2.3.4 所示。晶体管的 $\beta = 100$，$r_{be} = 1$ kΩ。

（1）现已测得静态管压降 $U_{CEQ}=6\text{ V}$，估算 R_b 约为多少千欧？

（2）已知负载电阻 $R_L=5\text{ k}\Omega$，若保持 R_b 不变，为了使输入电压有效值 $U_i=1\text{ mV}$ 时输出电压有效值 $U_o>220\text{ mV}$，R_c 至少应选取多少千欧？

2.3.6　试分析图题 2.3.6 所示各电路对正弦交流信号有无放大作用并简述理由。（设各电容的容抗可忽略。）

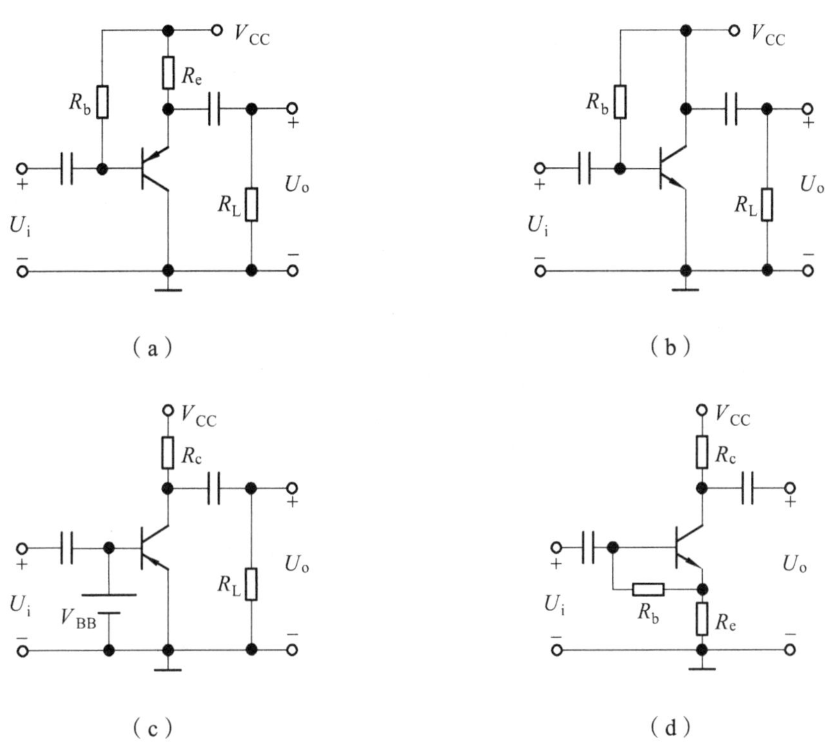

图题 2.3.6

2.3.7　画出图题 2.3.7 所示电路的小信号等效电路，设电路中各电容容抗均忽略，并注意标出电压、电流的正方向。

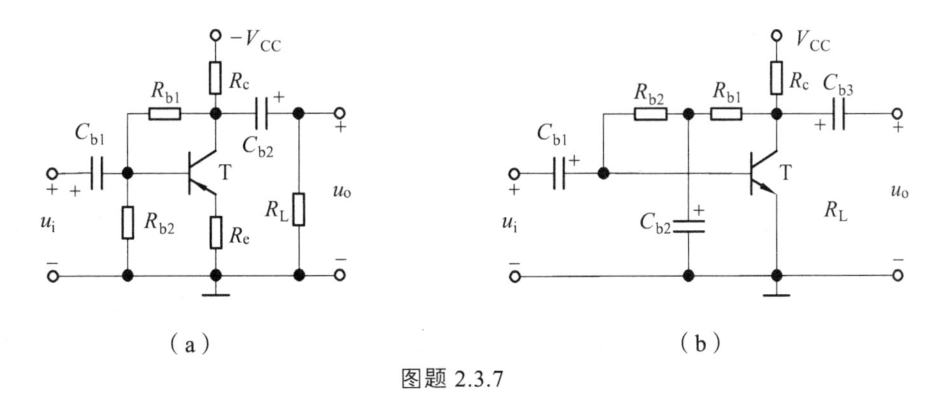

图题 2.3.7

2.3.8　在图题 2.3.8 所示电路中，已知晶体管的 $\beta=80$，$r_{be}=1\text{ k}\Omega$，$U_i=20\text{ mV}$；静态时 $U_{BEQ}=0.7\text{ V}$，$U_{CEQ}=4\text{ V}$，$I_{BQ}=20\ \mu\text{A}$。求该电路的电压增益 A_u、输入电阻 R_i、输出电阻 R_o 和输入信号 U_s 的有效值。

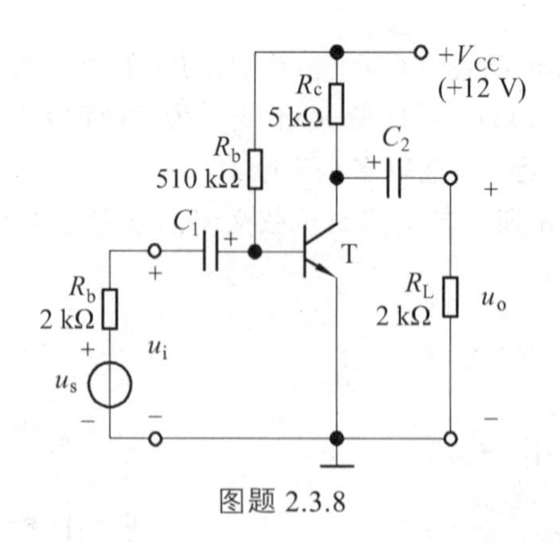

图题 2.3.8

2.3.9 单管放大电路如图题 2.3.9（a）所示，已知晶体管的电流放大系数 $\beta=100$，$U_{BE}=-0.7$ V。

（1）估算 Q 点；

（2）画出简化 H 参数小信号等效电路；

（3）求该电路的电压增益 A_u、输入电阻 R_i、输出电阻 R_o；

（4）若 u_o 中的交流成分出现图题 2.3.9（b）所示的失真，问是截止失真还是饱和失真？为消除此失真，应调整电路中的哪个元件？如何调整？

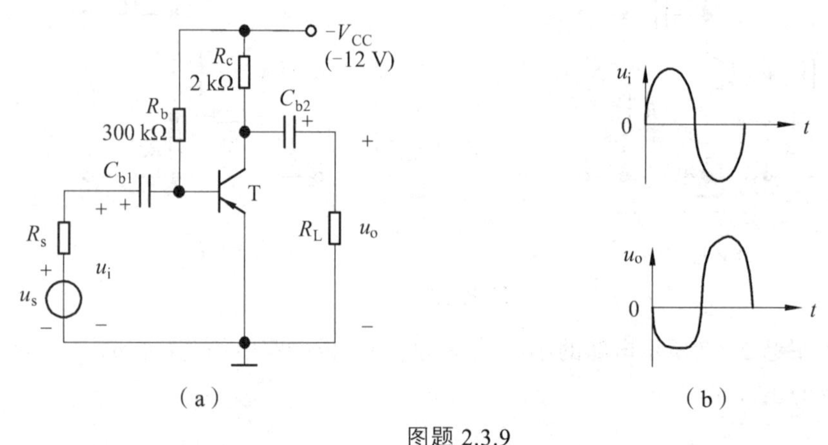

图题 2.3.9

2.4 共射极放大电路的改进

2.4.1 温度对静态工作点的影响

在实际应用中，环境温度的变化、直流电源电压的波动、元件参数的分散性及元件的老化等，都会造成静态工作点的不稳定，从而影响放大电路的正常工作。在引起 Q 点不稳定的诸因素中，尤以环境温度变化的影响最大。2.1.5 节讨论过，温度上升时，BJT 的反向饱和电流 I_{CBO}、穿透电流 I_{CEO} 及电流放大系数 β 或 α 都会增大，而发射结正向压降 U_{BE} 会减小。这些参数随温度的变化，都会使放大电路中的集电极静态电流 I_{CQ} 随温度升高而增加（$I_{CQ}=\beta I_{BQ}+I_{CEQ}$），从而使 Q 点随温度变化。要想使 I_{CQ} 基本稳定，只要在温度升高时电路能自动地减小基极电流 I_{BQ} 即可。前面介绍的两种基本共射极放大电路都没有这个功能，所以必须对其加以改进。

2.4.2 基极分压式射极偏置电路

2.4.2.1 稳定静态工作点的原理

图 2.4.1（a）所示电路是分立元件电路中最常用的稳定静态工作点的共射极放大电路。它的基-射极偏置电路由 V_{CC}、基极电阻 R_{b1}、R_{b2} 和射极电阻 R_e 组成，常称为基极分压式射极偏置电路。它的直流通路如图 2.4.1（b）所示。

下面由直流通路分析该电路稳定静态工作点的原理及过程。当 R_{b1}、R_{b2} 的阻值大小选择适当，能满足 $I_1>>I_{BQ}$，使 $I_2\approx I_1$ 时，可认为基极直流电位基本上为一固定值，即 $U_{BQ}\approx R_{b2}V_{CC}/(R_{b1}+R_{b2})$，仅与工作电源和电阻有关，与 BJT 无关。而电阻的温度稳定性远高于半导体器件的温度稳定性，所以 U_{BQ} 与环境温度几乎无关。在此条件下，当温度升高引起静态电流 I_{CQ}（$\approx I_{EQ}$）增加时，发射极直流电位 U_{EQ}（$=I_{EQ}R_e$）也增加。由于基极电位 U_{BQ} 基本固定不变，因此外加在发射结上的电压 U_{BEQ}（$=U_{BQ}-U_{EQ}$）将自动减小，使 I_{BQ} 跟着减小，结果抑制了 I_{CQ} 的增加，使 I_{CQ} 基本维持不变，达到自动稳定静态工作点的目的。当温度降低时，各电量向相反方向变化，Q 点也能稳定。这种利用 I_{CQ} 的变化，通过电阻 R_e 取样反过来控制 U_{BEQ}，使 I_{BQ}、I_{CQ} 基本保持不变的自动调节作用，称为负反馈控制作用。

为了增强图 2.4.1 所示电路稳定静态工作点的效果，同时兼顾其他指标，工程上一般取 $U_{BQ}\approx\frac{1}{3}V_{CC}$，$I_1=(5\sim10)I_{BQ}$，这就要求偏置电阻应满足$(1+\beta)R_e\approx 10R_b$，其中 $R_b=R_{b1}//R_{b2}$。

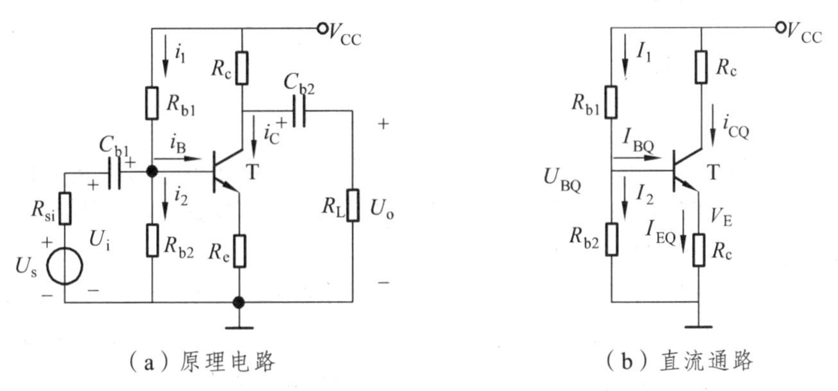

图 2.4.1 基极分压式射极偏置电路

2.4.2.2 基极分压式射极偏置电路分析

1. 静态工作点的估算

由图 2.4.1（b）所示直流通路求 Q 点的值。在 $I_1>>I_{BQ}$ 的条件下有

$$U_{BQ}\approx\frac{R_{b2}}{R_{b1}+R_{b2}}V_{CC} \tag{2.4.1}$$

集电极电流

$$I_{CQ}\approx I_{EQ}=\frac{U_{BQ}-U_{BEQ}}{R_e} \tag{2.4.2}$$

基极电流

$$I_{BQ}=\frac{I_{CQ}}{\beta} \tag{2.4.3}$$

集电极-射极电压

$$U_{CEQ}=V_{CC}-I_{CQ}(R_c+R_e) \tag{2.4.4}$$

2. 动态性能的分析

画出图 2.4.1（a）电路的小信号等效电路如图 2.4.2 所示。由此图可求得电压增益 $\dot{A}_u$、输入电阻 R_i 和输出电阻 R_o。

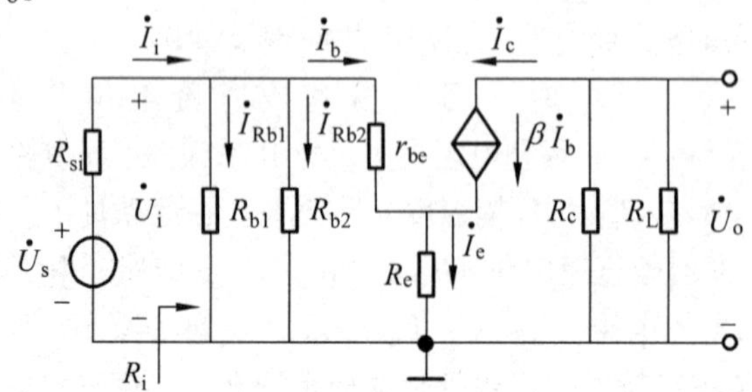

图 2.4.2　图 2.4.1（a）的小信号等效电路

（1）求电压增益 $\dot{A}_u$。

因为

$$\dot{U}_o=-\beta\dot{I}_b\left(R_c//R_L\right)$$

$$\dot{U}_i=\dot{I}_br_{be}+\dot{I}_eR_e=\dot{I}_br_{be}+(1+\beta)\dot{I}_bR_e$$

所以有

$$\dot{A}_u=\frac{\dot{U}_o}{\dot{U}_i}=\frac{-\beta\left(R_L//R_C\right)}{r_{be}+(1+\beta)R_e} \tag{2.4.5}$$

式中，负号表示该电路中输出电压与输入电压相位相反。由于输入电压 u_i 加在 BJT 的基极，输出电压 u_o 由集电极取出，发射极虽未直接接共同端，但它既在输入回路中，又在输出回路中，所以此电路仍属共射极放大电路。

由式（2.4.5）可知，接入电阻 R_e 后，提高了静态工作点的稳定性，但电压增益也下降了，R_e 越大，$\dot{A}_u$ 下降越多。为了解决这个矛盾，通常在 R_e 两端并联一只大容量的电容 C_e（称为发射极旁路电容），它对一定频率范围内的交流信号可视为短路，因此对交流信号而言，发射极和“地”直接相连，则电压增益不会下降。此时有

$$\dot{A}_u=\frac{-\beta R_L'}{r_{be}} \tag{2.4.6}$$

（2）求输入电阻 R_i：

由于 $\dot{U}_i=\dot{I}_b[r_{be}+(1+\beta)R_e]$，$\dot{I}_i=\dot{I}_b+\dot{I}_{Rb}=\dfrac{\dot{U}_i}{r_{be}+(1+\beta)R_e}+\dfrac{\dot{U}_i}{R_{b1}}+\dfrac{\dot{U}_i}{R_{b2}}$

所以

$$R_i=\frac{\dot{U}_i}{\dot{I}_i}=R_{b1}//R_{b2}//[r_{be}+(1+\beta)R_e] \tag{2.4.7}$$

（3）求输出电阻 R_o。

令信号源短路（$u_s=0$，但保留 R_{si}），负载开路（$R_L=\infty$），在放大电路的输出端加一测试电压 u_t，相应地产生一测试电流 i_t，画出求图 2.4.1（a）所示电路的输出电阻的等效电路，如图 2.4.3 所示。

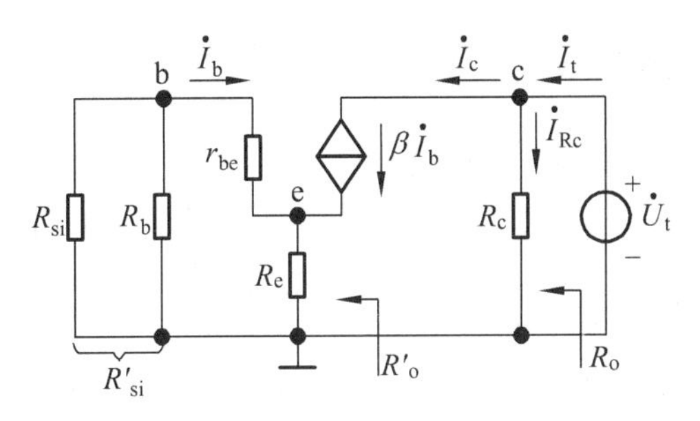

图 2.4.3　求图 2.4.1（a）所示电路 R_o 的电路

先求出 R'_o，然后再与 R_c 并联，即可求得输出电阻 R_o。

在基极回路和集电极回路里，根据 KVL 可得

$$R'_{si}\dot{I}_b + r_{be}\dot{I}_b + R_e(\dot{I}_b + \beta\dot{I}_b) = 0 \Longrightarrow \dot{I}_b = 0$$

则发射极电流 $\dot{I}_e = 0$，所以 $R'_o = \infty$，则

$$R_o = R_c \tag{2.4.8}$$

思考题

2.4.1　试以共发射极电路为例，说明电流负反馈法稳定静态工作点的原理及条件。

2.4.2　在典型的静态工作点稳定电路中，既然 R_e 的阻值越大，负反馈越强，Q 点越稳定，那么 R_e 有上限值吗？

习　题

2.4.1　放大电路如图题 2.4.1 所示，三极管的饱和压降 $U_{CES} \approx 0.5$ V，$\beta = 50$，试求：

（1）静态工作点 I_{CQ} 和 U_{CEQ}；

（2）放大电路的输入电阻 R_i 和输出电阻 R_o；

（3）电压放大倍数 A_{us} 和最大不失真输出幅度 U_{om}。

2.4.2　电路如图题 2.4.2 所示，晶体管的 $\beta = 100$，$r_{bb'} = 100\ \Omega$。

（1）求电路的 Q 点、$\dot{A}_u$、R_i 和 R_o；

（2）若电容 C_e 开路，则将引起电路的哪些动态参数发生变化？如何变化？

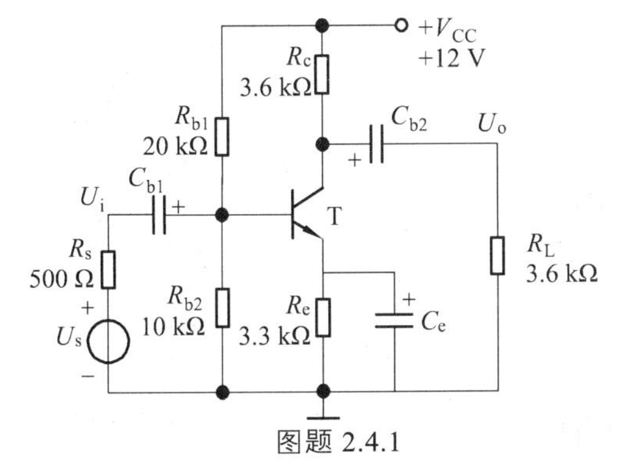

图题 2.4.1

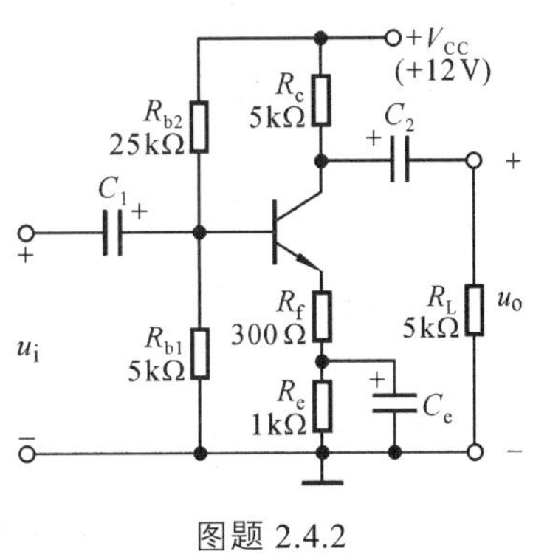

图题 2.4.2

2.5 共集电极放大电路和共基极放大电路

前已述及，根据输入和输出回路共同端的不同，BJT 放大电路有 3 种基本组态，除了上面讨论的共射极放大电路外，还有共集电极和共基极两种放大电路。下面分别予以讨论。

2.5.1 共集电极放大电路

图 2.5.1（a）是共集电极放大电路的原理图，图 2.5.1（b）、（c）分别是它的直流通路和交流通路。由交流通路可见，负载电阻 R_L 接在 BJT 的发射极上，输入电压 u_i 加在基极和地（即集电极）之间，而输出电压 u_o 从发射极和集电极之间取出，所以集电极是输入、输出回路的共同端。因为 u_o 从发射极输出，所以共集电极电路又称为射极输出器。

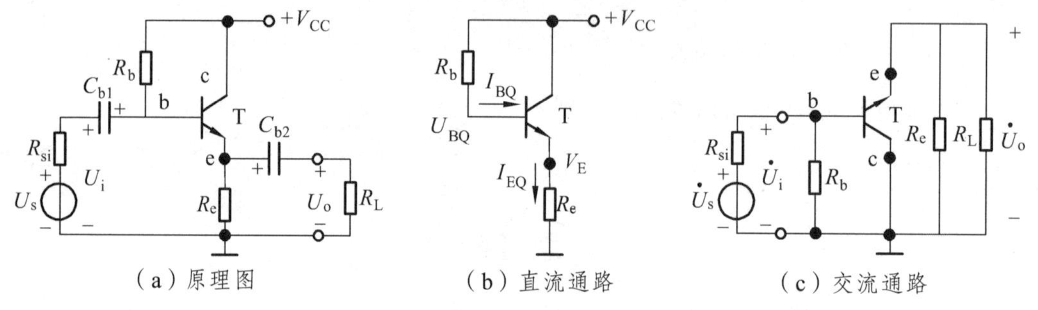

（a）原理图　（b）直流通路　（c）交流通路

图 2.5.1　共集电极放大电路

2.5.1.1 共集电极放大电路分析

1. 静态分析

由图 2.5.1（b）可知，由于电阻 R_e 对静态工作点的自动调节（负反馈）作用，该电路的 Q 点也有较好的稳定性。

由直流通路的输入回路可得

$$I_{BQ}=\frac{V_{CC}-U_{BEQ}}{R_b+(1+\beta)R_e} \text{ 或 } I_{EQ}=\frac{V_{CC}-U_{BEQ}}{\dfrac{R_b}{(1+\beta)}+R_e} \tag{2.5.1}$$

由 BJT 的电流分配关系得

$$I_{CQ}=\beta I_{BQ}\approx I_{EQ} \tag{2.5.2}$$

由直流通路的输出回路得

$$U_{CEQ}=V_{CC}-I_{EQ}R_e \tag{2.5.3}$$

2. 动态分析

用 BJT 的小信号模型取代图 2.5.1(c)中的 BJT，即可得到共集电极放大电路的小信号等效电路，如图 2.5.2 所示。

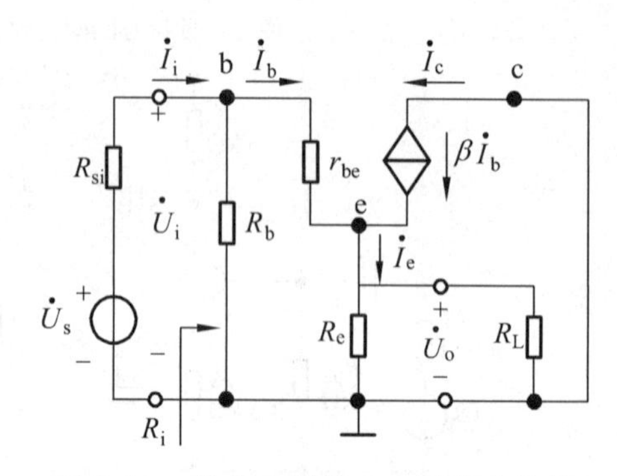

图 2.5.2　共集电极放大电路的小信号等效电路

由图 2.5.2 可分别写出 u_i、u_o 的表达式：

$$\dot{U}_i=\dot{I}_b r_{be}+\dot{U}_o=\dot{I}_b\left[r_{be}+(1+\beta)(R_L//R_e)\right]$$

$$\dot{U}_o = (1+\beta)\dot{I}_b\left(R_L // R_e\right)$$

则电压增益

$$\dot{A}_u = \frac{\dot{U}_o}{\dot{U}_i} = \frac{(1+\beta)\dot{I}_b\left(R_L // R_e\right)}{\dot{I}_b[r_{be}+\left(1+\beta\right)\left(R_L // R_e\right)]} = \frac{\left(1+\beta\right)R'_L}{r_{be}+\left(1+\beta\right)R'_L} \tag{2.5.4}$$

式中，$R'_L = R_e // R_L$。式（2.5.4）表明，共集电极放大电路的电压增益 $\dot{A}_u$<1，没有电压放大作用。输出电压 u_o 和输入电压 u_i 的相位相同。当 $\left(1+\beta\right)R'_L >> r_{be}$ 时，$\dot{A}_u \approx 1$，即输出电压 u_o 约等于输入电压 u_i，因此共集电极放大电路又称为射极电压跟随器。

根据输入电阻的定义求得 R_i 的表达式为

$$R_i = \frac{\dot{U}_i}{\dot{I}_i} = \frac{\dot{U}_i}{\dfrac{\dot{U}_i}{R_b}+\dfrac{\dot{U}_i}{r_{be}+(1+\beta)\left(R_L // R_e\right)}} = R_b //[r_{be}+(1+\beta)R'_L] \tag{2.5.5}$$

式中，$R'_L = R_L // R_e$。

由式（2.5.5）可知，共集电极放大电路的输入电阻较高，而且和负载电阻 R_L 的大小有关。如果共集电极放大电路所接负载不是电阻 R_L，而是一级放大电路，则其输入电阻就与后一级放大电路的输入电阻有关。

计算输出电阻的等效电路如图 2.5.3 所示。根据定义，输出电阻可表示为

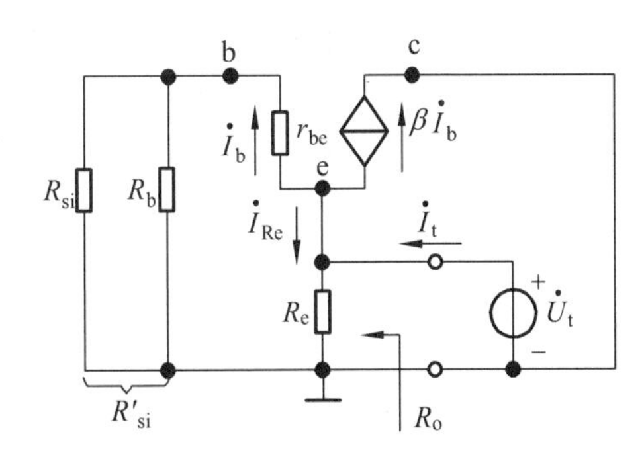

图 2.5.3　计算共集电极放大电路 R_o 的等效电路

$$R_o = \left.\frac{\dot{U}_t}{\dot{I}_t}\right|_{u_s=0, R_L=\infty}$$

在测试电压 u_t 的作用下，相应的测试电流为

$$\begin{aligned}\dot{I}_t &= \dot{I}_b + \beta\dot{I}_b + \dot{I}_{Re}\\ &= \dot{U}_t\left(\frac{1}{R'_{si}+r_{be}}+\beta\frac{1}{R'_{si}+r_{be}}+\frac{1}{R_e}\right)\end{aligned}$$

式中 $R'_{si} = R_{si} // R_b$。由此可得输出电阻 R_o 为

$$R_o = R_e // \frac{R'_{si}+r_{be}}{1+\beta} \tag{2.5.6}$$

式（2.5.6）说明，射极电压跟随器的输出电阻由射极电阻 R_e 与电阻 $\left(R'_{si}+r_{be}\right)/\left(1+\beta\right)$ 两部分并联构成，这后一部分是基极回路的电阻 $\left(R'_{si}+r_{be}\right)$ 折合到射极回路时的等效电阻。通常有 $R_e >> \dfrac{R'_{si}+r_{be}}{1+\beta}$，所以有

$$R_o \approx \frac{R'_{si}+r_{be}}{1+\beta} \tag{2.5.7}$$

由 R_o 的表达式可知，射极电压跟随器的输出电阻与信号源内阻 R_{si} 有关。如果共集电极电路的输入信号来自前一级放大电路的输出，则其输出电阻就与前一级放大电路的输出电阻有关。

由于通常情况下信号源内阻 R_{si} 很小，且 $R'_{si} < R_{si}$，r_{be} 一般在几百欧至几千欧，而 β 值较大，所以共集电极放大电路的输出电阻很小，一般在几十欧至几百欧范围内。为降低输出电阻，可选用 β 值较大的 BJT。

以上分析说明，共集电极放大电路的特点是：电压增益小于 1 而接近于 1，输出电压与输入电压同相，即共集电极放大电路没有电压放大作用，只有电压跟随作用；输入电阻高，输出电阻低。正是因为这些特点，使得共集电极放大电路在电子电路中应用极为广泛。例如利用它输入电阻高、从信号源吸取电流小的特点，将它作多级放大电路的输入级；利用它输出电阻小、带负载能力强的特点，又可将它作多级放大电路的输出级；同时利用它的输入电阻高、输出电阻低的特点，将它作为多级放大电路的中间级，可以隔离前后级之间的相互影响，在电路中起阻抗变换的作用，这时可称其为缓冲级。

例 2.5.1 电路如图 2.5.4 所示，已知 BJT 的 β=50，U_{BEQ}=−0.7 V，试求该电路的静态工作点 Q、$\dot{A}_u$、R_i、R_o，并说明它属于什么组态。

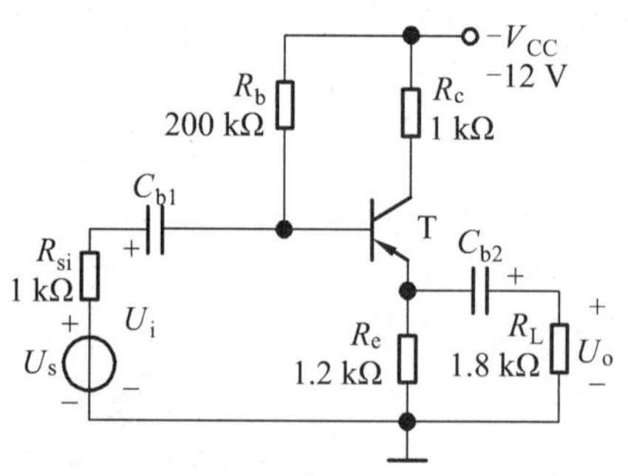

图 2.5.4　例 2.5.1 的电路图

解：该电路的直流通路和小信号等效电路分别如图 2.5.5（a）、（b）所示。由直流通路可知

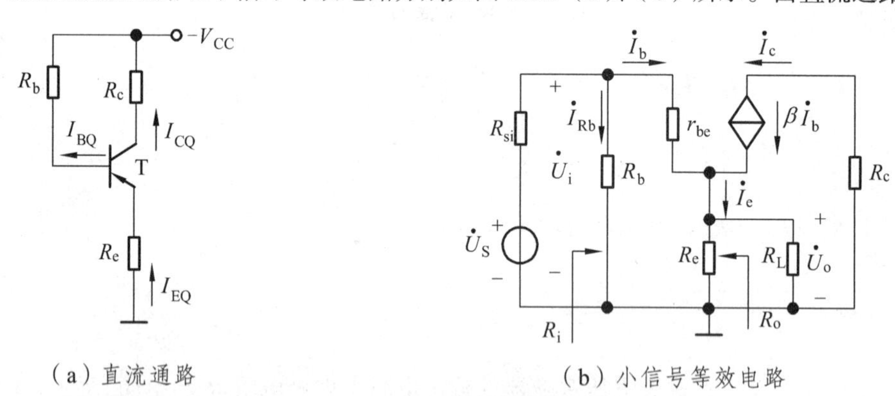

图 2.5.5　图 2.5.4 所示电路的直流通路和小信号等效电路

$$I_{BQ} = \frac{V_{CC} - U_{EBQ}}{R_b + (1+\beta)R_e} \approx \frac{12\text{V}}{(200 + 51\times 1.2)\ \text{k}\Omega} \approx 0.046\ \text{mA} = 46\ \mu\text{A}$$

$$I_{CQ} = \beta I_{BQ} = 50 \times 0.046\ \text{mA} = 2.30\ \text{mA}$$

$$U_{ECQ} = -U_{CEQ} = V_{CC} - I_{CQ}(R_c + R_e) = 12\text{V} - 2.30\ \text{mA} \times 2.2\ \text{k}\Omega = 6.94\text{V}$$

注意：对于 PNP 型管来说，直流电压的极性及直流电流的方向均与 NPN 型管相反。

BJT 的输入电阻为

$$r_{\text{be}} = r_{\text{bb}'} + (1+\beta)\frac{U_{\text{T}}}{I_{\text{EQ}}} = 200\Omega + (1+50)\frac{26\text{ mV}}{2.30\text{ mA}} \approx 777\ \Omega$$

由图 2.5.5（b）可得：

$$\dot{U}_{\text{o}} = \dot{I}_{\text{e}}(R_{\text{e}}//R_{\text{L}}) = (1+\beta)\dot{I}_{\text{b}}(R_{\text{e}}//R_{\text{L}})$$

$$\dot{U}_{\text{i}} = \dot{I}_{\text{b}}r_{\text{be}} + (1+\beta)\dot{I}_{\text{b}}(R_{\text{e}}//R_{\text{L}})$$

所以

$$\dot{A}_{\text{u}} = \frac{\dot{U}_{\text{o}}}{\dot{U}_{\text{i}}} = \frac{(1+\beta)(R_{\text{e}}//R_{\text{L}})}{r_{\text{be}} + (1+\beta)(R_{\text{e}}//R_{\text{L}})} = \frac{51\times\frac{1.2\times1.8}{1.2+1.8}\text{k}\Omega}{(0.777+51\times\frac{1.2\times1.8}{1.2+1.8})\text{ k}\Omega} \approx 0.98$$

$$R_{\text{i}} = R_{\text{b}}//[r_{\text{be}} + (1+\beta)(R_{\text{e}}//R_{\text{L}})] = \frac{1}{\frac{1}{200}+\frac{1}{0.77+51\times\frac{1.2\times1.8}{1.2+1.8}}}\text{k}\Omega \approx 31.57\text{ k}\Omega$$

$$R_{\text{o}} = R_{\text{e}}//\frac{r_{\text{be}} + R_{\text{si}}//R_{\text{b}}}{1+\beta} = \frac{1}{\frac{1}{1.2}+\frac{51}{0.777+\frac{1\times200}{1+200}}}\text{k}\Omega \approx 0.034\text{ k}\Omega = 34\ \Omega$$

在此电路中，输入信号 u_{i} 由 BJT 的基极输入，输出信号 u_{o} 由发射极取出，集电极虽然没有直接与共同端连接，但它与 R_{e} 既在输入回路中，又在输出回路中，所以仍然是共集电极组态。电阻 R_{c}(阻值较小)主要是为了防止调试时不慎将 R_{e} 短路，造成电源电压 V_{CC} 全部加到 BJT 的集电极与发射极之间，使集电结和发射结过载被烧坏而接入的，称为限流电阻。

2.5.2 共基极放大电路

2.5.2.1 共基极放大电路分析

图 2.5.6（a）是共基极放大电路的原理图，由它的交流通路图 2.5.6（b）可以看出，输入信号 u_{i} 加在发射极和基极之间，输出信号 u_{o} 由集电极和基极之间取出，基极是输入、输出回路的共同端。

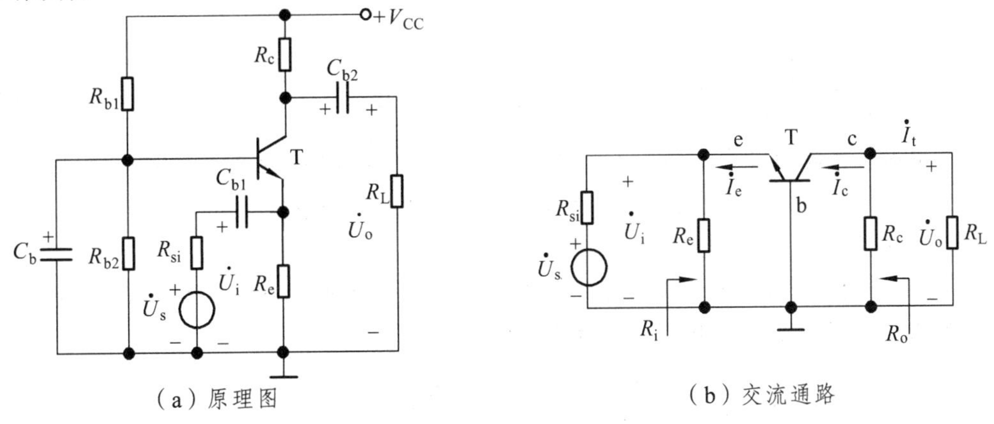

（a）原理图　　（b）交流通路

图 2.5.6　共基极放大电路

1. 静态分析

图 2.5.7 是图 2.5.6（a）所示共基极放大电路的直流通路。显然，它与基极分压式射极偏置电路的直流通路是一样的，因而 Q 点的求法相同，用式（2.4.1）~式（2.4.4）求解即可。

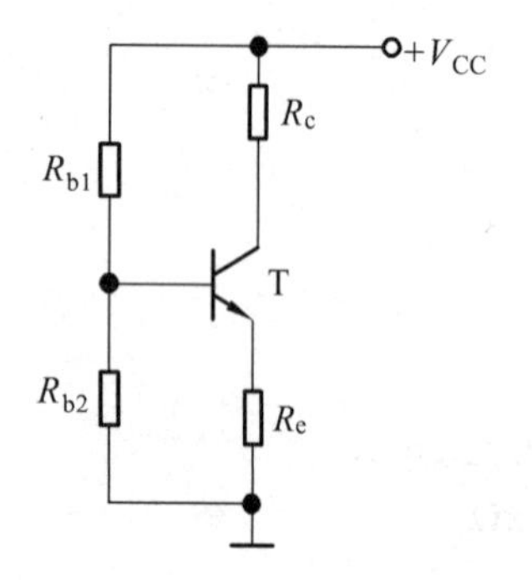

图 2.5.7　共基极放大电路的直流通路

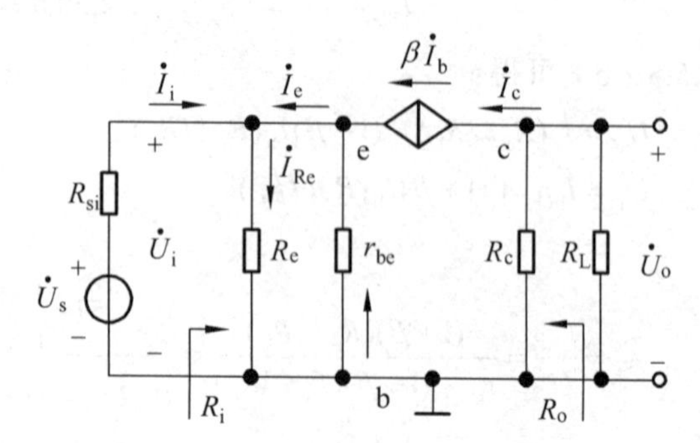

图 2.5.8　共基极放大电路的小信号等效电路

2. 动态分析

将图 2.5.6（b）中的 BJT 用小信号模型替代，得到共基极放大电路的小信号等效电路如图 2.5.8 所示。

1）电压增益

由图 2.5.8 可知

$$\dot{U}_o = -\beta\dot{I}_b(R_L // R_c),\ \dot{U}_i = -\dot{I}_b r_{be}$$

于是有

$$\dot{A}_u = \frac{\dot{U}_o}{\dot{U}_i} = \frac{\beta(R_L // R_c)}{r_{be}} \tag{2.5.8}$$

式（2.5.8）说明，只要电路参数选择适当，共基极放大电路也具有电压放大作用，而且输出电压和输入电压相位相同。

2）输入电阻 R_i

在图 2.5.8 中有

$$i_i = i_{Re} - i_e = i_{Re} - (1+\beta)i_b,\ i_{Re} = \frac{u_i}{R_e},\ i_b = -\frac{u_i}{r_{be}}$$

所以

$$R_i = \frac{u_i}{i_i} = u_i \Big/ \left[\frac{u_i}{R_e} - (1+\beta)\frac{-u_i}{r_{be}}\right] = R_e // \frac{r_{be}}{1+\beta} \tag{2.5.9}$$

共基极放大电路的输入电阻远小于共射极放大电路和共集电极放大电路的输入电阻。当输入信号来自电流源时，输入电阻小的特点反而成了共基极放大电路的优点。

3）输出电阻 R_o

图 2.5.9 是用于计算共基极放大电路 R_o 的等效电路（图中忽略了 BJT 的输出电阻 r_o）。

由图 2.5.9 可写出发射极的节点电流方程如下：

$$\dot{I}_{Rsi} + \dot{I}_{Re} + \dot{I}_b + \beta\dot{I}_b = 0,\quad \frac{\dot{U}_{be}}{R_{si}} + \frac{\dot{U}_{be}}{R_e} + \frac{\dot{U}_{be}}{r_{be}} + \frac{\beta\dot{U}_{be}}{r_{be}} = 0$$

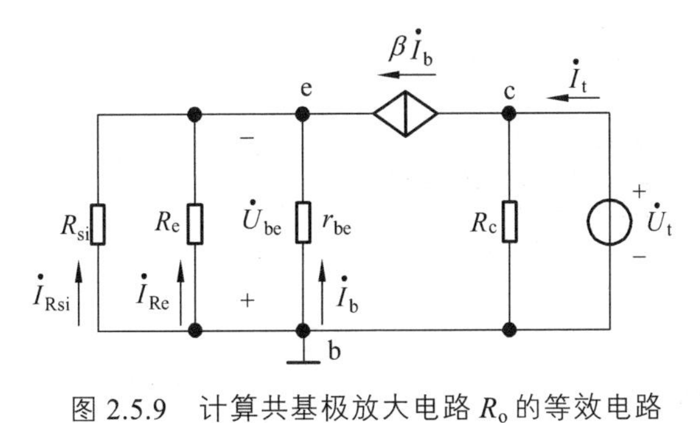

图 2.5.9　计算共基极放大电路 R_o 的等效电路

这说明 $u_{be}=0$，也就意味着 $i_b=0$，受控电流源 $\beta i_b=0$，所以输出电阻

$$R_o=\frac{\dot{U}_t}{I_t}=R_c \tag{2.5.10}$$

式（2.5.10）说明共基极放大电路的输出电阻与共射极放大电路的输出电阻相同，近似等于电阻 R_c。

例 2.5.2　在图 2.5.6 所示电路中，已知 V_{CC}=15 V，R_c=2.1 kΩ，R_e=2.9 kΩ，R_{b1}=R_{b2}=60 kΩ，R_L=1 kΩ，BJT 的 β=100，U_{BEQ}=0.7 V。各电容对交流信号可视为短路。试求：

（1）该电路的静态工作点 Q；

（2）电压增益 A_u、输入电阻 R_i 和输出电阻 R_o。

解：（1）求 Q 点：由图 2.5.7 可求得

$$U_{BQ}=\frac{R_{b2}}{R_{b1}+R_{b2}}V_{CC}=\frac{60\ \text{k}\Omega}{(60+60)\ \text{k}\Omega}\times 15\ \text{V}=7.50\ \text{V}$$

$$I_{CQ}\approx I_{EQ}=\frac{U_{BQ}-U_{BEQ}}{R_e}=\frac{7.5\text{V}-0.7\ \text{V}}{2.9\ \text{k}\Omega}\approx 2.35\ \text{mA}$$

$$I_{BQ}=\frac{I_{CQ}}{\beta}=\frac{2.35\ \text{mA}}{100}=0.0235\ \text{mA}=23.5\ \mu\text{A}$$

$$\begin{aligned}U_{CEQ}&=V_{CC}-I_{CQ}(R_c+R_e)\\&=[15-2.35\times(2.1+2.9)]\text{V}=3.25\text{V}\end{aligned}$$

（2）求 $\dot{A}_u$、R_i 和 R_o

先求得 BJT 的 r_{be}，即

$$r_{be}=r_{bb'}+(1+\beta)\frac{U_T}{I_{EQ}}=200\ \Omega+101\times\frac{26\ \text{mV}}{2.35\ \text{mA}}\approx 1317.45\ \Omega=1.32\ \text{k}\Omega$$

由式（2.5.8）得

$$\dot{A}_u=\frac{\beta R_L'}{r_{be}}=\frac{100\times\frac{2.1\times 1}{2.1+1}\text{k}\Omega}{1.32\ \text{k}\Omega}\approx 51.32$$

由式（2.5.9）得

$$R_{\mathrm{i}} = R_{\mathrm{e}} // \frac{r_{\mathrm{be}}}{1+\beta} = \frac{2.9 \times \dfrac{1.32}{1+100}}{2.9 + \dfrac{1.32}{1+100}} \mathrm{k\Omega} \approx 13\,\Omega$$

由式（2.5.10）得

$$R_{\mathrm{o}} \approx R_{\mathrm{c}} = 2.1\,\mathrm{k\Omega}$$

思考题

2.5.1　如何判别晶体管基本放大电路是哪种（共射、共集、共基）接法?

2.5.2　试用 NPN 型管分别组成单管阻容耦合共集放大电路和共基放大电路，并分析它们的 Q、$\dot{A}_u$、R_{i} 和 R_{o}。

习　题

2.5.1　电路如图题 2.5.1 所示，晶体管的$\beta = 80$，$r_{\mathrm{be}} = 1\ \mathrm{k\Omega}$。

（1）求 Q 点；

（2）分别求 $R_{\mathrm{L}} = \infty$和 $R_{\mathrm{L}} = 3\ \mathrm{k\Omega}$ 时电路的 $\dot{A}_{u1}$ 和 R_{i}；

（3）求出 R_{o}。

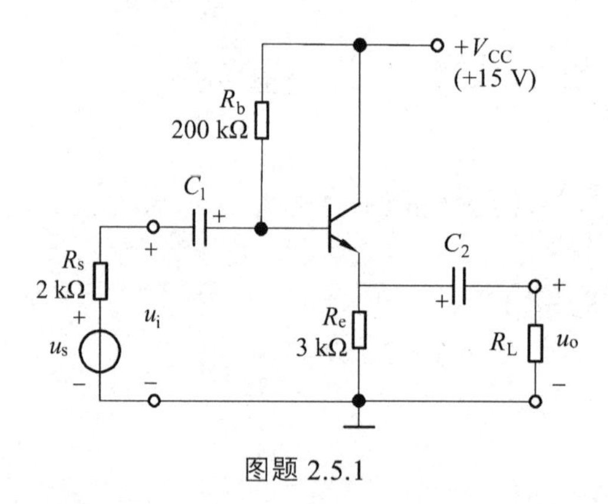

图题 2.5.1

2.5.2　电路如图题 2.5.2 所示，设 $\beta = 100$，试求：

（1）Q 点；

（2）电压增益 $A_{u1} = u_{\mathrm{o1}} / u_{\mathrm{s}}$ 和 $A_{u2} = u_{\mathrm{o2}} / u_{\mathrm{s}}$；

（3）输入电阻 R_{i}；

（4）输出电阻 R_{o1} 和 R_{o2}。

2.5.3 共基极电路如图 2.5.3 所示。射极回路里接入一恒流源，设 $\beta =$ 100，$R_{\mathrm{si}} = 0$，$R_{\mathrm{L}} = \infty$。试确定电路的电压增益 $\dot{A}_u$、输入电阻 R_{i} 和输出电阻 R_{o}。

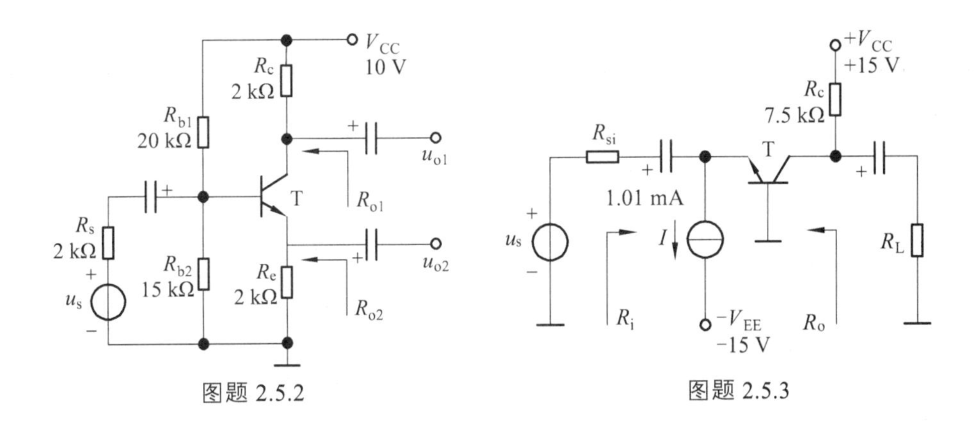

图题 2.5.2　　　　图题 2.5.3

2.6　BJT 放大电路三种组态的比较

2.6.1　三种组态的判别

一般看输入信号加在 BJT 的哪个电极，输出信号从哪个电极取出。共射极放大电路中，信号由基极输入，集电极输出；共集电极放大电路中，信号由基极输入，发射极输出；共基极电路中，信号由发射极输入，集电极输出。

2.6.2　三种组态的特点及用途

共发射极放大电路既有电压放大作用又有电流放大作用，输出电压和输入电压相位相反。输入电阻在 3 种组态中居中，输出电阻较大，适用于低频情况下，作多级放大电路的中间级。

共集电极放大电路无电压放大作用，电压增益小于 1 而接近于 1，输出电压和输入电压相位相同，即只有电压跟随作用，但有电流放大作用。在 3 种组态中，共集电极放大电路的输入电阻最高，输出电阻最小，频带宽，可作多级放大电路的输入级或输出级或缓冲级。

共基极放大电路有电压放大作用，且输入电压和输出电压相位相同，没有电流放大作用，有电流跟随作用。在 3 种组态中，其输入电阻最小，输出电阻较大，高频特性比共射放大电路好，常用于高频或宽频带低输入阻抗的场合，在模拟集成电路中亦兼有电位移动的功能。

BJT 放大电路 3 种组态的主要性能如表 2.6.1 所示。

表 2.6.1　BJT 放大电路 3 种组态的主要性能

项目	共射极电路	共集电极电路	共基极电路
电路图	$+V_{CC}$, R_{b1}, R_c, C_{b2}, C_{b1}, T, R_{si}, u_i, u_s, R_{b2}, R_e, R_L, u_o	$+V_{CC}$, R_b, C_{b1}, T, C_{b2}, R_{si}, u_i, u_s, R_e, R_L, u_o	$+V_{CC}$, R_{b1}, R_c, C_{b2}, C_{b1}, T, R_{si}, u_i, u_s, R_e, R_{b2}, C_B, R_L, u_o
电压增益 A_u	$A_u=\dfrac{-\beta R_L'}{r_{be}+(1+\beta)R_e}$ $R_L'=R_c//R_L$	$A_u=\dfrac{(1+\beta)R_L'}{r_{be}+(1+\beta)R_L'}$ （$R_L'=R_e//R_L$）	$A_u=\dfrac{\beta R_L'}{r_{be}}$ （$R_L'=R_c//R_L$）

续表 2.6.1

项目	共射极电路	共集电极电路	共基极电路
u_o 与 u_i 的相位关系	反相	同相	同相
最大电流增益 A_i	$A_i = \beta$	$A_i = 1+\beta$	$A_i = \alpha$
输入电阻	$R_i = R_{b1} // R_{b2} // [r_{be} + (1+\beta)R_e)]$	$R_i = R_b // [r_{be} + (1+\beta)R'_L)]$	$R_i = R_e // \frac{r_{be}}{1+\beta}$
输出电阻	$R_o \approx R_e$	$R_o = \frac{r_{be} + R'_{si}}{1+\beta} // R_e$ $R'_{si} = R_{si} // R_b$	$R_o \approx R_c$
用途	多级放大电路的中间级	输入级、中间级、输出级	高频或宽频带电路

思考题

在三种基本接法的单管放大电路中，要实现电压放大，应选用什么电路?要实现电流放大，应选用什么电路?要实现电压跟随，应选用什么电路?要实现电流跟随，应选用什么电路?

2.7　由晶体管组成复合管及其放大电路

在实际应用中，为了进一步改善放大电路的性能，可用多只晶体管构成复合管来取代基本电路中的一只晶体管；也可以根据需要将两种基本接法组合起来，以得到多方面性能俱佳的放大电路。复合管的组成原则如下：

（1）在正确的外加电压下，每只管子的各极电流均有合适的通路，且均工作在放大区或恒流区。

（2）为了实现电流放大，应将第一只管的集电极（漏极）或发射极（源极）电流作为第二只管子的基极电流。

由于晶体管构成的复合管有很高的电流放大系数，所以只需很小的输入驱动电流 i_B，便可获得很大的集电极（或发射极）电流 i_C（或 i_E）。在一些场合下，还可以将 3 只晶体管接成复合管。应当指出，使用 3 只以上管子构成复合管的情况比较少，因为管子数目太多时，会因结电容的作用使高频特性变坏；复合管的穿透电流会很大，温度稳定性变差；而且为保证复合管中每一只管子都工作在放大区，必然要求复合管的直流管压降足够大，这就需要提高电源电压。

2.7.1　晶体管组成的复合管及其电流放大系数

图 2.7.1（a）和（b）所示为两只同类型（NPN 或 PNP）晶体管组成的复合管，等效成与组成它们的晶体管同类型的管子；图 2.7.1（c）和（d）所示为不同类型晶体管组成的复合管，等效成与 T_1 管同类型的管子。下面以图 2.7.1（a）为例说明复合管的电流放大系数 β 与 T_1、T_2 的电流放大系数 β_1、β_2 的关系。

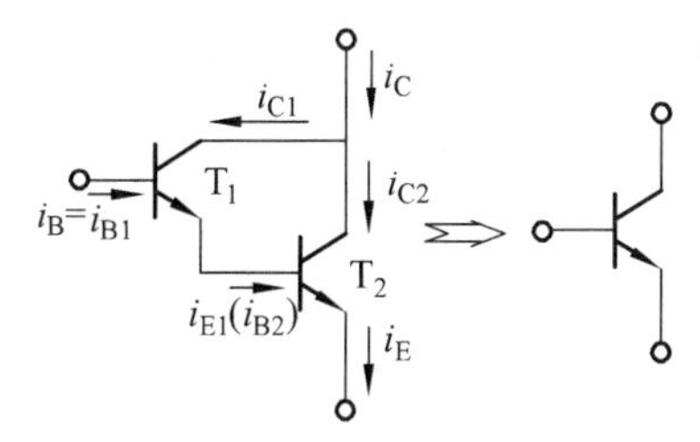

（a）由两只 NPN 型管组成

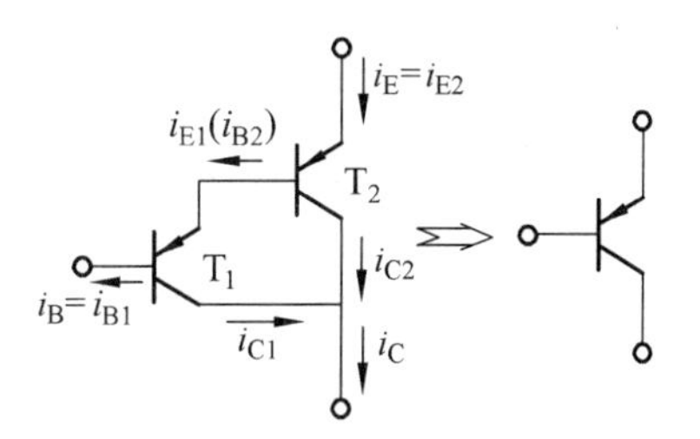

（b）由两只 PNP 型管组成

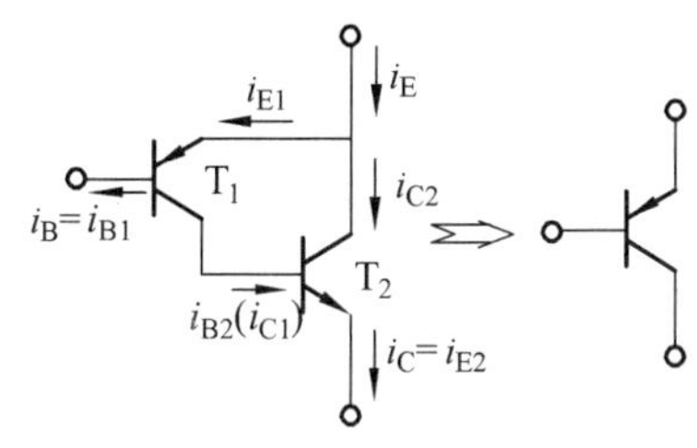

（c）由 PNP 型管和 NPN 型管组成

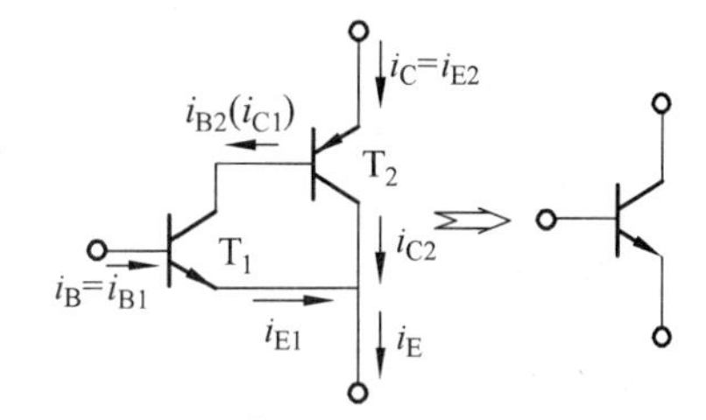

（d）由 NPN 型管和 PNP 型管组成

图 2.7.1　复合管

在图 2.7.1（a）中，复合管的基极电流 i_B 等于 T_1 管的基极电流 i_{B1}，集电极电流 i_C 等于 T_2 管的集电极电流 i_{C2} 与 T_1 管的集电极电流 i_{C1} 之和，而 T_2 管的基极电流 i_{B2} 等于 T_1 管的发射极电流 i_{E1}，所以

$$i_C = i_{C1} + i_{C2} = \beta_1 i_{B1} + \beta_2(1+\beta_1)i_{B1} = (\beta_1 + \beta_2 + \beta_1\beta_2)i_{B1} \tag{2.7.1}$$

因为 β_1 和 β_2 至少为几十，因而 $\beta_1\beta_2$>>（$\beta_1+\beta_2$），所以可以认为复合管的电流放大系数

$$\beta \approx \beta_1\beta_2 \tag{2.7.2}$$

用上述方法可以推导出图 2.7.1（b）、（c）、（d）所示复合管的 β 均约为 $\beta_1\beta_2$。

本章所述单管放大电路输出的动态电流大约在几毫安，采用复合管后，在信号源提供的输入电流不变的情况下，可以得到高达几安的输出驱动电流，要注意的是此时应选择中等功率或大功率管。从另一角度看，若驱动电流仍为几毫安，采用复合管后，需要信号源提供的输入电流会非常小，这对于微弱信号的放大是非常有意义的。

2.7.2　复合管共射放大电路

如图 2.7.2（a）所示为复合管共射放大电路，图 2.7.2（b）是它的交流等效电路。

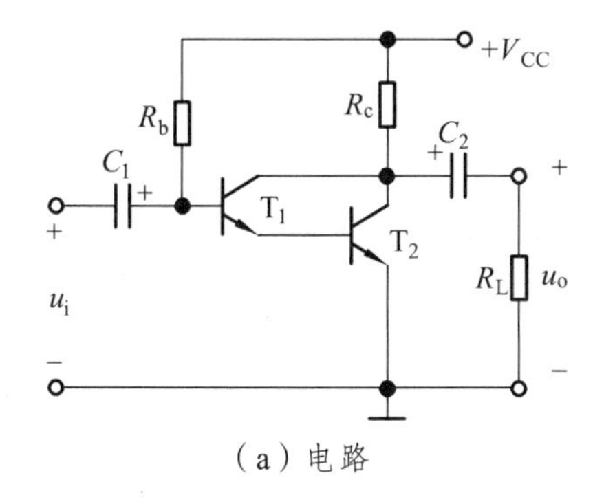

（a）电路

（b）交流等效电路

图 2.7.2　阻容耦合复合管共射放大电路

从图（b）可知

$$\dot{I}_{c}=\dot{I}_{c1}+\dot{I}_{c2}\approx\beta_1\beta_2\dot{I}_{b1} \tag{2.7.3}$$

$$\dot{U}_{i}=\dot{I}_{b1}r_{be1}+\dot{I}_{b2}r_{be2}=\dot{I}_{b1}r_{be1}+\dot{I}_{b1}(1+\beta_1)r_{be2} \tag{2.7.4}$$

$$\dot{U}_{o}\approx-\beta_1\beta_2\dot{I}_{b1}(R_{e}//R_{L}) \tag{2.7.5}$$

电压放大倍数为

$$\dot{A}_{u}=-\frac{\beta_1\beta_2(R_{e}//R_{L})}{r_{be1}+(1+\beta_1)r_{be2}} \tag{2.7.6}$$

输入电阻为

$$R_{i}=R_{b}//[r_{be1}+(1+\beta_1)r_{be2}] \tag{2.7.7}$$

相对于单管放大电路，R_{i}明显增大。说明当u_{i}相同时，从信号源索取的电流将显著减小，因此降低了对信号源输出电流的要求。

第3章 场效应管及其放大电路

场效应管（Field Eect Transistor, FET）是一种利用输入回路的电场效应来控制输出回路电流的半导体器件。由于它仅靠半导体中的多数载流子导电，因而又称为单极型晶体管。场效应管不但具备双极型晶体管体积小、重量轻、寿命长等优点，而且输入回路的内阻高达 10^7~10^{12} Ω，噪声低、热稳定性好、抗辐射能力强、耗电省，因此它从 20 世纪 60 年代诞生起就广泛地应用于各种电子电路之中。

FET 有两种主要类型：金属-氧化物-半导体场效应管（Metal-Oxide-Semiconductor Field Effect Transistor, MOSFET, 简称 MOS 管）和结型场效应管（Junction Field Effect Transistor, JFET）。

MOSFET 制造工艺成熟，体积可以做得很小，从而可以制造高密度的超大规模集成（VLSI）电路。结型 FET 中的结可以是一个普通的 PN 结，构成通常所说的 JFET；也可是一个肖特基（Schottky）势垒栅结，构成一个金属–半导体场效应管（Metal-Semiconductor Field Efeet Tran-sistor, MESFET）。MESFET 可用在高速或高频电路中，例如微波放大电路。本章首先介绍 MOSFET 的结构和工作原理；然后以共源极放大电路为例，说明放大电路的组成、工作原理及小信号模型分析法；接着再讨论 FET 放大电路的另外两种形式：共漏极和共栅极结构。JFET 放大电路相对应用较少，因此本章将它放到较次要的位置。

3.1 场效应管的结构及工作原理

绝缘栅型场效应管的栅极与源极、栅极与漏极之间均采用 SiO_2 绝缘层隔离，因此而得名。又因栅极为金属铝，故又称为金属-氧化物-半导体场效应管。它的栅-源间电阻可超过 10^{10} Ω，它由于温度稳定性好、集成化时工艺简单，因而广泛用于大规模和超大规模集成电路中。

MOS 管有 N 沟道和 P 沟道两类，但每一类又分为增强型和耗尽型两种，因此 MOS 管的 4 种类型为：N 沟道增强型管、N 沟道耗尽型管、P 沟道增强型管和 P 沟道耗尽型管。凡栅-源电压 u_{GS} 为零时漏极电流也为零的管子均属于增强型管，凡栅-源电压 u_{GS} 为零时漏极电流不为零的管子均属于耗尽型管。下面讨论分别讨论它们的工作原理及特性。

3.1.1 绝缘栅型场效应管

3.1.1.1 N 沟道增强型 MOS 管

N 沟道增强型 MOS 管的结构、简图和代表符号分别如图 3.1.1（a）（b）和（c）所示。它以一块掺杂浓度较低、电阻率较高的 P 型硅半导体薄片作为衬底，利用扩散的方法在 P 型硅中形成两个高掺杂的N^+区。然后在 P 型硅表面生长一层很薄的二氧化硅绝缘层，并在二氧化硅的表面及N^+区的表面上分别安置三个铝电极—栅极 g、源极 s 和漏极 d，就成了 N 沟道增强型 MOS 管。

由于栅极与源极、漏极均无电接触，故称绝缘栅极，图 3.1.1（c）是 N 沟通增强型 MOSFET 的代表符号，箭头方向表示由 P（衬底）指向 N（沟道）。图中垂直短画线代表沟道，短画线表明在未加适当栅压之前漏极与源极之间无导电沟道。

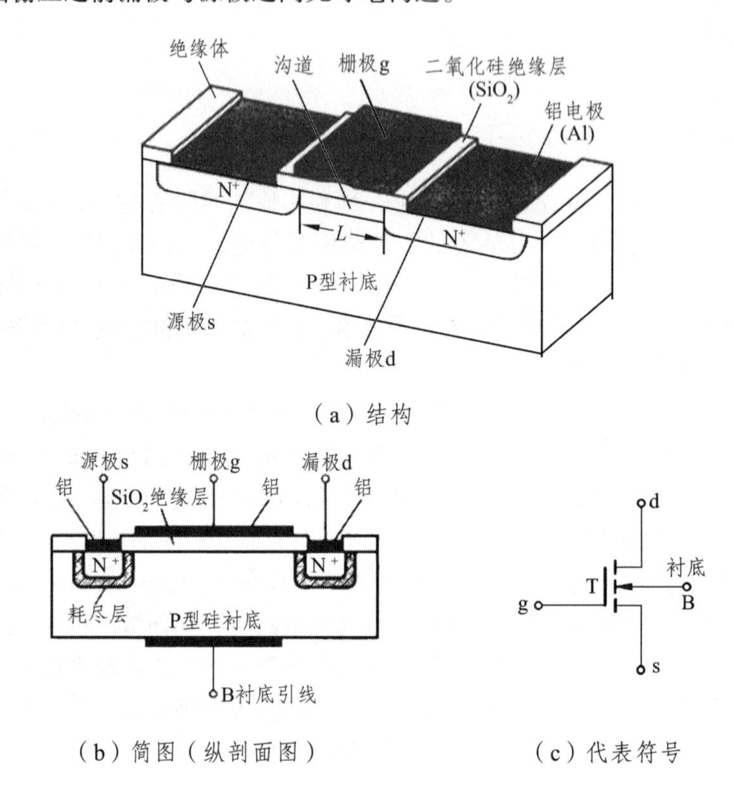

图 3.1.1　N 沟道增强型 MOSFET 结构及符号

1. 工作原理

当栅-源之间不加电压时，漏-源之间是两只背向的 PN 结，不存在导电沟道，因此即使漏-源之间加电压，也不会有漏极电流。

1）当 $u_{DS}=0$ 且 $u_{GS}>0$ 时

由于 SiO_2 的存在，栅极电流为零。但是栅极金属层将聚集正电荷，它们排斥 P 型衬底靠近 SiO_2 一侧的空穴，使之剩下不能移动的负离子区，形成耗尽层，如图 3.1.2（a）所示。当 u_{GS} 增大时，一方面耗尽层增宽，另一方面将衬底的自由电子吸引到耗尽层与绝缘层之间，形成一个 N 型薄层，称为反型层，如图 3.1.2（b）所示。这个反型层就构成了漏-源之间的导电沟道。由于它是栅源正电压感应产生的，所以也称感生沟道。使沟道刚刚形成的栅-源电压称为开启电压 $U_{GS(th)}$。u_{GS} 愈大，反型层愈厚，导电沟道电阻愈小。正如前已初步指出，这种在 $U_{GS}=0$ 时没有导电沟道，而必须依靠栅源电压的作用才形成感生沟道的 FET 称为增强型 FET。图 3.1.1（c）中的短画线即反映了增强型 FET 在 $U_{GS}=0$ 时沟道是断开的特点。

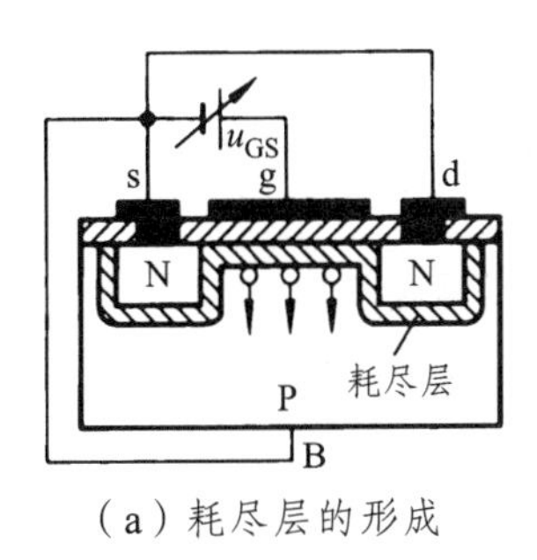

（a）耗尽层的形成

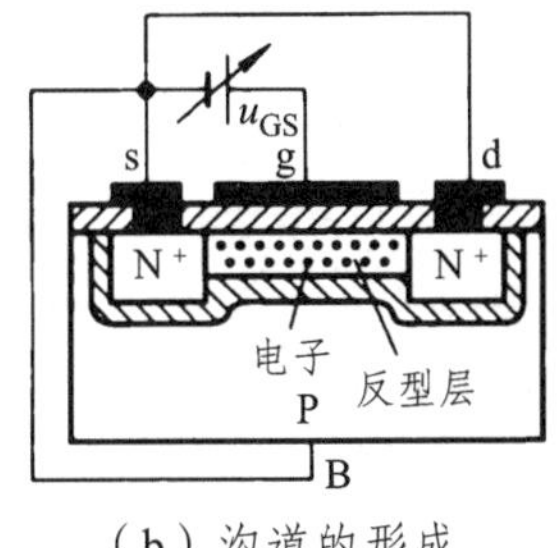

（b）沟道的形成

图 3.1.2　$u_{DS}=0$ 时 u_{GS} 对导电沟道的影响

2）当 u_{GS} 是大于 $U_{GS(th)}$的一个确定值时，u_{DS} 对漏极电流 i_D 的影响

当 u_{GS} 为 $0\sim U_{GS(th)}$中某一确定值时，若 $u_{DS}=0$ V，则虽然存在由 u_{GS} 所确定的一定宽度的导电沟道，但由于 d–s 间电压为零，多子不会产生定向移动，因而漏极电流 i_D 为零。

若 u_{DS}>0 V，则有电流 i_D 从漏极流向源极，从而使沟道中各点与栅极间的电压不再相等，而是沿沟道从源极到漏极逐渐增大，造成靠近漏极一边的耗尽层比靠近源极一边的宽，即靠近漏极一边的导电沟道比靠近源极一边的窄，如图 3.1.3（a）所示。

因为栅-漏电压 $u_{GD}=u_{GS}-u_{DS}$，所以当 u_{DS} 从零逐渐增大时，u_{GD} 逐渐减小，靠近漏极一边的导电沟道必将随之变窄。但是，只要栅-漏间不出现夹断区域，沟道电阻仍基本取决于栅-源电压 u_{GS}，因此，电流 i_D 将随 u_{DS} 的增大而线性增大，d–s 呈现电阻特性。而一旦 u_{DS} 的增大使 u_{GD} 等于 $U_{GS(th)}$，则漏极一边的耗尽层就会出现夹断区，如图 3.1.3（b）所示，称 $u_{GD}=U_{GS(off)}$为**预夹断**。

若 u_{DS} 继续增大，则 $u_{GD}<U_{GS(th)}$，耗尽层闭合部分将沿沟道方向延伸，即夹断区加长，如图 3.1.3（c）所示。这时，一方面自由电子从漏极向源极定向移动所受阻力加大（只能从夹断区的窄缝以较高速度通过），从而导致 i_D 减小；另一方面，随着 u_{DS} 的增大，使 d-s 间的纵向电场增强，也必然导致 i_D 增大。实际上，上述 i_D 的两种变化趋势相抵消，u_{DS} 的增大几乎全部降落在夹断区，用于克服夹断区对 i_D 形成的阻力。因此，从外部看，在 $u_{GD}<U_{GS(off)}$的情况下，当 u_{DS} 增大时，i_D 几乎不变，即 i_D 几乎仅仅取决于 u_{GS}，表现出 i_D 的恒流特性。

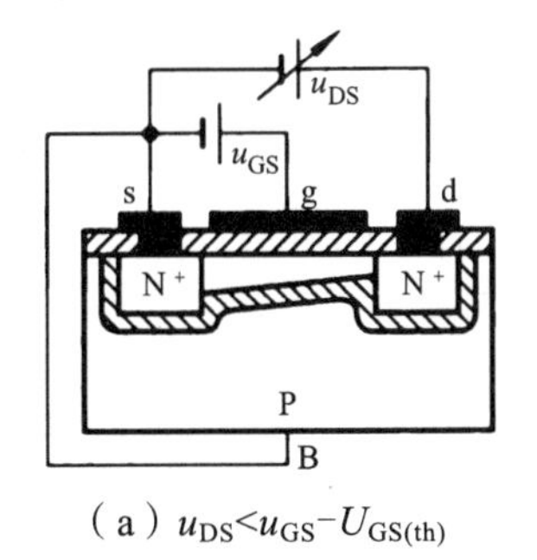

（a）$u_{DS}<u_{GS}-U_{GS(th)}$

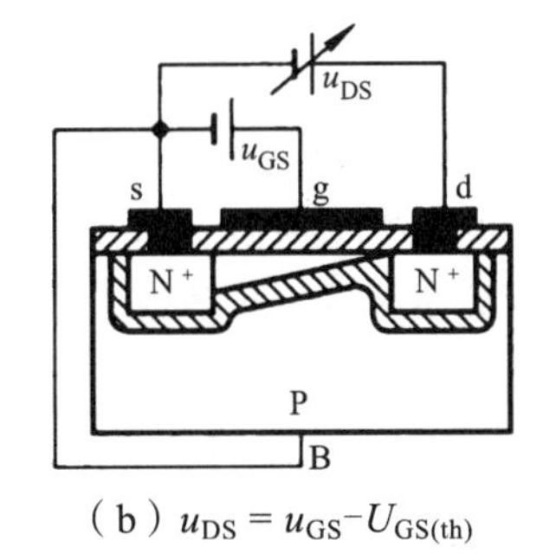

（b）$u_{DS}=u_{GS}-U_{GS(th)}$

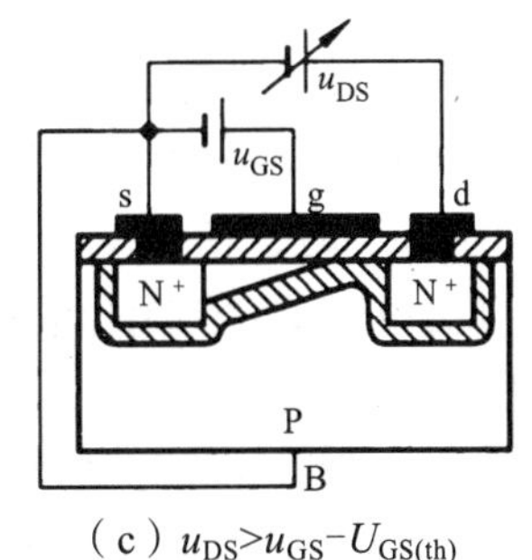

（c）$u_{DS}>u_{GS}-U_{GS(th)}$

图 3.1.3　u_{GS} 为大于 $U_{GS(th)}$的某一值时，u_{DS} 对 i_D 的影响

由于漏极电流受栅-源电压的控制，故称场效应管为电压控制元件。与晶体管用 β（$=\Delta i_C/\Delta i_B$）来描述动态情况下基极电流对集电极电流的控制作用相类似，场效应管用 g_m 来描述动态的栅-源电压对漏极电流的控制作用，g_m 称为低频跨导。

$$g_m=\left.\frac{\Delta i_D}{\Delta u_{GS}}\right|_{U_{DS}=\text{常数}} \tag{3.1.1}$$

由以上分析可知：

（1）在 $u_{GS}>U_{GS(th)}$，$u_{GD}=u_{GS}-u_{DS}>U_{GS(th)}$的情况下，即当 $u_{GD}>U_{GS(th)}$（即 g-d 间未出现夹断）时，对应于不同的 u_{GS}，d-s 间等效成不同阻值的电阻；

（2）当 $u_{GS}>U_{GS(th)}$，u_{GD} 使 $u_{GD}=U_{GS(th)}$时，d-s 之间预夹断；

（3）当 $u_{GS}>U_{GS(th)}$，u_{GD} 使 $u_{GD}<U_{GS(th)}$时，i_D 几乎仅仅取决于 u_{GS}，而与 u_{DS} 无关，此时可以把 i_D 近似看成 u_{GS} 控制的电流源；

（4）当 $u_{GS}<U_{GS(th)}$时，管子截止，$i_D\approx 0$。

2. *I-U* 特性曲线

1）输出特性曲线

输出特性曲线描述当栅-源电压 u_{GS} 为常量时，漏极电流 i_D 与漏-源电压 u_{DS} 之间的函数关系，即

$$i_D = f(u_{DS})\big|_{U_{GS}=\text{常数}} \tag{3.1.2}$$

对应于一个 u_{GS}，就有一条曲线，因此输出特性为一族曲线，如图 3.1.4 所示。

场效应管有 3 个工作区域：

（1）可变电阻区（也称非饱和区）：图中的虚线为预夹断轨迹，它是各条曲线上使 $u_{DS}=u_{GS}-U_{GS(th)}$（即 $u_{GD}=U_{GS(th)}$）的点连接而成的。u_{GS} 愈大，预夹断时的 u_{DS} 值也愈大。预夹断轨道的左边区域称为可变电阻区，该区域中曲线近似为不同斜率的直线。当 u_{GS} 确定时，直线的斜率也唯一地被确定，直线斜率的倒数即为 d-s 间等效电阻。因而在此区域中，可以通过改变 u_{GS} 的大小（即压控的方式）来改变漏-源等效电阻的阻值，也因此称之为可变电阻区。

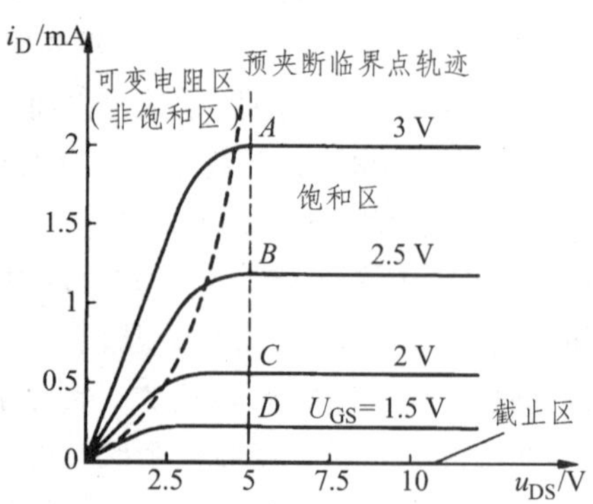

图 3.1.4　N 沟道增强型 MOS 管输出特性

（2）恒流区（也称饱和区）：图中预夹断轨迹的右边区域为恒流区。当 $u_{DS}>u_{GS}-U_{GS(th)}$（即 $u_{GD}<U_{GS(th)}$）时，各曲线近似为一族横轴的平行线。当 u_{GS} 增大时，i_D 仅略有增大。因而可将 i_D 近似为电压 u_{GS} 控制的电流源，故称该区域为恒流区。利用场效应管作放大管时，应使其工作在该区域。

（3）夹断区（也称截止区）：当 $u_{GS}\leqslant U_{GS(th)}$时，导电沟道没有形成反型层，$i_D\approx 0$，即图 3.1.4 中靠近横轴的部分，称为夹断区。一般将使 i_D 等于某一个很小电流（如 5 μA）时的 u_{GS} 定义为夹断电压 $U_{GS(off)}$。

2）转移特性曲线

FET 是电压控制器件，由于栅极输入端基本上没有电流，故讨论它的输入特性是没有意义的。所谓转移特性，是在漏源电压 u_{DS} 一定的条件下，栅源电压 u_{GS} 对漏极电流 i_D 的控制特性，即

$$i_D = f(u_{GS})\big|_{U_{DS}=\text{常数}} \tag{3.1.3}$$

由于输出特性与转移特性都是反映 FET 工作的同一物理过程，所以转移特性可以直接从输出特性上用作图法求出。当场效应管工作在恒流区时，由于输出特性曲线可近似为横轴的一组平行线，所以可以用一条转移特性曲线代替恒流区的所有曲线。在输出特性曲线的恒流区中做横轴的垂线，读出垂线与各曲线交点的坐标值，建立 u_{GS}、i_D 坐标系，连接各点所得曲线就是转移特性曲线。例如，在图 3.1.4 所示输出特性中，选取 $U_{DS}=5$ V 的一条垂直线，此垂直线与各条输出特性曲线的交点分别为 A、B、C、D，将上述各点相应的 i_D 及 u_{GS} 值画在 i_D-u_{GS} 的直角坐标系中，就可得到转移特性曲线，如图 3.1.5 所示。

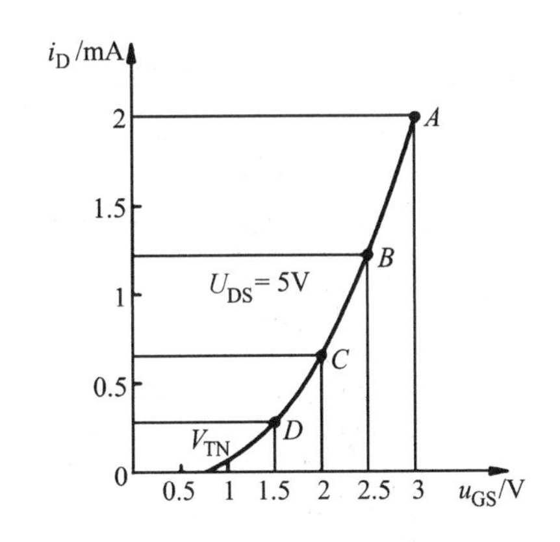

图 3.1.5　N 沟道增强型的转移特性曲线（由图 3.1.4 作的）

根据半导体物理中对场效应管内部载流子的分析，可以得到饱和区中 i_D 的近似表达式为

$$i_D = I_{DO}\left(\frac{u_{GS}}{U_{GS(th)}}-1\right)^2 \tag{3.1.4}$$

式中 I_{DO} 是 $u_{GS}=2U_{GS(th)}$时的 i_D。

当管子工作在可变电阻区时，对于不同的 U_{DS}，转移特性曲线将有很大差别。

3.1.1.2　N 沟道耗尽型 MOS 管

1. 工作原理

如果在制造 MOS 管时，在 SiO_2 绝缘层中掺入大量正离子，那么即使 $u_{GS}=0$，在正离子作用下 P 型衬底表层也存在反型层，即漏–源之间存在导电沟道。只要在漏-源间加正向电压，就会产生漏极电流，如图 3.1.6（a）所示。并且，u_{GS} 为正时，反型层变宽，沟道电阻变小，i_D 增大；反之，u_{GS} 为负时，反型层变窄，沟道电阻变大，i_D 减小。而当 u_{GS} 从零减小到一定值时，反型层消失，漏-源之间导电沟道消失，$i_D=0$，此时的 u_{GS} 称为**夹断电压** $U_{GS(off)}$。N 沟道耗尽型 MOS 管的夹断电压为负值。N 沟道耗尽型 MOS 管可以在正或负的栅源电压下工作，而且基本上无栅流，这是耗尽型 MOS 的重要特点之一。

N 沟道耗尽型 MOS 管的符号如图 3.1.6（b）所示。注意与增强型符号的差别，表示沟道的不再是短画线。耗尽型 MOS 管在栅源电压为零时，在正的 u_{DS} 作用下，也有较大的漏极电流 i_D 由漏极流向源极。

（a）结构示意图　　（b）符号

图 3.1.6　N 沟道耗尽型 MOS 管结构示意图及符号

2. *I-U* 特性曲线

N 沟道耗尽型 MOS 管的输出特性和转移特性曲线如图 3.1.7（a）、（b）所示。

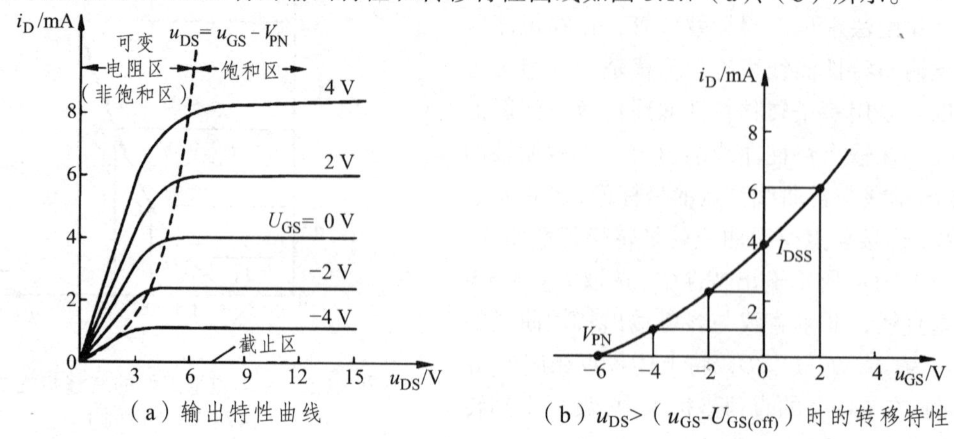

图 3.1.7　N 沟道耗尽型 MOS 管特性曲线

耗尽型 MOS 管的工作区域同样可以分为截止区、可变电阻区和饱和区。所不同的是，N 沟道耗尽型 MOS 管的夹断电压 $U_{GS(off)}$为负值，而 N 沟道增强型 MOS 管的开启电压 $U_{GS(th)}$为正值。恒流区中 i_D 的近似表达式为

$$i_D = I_{DSS}\left(1-\frac{u_{GS}}{U_{GS(off)}}\right)^2 \tag{3.1.5}$$

式中，I_{DSS} 为零栅压的漏极电流，称为饱和漏极电流。

3.1.1.3　P 沟道 MOS 管

与 N 沟道 MOS 管相似，P 沟道 MOS 管也有增强型和耗尽型两种，它们的电路符号如图 3.1.8 所示，除了代表衬底的 B 的箭头方向向外，其他部分均与 NMOS 相同，此处不再赘述。

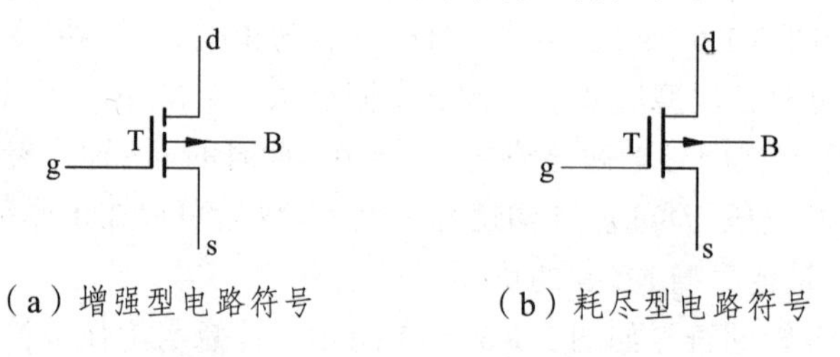

图 3.1.8　P 沟道 MOSFET 电路符号

与 N 沟道 MOS 管相对应，P 沟道增强型 MOS 管的开启电压 $U_{GS(th)}<0$，当 $u_{GS}< U_{GS(th)}$时管子才导通，漏-源之间应加负电源电压；P 沟道耗尽型 MOS 管的夹断电压 $U_{GS(off)}>0$，u_{GS} 可在正负值的一定范围内实现对 i_D 的控制，漏-源之间也应加负电压。

3.1.1.4　绝缘栅型场效应管的符号及特性曲线对比图

场效应管的符号及特性曲线对比如表 3.1.1 所示，表中漏极电流的正方向是从漏极流向源极。

应当指出，如果 MOS 管的衬底不与源极相连接，则衬-源之间电压 U_{BS} 必须保证衬–源间的 PN 结反向偏置，因此，N 沟道管的 U_{BS} 应小于零，而 P 沟道管的 U_{BS} 应大于零。此时导电沟道宽度将受 U_{GS} 和 U_{BS} 双重控制，U_{BS} 使开启电压或夹断电压的数值增大。比较而言，N 沟

道管受 U_{BS} 的影响更大些。

表 3.1.1　绝缘栅型场效应管的符号及特性曲线对比

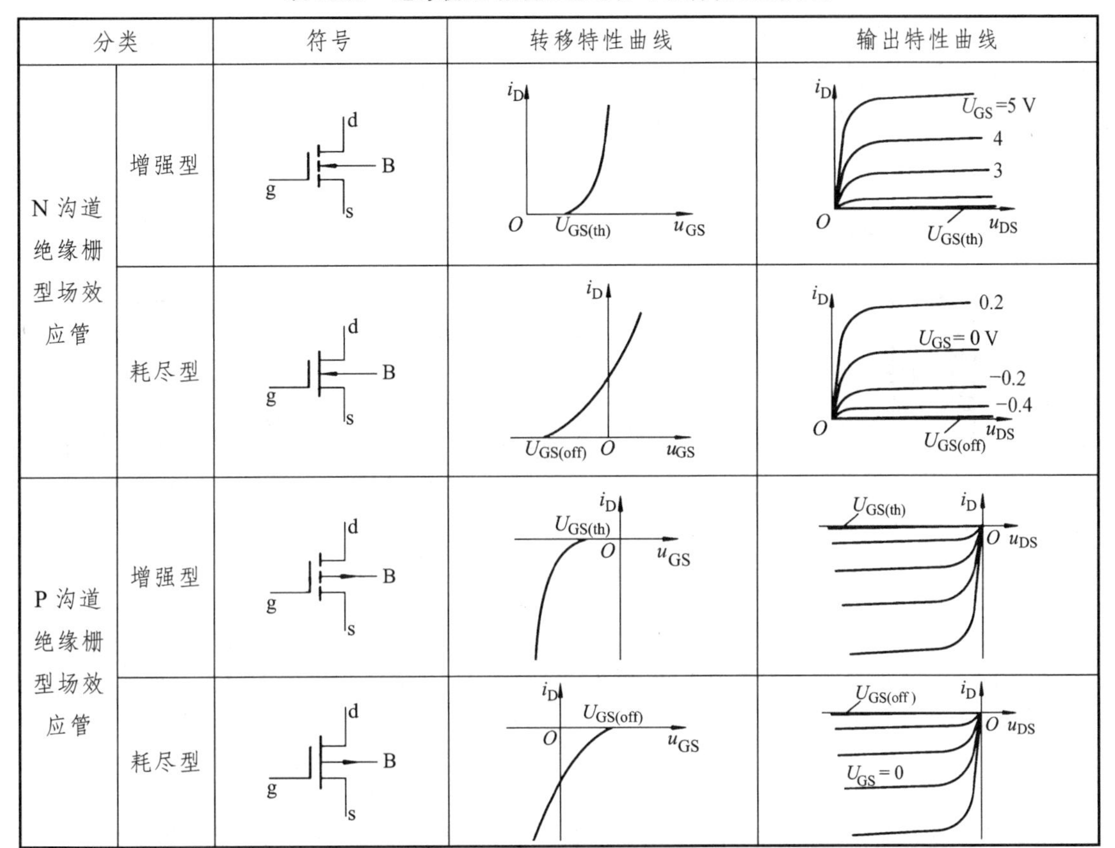

分类		符号	转移特性曲线	输出特性曲线
N 沟道绝缘栅型场效应管	增强型			
	耗尽型			
P 沟道绝缘栅型场效应管	增强型			
	耗尽型			

3.1.2　结型场效应管

结型场效应管（Junetion Field Effect Transistor，JFET）又有 N 沟道和 P 沟道两种类型，图 3.1.9（a）是 N 沟道管的实际结构图，图（b）为它们的符号。

图 3.1.10 所示为 N 沟道结型场效应管的结构示意图。图中，在同一块 N 型半导体上制作两个高掺杂的 P 区并将它们连接在一起，所引出的电极称为栅极 g，N 型半导体的两端分别引出两个电极，一个称为漏极 d，一个称为源极 s。P 区与 N 区交界面形成耗尽层，漏极与源极间的非耗尽层区域称为导电沟道。

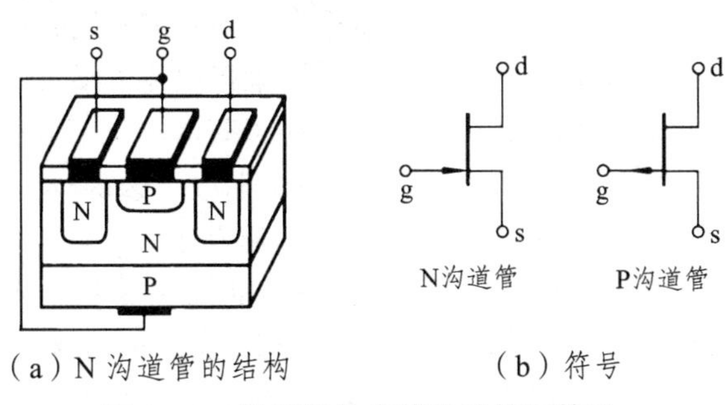

（a）N 沟道管的结构　　（b）符号

图 3.1.9　结型场效应管的结构和符号

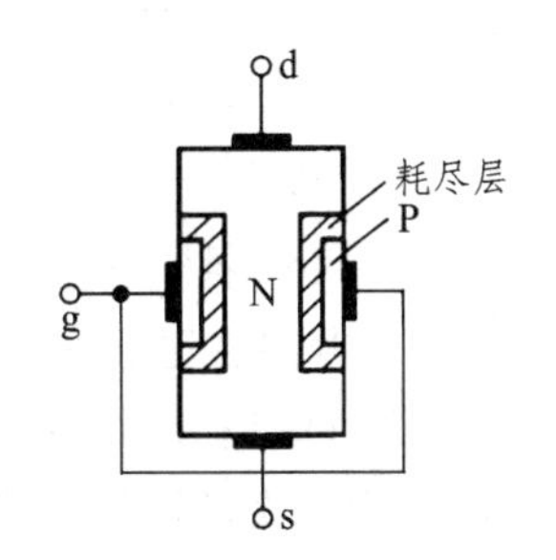

图 3.1.10　N 沟道结型场效应管的结构示意图

3.1.2.1　结型场效应管的工作原理

为使 N 沟道结型场效应管能正常工作，应在其栅-源之间加负向电压（即 $u_{GS}<0$），以保证耗尽层承受反向电压；在漏-源之间加正向电压 u_{DS}，以形成漏极电流 i_D。$u_{GS}<0$，既保证了栅-源之间内阻很高的特点，又实现了 u_{GS} 对沟道电流的控制。

下面通过栅-源电压 u_{GS} 和漏-源电压 u_{DS} 对导电沟道的影响，来说明管子的工作原理。

1. 当 $u_{GS}=0$ V（即 d-s 短路）时，u_{GS} 对导电沟道的控制作用

当 $u_{DS}=0$ V 且 $u_{GS}=0$ V 时，耗尽层很窄，导电沟道很宽，如图 3.1.11（a）所示。

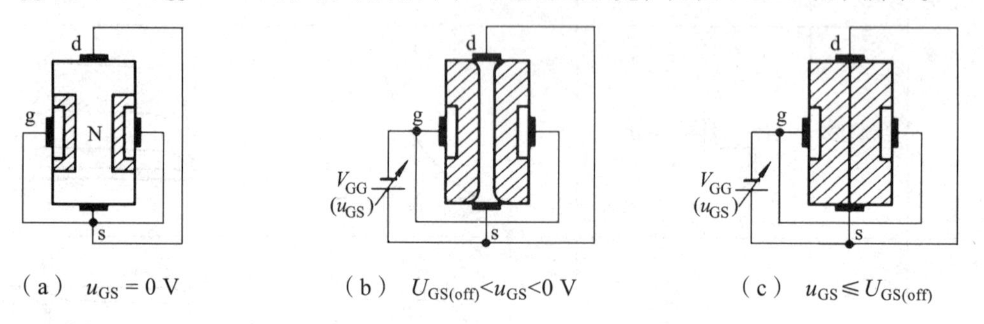

（a）$u_{GS}=0$ V　　（b）$U_{GS(off)}<u_{GS}<0$ V　　（c）$u_{GS}\leqslant U_{GS(off)}$

图 3.1.11　$u_{DS}=0$ V 时 u_{GS} 对导电沟道的控制作用

当$|u_{GS}|$增大时，耗尽层加宽，沟道变窄[见图 3.1.11（b）]，沟道电阻增大。当$|u_{GS}|$增大到某一数值时，耗尽层闭合，沟通消失[见图 3.1.11（c）]，沟通电阻趋于无穷大，称此时 u_{GS} 的值为夹断电压 $U_{GS(off)}$。

2. 当 u_{GS} 为 $U_{GS(off)}$~0 V 中某一固定值时，u_{DS} 对漏极电流 i_D 的影响

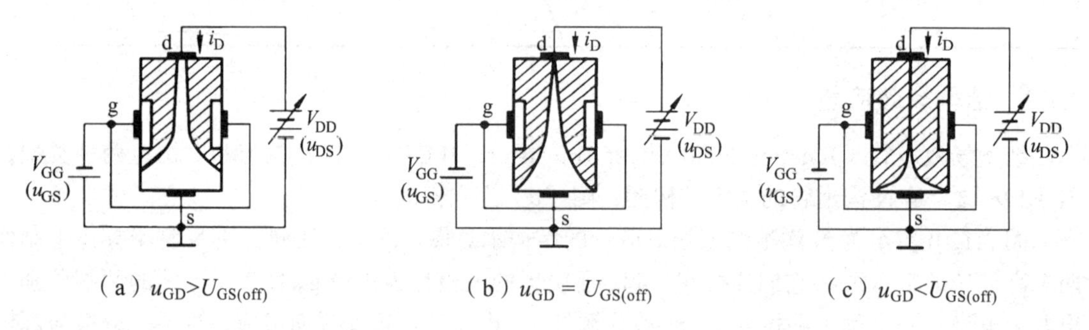

（a）$u_{GD}>U_{GS(off)}$　　（b）$u_{GD}=U_{GS(off)}$　　（c）$u_{GD}<U_{GS(off)}$

图 3.1.12　$U_{GS(off)}<u_{GS}<0$ V 且 $u_{DS}>0$ 的情况

当 u_{GS} 为 $U_{GS(off)}$ ~0 V 中某一确定值时，若 $u_{DS}=0$ V，则虽然存在由 u_{GS} 所确定的一定宽度的导电沟道，但由于 d-s 间电压为零，多子不会产生定向移动，因而漏极电流 i_D 为零。

若 $u_{DS}>0$ V，则有电流 i_D 从漏极流向源极，从而使沟道中各点与栅极间的电压不再相等，而是沿沟道从源极到漏极逐渐增大，造成靠近漏极一边的耗尽层比靠近源极一边的宽，即靠近漏极一边的导电沟道比靠近源极一边的窄，如图 3.1.12 所示。因为栅-漏电压 $u_{GD}=u_{GS}-u_{DS}$，所以当 u_{DS} 从零逐渐增大时，u_{GD} 逐渐减小，靠近漏极一边的导电沟道必将随之变窄。但是，只要栅-漏间不出现夹断区域，沟道电阻仍基本取决于栅-源电压 u_{GS}，因此，电流 i_D 将随 u_{DS} 的增大而线性增大，d-s 呈现电阻特性。而一旦 u_{DS} 的增大使 u_{GD} 等于 $U_{GS(off)}$，则漏极一边的耗尽层就会出现夹断区，如图 3.1.12（b）所示，称 $u_{GD}=U_{GS(off)}$为预夹断。若 u_{DS} 继续增大，

则 $u_{GD}<U_{GS(off)}$，耗尽层闭合部分将沿沟道方向延伸，即夹断区加长，如图 3.1.12（c）所示。这时，一方面自由电子从漏极向源极定向移动所受阻力加大（只能从夹断区的窄缝以较高速度通过），从而导致 i_D 减小；另一方面，随着 u_{DS} 的增大，使 d–s 间的纵向电场增强，也必然导致 i_D 增大。实际上，上述 i_D 的两种变化趋势相抵消，u_{DS} 的增大几乎全部降落在夹断区，用于克服夹断区对 i_D 形成的阻力。因此，从外部看，在 $u_{GD}<U_{GS(off)}$ 的情况下，当 u_{DS} 增大时，i_D 几乎不变，即 i_D 几乎仅仅取决于 u_{GS}，表现出 i_D 的恒流特性。

3.当 $u_{GD}<U_{GS(off)}$ 时，u_{GS} 对 i_D 的控制作用

在 $u_{GD}=u_{GS}-u_{DS}<U_{GS(off)}$，即 $u_{DS}>u_{GS}-U_{GS(off)}$ 的情况下，当 u_{DS} 为一常量时，对应于确定的 u_{GS}，就有确定的 i_D。此时，可以通过改变 u_{GS} 来控制 i_D 的大小。

3.1.2.2 结型场效应管的特性曲线

1. 输出特性曲线

对应于一个 u_{GS}，就有一条曲线，因此输出特性为一族曲线，如图 3.1.13 所示。

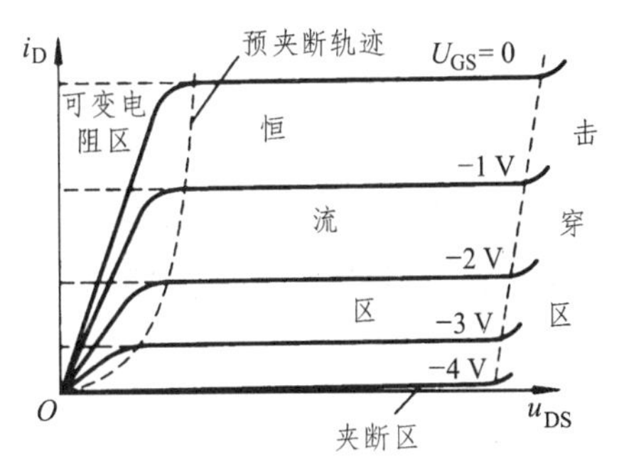

图 3.1.13 场效应管的输出特性

场效应管也有三个工作区域：可变电阻区（也称非饱和区）、恒流区（也称饱和区）和夹断区（也称截止区）。

（1）可变电阻区：图中的虚线为预夹断轨迹，它是各条曲线上使 $u_{DS}=u_{GS}-U_{GS(off)}$）[即 $u_{GD}=U_{GS(off)}$]的点连接而成的。预夹断轨道的左边区域称为可变电阻区，该区域中曲线近似为不同斜率的直线。可以通过改变 u_{GS} 的大小（即压控的方式）来改变漏-源等效电阻的阻值，也因此称之为可变电阻区。

（2）恒流区（也称饱和区）：图中预夹断轨迹的右边区域为恒流区。当 $u_{DS}>u_{GS}-U_{GS(off)}$（即 $u_{GD}<U_{GS(off)}$）时，各曲线近似为一族横轴的平行线。当 u_{GS} 增大时，i_D 仅略有增大。因而可将 i_D 近似为电压 u_{GS} 控制的电流源，故称该区域为恒流区。

（3）夹断区（也称截止区）：当 $u_{GS}\leqslant U_{GS(off)}$ 时，导电沟道被夹断，$i_D\approx 0$，即图 3.1.13 中靠近横轴的部分，称为夹断区。一般将使 i_D 等于某一个很小电流（如 5 μA）时的 u_{GS} 定义为夹断电压 $U_{GS(off)}$。

2. 转移特性曲线

转移特性曲线描述当漏–源电压 u_{DS} 为常量时，漏极电流 i_D 与栅–源电压 u_{GS} 之间的函数关系。恒流区中 i_D 的近似表达式为

$$i_D = I_{DSS}\left(1-\frac{u_{GS}}{U_{GS(off)}}\right)^2 \qquad (U_{GS(off)}<u_{GS}<0) \tag{3.1.6}$$

式中，I_{DSS} 是 $u_{GS}=0$ 情况下产生预夹断时的 I_D，称为饱和漏极电流。结型场效应管的转移特性曲线与绝缘栅型耗尽型场效应管的一样。

应当指出的是，为保证结型场效应管栅-源间的耗尽层加反向电压，对于 N 沟道管，$u_{GS}\leqslant 0$ V；对于 P 沟道管，$u_{GS}\geqslant 0$ V。

两种结型场效应管的符号及特性曲线对比见表 3.1.2。

表 3.1.2　两种结型场效应管的符号及特性曲线

分类	符号	转移特性曲线	输入特性曲线
N 沟道结型场效应管	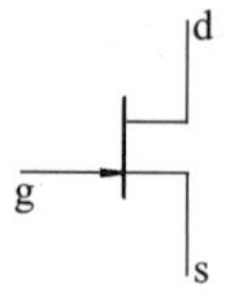 d g s	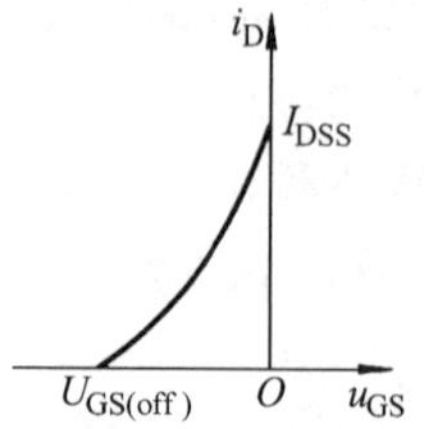 i_D I_{DSS} $U_{GS(off)}$ O u_{GS}	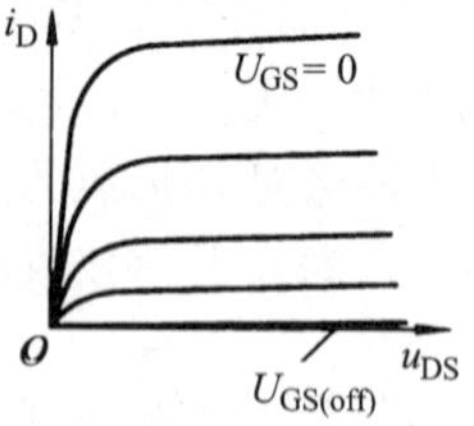 i_D $U_{GS}=0$ O u_{DS} $U_{GS(off)}$
P 沟道结型场效应管	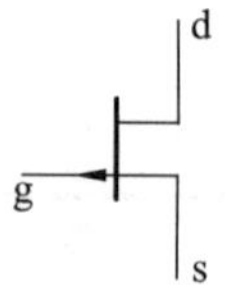 d g s	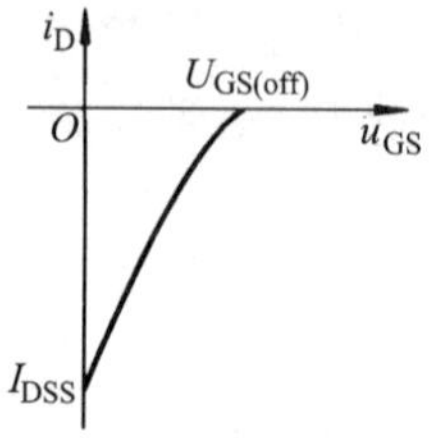 i_D $U_{GS(off)}$ O u_{GS} I_{DSS}	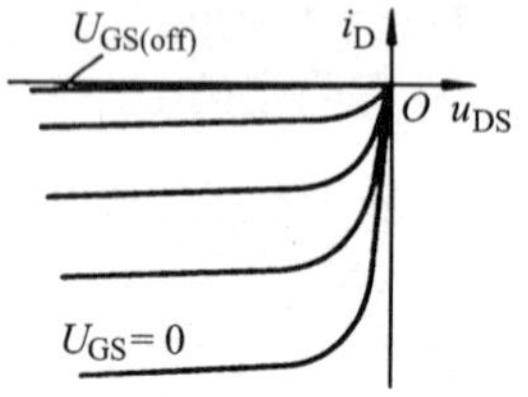 $U_{GS(off)}$ i_D O u_{DS} $U_{GS}=0$

3.1.3　场效应管的主要参数

3.1.3.1　直流参数

（1）开启电压 $U_{GS(th)}$：$U_{GS(th)}$是在 U_{DS} 为一常量时，使 i_D 大于零所需的最小$|u_{GS}|$值。手册中给出的是在 i_D 为规定的微小电流（如 5 μA）时的 u_{GS}。$U_{GS(th)}$是增强型 MOS 管的参数。

（2）夹断电压 $U_{GS(off)}$：与 $U_{GS(th)}$相类似，$U_{GS(off)}$是在 U_{DS} 为常量情况下，i_D 为规定的微小电流（如 5μA）时的 u_{GS}，它是耗尽型 MOS 管和结型场效应管的参数。

（3）饱和漏极电流 I_{DSS}：对于耗尽型 MOS 管和结型场效应管，在 $U_{GS}=0$ V 情况下产生预夹断时的漏极电流定义为 I_{DSS}。

（4）直流输入电阻 $R_{GS(DC)}$：$R_{GS(DC)}$等于栅-源电压与栅极电流之比。MOS 管的 $R_{GS(DC)}$大于 $10^9\,\Omega$，结型管的 $R_{GS(DC)}$大于 $10^7\Omega$，而手册中一般只给出栅极电流的大小。

3.1.3.2　交流参数

（1）低频跨导 g_m：g_m 数值的大小表示 u_{GS} 对 i_D 控制作用的强弱。在管子工作在恒流区且 U_{DS} 为常量的条件下，i_D 的微小变化量 Δi_D，与引起它变化的 Δu_{GS} 之比，称为低频跨导。即

$$g_m=\left.\frac{\Delta i_D}{\Delta u_{GS}}\right|_{U_{DS}=\text{常数}} \tag{3.1.7}$$

g_m 的单位是 S（西门子）或 mS。g_m 是转移特性曲线上某一点的切线的斜率，可通过对式（3.1.4）或式（3.1.5）求导而得。g_m 与切点的位置密切相关，由于转移特性曲线的非线性，因而 i_D 愈大，g_m 也愈大。

（2）极间电容：场效应管的 3 个极之间均存在极间电容。通常，栅-源电容 C_{gs} 和栅-漏电容 C_{gd} 为 1~3 pF，而漏-源电容 C_{ds} 为 0.1~1 pF。在高频电路中，应考虑极间电容的影响。管子的最高工作频率 f_M 是综合考虑了 3 个电容的影响而确定的工作频率的上限值。

3.1.3.3　极限参数

（1）最大漏极电流 I_{DM}：I_{DM} 是管子正常工作时漏极电流的上限值。

（2）击穿电压 $U_{(BR)DS}$：管子进入恒流区后，使 i_D 骤然增大的 u_{DS} 称为漏-源击穿电压 $U_{(BR)DS}$，u_{DS} 超过此值会使管子损坏。

对于绝缘栅型场效应管，使绝缘层击穿的 u_{GS} 为栅-源击穿电压 $U_{(RR)GS}$；

对于结型场效应管，使栅极与沟道间 PN 结反向击穿的 u_{GS} 为栅-源击穿电压 $U_{(RR)GS}$。

（3）最大耗散功率 P_{DM}：P_{DM} 取决于管子允许的温升。P_{DM} 确定后，便可在管子的输出特性上画出临界最大功耗线；再根据 I_{DM} 和 $U_{(BR)DS}$，便可得到管子的安全工作区。

对于 MOS 管，栅-衬之间的电容容量很小，只要有少量的感应电荷就可产生很高的电压。而由于 $U_{(RR)GS}$ 很大，感应电荷难以释放，以至于感应电荷所产生的高压会使很薄的绝缘层击穿，造成管子的损坏。因此，无论是在存放还是在工作电路中，都应为栅-源之间提供直流通路，避免栅极悬空；同时在焊接时，要将电烙铁良好接地。

3.1.4 场效应管与晶体管的比较

场效应管的栅极 g、源极 s、漏极 d 对应于晶体管的基极 b、发射极 e、集电极 c，它们的作用相类似。

（1）场效应管用栅-源电压 u_{GS} 控制漏极电流 i_D，栅极基本不取电流。而晶体管工作时基极总要索取一定的电流。因此，要求输入电阻高的电路应选用场效应管；而若信号源可以提供一定的电流，则可选用晶体管。

（2）场效应管只有多子参与导电。晶体管内既有多子又有少子参与导电，而少子数目受温度、辐射等因素影响较大，因而场效应管比晶体管的温度稳定性好、抗辐射能力强。所以在环境条件变化很大的情况下应选用场效应管。

（3）场效应管的噪声系数很小，所以低噪声放大器的输入级及要求信噪比较高的电路应选用场效应管。当然也可选用特制的低噪声晶体管。

（4）场效应管的漏极与源极可以互换使用，互换后特性变化不大。而晶体管的发射极与集电极互换后特性差异很大，因此只在特殊需要时才互换，成倒置状态，如在集成逻辑电路中。

（5）场效应管比晶体管的种类多，特别是耗尽型 MOS 管，栅-源电压 u_{GS} 可正、可负、可零，均能控制漏极电流，因而在组成电路时场效应管比晶体管更灵活。

（6）场效应管和晶体管均可用于放大电路和开关电路，它们构成了品种繁多的集成电路。但由于场效应管集成工艺更简单，且具有耗电省、工作电源电压范围宽等优点，因此场效应管越来越多地应用于大规模和超大规模集成电路中。

除本章所述晶体二极管、三极管外，常用的半导体元件还有利用一个 PN 结构成的具有负阻特性的器件——单结晶体管，以及利用三个 PN 结构成的大功率可控整流器件——晶闸管。它们多用于电力电子技术中，本书不赘述。

例 3.1.1 已知某管子的输出特性曲线如图 3.1.14 所示。试分析该管是什么类型的场效应管（绝缘栅型、结型、N 沟道、P 沟道、增强型、耗尽型）。

解：从 i_D 或 u_{DS}、u_{GS} 的极性可知，该管为 N 沟道管；从输出特性曲线中开启电压 $U_{GS(th)} = 4\ \text{V} > 0\text{V}$ 可知，该管为增强型 MOS 管。所以，该管为 N 沟道增强型 MOS 管。

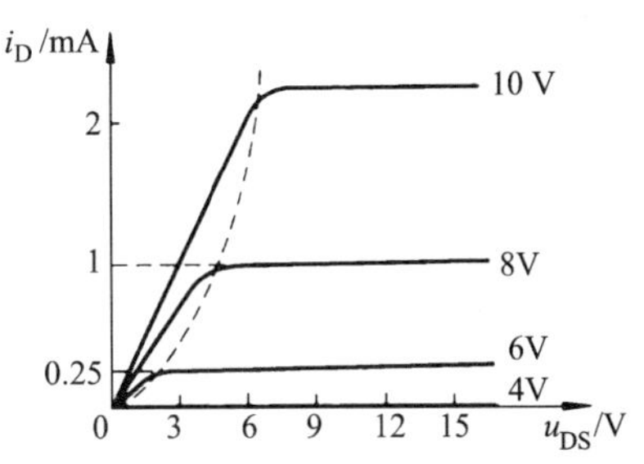

图 3.1.14 例 3.1.1 输出特性曲线

思考题

3.1.1　为使结型场效应管工作在恒流区，为什么其栅–源之间必须加反向电压?为什么耗尽型 MOS 管的栅-源电压可正、可零、可负?

3.1.2　结型场效应管在恒流区的转移特性方程是什么？它说明了什么？

3.1.3　简要分析 N 沟道结型场效应管的栅-源电压对漏极电流的控制作用，并说明它与 N 沟道增强型 MOS 管有何不同。

3.1.4　现有一只结型场效应管和一只晶体管，能否用万用表将它们区分开来?并简述之。

3.1.5　使用场效应管时应注意哪些事项?为什么?

3.1.6　从 N 沟道场效应管的输出特性曲线上看，为什么 u_{GS} 越大、预夹断电压越大、漏–源间击穿电压也越高?

习　题

3.1.1　选择题

（1）晶体管电流由______（a1. 多子，b1. 少子，c1. 两种载流子）组成，而场效应管的电流由______（a2. 多子，b2. 少子，c2. 两种载流子）组成，因此，晶体管电流受温度的影响比场效应管______（a3. 大，b3. 小，c3. 差不多）。

（2）场效应管是改变______（a1. 栅极电流，b1. 栅源电压，c1. 漏源电压）来改变漏极电流的，所以是一个______（a2. 电流，b2. 电压）控制的______（a3. 电流源，b3. 电压源）。

3.1.2　一个 JFET 的转移特性曲线如图题 3.1.2 所示，试问：

（1）它是 N 沟道还是 P 沟道 FET?

（2）它的夹断电压 U_p 和饱和漏极电流 I_{DSS} 各是多少?

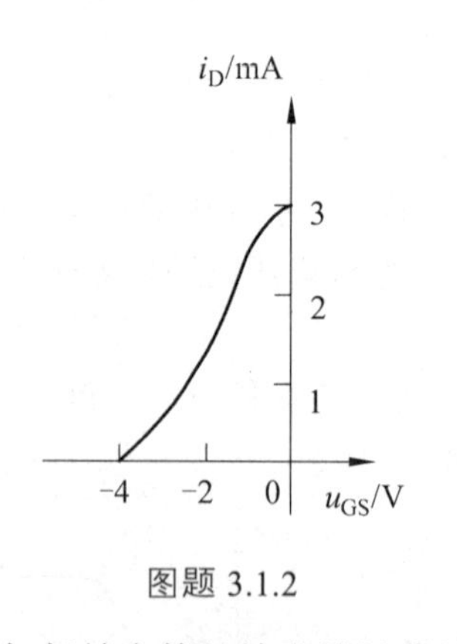

图题 3.1.2

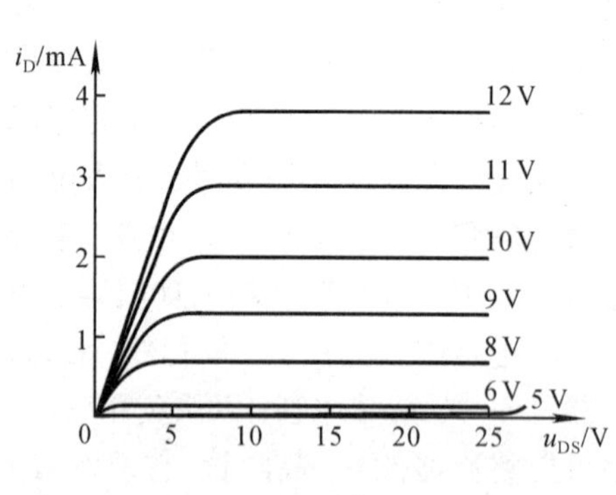

图题 3.1.3

3.1.3　已知场效应管的输出特性曲线如图题 3.1.3 所示，画出它在恒流区的转移特性曲线。

3.1.4　试在具有四象限的直角坐标系上分别画出六种场效应管（包括结型绝缘栅增强型耗尽型的 P 沟道和 N 沟道）的转移特性示意图，并标明各自的开启电压和夹断电压。

3.1.5　场效应管的输出特性曲线如图题 3.1.5 所示，试指出各场效应管的类型并画出电路符号；对于耗尽型管，求出 $U_{GS(off)}$、I_{DSS}；对于增强型管，求出 $U_{GS(th)}$。

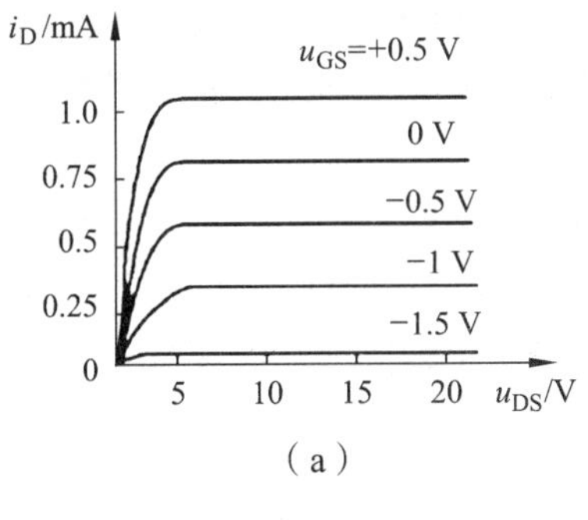

(a)

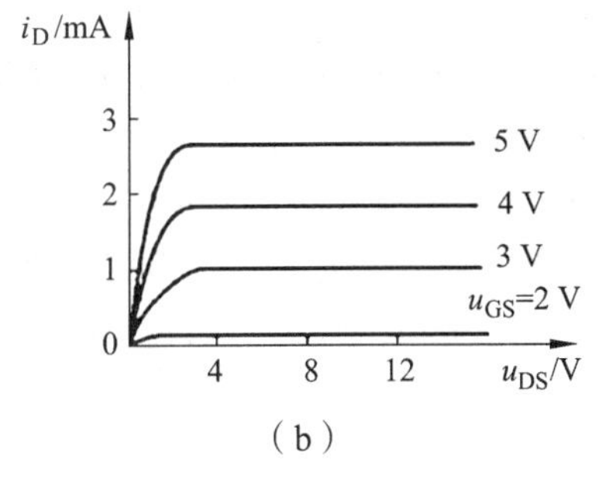

(b)

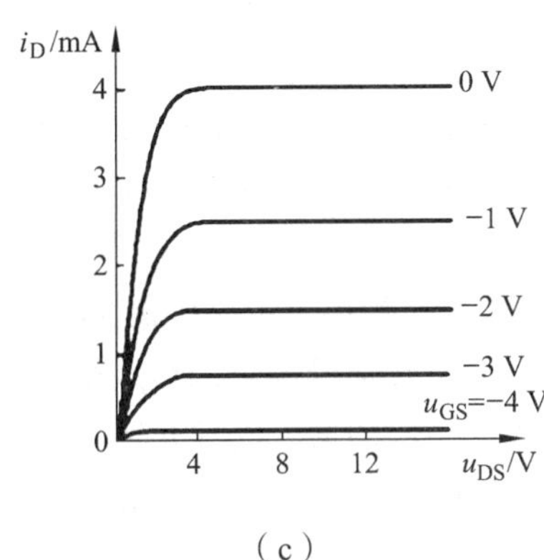

(c)

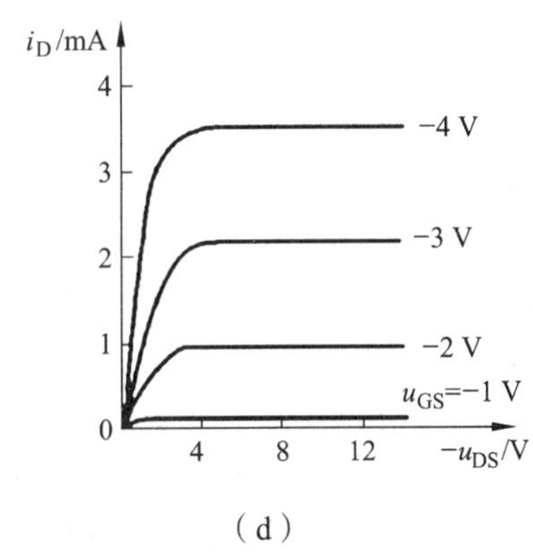

(d)

图题 3.1.5

3.2 共源极放大电路

场效应管的源极、栅极和漏极与晶体管的发射极、基极和集电极相对应，因此在组成放大电路时也有 3 种接法，即共源放大电路、共漏放大电路和共栅放大电路。本节先介绍共源极放大电路。

3.2.1 基本共源极放大电路的工作原理

3.2.1.1 基本共源极放大电路的组成

在图 3.2.1 所示的基本共源极放大电路中，T 为 N 沟道增强型 MOSFET，是核心元件，起放大作用。V_{DD} 是漏极回路的直流电源，它的负端接源极 s，正端通过电阻 R_d 接漏极 d，以保证场效应管漏极 d 和源极 s 之间的电压 u_{DS} 有一个合适的值。V_{GG} 是栅极回路的直流电源，其作用是给 MOSFET 的栅源极间加上适当的偏置电压，并保证栅极 g 与源极 s 之间的电压 u_{GS} 大于开启电压 $U_{GS(th)}$，这样，由于 u_{GS} 能对漏极电流 i_D 进行控制，使场效应管有一个正常的工作状态。电阻 R_d 的一个重要作用是将漏极电流 i_D 的变化转换为电压的变化，再送到放大电路的输出端。

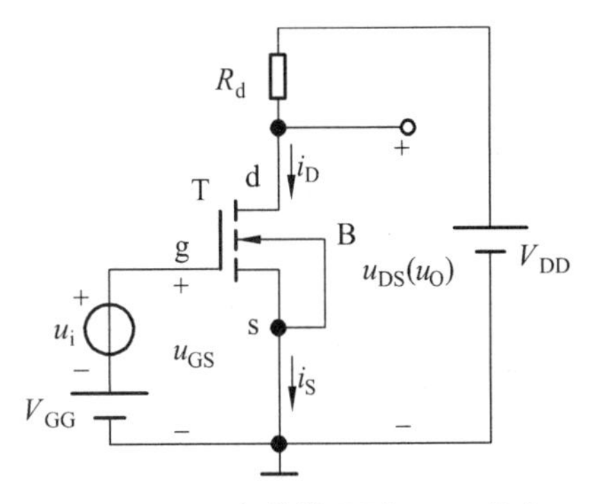

图 3.2.1 N 沟道增强型 MOS 基本共源极放大电路

待放大的输入电压 u_i（时变电压）加在栅极与源极间的输入回路中，放大电路的输出电压 u_O 由漏极与源极间取出。源极是输入回路与输出回路的共同端（称为“地”，用“⊥”表示），所以图 3.2.1 称为共源极放大电路。

设图 3.2.1 中的信号 u_i 为正弦信号电压时，放大电路中的电压或电流就包含有直流成分，即交流信号叠加在直流量上。为讨论方便，常将直流和交流分开进行讨论，即分析直流时，将交流源置零，分析交流时将直流源置零。总的响应是两个单独响应的叠加。

3.2.1.2 静态分析及静态工作点的估算

当输入信号 $u_i = 0$ 时，放大电路的工作状态称为静态或直流工作状态。此时电路中的电压、电流都是直流量。

静态时，FET 漏极的直流及各电极间的直流电压分别用 I_D、U_{GS}、U_{DS} 表示，这些电流、电压的数值可用 FET 特性曲线上的一个确定的点表示，该点习惯上称为静态工作点 Q，因此常将上述 3 个电量写成 I_{DQ}、U_{GSQ}、U_{DSQ}。

放大电路的作用是将微弱的输入信号进行不失真地放大，为此，电路中的 FET 必须始终工作在饱和区域（或称放大区域）。因此，在放大电路中设置合适的静态工作点是必需的。例如，如果图 3.2.1 中的 $U_{GS} = V_{GG} < U_{GS(th)}$，则 $i_D = 0$。当加入微弱的输入信号 u_i 时，FET 可能始终是截止的，从而使输出电压 u_{DS} 没有变化（也就没有输出电压变化量）。静态工作点可以由放大电路的直流通路（直流电流流通的路径）用近似计算法求得。

对于 N 沟道增强型 MOS 管电路的直流计算，可以采取下述步骤：

① 设 MOS 管工作于饱和区，则有 $U_{GSQ} > U_{GS(th)}$，$I_{DQ} > 0$，$U_{DSQ} > (U_{GSQ} - U_{GS(th)})$；

② 利用饱和区的电流电压关系曲线分析电路；

③ 如果出现 $U_{GSQ} < U_{GS(th)}$，则 MOS 管可能截止；如果 $U_{DSQ} < (U_{GSQ} - U_{GS(th)})$，则 MOS 管可能工作在可变电阻区；

④ 如果初始假设被证明是错误的，则必须作出新的假设，同时重新分析电路。

P 沟道 MOS 管电路、结型场效应管的分析与 MOS 管电路类似。

例 3.2.1 电路如图 3.2.1 所示，设 $U_{GSQ} = V_{GG} = 2\ \text{V}$，$V_{DD} = 5\ \text{V}$，$U_{GS(th)} = 1\ \text{V}$，$I_{DO} = 0.2\ \text{mA}$，$R_d = 12\ \text{k}\Omega$。试计算电路静态漏极电流 I_{DQ} 和漏源电压 U_{DSQ}。

解： 设 NMOS 管工作于饱和区，其漏极电流由式（3.1.4）决定，即

$$I_{DQ} = I_{DO}\left(\frac{U_{GSQ}}{U_{GS(th)}} - 1\right)^2 = 0.2 \times \left(\frac{2}{1} - 1\right)^2 = 0.2\ (\text{mA})$$

漏源电压为

$$U_{DSQ} = V_{DD} - I_{DQ}R_D = (5 - 0.2 \times 12)\ \text{V} = 2.6\ \text{V}$$

由于 $U_{DSQ} > (U_{GSQ} - U_{GS(th)}) = (2-1)\ \text{V} = 1\ \text{V}$，说明 NMOS 管的确工作在饱和区，上面的分析是正确的。

3.2.1.3 动态分析

在图 3.2.1 所示电路中，当输入正弦信号 u_i 时，电路将处在动态工作情况。此时，FET 各电极电流及电压都在静态值的基础上随输入信号 u_i 作相应的变化。栅极源极间的电压

$u_{GS} = U_{GSQ}+u_{gs}$，图 3.2.1 中 $u_{gs} = u_i$ 是加在栅极与源极间的交流电压。当 u_{GS} 在 u_i 的整个周期始终能保证 $U_{GSQ}>U_{GS(th)}$ 时，u_{GS} 随 u_i 的变化必然导致受其控制的漏极电流 i_D 产生相应变化，即 $i_D = I_{DQ}+i_d$，其中 i_d 是交流电流。与此同时，漏极-源极间的电压 $u_{DS} = V_{DD}-i_DR_d = U_{DSQ}+u_{ds}$。值得指出的是，在 $u_i = u_{gs}$ 的正半周，i_d 将在静态电流 I_{DQ} 的基础上增加，电阻 R_d 上的压降也在增加，因此，u_{DS} 将在静态电压 U_{DSQ} 的基础上减少；在 u_i 的负半周，情况则相反。于是 u_{ds} 与 u_i 是反相位的。如将 u_{ds} 用适当方式取出来，就是该放大电路的输出电压 u_o，只要电路参数选择适当，就可以使 $u_{ds}(u_o)$ 的幅度比 u_i 的幅度大得多，实现电压放大作用。由此可知，所谓放大实质上是放大器件的控制作用，放大器是一种能量控制部件。

3.2.2 场效应管的小信号模型

与分析晶体管的 h 参数等效模型相同，将场效应管也看成一个二端口网络，栅极与源极之间看成输入端口，漏极与源极之间看成输出端口，可构造出场效应管在低频小信号作用下的等效模型，如图 3.2.2（b）（c）所示。考虑到 NMOS 管的 $i_G = 0$，栅极-源极间的电阻很大，可看成开路；输出回路是一个电压 u_{gs} 控制的电流源和一个电阻 r_{ds} 并联，如图 3.2.2（b）所示。

通常 r_{ds} 在几十千欧到几百千欧之间，如果外电路的电阻较小时，也可忽略 r_{ds} 中的电流，将输出回路只等效成一个受控电流源，如图 3.2.2（c）所示。

由增强型 MOS 管的电流方程式（3.1.4）求导可得出 g_m 的表达式：

$$g_m = \left.\frac{\partial i_D}{\partial u_{GS}}\right|_{U_{DS}} = \left.\frac{2I_{DO}}{U_{GS(th)}}\left(\frac{u_{GS}}{U_{GS(th)}}-1\right)\right|_{U_{DS}=常数} = \frac{2}{U_{GS(th)}}\sqrt{I_{DO}i_D}$$

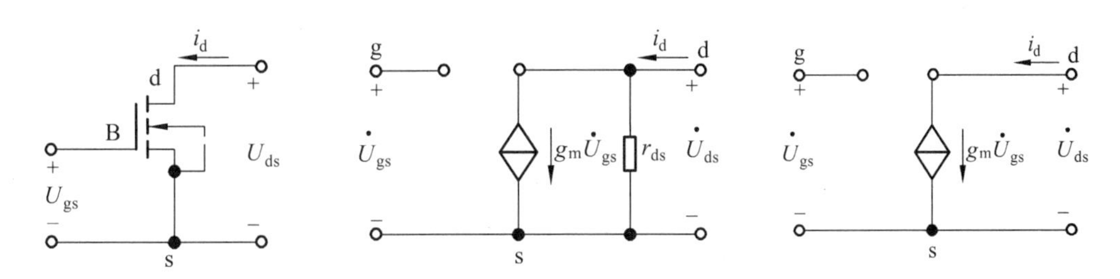

（a）N 沟道增强型 MOS 管　（b）考虑 r_{ds} 的低频小信号模型　（c）不考虑 r_{ds} 的低频小信号模型

图 3.2.2　共源极 NMOS 管的低频小信号模型

在小信号作用时，可用 I_{DQ} 来近似 i_D，得出

$$g_m \approx \frac{2}{U_{GS(th)}}\sqrt{I_{DO}I_{DQ}} \tag{3.2.1}$$

耗尽型 MOS 管和结型场效应管的电流方程相同，见式（3.1.5）和（3.1.6），求导可得出 g_m 的表达式：

$$g_m \approx \frac{2}{U_{GS(off)}}\sqrt{I_{DSS}I_{DQ}} \tag{3.2.2}$$

上式表明，g_m 与 Q 点紧密相关，Q 点愈高，g_m 愈大。因此，场效应管放大电路与晶体管放大电路相同，Q 点不仅影响电路是否会产生失真，而且影响着电路的动态参数。

3.2.3　场效应管的小信号模型分析

3.2.3.1　基本共源极放大电路分析

用小信号模型分析放大电路的大致步骤是：先确定静态工作点及静态工作点附近的动态参数（g_m、r_{ds} 等），再画放大电路的小信号等效电路，然后按线性电路处理，求出 A_u、R_i 和 R_o 等。下面通过一个实例来说明。

例 3.2.2　电路如图 3.2.3 所示，设 $V_{DD}=5\ \text{V}$，$R_d=3.9\ \text{k}\Omega$，$R_{g1}=60\ \text{k}\ \Omega$，$R_{g2}=40\ \text{k}\Omega$。场效应管的参数为 $U_{GS(th)}=1\ \text{V}$，$I_{DO}=0.8\ \text{mA}$。当 MOS 管工作于饱和区时，试确定电路的静态值、小信号电压增益 $\dot{A}_u$ 和 R_i、R_o。

解：（1）求静态值。

$$U_{GS}=U_{GSQ}=\frac{R_{g2}}{R_{g1}+R_{g2}}V_{DD}=\frac{40}{40+60}\times 5\ \text{V}=2\ \text{V}$$

$$I_{DQ}=I_{DO}\left(\frac{U_{GS}}{U_{GS(th)}}-1\right)^2=0.8\text{mA}\times\left(\frac{2}{1}-1\right)^2=0.8\text{（mA）}$$

$$U_{DS}=U_{DSQ}=V_{DD}-I_{DQ}R_d=(5-0.8\times 3.9)\ \text{V}=1.88\ \text{V}$$

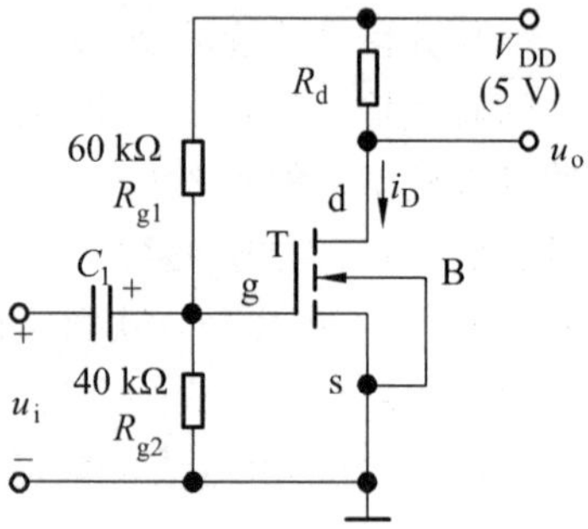

图 3.2.3　例 3.2.2 电路

而 $U_{GS}-U_{GS(th)}=1\text{V}<U_{DS}$，说明 MOS 管的确工作于饱和区，满足线性放大器的电路要求。

（2）求 FET 的互导。

由式（3.1.8）可求出：

$$g_m\approx\frac{2}{U_{GS(th)}}\sqrt{I_{DO}I_{DQ}}=\frac{2}{1}\sqrt{0.8\times 0.8}=1.6\text{（mS）}$$

（3）画出电路的小信号等效电路。

考虑到场效应管没有栅流，栅-源极间看成开路，根据图 3.2.2（b）所示场效应管的低频小信号模型，可画出图 3.2.3 所示电路的小信号等效电路如图 3.2.4 所示。

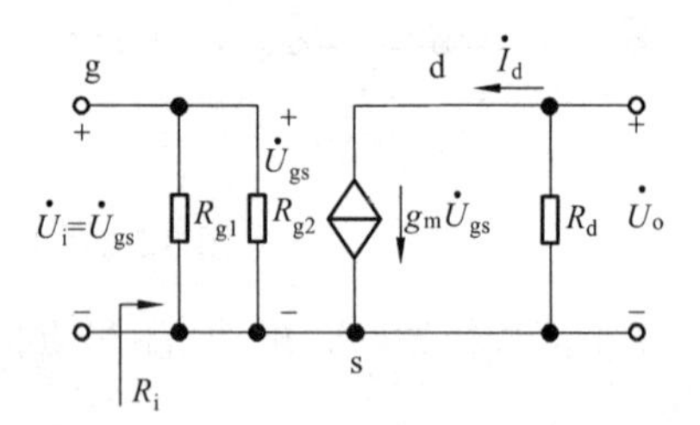

图 3.2.4　图 3.2.3 所示电路的小信号等效电路

（4）求电压增益。

由图 3.2.4 有

$$\dot{U}_o=-g_m\dot{U}_{gs}R_d$$

故电压增益为

$$\dot{A}_u=\frac{\dot{U}_o}{\dot{U}_i}=-g_mR_d=-1.6\times 3.9=-6.24$$

由于场效应管的 g_m 较低，MOS 管放大电路的电压增益也较低，上式中 $\dot{A}_u$ 带负号，表明若输入为正弦电压，输出电压 u_o 与输入 u_i 的相位相差 180°，即共源电路属倒相电压放大电路。

（5）求放大电路的输入电阻 R_i。

根据第 2 章所介绍的放大电路输入电阻的概念，可求出图 3.2.4 所示电路的输入电阻为

$$R_i = \frac{\dot{U}_i}{\dot{I}_i} = R_{g1} // R_{g2} = \frac{60 \times 40}{60 + 40} \text{k}\Omega = 24 \text{ k}\Omega$$

（6）求放大电路的输出电阻 R_o。

利用第 2 章介绍的外加测试电压 u_t 求输出电阻的方法，可画出求图 3.2.3 所示电路输出电阻的电路如图 3.2.5 所示。根据 R_o 的定义可得

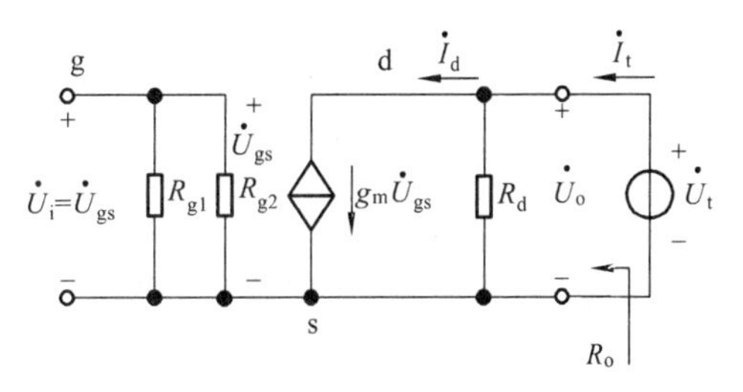

图 3.2.5　求图 3.2.3 所示电路的输出电阻

$$R_o = R_d = 3.9 \text{ k}\Omega$$

对于共源极放大电路（电压放大）而言，R_i 越大，放大电路从信号源吸取的电流就越小，输入端得到的电压 u_i 就越大。当外接负载电阻 R_L 时，R_o 越小，R_L 的变化对输出电压 u_o 的影响越小，放大电路带电压负载的能力就越强。

思考题

3.2.1　什么应用场合下采用场效应管放大电路?

3.2.2　场效应管基本放大电路的组成与晶体管基本放大电路的组成有什么异同之处?它们的静态分析、动态分析方法有何区别?

3.2.3　哪些场效应管组成的放大电路可以采用自给偏压的方法设置静态工作点?画出图来。

3.2.4　试分别比较共射放大电路和共源放大电路的相同之处和不同之处。

习　题

3.2.1　试分析图题 3.2.1 所示各电路是否能够放大正弦交流信号，简述理由。设图中所有电容对交流信号均可视为短路。

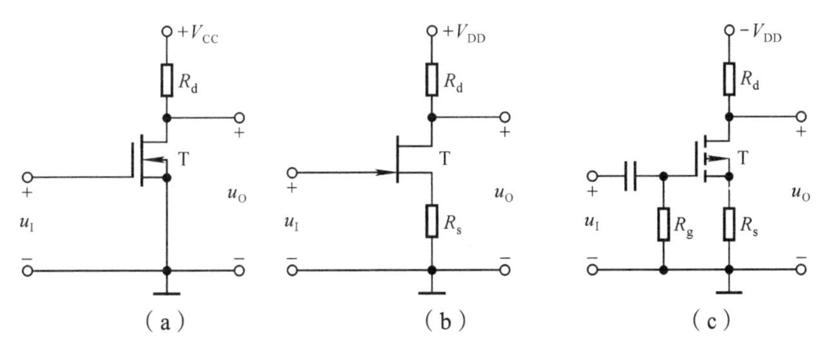

图题 3.2.1

3.2.2　已知图题 3.2.2（a）所示电路中场效应管的转移特性如图（b）所示，求解电路的 Q 点和 $\dot{A}_u$。

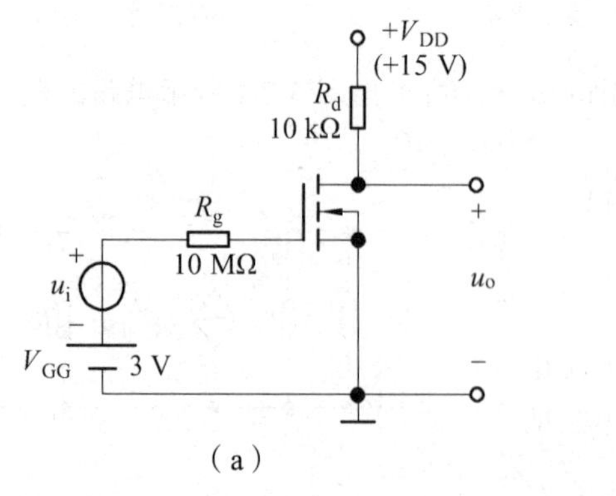

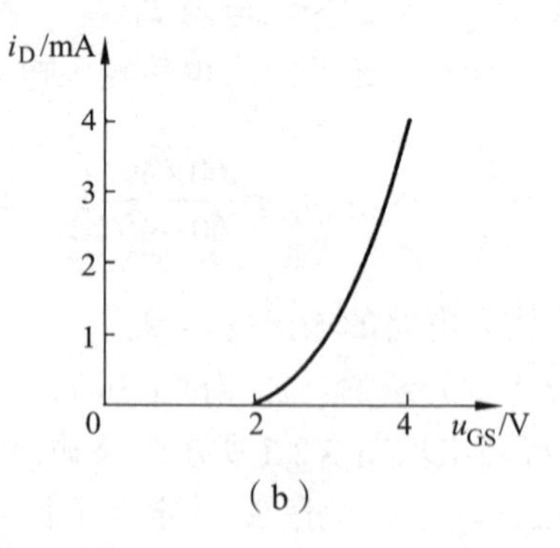

图题 3.2.2

3.2.3　已知图题 3.2.3(a)所示电路中场效应管的转移特性和输出特性分别如图 3.2.3(b)、(c)所示。

（1）利用图解法求解 Q 点；

（2）利用等效电路法求解 $\dot{A}_u$，R_i 和 R_o。

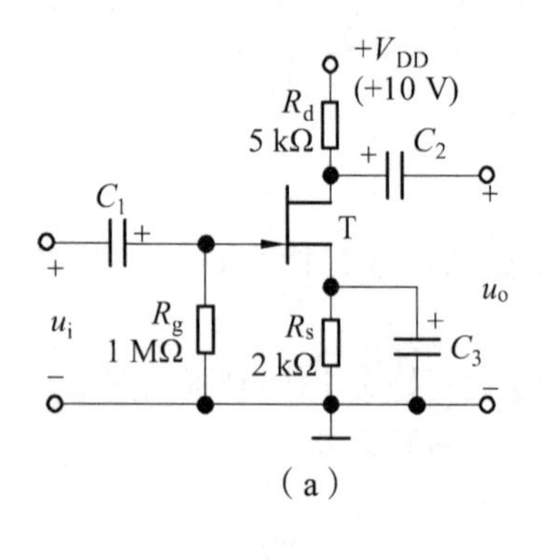

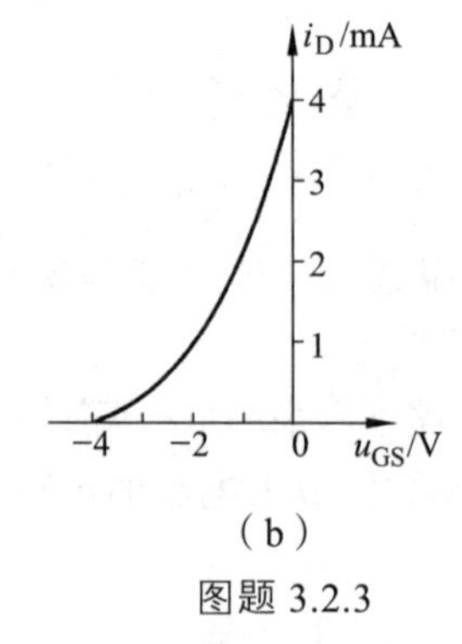

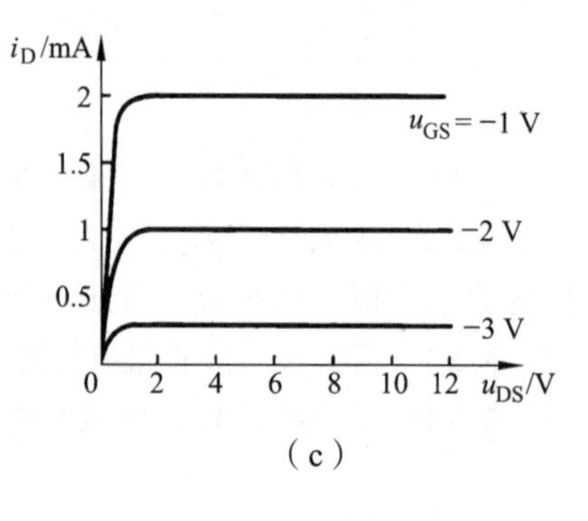

图题 3.2.3

3.2.4　场效应管放大电路如图题3.2.4所示，在静态工作点处的互导 $g_m = 1\ \text{ms}$，设 $r_d >> R_d$，试解答：

（1）画出低频微变等效电路；

（2）计算电压放大倍数 A_u；

（3）求放大电路的输入电阻 R_i。

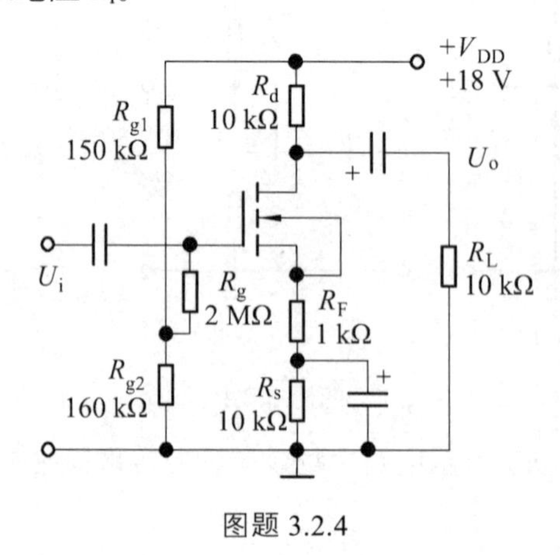

图题 3.2.4

3.3 共漏极和共栅极放大电路

前面已指出，根据输入和输出回路共同端的不同，放大电路有 3 种不同的组态，除已讨论的共源极放大电路外，还有共漏极和共栅极两种放大电路。

3.3.1 共漏极放大电路

图 3.3.1（a）是共漏极放大电路的原理图，图 3.3.1（b）、（c）分别是它的直流通路和交流通路。由交流通路可见，输出电压 u_o 接在源极与地之间，输入电压 u_i 加在栅极与地之间，而漏极对于交流来说是接地的，所以漏极是输入、输出回路的共同端。由于 u_o 从源极输出，所以共漏极电路又称为源极输出器。

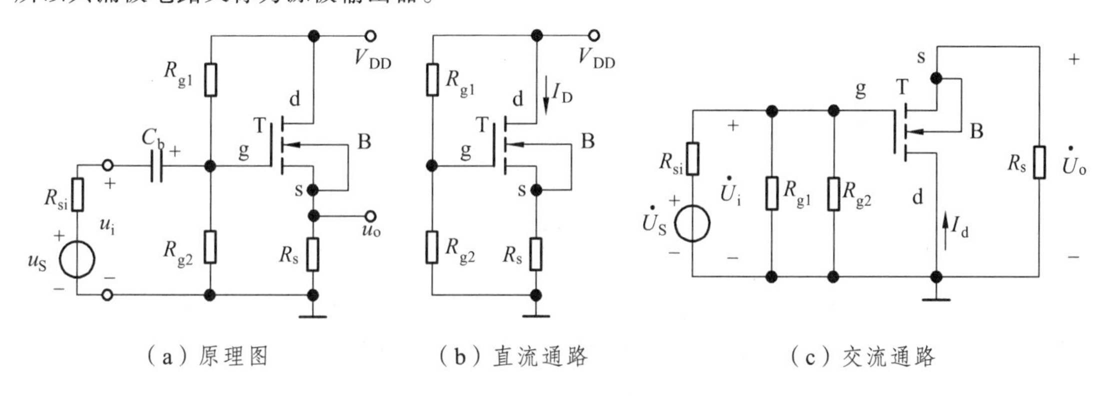

（a）原理图 （b）直流通路 （c）交流通路

图 3.3.1 共漏极（源极跟随器）放大电路

3.3.1.1 静态分析

由图 3.3.1（b）可知，由于 R_s 对静态工作点的自动调节（负反馈）作用，该电路的 Q 点基本稳定。设 MOS 管工作于饱和区，则有

$$I_{DQ} = I_{DO}\left(\frac{U_{GS}}{U_{GS(th)}} - 1\right)^2 \tag{3.3.1}$$

而栅-源电压为

$$U_{GSQ} = U_G - U_S = \frac{R_{g2}}{R_{g1} + R_{g2}} V_{DD} - I_{DQ} R_s \tag{3.3.2}$$

漏-源电压为

$$U_{DSQ} = V_{DD} - I_{DQ} R_s \tag{3.3.3}$$

3.3.1.2 动态分析

用 MOS 的小信号模型取代图 3.3.1（c）中的场效应管 T，则可得到共漏极放大电路的小信号等效电路，如图 3.3.2 所示。由图 3.3.2 有

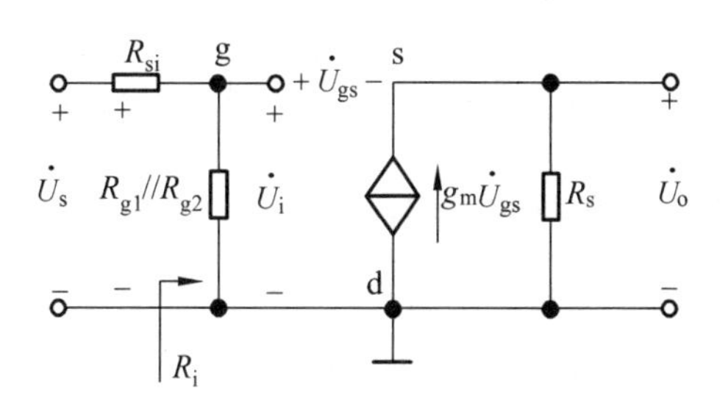

图 3.3.2 图 3.3.1（c）所示电路的小信号等效电路

$$\dot{U}_o = (g_m \dot{U}_{gs}) R_s \tag{3.3.4}$$

$$\dot{U}_i = \dot{U}_{gs} + \dot{U}_o = \dot{U}_{gs} + (g_m \dot{U}_{gs}) R_s \tag{3.3.5}$$

从图 3.3.2 还可以看出

$$R_i = R_{g1} // R_{g2}, \quad \dot{U}_i = \frac{R_i}{R_{si} + R_i} \dot{U}_s$$

因此，由式（3.3.4）和式（3.3.5）有

$$\dot{A}_u = \frac{\dot{U}_o}{\dot{U}_i} = \frac{(g_m \dot{U}_{gs}) R_s}{U_{gs} + (g_m \dot{U}_{gs}) R_s} = \frac{g_m R_s}{1 + g_m R_s} = \frac{R_s}{\dfrac{1}{g_m} + R_s} \tag{3.3.6}$$

$$\dot{A}_{us} = \frac{\dot{U}_o}{\dot{U}_s} = \frac{\dot{U}_o}{\dot{U}_i} \cdot \frac{\dot{U}_i}{\dot{U}_s} = \frac{R_s}{\dfrac{1}{g_m} + R_s} \cdot \frac{R_i}{R_i + R_{si}} \tag{3.3.7}$$

式（3.3.6）和式（3.3.7）表明，源极跟随器电压增益小于 1 但接近于 1，输出电压与输入电压同相。

求输出电阻的方法是，在图 3.3.2 中，令 $u_o = 0$，保留其内阻 R_{si}（若有 R_L 应将 R_L 开路），然后在输出端加一测试电压 u_t，由此可画出求源极跟随器输出电阻 R_o 的电路，如图 3.3.3 所示。

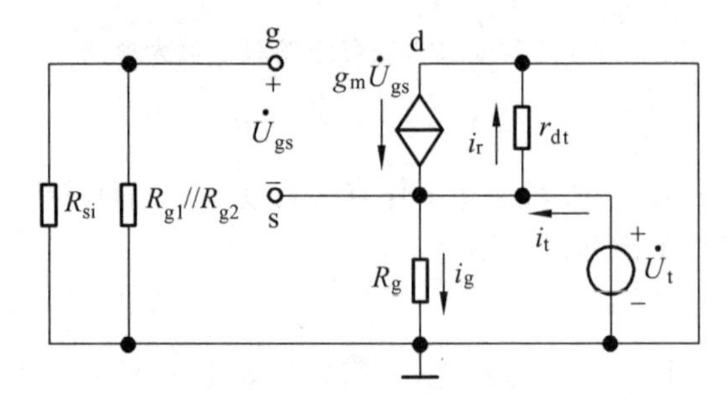

图 3.3.3　图 3.3.1（a）所示电路求 R_o 的电路

由图 3.3.3 可以求出输出电阻为

$$R_o = \frac{\dot{U}_t}{\dot{I}_t} = \frac{1}{\dfrac{1}{R_s} + g_m} = R_s // \frac{1}{g_m} \tag{3.3.8}$$

即源极跟随器的输出电阻 R_o 等于源极电阻 R_s 与互导的倒数 $1/g_m$ 相并联，所以 R_o 较小。当源极电阻 $R_s = \infty$ 时，从源极看入的等效电阻 R_o 为 $1/g_m$。

3.3.2　共栅极放大电路

图 3.3.4 是共栅极放大电路的原理图。由于 C_g 对交流可看成短路，所以对信号来说，栅极相当于接地。输入信号 u_i 加在源极和栅极之间，输出信号 u_o 由漏极和栅极之间取出，栅极是输入、输出回路的共同端。

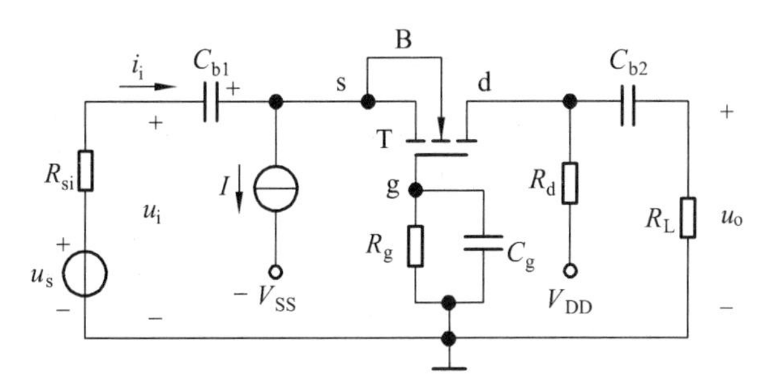

图 3.3.4　共栅极放大电路

3.3.2.1　静态分析

当 $u_i=0$ 时，设场效应管工作在饱和区，则有

$$I=I_{DQ}=I_{DO}\left(\frac{U_{GS}}{U_{GS(th)}}-1\right)^2 \tag{3.3.9}$$

若电流源 I 和 $U_{GS(th)}$、I_{DO} 已知，即可求出静态工作点的 U_{GSQ} 值。而小信号互导 g_m 为

$$g_m\approx\frac{2}{U_{GS(th)}}\sqrt{I_{DO}I_{DQ}}$$

3.3.2.2　动态分析

在 C_{b1}、C_{b2} 和 C_g 可看成短路时，将图 3.3.4 中的场效应管 T 用其小信号模型代替，然后画出场效应管周围的其他电路元件，得共栅极放大电路的小信号等效电路如图 3.3.5 所示。由于电流源的内阻为无穷大，所以开路处理了。

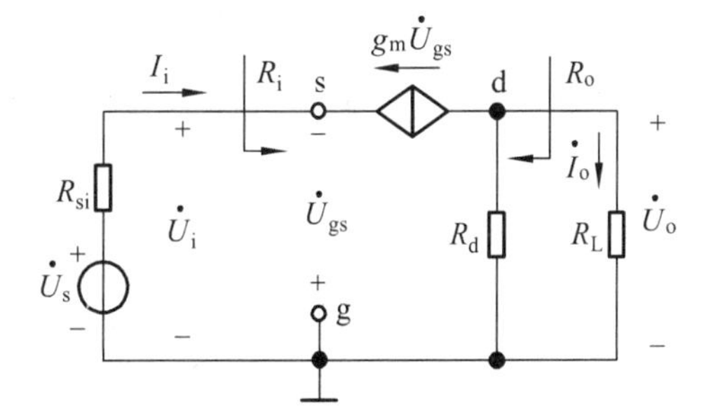

图 3.3.5　图 3.3.4 电路的小信号模型等效电路

1. 电压增益

由图 3.3.5 可知

$$\dot{U}_o=-(g_m\dot{U}_{gs})(R_d//R_L) \tag{3.3.10}$$

而由输入回路有

$$\dot{U}_s=\dot{I}_iR_{si}-\dot{U}_{gs} \tag{3.3.11}$$

式中 $\dot{I}_i=-g_m\dot{U}_{gs}$，所以栅-源电压为

$$\dot{U}_{gs}=\frac{-\dot{U}_s}{1+g_mR_{si}} \tag{3.3.12}$$

因此，小信号源电压增益为

$$\dot{A}_{us}=\frac{\dot{U}_o}{\dot{U}_i}=\frac{g_m(R_d//R_L)}{1+g_mR_{si}}$$

$\dot{A}_{us}$ 为正，说明 u_o 与 u_s 同相。

2. 电流增益

在很多情况下，共栅极电路的输入信号为电流信号。图 3.3.6 是带诺顿等效信号源的共栅极放大电路的小信号等效电路。由图有

$$\dot{I}_o = (\frac{R_d}{R_d + R_L})(-g_m \dot{U}_{gs}) \quad (3.3.13)$$

在输入端有

$$\dot{I}_s + g_m \dot{U}_{gs} + \frac{\dot{U}_{gs}}{R_{si}} = 0 \quad (3.3.14)$$

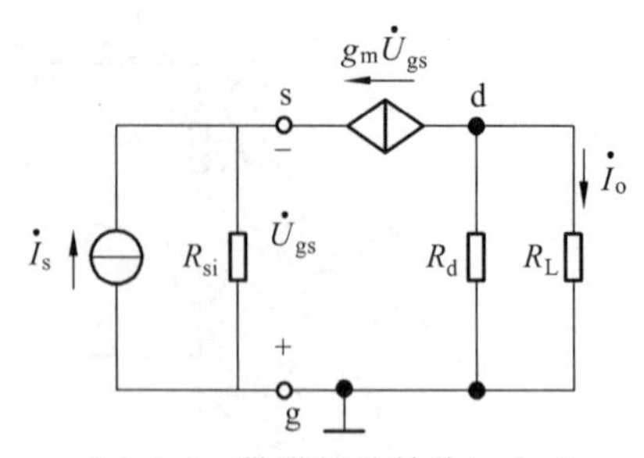

图 3.3.6　带诺顿等效信号源的小信号等效电路

即

$$\dot{U}_{gs} = -\dot{I}_s(\frac{R_{si}}{1 + g_m R_{si}}) \quad (3.3.15)$$

于是小信号源电流增益为

$$\dot{A}_{is} = \frac{\dot{I}_o}{\dot{I}_s} = (\frac{R_d}{R_d + R_L})(\frac{g_m R_{si}}{1 + g_m R_{si}}) \quad (3.3.16)$$

上式说明，当 $R_d >> R_L$ 和 $g_m R_{si} >> 1$ 时，$\dot{A}_{is} \approx 1$，输出电流与输入电流基本相同，即共栅极电路有电流跟随作用。

3. 输入电阻和输出电阻

由图 3.3.5 有

$$R_i = \frac{\dot{U}_i}{\dot{I}_i} = \frac{-\dot{U}_{gs}}{\dot{I}_i} \quad (3.3.17)$$

考虑到 $\dot{I}_i = -g_m \dot{U}_{gs}$，故

$$R_i = \frac{1}{g_m} \quad (3.3.18)$$

显然，共栅极电路具有较低的输入电阻。在输入信号为电流信号的情况下，低输入电阻是一个很大优点，它可以减小信号源内阻支路对电流信号的分流，使更多的信号电流流入放大电路。由图 3.3.5 同样很快能求出其输出电阻近似为

$$R_o \approx R_d \quad (3.3.19)$$

3.3.3　场效应管放大电路三种组态的总结和比较

3.3.3.1　三种组态的判别

如何判别组态?一般看输入信号加在哪个电极，输出信号从哪个电极取出，剩下的那个电

极便是共同电极。如共源极放大电路，信号由栅极输入，漏极输出；共漏极放大电路，信号由栅极输入，源极输出；共栅极放大电路，信号由源极输入，漏极输出。

3.3.3.2 三种组态的特点及用途

共源极放大电路的电压增益通常都大于 1，输入电压与输出电压反相；输入电阻很高，输出电阻主要取决于 R_d。共漏极放大电路电压增益小于 1 但接近于 1，输入输出同相，有电压跟随作用；其输入电阻高，输出电阻低，可作阻抗变换用。共栅极放大电路电压增益一般也较高，电流增益小于 1 但接近于 1，有电流跟随作用；其输入电阻小，输出电阻主要取决于 R_d，共栅极放大电路的高频特性较好（见第 6 章），常用于高频或宽带低输入阻抗的场合。

现将 MOSFET 的三种放大电路组态的主要性能列于表 3.3.1，以做比较。

表 3.3.1 三种场效应管基本放大电路的比较

电路形式（原理电路）	电压增益 $A_u = u_o / u_i$	输入电阻 R_i	输出电阻 R_o	基本特点
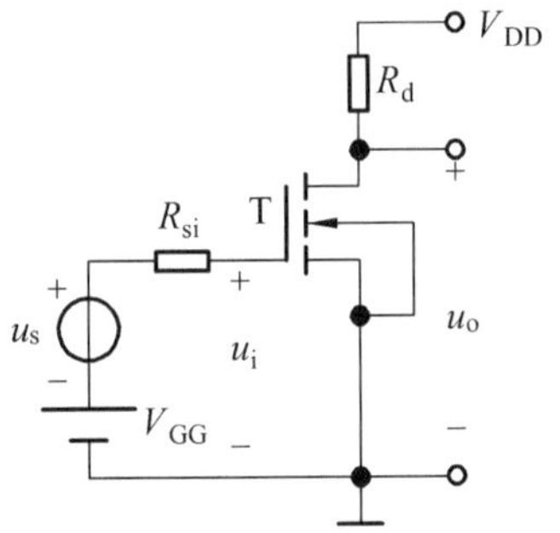 V_{DD} R_d R_{si} T + u_s u_i u_o V_{GG} − 共源极放大电路	$A_u = -g_m(R_d // r_{ds})$	很高	$R_o = R_d // r_{ds}$	电压增益高，输入输出电压反相，输入电阻大，输出电阻主要由 R_d 决定
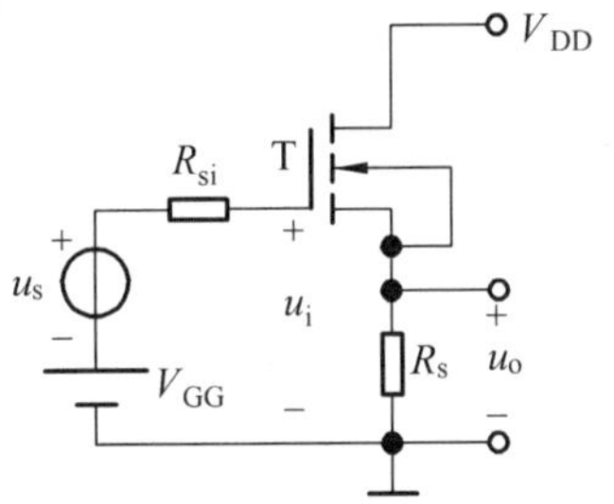 V_{DD} R_{si} T + u_s u_i R_s u_o V_{GG} − 共漏极放大电路（源极输出器）	$A_u = \dfrac{g_m(R_s // r_{ds})}{1+g_m(R_s // r_{ds})}$	很高	$R_o = \dfrac{1}{g_m} // R_s // r_{ds}$	电压增益小于 1 但接近于 1，输入输出电压同相，有电压跟随作用。输入电阻高，输出电阻低，可作阻抗变换用
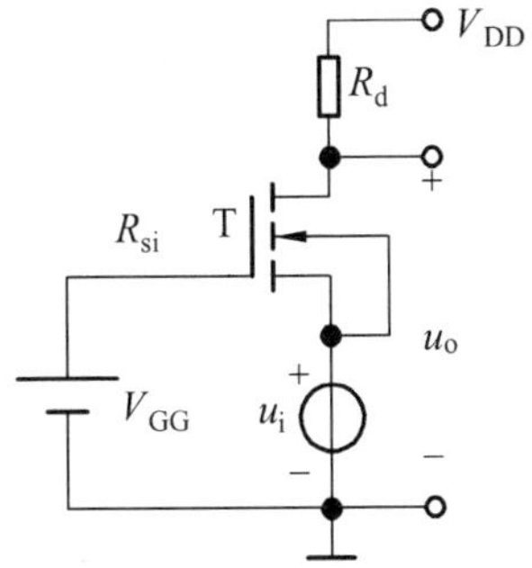 V_{DD} R_d R_{si} T u_o V_{GG} u_i + − 共栅极放大电路	$A_u = \dfrac{\left(g_m + \dfrac{1}{r_{ds}}\right)R_d}{1+(R_d // r_{ds})}$ $\approx g_m R_d$（当 $r_{ds} \gg R_d$）	$R_i = \dfrac{1}{g_m}$	$R_o = R_d // r_{ds}$	电压增益高，输入输出电压同相，电流增益小于 1 但接近 1，有电流跟随作用。输入电阻小，输出电阻主要由 R_d 决定，常用于高频和宽带放大

思考题

3.3.1　试分别比较共集电极放大电路和共漏极放大电路的相同之处和不同之处。

3.3.2　试分析共源极放大电路、共漏极放大电路和共栅极放大电路的特点。

习　题

3.3.1　源极跟随器电路如图题 3.3.1 所示，场效应管参数为 I_{DO} = 1.414 mA，U_{ON} = 1.2 V。电路参数为 $V_{DD} = V_{SS}$ = 5 V，R_g = 500 kΩ，R_L = 4 kΩ。若电流源 I = 1 mA，试求小信号电压增益 $A_u = u_o/u_i$ 和输出电阻 R_o。

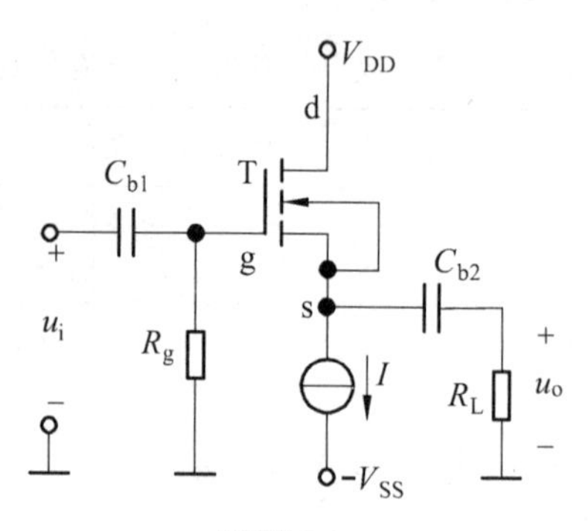

图题 3.3.1

3.3.2　源极跟随器电路如图题 3.3.2 所示。$V_{DD} = V_{SS}$ = 5 V，电流源 I = 5 mA，R_g = 200 kΩ，R_L = 1 kΩ，场效应管参数为 U_{ON} = −2 V，I_{DO} = 20 mA。试求：（1）电路的输出电阻和输入电阻；（2）小信号电压增益。

3.3.3 共栅极放大电路如图题 3.3.3 所示。电路参数为 $V_{DD} = V_{SS}$ = 5 V，R_s = 10 kΩ，R_d = 5 kΩ，R_L = 5 kΩ。场效应管参数 I_{DO} = 3 mA，U_{ON} = 1 V。（1）计算静态工作点 Q；（2）求 g_m；（3）求 $A_u = u_o/u_i$。

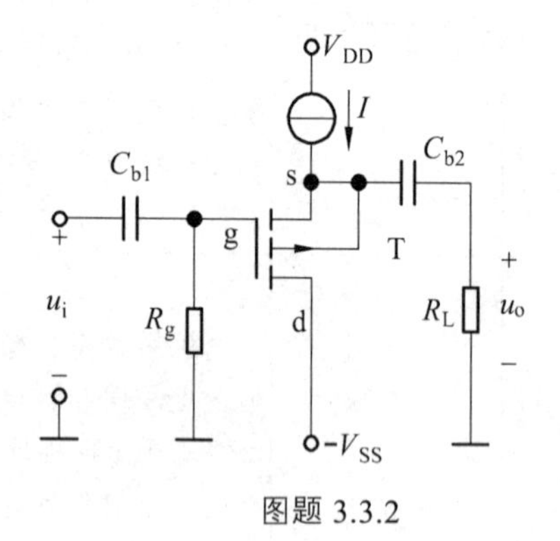

图题 3.3.2

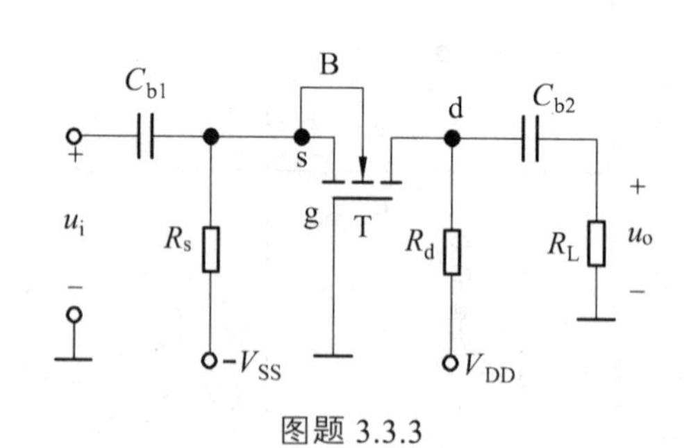

图题 3.3.3

第4章 多级放大电路与频率响应

4.1 多级放大电路

在实际应用中，常对放大电路的性能提出多方面的要求。例如，要求放大电路要有一定的放大倍数，比如欲将一个 1 mV 的信号放大到 10 V，电路的放大倍数应是 10 000 倍，这是一般单管放大电路无法做到的。又例如要求一个放大电路输入电阻大于 2 MΩ，电压放大倍数大于 2000，输出电阻小于 100 Ω 等。仅靠前面所讲的任何一种放大电路都不可能同时满足上述要求，这时就可选择多个基本放大电路，将它们合理连接构成多级放大电路。

4.1.1 多级放大电路的耦合方式

组成多级放大电路的每一个基本放大电路称为一级，级与级之间的连接称为级间耦合。多级放大电路有 4 种常见的耦合方式：直接耦合、阻容耦合、变压器耦合和光电耦合。

4.1.1.1 直接耦合放大电路

将前一级的输出端直接连接到后一级的输入端，称为直接耦合，如图 4.1.1（a）所示。图中所示电路省去了第二级的基极电阻，而使 R_{c1} 既作为第一级的集电极电阻，又作为第二级的基极电阻，只要 R_{c1} 取值合适，就可以为 T_2 管提供合适的基极电流。

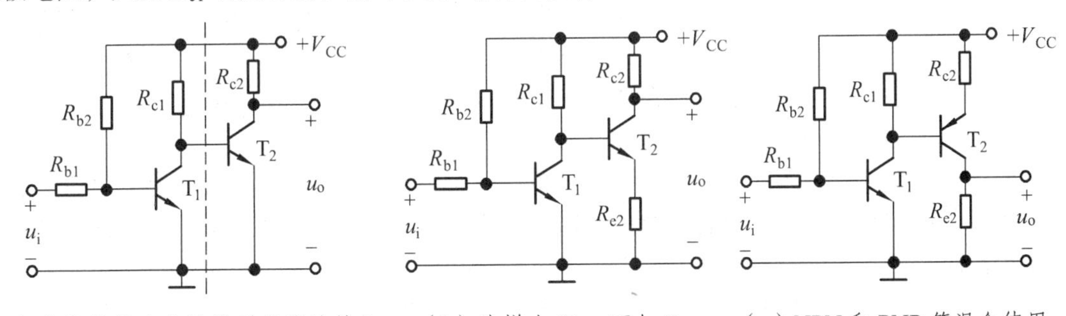

（a）前级的输出直接接到后级的输入　（b）为增大 U_{CE1} 而加 R_{e2}　（c）NPN 和 PNP 管混合使用

图 4.1.1　直接耦合放大电路

1. 静态工作点的分析

从图 4.1.1（a）所示电路中可知，静态时，T_1 管的管压降 U_{CEQ1} 等于 T_2 管的 b-e 间电压

U_{BEQ2}。通常情况下，若 T_1 管为硅管，$U_{BEQ2} \approx 0.7$ V，则 T_1 管的静态工作点靠近饱和区，在动态信号作用时容易引起饱和失真。因此，为使第一级有合适的静态工作点，就要抬高 T_2 管的基极电位。为此，可以在 T_2 管的发射极加电阻 R_{e2}，如图 4.1.1（b）所示。

为使各级晶体管都工作在放大区，必然要求 T_2 管的集电极电位高于其基极电位。可以设想，如果级数增多且仍为 NPN 型管构成的共射电路，则由于集电极电位逐级升高，以至于接近电源电压，势必使后级的静态工作点不合适。因此，直接耦合多级放大电路常采用 NPN 型和 PNP 型管混合使用的方法解决上述问题，如图 4.1.1（c）所示。在图 4.1.1（c）所示电路中，虽然 T_1 管的集电极电位高于其基极电位，但是为使 T_2 管工作在放大区，T_2 管的集电极电位应低于其基极电位（即 T_1 管的集电极电位）。

2. 直接耦合方式的优缺点

从以上分析可知，采用直接耦合方式使各级之间的直流通路相连，因静态工作点相互影响，这样就给电路的分析、设计和调试带来一定的困难。在求解静态工作点时，应写出直流通路中各个回路的方程，然后求解多元一次方程组。实际应用时，则应采用各种计算机软件辅助分析。

直接耦合放大电路的突出优点是具有良好的低频特性，可以放大变化缓慢的信号；并且由于电路中没有大容量电容，所以易于将全部电路集成在一片硅片上，构成集成放大电路。由于电子工业的飞速发展，集成放大电路的性能越来越好，种类越来越多，价格也越来越便宜，所以凡能用集成放大电路的场合，均不再使用分立元件放大电路。

直接耦合放大电路最大的问题是存在零点漂移现象，即输入信号为零时，输出电压产生变化的现象。

4.1.1.2 阻容耦合放大电路

将放大电路的前级输出端通过电容接到后级输入端，称为阻容耦合方式。图 4.1.2 所示为两级阻容耦合放大电路，第一级为共射放大电路，第二级为共集放大电路。

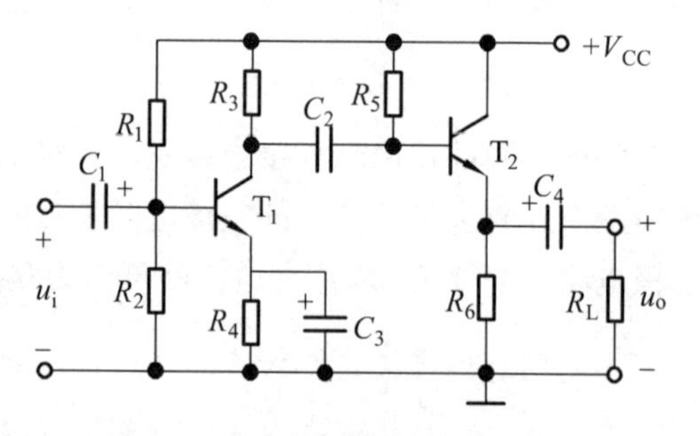

图 4.1.2　两级阻容耦合放大电路

由于电容对直流量的电抗为无穷大，因而阻容耦合放大电路各级之间的直流通路各不相通，各级的静态工作点相互独立，在求解或实际调试 Q 点时可按单级处理，所以电路的分析、设计和调试简单易行。而且，只要输入信号频率较高、耦合电容容量较大，前级的输出信号就可以几乎没有衰减地传递到后级的输入端，因此，在分立元件电路中阻容耦合方式得到了非常广泛的应用。

阻容耦合放大电路的低频特性差，不能放大变化缓慢的信号。这是因为电容对这类信号呈现出很大的容抗，信号的一部分甚至全部都衰减在耦合电容上，而根本不向后级传递。此外，在集成电路中制造大容量电容很困难甚至不可能，所以这种耦合方式不便于集成化。

应当指出，通常只有在信号频率很高、输出功率很大等特殊情况下，才采用阻容耦合方式的分立元件放大电路。

4.1.1.3　变压器耦合放大电路

将放大电路前级的输出信号通过变压器接到后级的输入端或负载电阻上，称为变压器耦合。图 4.1.3（a）所示为变压器耦合共射放大电路，R 既可以是实际的负载电阻，也可以代表后级放大电路，图（b）是它的交流等效电路。

由于变压器耦合放大电路的前、后级靠磁路耦合，所以与阻容耦合放大电路一样，它的各级放大电路的静态工作点相互独立，便于分析、设计和调试。但它的低频特性差，不能放大变化缓慢的信号，且笨重，更不能集成化。与前两种耦合方式相比，其最大特点是可以实现阻抗变换，因而在分立元件功率放大电路中得到了广泛应用。

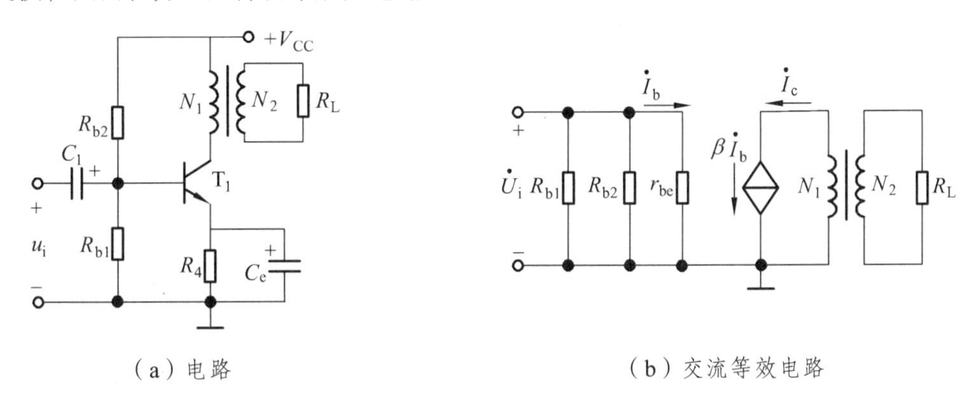

图 4.1.3　变压器耦合共射放大电路

4.1.1.4　光电耦合

光电耦合以光信号为媒介实现电信号的耦合和传递，其因抗干扰能力强而得到越来越广泛的应用。

1. 光电耦合器

光电耦合器是实现光电耦合的基本器件，它将发光元件（发光二极管）与光敏元件（光电三极管）相互绝缘地组合在一起，如图 4.1.4（a）所示。发光元件为输入回路，它将电能转换成光能；光敏元件为输出回路，它将光能再转换成电能。光电耦合器实现了两部分电路的电气隔离，有效地抑制了电干扰。在输出回路常采用复合管（也称为达林顿结构）形式以增大放大倍数。

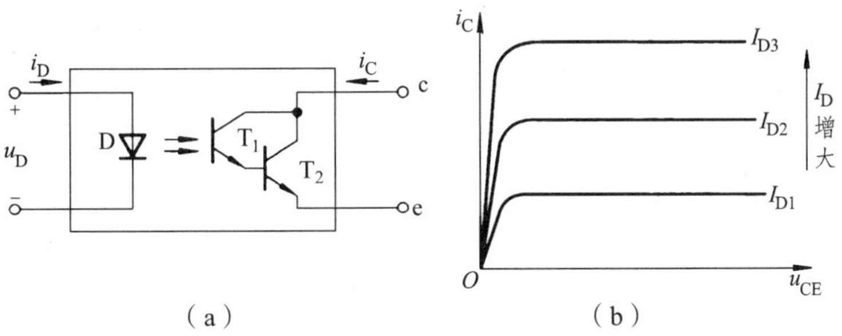

图 4.1.4　光电耦合器及其传输特性

光电耦合器的传输特性如图 4.1.4（b）所示，它描述当发光二极管的电流为一个常量 I_D 时，集电极电流 i_C 与管压降 u_{CE} 之间的函数关系，即

$$i_{\mathrm{C}} = f(u_{\mathrm{CE}})\Big|_{I_{\mathrm{D}}=常数} \tag{4.1.1}$$

因此，与晶体管的输出特性一样，光电耦合器的输出特性也是一簇曲线。当管压降 u_{CE} 足够大时，i_{C} 几乎仅取决于 i_{D}。与晶体管的 β 相类似，在 c-e 之间电压一定的情况下，i_{C} 的变化量与 i_{D} 的变化量之比称为传输比 CTR，即

$$CTR = \frac{\Delta i_{\mathrm{C}}}{\Delta i_{\mathrm{D}}}\Bigg|_{U_{\mathrm{CE}}=常数} \tag{4.1.2}$$

不过 CTR 的数值比 β 小得多，只有 0.1~1.5。

2. 光电耦合放大电路

图 4.1.5 所示为光电耦合放大电路，信号源部分可以是真实的信号源，也可以是前级放大电路。当动态信号为 0 时，输入回路有静态电流 I_{DQ}，输出回路有静态电流 I_{CQ}，从而可以确定出静态管压降 U_{CEQ}。有动态信号时，随着 i_{D} 的变化，i_{C} 将产生线性变化。当然，u_{CE} 也将产生相应的变化。

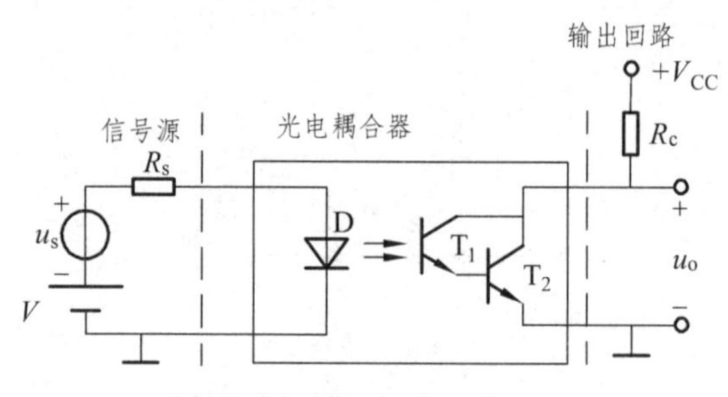

图 4.1.5　光电耦合放大电路

由于传输比的数值较小，所以一般情况下，输出电压还需进一步放大。实际上，目前已有集成光电耦合放大电路，具有较强的放大能力。

在图 4.1.5 所示电路中，若信号源部分与输出回路部分采用独立电源且分别接不同的“地”，则即使是远距离信号传输，也可以避免受到各种电干扰。

4.1.2　多级放大电路的动态分析

一个 N 级放大电路的交流等效电路可用图 4.1.6 所示方框图表示。

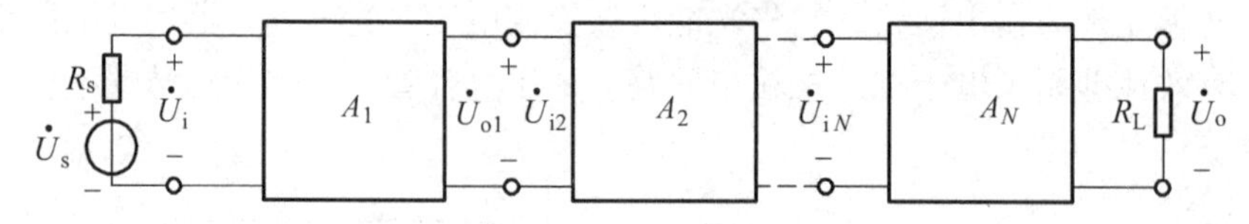

图 4.1.6　多级放大电路方框图

由图可知，放大电路中前级的输出电压就是后级的输入电压，即 $u_{\mathrm{o1}} = u_{\mathrm{i2}}$、$u_{\mathrm{o2}} = u_{\mathrm{i3}}$、…、$u_{\mathrm{o}(N-1)} = u_{\mathrm{i}N}$，所以，多级放大电路的电压放大倍数为

$$\dot{A}_u = \frac{\dot{U}_{\mathrm{o1}}}{\dot{U}_{\mathrm{i}}} \cdot \frac{\dot{U}_{\mathrm{o2}}}{\dot{U}_{\mathrm{i2}}} \cdot \cdots \cdot \frac{\dot{U}_{\mathrm{o}}}{\dot{U}_{\mathrm{i}N}} = \dot{A}_{u1} \cdot \dot{A}_{u2} \cdot \cdots \cdot \dot{A}_{u\mathrm{N}} \quad 即 \quad \dot{A}_u = \prod_{j=1}^{N} \dot{A}_{u\mathrm{j}} \tag{4.1.3}$$

式（4.1.3）表明，多级放大电路的电压放大倍数，等于组成它的各级放大电路的电压放大倍数之积。对于第一级到第（N–1）级，每一级的放大倍数均应该是以后级输入电阻作为负载时的放大倍数。

根据放大电路输入电阻的定义可知，多级放大电路的输入电阻就是第一级的输入电阻，即

$$R_i = R_{i1} \tag{4.1.4}$$

根据放大电路输出电阻的定义可知，多级放大电路的输出电阻就是最后一级的输出电阻，即

$$R_o = R_{oN} \tag{4.1.5}$$

应当注意，当共集放大电路作为输入级（即第一级）时，它的输入电阻与其负载（即第二级的输入电阻）有关；而当共集放大电路作为输出级（即最后一级）时，它的输出电阻与其信号源内阻（即倒数第二级的输出电阻）有关。

当多级放大电路的输出波形产生失真时，应首先确定是在哪一级先出现的失真，然后再判断是产生了饱和失真还是截止失真，进而采用合适的方法消除这种失真。

例 4.1.1 已知图 4.1.7 所示电路中，$R_1 = 15\ \text{kQ}$，$R_2 = R_3 = 5\ \text{k}\Omega$，$R_4 = 2.3\ \text{k}\Omega$，$R_5 = 100\ \text{k}\Omega$，$R_6 = R_L = 5\ \text{k}\Omega$；$V_{CC} = 12\ \text{V}$；晶体管的 β 均为 150，$r_{be1} = 4\ \text{k}\Omega$，$r_{be2} = 2.2\ \text{k}\Omega$，$U_{BEQ1} = U_{BEQ2} = 0.7\ \text{V}$。试估算电路的 Q 点、$\dot{A}_u$、R_i 和 R_o。

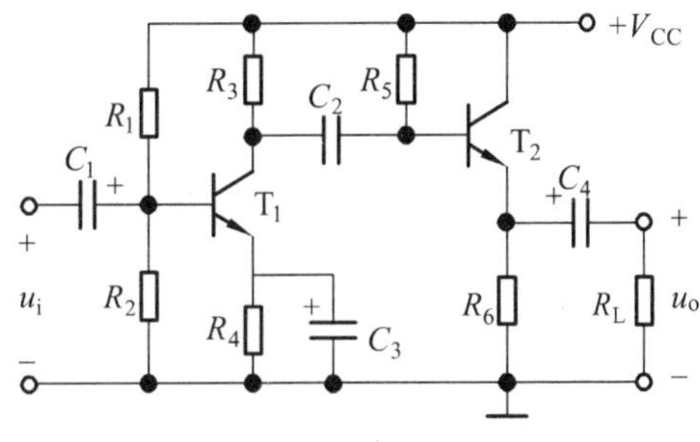

图 4.1.7 例 4.1.1 电路图

解：（1）求解 Q 点。

由于电路采用阻容耦合方式，所以每一级的 Q 点都可以按单管放大电路来求解。

第一级为典型的 Q 点稳定电路，根据参数取值可以认为

$$U_{BQ1} \approx \frac{R_1}{R_1 + R_2} \cdot V_{CC} = \frac{5}{15+5} \times 12\ \text{V} = 3\ \text{V}$$

$$I_{EQ1} = \frac{U_{BQ1} - U_{BEQ1}}{R_4} \approx \frac{3-0.7}{2.3}\ \text{mA} = 1\ \text{mA}$$

$$I_{BQ1} = \frac{I_{EQ1}}{1+\beta_1} \approx \frac{1}{150}\ \text{mA} \approx 0.006\,7\ \text{mA} = 6.7\ \mu\text{A}$$

$$U_{CEQ1} \approx V_{CC} - I_{EQ1}(R_3 + R_4) = [12 - 1\times(5+2.3)]\ \text{V} = 4.7\ \text{V}$$

第二级为共集电极放大电路，根据其基极回路方程求出 I_{BQ2}，便可得到 I_{EQ2} 和 U_{CEQ2}。即

$$I_{BQ2} = \frac{V_{CC} - U_{BEQ2}}{R_5 + (1+\beta_2)R_6} = \frac{12-0.7}{100+151\times 5}\ \text{mA} \approx 0.013\ \text{mA} = 13\ \mu\text{A}$$

$$I_{EQ2} = (1+\beta_2)I_{BQ2} \approx (1+150)\times 13\ \mu\text{A} = 1963\ \mu\text{A} \approx 2\ \text{mA}$$

$$U_{CEQ2} \approx V_{CC} - I_{EQ2}R_6 \approx (12 - 2\times 5)\text{V} = 2\ \text{V}$$

（2）求解 $\dot{A}_u$、R_i 和 R_o。画出图 4.1.7 所示电路的交流等效电路如图 4.1.8 所示。

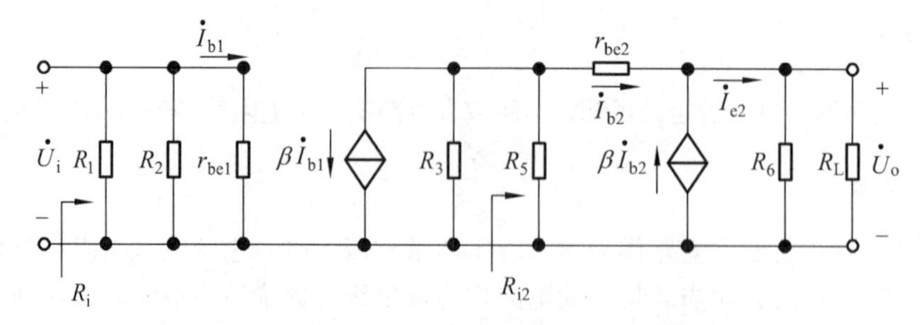

图 4.1.8　图 4.1.7 所示电路的交流等效电路

为了求出第一级的电压放大倍数 $\dot{A}_{u1}$，首先应求出其负载电阻，即第二级的输入电阻。

$$R_{i2}=R_5//\{r_{be2}+[(1+\beta_2)(R_6//R_L)]\}\approx 79\ \text{k}\Omega$$

$$\dot{A}_{u1}=-\frac{\beta_1(R_3//R_{i2})}{r_{be1}}\approx\frac{150\times\dfrac{5\times 79}{5+79}}{4}\approx -176$$

第二级的电压放大倍数应接近 1，根据电路可得

$$\dot{A}_{u2}=-\frac{(1+\beta_2)(R_6//R_L)}{r_{be2}+(1+\beta_2)(R_6//R_L)}\approx\frac{151\times 2.5}{2.2+151\times 2.5}\approx -0.994$$

将 $\dot{A}_{u1}$ 与 $\dot{A}_{u2}$ 相乘，便可得出整个电路的电压放大倍数 $\dot{A}_u$，即

$$\dot{A}_u=\dot{A}_{u1}\cdot\dot{A}_{u2}\approx -176\times 0.994\approx -175$$

根据输入电阻的物理意义，可知

$$R_i=R_1//R_2//r_{be1}=\left(\frac{1}{1/15+1/5+1/4}\right)\approx -1.94\ \text{k}\Omega$$

电路的输出电阻 R_o 与第一级的输出电阻 R_3 有关，如下：

$$R_o=R_6//\frac{r_{be2}+R_3//R_5}{1+\beta_2}\approx\frac{r_{be2}+R_3}{1+\beta_2}$$

$$=\frac{2.2+5}{1+150}\ \text{k}\Omega\approx 0.0477\ \text{k}\Omega\approx 48\ \text{k}\Omega$$

思考题

4.1.1　直接耦合放大电路只能放大直流信号，阻容耦合和变压器耦合放大电路只能放大交流信号，这种说法对吗?为什么?

4.1.2　如何组成一个输入电阻大于 1 MΩ、输出电阻小于 150 Ω、电压放大倍数的数值大于 10^3 的多级放大电路?画出方框图，填写每个方框的电路名称并简述理由。

4.1.3　已知一个三级放大电路的负载电阻和各级电路的输入电阻、输出电阻、空载电压

放大倍数，试求解整个放大电路的电压放大倍数。

4.1.4　已知两级共射放大电路由 NPN 型管组成，其输出电压波形产生底部失真，试说明导致失真所有的可能原因。

习　题

4.1.1　根据要求选择合适电路（A. 共射电路　B. 共集电路　C. 共基电路）组成两级放大电路。

（1）要求输入电阻为 1 ~2 kΩ，电压放大倍数大于 3000，第一级应采用（　　），第二级应采用（　　）。

（2）要求输入电阻大于 10 MΩ，电压放大倍数大于 300，第一级应采用（　　），第二级应采用（　　）。

（3）要求输入电阻为 100 ~200 kΩ，电压放大倍数数值大于 100，第一级应采用（　　），第二级应采用（　　）。

4.1.2　基本放大电路如图题 4.1.2（a）、（b）所示，图题 4.1.2（a）点画线框内为电路 I，图（b）点画线框内为电路 II。由电路 I、II 组成的多级放大电路如图题 4.1.2（c）、（d）、（e）所示，它们均正常工作。试说明图题 4.1.2（c）、（d）、（e）所示电路中：

（1）哪些电路的输入电阻比较大？

（2）哪些电路的输出电阻比较小？

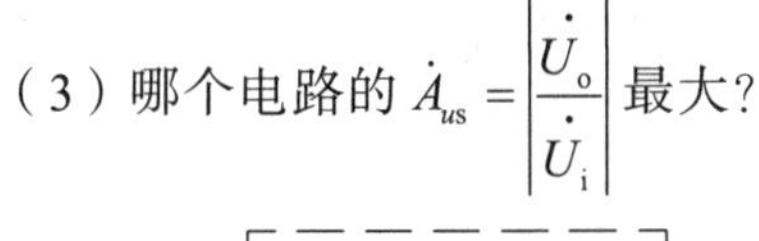

（3）哪个电路的 $\dot{A}_{us}=\left|\frac{\dot{U}_o}{\dot{U}_i}\right|$ 最大？

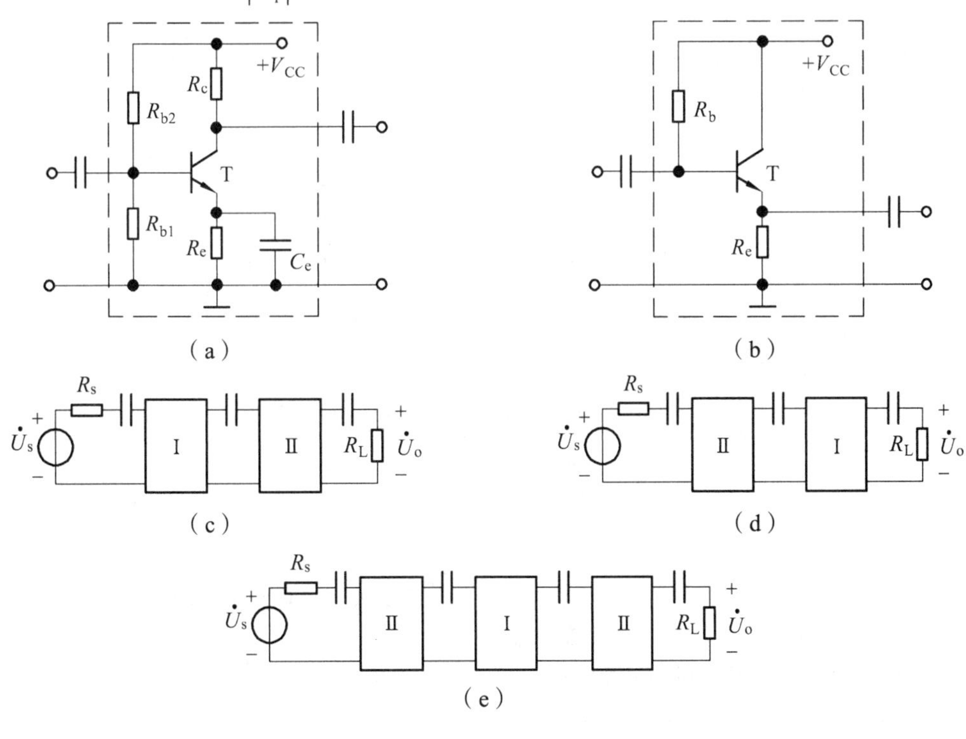

图题 4.1.2

4.1.3　选择合适的答案填入空内。

（1）直接耦合放大电路存在零点漂移的原因是（　　）。

A. 元件老化　　B. 晶体管参数受温度影响

C. 放大倍数不够稳定　　D. 电源电压不稳定

（2）集成放大电路采用直接耦合方式的原因是（　　）。

A. 便于设计　　B. 放大交流信号　　C. 不易制作大容量电容

4.1.4　电路如图题 4.1.4 所示，试分别说出各电路中 T_1、T_2 各为何种组态？设各电路中的晶体管参数 β、r_{be} 均为已知，在 Q 点均合适的情况下，分别求出各电路 $\dot{A}_u$ 、R_i 和 R_o。

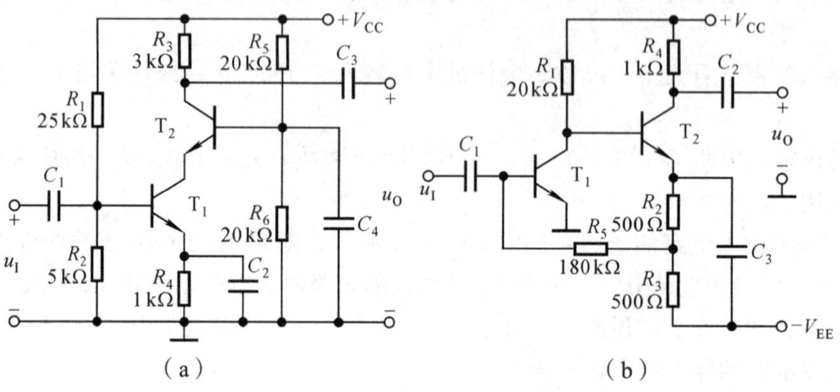

图题 4.1.4

4.1.5　两级阻容耦合硅管放大电路如图题 4.1.5 所示，各元件参数均为已知，$\beta_1 = \beta_2 = 50$，$r_{be1} = 2.2\ \text{k}\Omega$，$r_{be2} = 1.4\ \text{k}\Omega$。

（1）试画出微变等效电路；

（2）求放大电路的输入电阻 R_i；

（3）求电路总的电压放大倍数 $\dot{A}_{us}$。

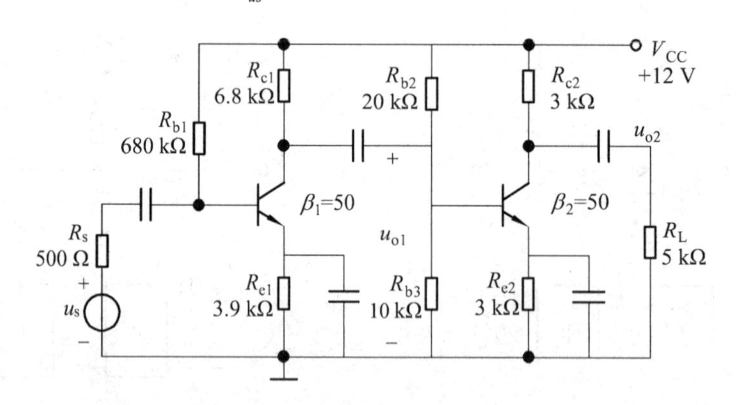

图题 4.1.5

4.1.6　两级放大电路如图题 4.1.6 所示，已知场效应管 $g_m = 1\ \text{mS}$，三极管 $\beta = 99$，$r_{be} = 2\ \text{k}\Omega$。

（1）试画出该电路的小信号交流等效电路；

（2）说明 R_{g3} 的作用并求输入电阻 R_i；

（3）求电压放大倍数 A_u 及输出电阻 R_o。

4.1.7　电路如图题 4.1.7 所示，场效应管的互导为 g_m，而且 r_d 很大；双极型三极管的电流放大系数为 β 和输入电阻为 r_{be}，试解答：

（1）T_1 和 T_2 各自组成的电路属于什么组态；

（2）写出总的电压放大倍数 A_{us} 和 R_i、R_o 的表达式。

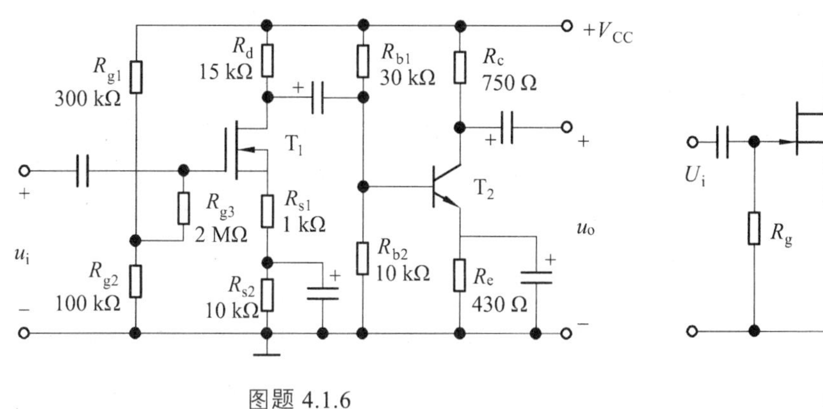

图题 4.1.6

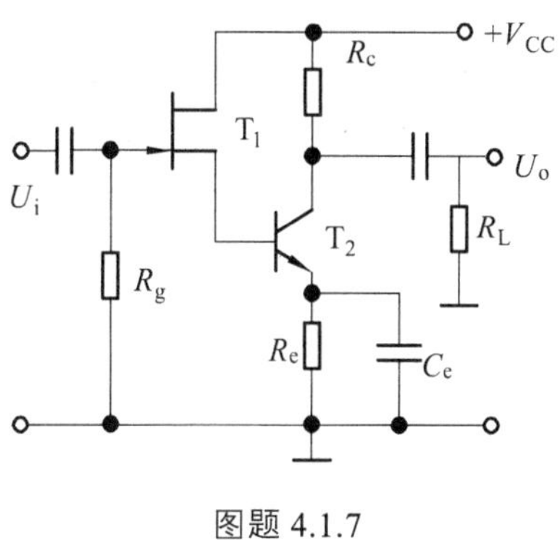

图题 4.1.7

4.2　放大电路的频率响应

前两章分析放大电路的性能指标时，都假设电路的输入信号为单一频率的正弦波信号，而且电路中所有耦合电容和旁路电容对交流信号都视为短路，FET 或 BJT 的极间电容、电路中的负载电容及分布电容均视为开路。而实际的输入信号大多含有许多频率成分，占有一定的频率范围，如广播电视中语言及音乐信号的频率范围为 20 Hz~20 kHz，卫星电视信号的频率范围为 3.7~4.2 GHz 等。因此，放大电路中所含各电容的容抗会随信号频率的变化而变化，从而使放大电路对不同频率的输入信号具有不同的放大能力，其增益的大小会随频率而变化，输出与输入信号间的相位差也会随频率而变化，即增益是输入信号频率的函数。这种函数关系称为放大电路的频率响应或频率特性。图 4.2.1 是某阻容耦合单级共源放大电路的频率响应曲线，其中图 4.2.1（a）是幅频响应曲线，图 4.2.1（b）是相频响应曲线。

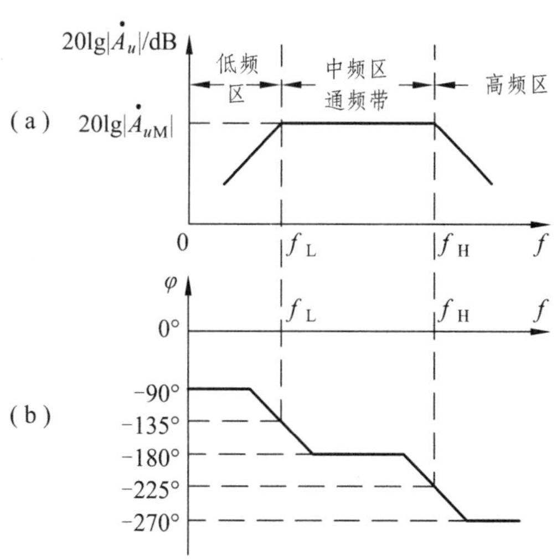

图 4.2.1　阻容耦合单级共源放大电路的频率响应

分析频率响应的方法有两种，即计算机辅助分析法和手工计算的工程简化分析法。利用 SPICE 等计算机仿真软件分析包含上述所有电容的频率响应，可以得到比手工计算精确得多的频率响应曲线，但却不能提供分析频率响应的过程，也不能提供改善频率响应的依据。工程简化分析法得到的结果虽有误差，但其概念清楚，而且还能提供频率响应和电路参数的关系，有利于人们在设计放大电路时，合理选择电路元器件的参数，改善放大电路的频率响应。

本章将详细介绍频率响应的工程简化分

析方法。由于放大电路中的每只电容只对频谱的一段产生重要影响，因此手工分析频率响应时，可将输入信号的频率划分为 3 个区域：中频区、低频区和高频区。在中频区（f_L~f_H之间的通频带内），对耦合电容和旁路电容、FET 或 BJT 的极间电容和负载电容及分布电容的处理同前两章一样，放大电路的中频小信号等效电路中不包含任何电容，此时的增益基本上为常数，输出与输入信号间的相位差也为常数。在 $f < f_L$ 的低频区，FET 或 BJT 的极间电容、电路中的负载电容及分布电容仍可视为开路，而耦合电容和旁路电容的容抗增大，故不能再视为短路，放大电路的低频小信号等效电路中应包含这些电容。由于它们对信号的衰减（即分压）作用，此时的增益会随信号频率的降低而减小，输出与输入信号间的相位差也会发生明显变化。在 $f > f_H$ 的高频区，耦合电容和旁路电容可视为短路，而 FET、BJT 的极间电容和电路中的负载电容及分布电容不能再视为开路，电路的高频小信号等效电路中应包含这些电容。由于它们对信号的分路作用，此时的增益会随信号频率的增加而减小，输出与输入信号间的相位差增大。

由上可知，分别利用 3 个频段的小信号等效电路和近似技术，便可以分析求得放大电路的频率响应，从而避免了用一个完整的（即包含所有电容在内的）小信号等效电路来求解，这就是频率响应的工程简化分析法。

为了便于理解和手工分析实际放大电路的频率响应，下一节将首先对简单 *RC* 电路的频率响应加以分析。

单时间常数 *RC* 电路是指由一个电阻和一个电容组成或者最终可以简化成一个电阻和一个电容组成的电路，它有两种类型，即 *RC* 高通电路和 *RC* 低通电路，它们的频率响应可分别用来模拟放大电路的低频响应和高频响应。

4.2.1 *RC* 高通电路的频率响应

图 4.2.2 所示电路为单时间常数 *RC* 高通电路。设其电压增益为 $\dot{A}_u$，由图可得

$$\dot{A}_u = \frac{\dot{U}_o}{\dot{U}_i} = \frac{R}{R + \dfrac{1}{j\omega C}} = \frac{1}{1 + \dfrac{1}{j\omega RC}} \quad (4.2.1)$$

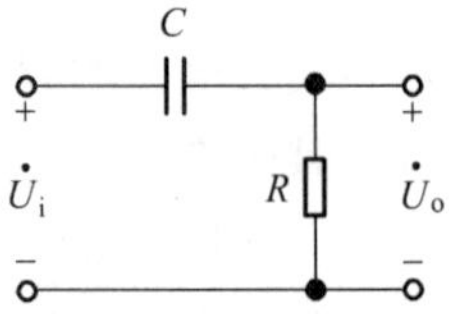

图 4.2.2 *RC* 高通电路

式中，ω 为输入信号的角频率，与频率 f 的关系是 $\omega = 2\pi f$。令

$$f_L = \frac{1}{2\pi RC} \quad (4.2.2)$$

则式（4.2.1）变为

$$\dot{A}_u = \frac{\dot{U}_o}{\dot{U}_i} = \frac{1}{1 - j\dfrac{f_L}{f}} = \frac{j\dfrac{f}{f_L}}{1 + j\dfrac{f}{f_L}} \quad (4.2.3)$$

将 $\dot{A}_u$ 分别用幅值（模）和相角表示，得

$$\left|\dot{A}_u\right| = \frac{1}{\sqrt{1 + (f_L / f)^2}} \quad (4.2.4)$$

$$\varphi = \arctan(f_L / f) \tag{4.2.5}$$

式（4.2.4）称为幅频响应，表明电压增益的幅值随频率的变化；式（4.2.5）称为相频响应，表明输出信号与输入信号间的相位差随频率的变化。

在研究放大电路的频率响应时，输入信号（即加在放大电路输入端的测试信号）的频率范围常常设置在几赫到上百兆赫甚至更宽；而放大电路的放大倍数可从几倍到上百万倍；为了在同一坐标系中表示如此宽的变化范围，在画频率特性曲线时常采用对数坐标，称为**波特图**。

波特图由对数幅频特性和对数相频特性两部分组成，它们的横轴采用对数刻度 $\lg f$，幅频特性的纵轴采用 $20\lg|\dot{A}_u|$表示，单位是分贝（dB）；相频特性的纵轴仍用 φ 表示。这样不但开阔了视野，而且将放大倍数的乘除运算转换成加减运算。

4.2.1.1 幅频响应

由式（4.2.4）按下列步骤可画出图 4.2.1 所示电路的幅频响应波特图。

（1）当 $f>>f_L$ 时，$(f_L/f)^2<<1$，于是有

$$\left|\dot{A}_u\right| = \frac{1}{\sqrt{1+(f_L/f)^2}} \approx 1$$

用分贝（dB）表示则有

$$20\lg\left|\dot{A}_u\right| \approx 20\lg 1 = 0\ \text{dB}$$

这是一条与横轴平行的零分贝线。

（2）当 $f<<f_L$ 时，$(f_L/f)^2>>1$，于是有

$$\left|\dot{A}_u\right| = \frac{1}{\sqrt{1+(f_L/f)^2}} \approx \frac{f}{f_L}$$

用分贝（dB）表示则有

$$20\lg\left|\dot{A}_u\right| \approx 20\lg\frac{f}{f_L}$$

这是一条斜率为 20 dB/十倍频的直线，与零分贝线在 $f=f_L$ 处相交。由以上两条直线构成的折线，就是近似的幅频响应曲线，如图 4.2.3（a）所示。f_L 对应于两条直线的交点，所以 f_L 称为转折频率。由式（4.2.4）可知，当 $f=f_L$ 时，$\left|\dot{A}_u\right| = 1/\sqrt{2} \approx 0.707$，即在 f_L 处，电压增益下降为中频值的 0.707 倍，用分贝表示时，下降了 3 dB，所以 f_L 又称为**下限截止频率**，简称为**下限频率**。这种用折线表示的幅频响应曲线与实际的幅频响应曲线（图 4.2.3（a）中的虚线所示）存在一定误差，$f=f_L$ 时误差最大，为 3 dB。作为一种近似方法，这在工程上是允许的。

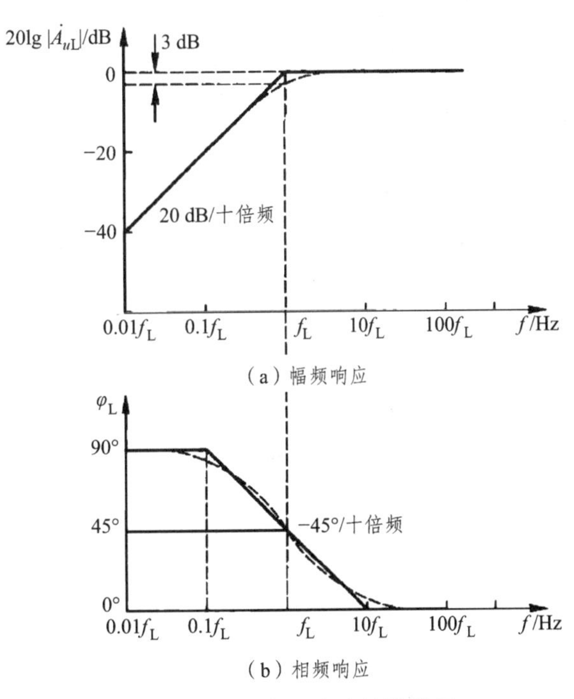

图 4.2.3 RC 高通电路的波特图

4.2.1.2 相频响应

根据式（4.2.3）可作出相频响应曲线，它可用 3 条直线来近似描述：

（1）当 $f \gg f_L$ 时，$\varphi \to 0°$，得到一条 $\varphi = 0°$ 的直线；

（2）当 $f \ll f_L$ 时，$\varphi \to +90°$，得到一条 $\varphi = +90°$ 的直线；

（3）当 $f = f_L$ 时，$\varphi = +45°$。

由于当 $f/f_L = 0.1$ 和 $f/f_L = 10$ 时，相应地可近似得 $\varphi = +90°$ 和 $\varphi = 0°$，故在 $0.1f_L$ 和 $10f_L$ 之间，可用一条斜率为−45°/十倍频的直线来表示，于是可画得相频响应曲线如图 4.2.3（b）所示。

图中亦用虚线画出了实际的相频响应曲线。同样，作为一种工程近似方法，存在一定的相位误差也是允许的。最大相位误差为 5.7°，发生在 $f = 0.1f_L$ 和 $f = 10f_L$ 处。

由上述分析可知，当输入信号的频率 $f > f_L$ 时，*RC* 高通电路的电压增益的幅值 $|\dot{A}_u|$ 最大，而且不随信号频率变化而变化，即 $f > f_L$ 的高频信号能不被衰减地传输到输出端，通频带内的电压增益 $\dot{A}_u \approx 1$，也不产生明显的相移。当 $f = f_L$ 时，$|\dot{A}_u|$ 下降 3 dB，且产生+45°相移（这里的正号表示输出电压超前于输入电压）。当 $f < f_L$ 后，随着 f 的下降，$|\dot{A}_u|$ 按一定的规律衰减，且相移增大并最终趋于+90°。掌握 *RC* 高通电路的频率响应，将有助于对放大电路低频响应的分析与理解。

4.2.2 *RC* 低通电路的频率响应

图 4.2.4 所示为单时间常数 *RC* 低通电路。设其电压增益为 $\dot{A}_u$，由图可得

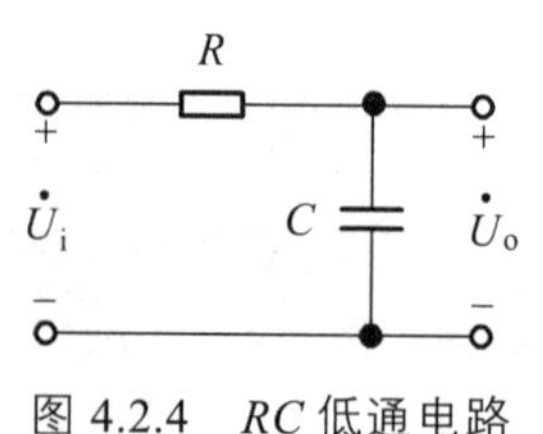

图 4.2.4 *RC* 低通电路

$$\dot{A}_u = \frac{\dot{U}_o}{\dot{U}_i} = \frac{\dfrac{1}{j\omega C}}{R + \dfrac{1}{j\omega C}} = \frac{1}{1 + j\omega RC} \tag{4.2.6}$$

令

$$f_H = \frac{1}{2\pi RC} \tag{4.2.7}$$

则式（4.2.6）变为

$$\dot{A}_u = \frac{\dot{U}_o}{\dot{U}_i} = \frac{1}{1 + j\dfrac{f}{f_H}} \tag{4.2.8}$$

其幅频响应和相频响应的表达式分别为

$$\left|\dot{A}_u\right| = \frac{1}{\sqrt{1 + (f/f_H)^2}} \tag{4.2.9}$$

$$\varphi = -\arctan(f/f_H) \tag{4.2.10}$$

式中，f_H 是 *RC* 低通电路的上限截止频率，简称为上限频率。

仿照 *RC* 高通电路波特图的绘制方法，由式（4.2.9）和式（4.2.10）可画出 *RC* 低通电路

的波特图，如图 4.2.5 所示。

由此波特图可知，当输入信号的频率 $f < f_H$ 时，RC 低通电路的电压增益的幅值 $|\dot{A}_u|$最大，且不随信号频率变化而变化，即 $f < f_H$ 的低频信号能不被衰减地传输到输出端，通频带内的电压增益 $\dot{A}_u \approx 1$，也不产生明显的相移。当 $f = f_H$ 时，$|\dot{A}_u|$下降 3 dB，且产生−45°相移（这里的负号表示输出电压滞后于输入电压）。当 $f > f_H$ 后，随着 f 的增加，$|\dot{A}_u|$按一定规律衰减，且相移增大并最终趋于−90°。掌握 RC 低通电路的频率响应，将有助于对放大电路高频响应的分析与理解。

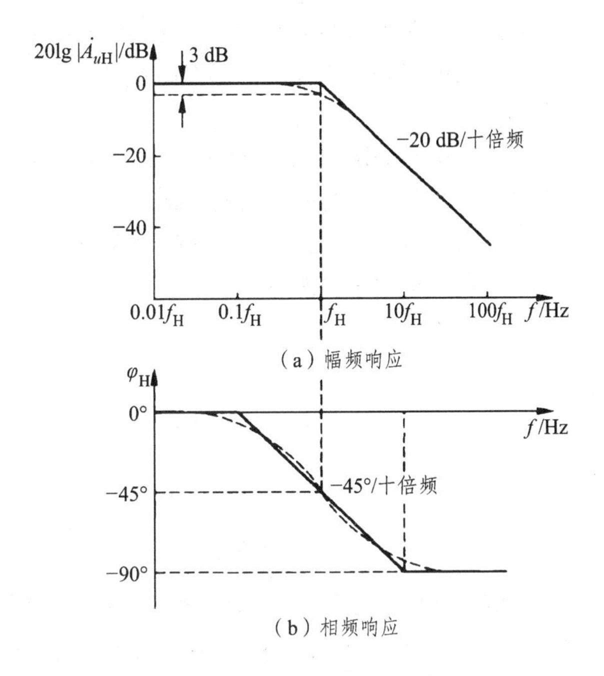

图 4.2.5　RC 低通电路的波特图

通过对单时间常数 RC 高通和低通电路频率响应的分析，可以得到下列具有普遍意义的结论：

（1）分析电路的频率响应时，先要画出该电路的简化小信号模型。

（2）写出其增益的频率响应（幅频响应和相频响应）表达式。

（3）电路的截止频率取决于相关电容所在回路的时间常数 $\tau=RC$，见式（4.2.2）和式（4.2.7）。

（4）当输入信号的频率等于上限频率 f_H 或下限频率 f_L 时，电路的增益比通带增益下降 3 dB 或下降为通带增益的 0.707，且在通带相移的基础上产生−45°或+45°的相移。

思考题

4.2.1　为什么要研究放大电路的频率响应?

4.2.2　若一放大电路的电压增益为 100 dB，则其电压放大倍数为多少?

4.2.3　当信号频率等于放大电路的 f_L 或 f_H 时，放大倍数的值约下降到中频时的（　　），

A. 0.5 倍　　B. 0.7 倍　　C. 0.9 倍

即增益下降（　　）。

A. 3 dB　　B. 4 dB　　C. 5 dB

习　题

4.2.1　测试放大电路输出电压幅值与相位的变化，可以得到它的频率响应，条件是（　　）。

A. 输入电压幅值不变，改变频率

B. 输入电压频率不变，改变幅值

C. 输入电压的幅值与频率同时变化

4.2.2　电路如图题 4.2.2 所示，设其中 $R_1 = 1\ \text{k}\Omega$，$R_2 = 10\ \text{k}\Omega$，$C = 1\ \mu\text{F}$。

（1）该电路是高通还是低通电路？（2）求电压增益的表达式及它的最大值；（3）求转折频率的大小。

4.2.3　电路如图题 4.2.3 所示，设其中 $R_1 = 1\ \text{k}\Omega$，$R_2 = 10\ \text{k}\Omega$，$C = 3\ \text{pF}$。

（1）该电路是高通还是低通电路？

（2）求电压增益的表达式及它的最大值；

（3）求转折频率的大小。

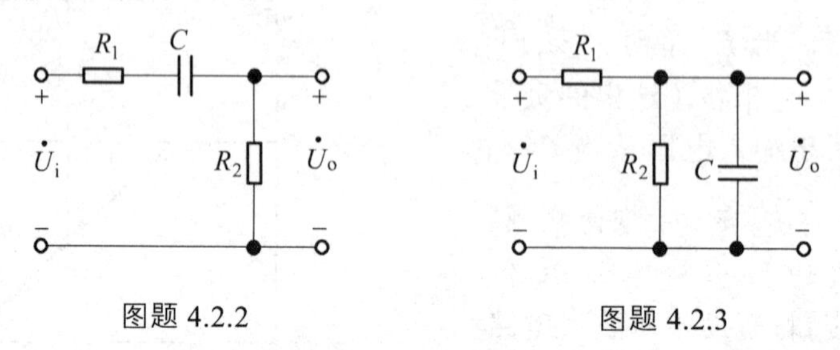

图题 4.2.2　　　　图题 4.2.3

4.2.4　某放大电路中 A_u 的对数幅频特性如图题 4.2.4 所示。（1）试求该电路的中频电压增益 $|\dot{A}_{usM}|$，上限频率 f_H，下限频率 f_L；（2）当输入信号的频率 $f = f_L$ 或 $f = f_H$ 时，该电路实际增益是多少分贝？

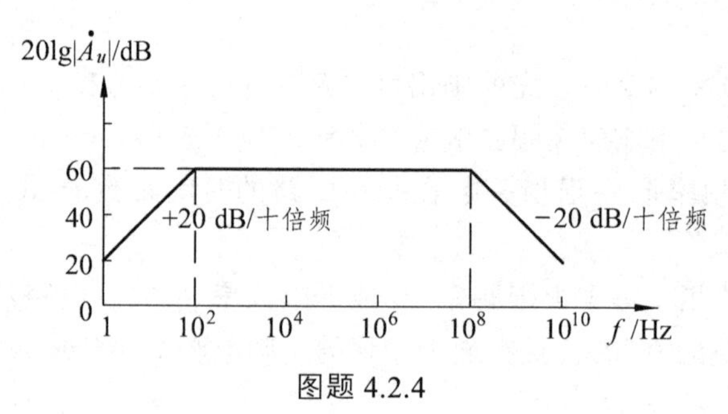

图题 4.2.4

4.3　共射极放大电路的低频响应

上一节以单时间常数 RC 高通电路和低通电路为例，介绍了频率响应的分析方法。本节以共源和共射放大电路为例，分析耦合电容和旁路电容对放大电路低频特性的影响。

现以图 4.3.1（a）所示电路为例，讨论共射放大电路的低频特性。

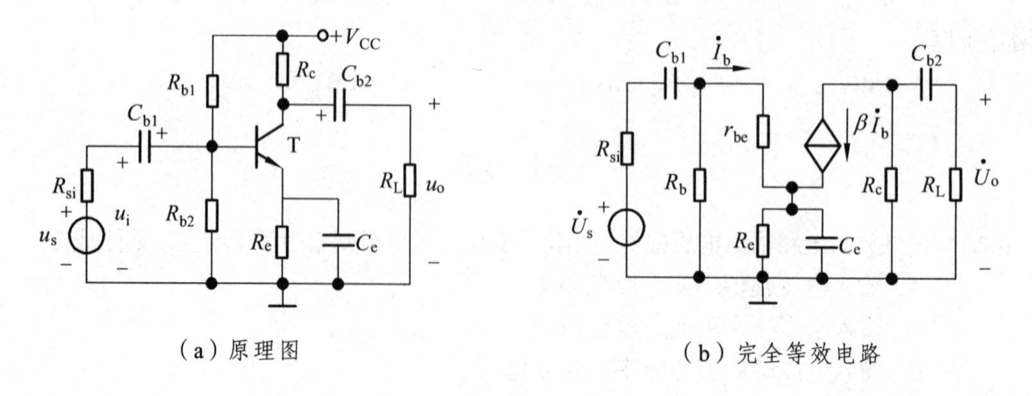

（a）原理图　　　　（b）完全等效电路

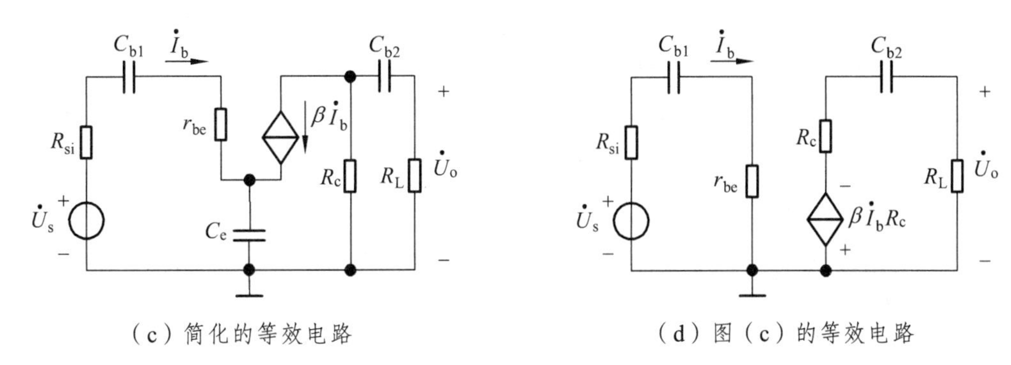

（c）简化的等效电路　　　（d）图（c）的等效电路

图 4.3.1　共射放大电路及其低频小信号等效电路

图 4.3.1（b）是图 4.3.1（a）所示电路的低频小信号等效电路，其中 $R_b = R_{b1}//R_{b2}$。为简化分析，需对此电路做一些合理的近似。首先假设 R_b 远大于此放大电路的输入电阻，以致 R_b 的影响可以忽略（将其开路）；其次假设 C_e 的值足够大，以至在低频范围内，它的容抗 X_{Ce} 远小于 R_e 的值，即

$$\frac{1}{\omega C_e} << R_e 或 \omega C_e R_e >> 1 \tag{4.3.1}$$

由此可将 R_e 视为开路，于是得到图 4.3.1（c）所示的简化等效电路。然后再将电容 C_e 折合到基极回路，用 C_e'表示，其容抗为

$$X_{Ce'} = \frac{1}{\omega C_e'} = (1+\beta)\frac{1}{\omega C_e}$$

则折算后的电容为

$$C_e' = \frac{C_e}{1+\beta}$$

它与耦合电容 C_{b1} 串联连接，所以基极回路的总电容为

$$C_1 = \frac{C_{b1}C_e}{(1+\beta)C_{b1}+C_e} \tag{4.3.2}$$

C_e 对输出回路基本上不存在折算问题，因为 $\dot{I}_e \approx \dot{I}_c$。而且一般有 $C_e >> C_{b1}$，因而 C_e 对输出回路的作用可忽略（作短路处理），这样就可得图 4.3.1（d）所示的简化电路，图中还把受控电流源 $\beta\dot{I}_b$ 与 R_c 的并联回路转换成了等效的电压源形式。

图 4.3.1（d）的输入回路和输出回路都与图 4.2.2 所示的 RC 高通电路相似。由图 4.3.1（d）可得

$$\dot{U}_o = -\frac{R_L}{R_c + R_L + \frac{1}{\mathrm{j}\omega C_{b2}}}\beta\dot{I}_b R_c = \frac{-\beta R_L'\dot{I}_b}{1-\mathrm{j}\frac{1}{\omega C_{b2}(R_c+R_L)}}$$

$$\dot{U}_s = (R_{si} + r_{be} - \mathrm{j}\frac{1}{\omega C_1})\dot{I}_b = (R_{si}+r_{be})\left[1-\mathrm{j}\frac{1}{\omega C_1(R_{si}+r_{be})}\right]\dot{I}_b$$

则低频源电压增益为

$$\dot{A}_{usL}=\frac{\dot{U}_o}{\dot{U}_s}=\frac{-\beta R'_L}{R_{si}+r_{be}}\cdot\frac{1}{1-j\dfrac{1}{\omega C_1(R_{si}+r_{be})}}\cdot\frac{1}{1-j\dfrac{1}{\omega C_{b2}(R_c+R_L)}}$$

$$=\dot{A}_{usm}\cdot\frac{1}{1-j(f_{L1}/f)}\cdot\frac{1}{1-j(f_{L2}/f)} \tag{4.3.3}$$

式中，$\dot{A}_{usm}=\dfrac{-\beta R'_L}{R_{si}+r_{be}}$是忽略基极偏置电阻 R_b 时的中频（即通带）源电压增益。

$$f_{L1}=\frac{1}{2\pi C_1(R_{si}+r_{be})} \tag{4.3.4}$$

$$f_{L2}=\frac{1}{2\pi C_{b2}(R_c+R_L)} \tag{4.3.5}$$

由此可见，图 4.3.1（a）所示的 RC 耦合单级共射放大电路在满足式（4.3.1）的条件下，它的低频响应具有 f_{L1} 和 f_{L2} 两个转折频率，如果二者的比值在 4 倍以上，则取值大的那个作为该电路源电压增益的下限频率。

需要指出的是，由于旁路电容 C_e 在射极回路里，流过它的电流 $\dot{I}_e$ 是基极电流 $\dot{I}_b$ 的（$1+\beta$）倍，它的大小对电压增益的影响较大，因此 C_e 是影响低频响应的主要因素。

当 C_{b2} 很大时，可以只考虑 C_{b1}、C_e 对低频特性的影响，此时式（4.3.3）简化为

$$\dot{A}_{usL}=\dot{A}_{usm}\cdot\frac{1}{1-j(f_{L1}/f)} \tag{4.3.6}$$

其对数幅频特性和相频特性的表达式为

$$20\lg\left|\dot{A}_{usL}\right|=20\lg\left|\dot{A}_{usm}\right|-20\lg\sqrt{1+(f_{L1}/f)^2} \tag{4.3.7}$$

$$\varphi=-180°-\arctan(-f_{L1}/f)=-180°+\arctan(f_{L1}/f) \tag{4.3.8}$$

式（4.3.8）中，$+\arctan(f_{L1}/f)$ 是输入回路中等效电容 C_1 在低频范围内引起的附加相移 $\Delta\varphi$，其最大值为 $+90°$；当 $f=f_{L1}$ 时，$\Delta\varphi=+45°$。

由式（4.3.7）和式（4.3.8）即可画出图 4.3.1（a）所示电路在只考虑电容 C_{b1} 和 C_e 影响时的低频响应波特图。

例 4.3.1 在图 4.3.1（a）所示电路中，设 BJT 的 $\beta=80$，$r_{be}\approx1.5\ \text{k}\Omega$，$V_{CC}=15\ \text{V}$，$R_{si}=50\ \Omega$，$R_{b1}=110\ \text{k}\Omega$，$R_{b2}=33\ \text{k}\Omega$，$R_c=4\ \text{k}\Omega$，$R_L=2.7\ \text{k}\Omega$，$R_e=1.8\ \text{k}\Omega$，$C_{b1}=30\ \mu\text{F}$，$C_{b2}=1\mu\text{F}$，$C_e=50\ \mu\text{F}$，试估算该电路源电压增益的下限频率。

解： 由式（4.3.2）求得输入回路等效电容为

$$C_1=\frac{C_{b1}C_e}{(1+\beta)C_{b1}+C_e}\approx0.6(\mu\text{F})$$

由式（4.3.4）和式（4.3.5）分别求得

$$f_{L1}=\frac{1}{2\pi C_1(R_{si}+r_{be})}=\frac{1}{2\times3.14\times C_1(R_{si}+r_{be})}\text{Hz}\approx171.2\ \text{Hz}$$

$$f_{L2}=\frac{1}{2\pi C_{b2}(R_c+R_L)}=\frac{1}{2\times3.14\times1\times10^{-6}\times(4+2.7)\times10^3}\text{Hz}\approx23.8\text{ Hz}$$

f_{L1}与f_{L2}的比值大于 4，因此下限频率为$f_L\approx f_{L1}\approx171.2$ Hz。

思考题

4.3.1 放大电路在低频信号作用时，放大倍数数值下降的原因是（　　）。

A. 耦合电容和旁路电容的存在

B. 半导体管极间电容和分布电容的存在

C. 半导体管的非线性特性

D. 放大电路的静态工作点不合适

4.3.2 对于单管共射放大电路，当$f=f_L$时，U_o与U_i相位关系是（　　）。

A. +45°　　　　B. −90°　　　　C. −135°

习　题

4.3.1 试求图题 4.3.1 所示电路的中频源电压增益$\dot{A}_{usm}$和源电压增益的下限频率f_L。已知$V_{CC}=3$ V，$R_{si}=0.1$ kΩ，$R_b=153$ kΩ，$R_c=1$ kΩ，$R_L=5$ kΩ，$C_{b1}=1$ μF，$C_{b2}=1.5$ μF。BJT 的$\beta=100$，$U_{BE}=0.7$ V。

4.3.2 电路如图题 4.3.2 所示，已知 BJT 的$\beta=50$，$r_{be}=0.72$ kΩ。试估算该电路源电压增益的下限频率。

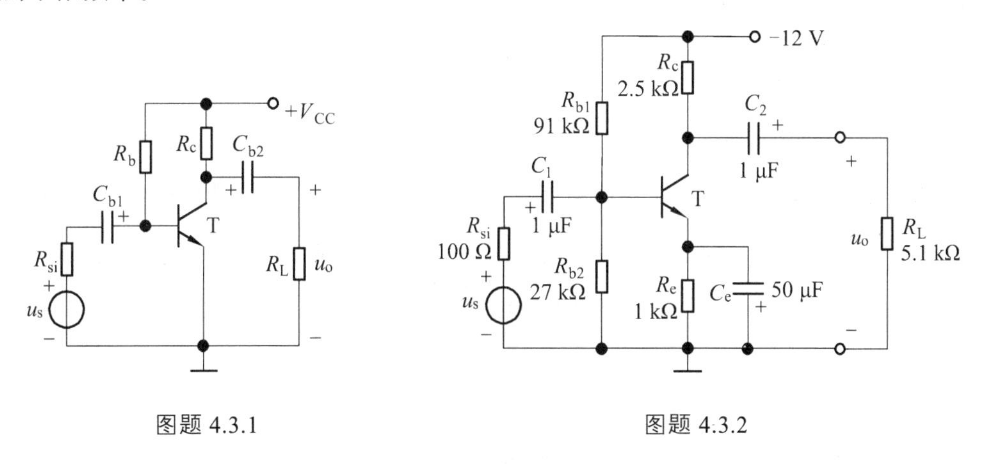

图题 4.3.1　　　　图题 4.3.2

4.4 BJT 的高频模型及放大电路的频率响应

4.4.1 BJT 的高频小信号模型

4.4.1.1 BJT 的高频小信号模型

在 2.3.3 节中讨论了 BJT 的低频小信号模型，但在高频小信号条件下，必须考虑 BJT 的发射结电容和集电结电容的影响，由此可得到 BJT 的高频小信号模型，如图 4.4.1（a）所示。现就此模型中的各元件参数作简要说明。

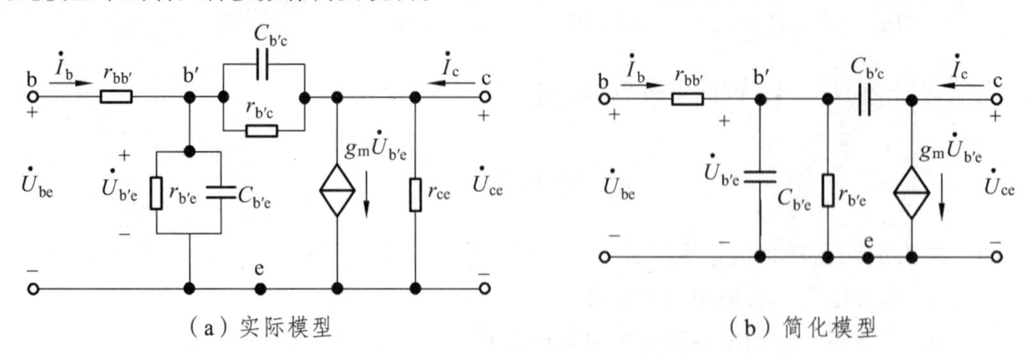

图 4.4.1　BJT 的高频小信号模型

1. 基区体电阻 $r_{bb'}$

图中 b′是为分析方便而虚拟的基区内的等效基极，$r_{bb'}$表示基区体电阻。不同类型的 BJT，$r_{bb'}$的值相差很大，器件手册中给出的 $r_{bb'}$值在几十至几百欧之间。

2. 电阻 $r_{b'e}$ 和电容 $C_{b'e}$

$r_{b'e}$是发射结正偏电阻 r_e 折算到基极回路的等效电阻，即 $r_{b'e}=(1+\beta)r_e=(1+\beta)U_T/I_{EQ}$。$C_{b'e}$是发射结电容，由于 BJT 在放大区时发射结正偏，所以 $C_{b'e}$ 主要是扩散电容，数值较大，对于小功率管，$C_{b'e}$在几十至几百皮法范围。

3. 集电结电阻 $r_{b'c}$ 和电容 $C_{b'c}$

在放大区内，集电结处于反向偏置，因此 $r_{b'c}$ 的值很大，一般在 100 kΩ~10 MΩ 范围内。$C_{b'c}$ 主要是势垒电容，数值较小，在 2~10 pF 范围内。

4. 受控电流源 $g_m\dot{U}_{b'e}$

由图 4.4.1（a）可见，由于结电容的影响，BJT 中受控电流源不再完全受控于基极电流 $\dot{I}_b$，因而不能再用 $\beta\dot{I}_b$ 表示。BJT 工作在放大区时，3 个电极的电流实质上均受控于发射结上所加的电压，因而在高频小信号模型中，受控电流源改用受 $\dot{U}_{b'e}$ 控制的电流源 $g_m\dot{U}_{b'e}$ 表示，这里的互导 g_m 表明发射结电压对受控电流 $\dot{I}_c$ 的控制能力，定义为

$$g_m=\left.\frac{\partial i_C}{\partial u_{B'E}}\right|_{U_{CE}}=\left.\frac{\Delta i_C}{\Delta u_{B'E}}\right|_{U_{CE}} \tag{4.4.1}$$

对于高频小功率的 BJT，g_m 约为几十毫西。g_m 与信号的频率无关。

由上述各元件的参数可知，$r_{b'c}$ 的数值很大，在高频时远大于 $1/(\omega C_{b'c})$，与 $C_{b'c}$ 并联可视为开路；另外，r_{ce} 与负载电阻 R_L 相比，一般有 $r_{ce}>R_L$，因此 r_{ce} 也可视为开路，这样便可得到图 4.4.1（b）所示的简化模型。因其形状像 π，各元件参数具有不同的量纲，故又称之为 BJT 的混合 π 形高频小信号模型。

4.4.1.2　BJT 高频小信号模型中元件参数值的获得

由于 BJT 高频小信号模型中电阻等元件的参数值在很宽的频率范围内（$f<f_T/3$，f_T 是 BJT

的特征频率）与频率无关，而且在低频情况下，电容 $C_{b'e}$ 和 $C_{b'c}$ 可视为开路，于是图 4.4.1（b）所示的简化模型可变为图 4.4.2（a）的形式，它与图 4.4.1（b）所示的 H 参数低频小信号模型一样，所以可以由 BJT 的低频小信号模型获得混合 π 形小信号模型中的一些参数值。

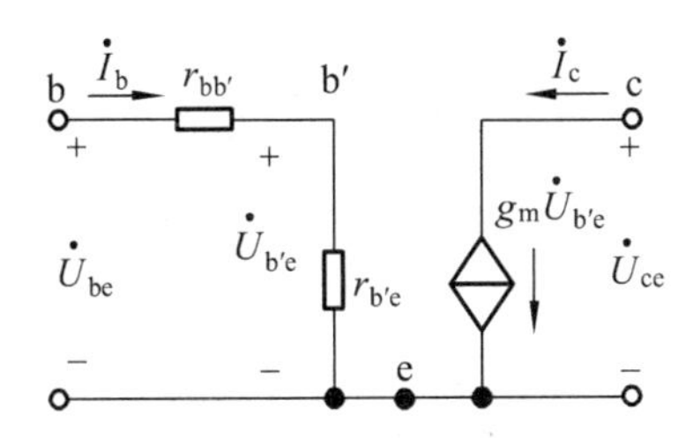

（a）简化混合 π 形模型在低频时的形式

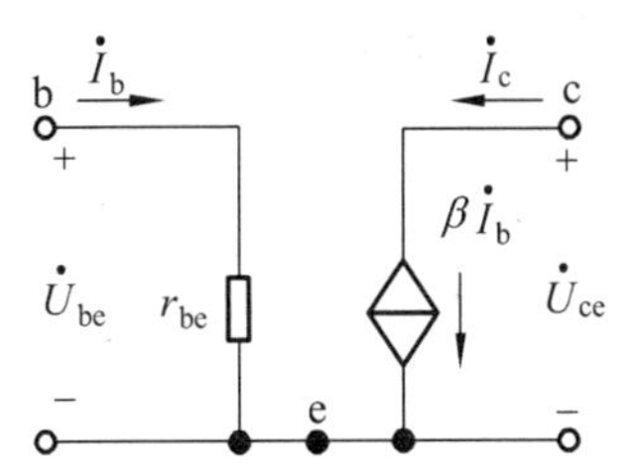

（b）BJT 的 H 参数低频小信号简化模型

图 4.4.2　BJT 两种模型在低频时的比较

比较图 4.4.2 所示的两个模型，可得以下关系：

输入回路有

$$r_{be} = r_{bb'} + r_{b'e}$$

而

$$\dot{U}_{b'e} = \dot{I}_b r_{b'e},\quad r_{b'e} = (1+\beta_0)\frac{U_T}{I_{EQ}} \tag{4.4.2}$$

需要说明的是，式（4.4.2）中的 β_0 是指低频情况下的电流放大系数，通常器件手册中所给的 β 就是 β_0。

输出回路有

$$g_m \dot{U}_{b'e} = \beta_0 \dot{I}_b$$

即

$$g_m \dot{I}_b r_{b'e} = \beta_0 \dot{I}_b \quad g_m \dot{U}_{b'e} = \beta_0 \dot{I}_b$$

故有

$$g_m = \frac{\beta_0}{r_{b'e}} = \frac{\beta_0}{(1+\beta_0)U_T / I_{EQ}} \approx \frac{I_{EQ}}{U_T} \tag{4.4.3}$$

由式（4.4.2）、式（4.4.3）可知，BJT 高频小信号模型中也要采用静态工作点上的参数。

BJT 高频小信号模型中的电容 $C_{b'c}$ 一般在 2~10 pF 范围内，在近似估算时，可用器件手册中提供的 C_{ob} 代替。C_{ob} 是 BJT 接成共基极形式且发射极开路时，集电极-基极间的结电容。而电容 $C_{b'e}$ 可由下式计算得到

$$C_{b'e} \approx \frac{g_m}{2\pi f_T} \tag{4.4.4a}$$

也可以由 BJT 的共射极截止频率 f_β 来计算，f_β 是使 $|\beta|$ 下降为 0.707β 时的信号频率，可用器件手册中提供的参数。

由于 $f_\beta = \dfrac{1}{2\pi(C_{b'e} + C_{b'c})r_{b'e}}$，电容 $C_{b'c}$ 用 C_{ob} 代替，则有

$$C_{b'e}=\frac{1}{2\pi r_{b'e}f_\beta}-C_{ob} \tag{4.4.4b}$$

式中截止频率 f_β 可查器件手册得到。f_β 越高，表明 BJT 的高频性能越好，由它构成的放大电路的上限频率就越高。

需要说明的是，图 4.4.1（b）所示的 BJT 高频小信号模型只能在小于 $f_\beta/3$ 的频率范围内适用，更高的频段需用更为精确的模型。

4.4.1.3　BJT 混合 π 模型的简化

令 $C_\mu=C_{b'c}$，$C_\pi=C_{b'e}$，可以得到图 4.4.3（a）所示的 BJT 的高频小信号模型。C_μ 跨接在输入与输出回路之间，使电路的分析变得十分复杂。因此，为简单起见，将 C_μ 等效到输入回路和输出回路中去，称为单向化。单向化是通过等效变换来实现的。设 C_μ 折合到 b′-e 间的电容为 C'_μ，折合到 c-e 间的电容为 C''_μ，则单向化之后的电路如图 4.4.3（b）所示。

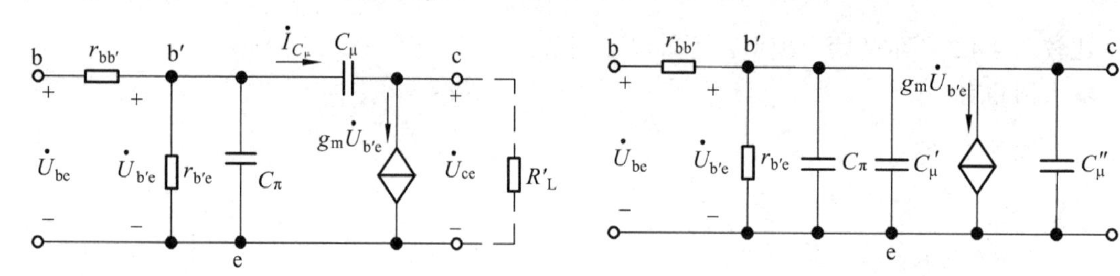

（a）简化的混合 π 模型

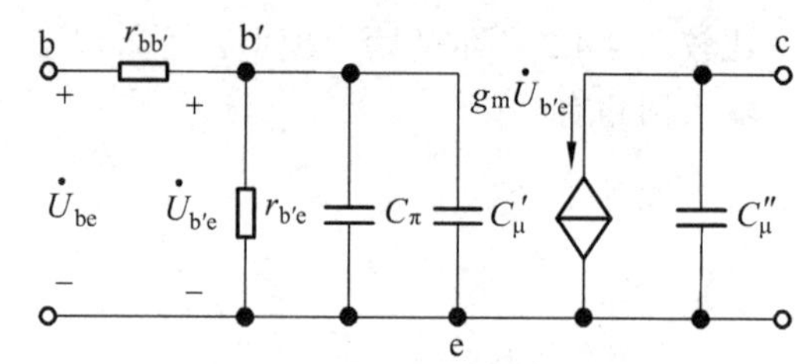

（b）单向化后的混合 π 模型

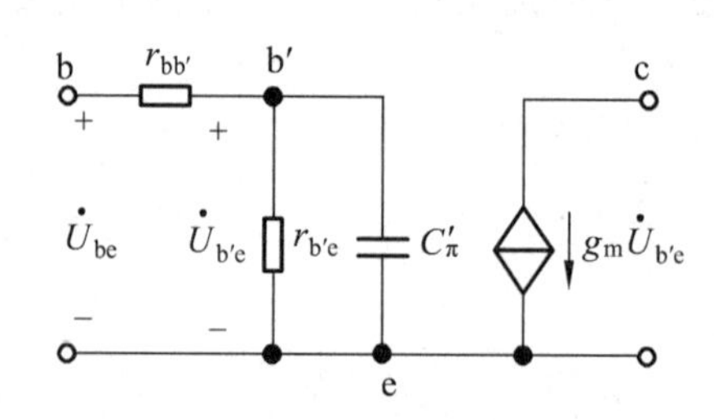

（c）忽略 C''_μ 的混合 π 模型

图 4.4.3　混合 π 模型的简化

b′-e 间的电容 C'_μ 为

$$C'_\mu=(1-\dot K)C_\mu \quad (\dot K=\frac{\dot U_{ce}}{\dot U_{b'e}}\approx -g_m R'_L) \tag{4.4.5}$$

c-e 间的等效电容 C''_μ 为

$$C''_\mu=(\frac{\dot K-1}{\dot K})C_\mu \quad (\dot K\approx -g_m R'_L) \tag{4.4.6}$$

通常有 $C'_\mu>>C_\mu$，$C''_\mu\approx C_\mu$，所以 C''_μ 可以忽略，于是图 4.4.3（b）可简化为图 4.4.3（c）的形式，其中

$$C'_\pi=C_\pi+C'_\mu=C_\pi+(1+g_m R'_L)C_\mu \tag{4.4.7}$$

4.4.2　共射极放大电路的频率响应

考虑到耦合电容和结电容的影响，图 4.4.4（a）所示电路的等效电路如图 4.4.4（b）所示。

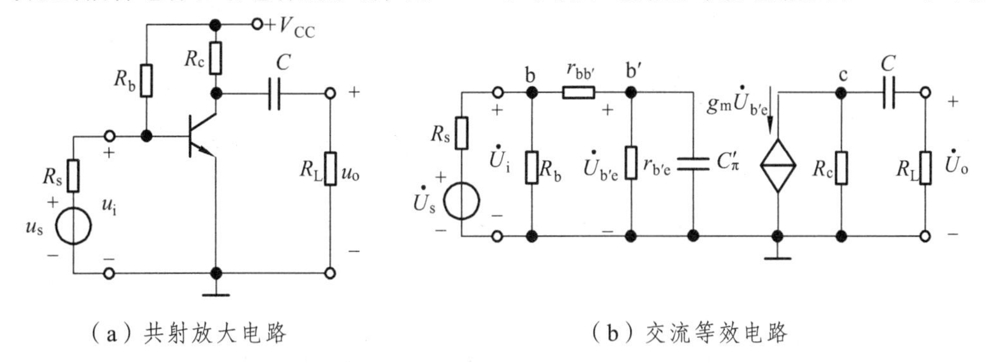

图 4.4.4　单管共射放大电路及其交流等效电路

在分析放大电路的频率响应时，为了方便起见，一般将输入信号的频率范围分为中频、低频和高频 3 个频段。在中频段，极间电容因容抗很大而视为开路，耦合电容（或旁路电容）因容抗很小而视为短路，故不考虑它们的影响；在低频段，应当考虑耦合电容（或旁路电容）的影响，此时极间电容仍视为开路；在高频段，应当考虑极间电容的影响，此时耦合电容（或旁路电容）仍视为短路。根据上述原则，便可得到放大电路在各频段的等效电路，从而得到各频段的放大倍数。

4.4.2.1　中频电压放大倍数

当中频电压信号 $\dot{U}_s$ 作用于电路时，由于 $\dfrac{1}{\omega C'_\pi} >> r_{b'e}$，所以 C'_μ 可视为开路；又由于 $\dfrac{1}{\omega C} << R_L$，所以 C 可视为短路。因此，图 4.4.4（a）所示电路的中频等效电路如图 4.4.5 所示。

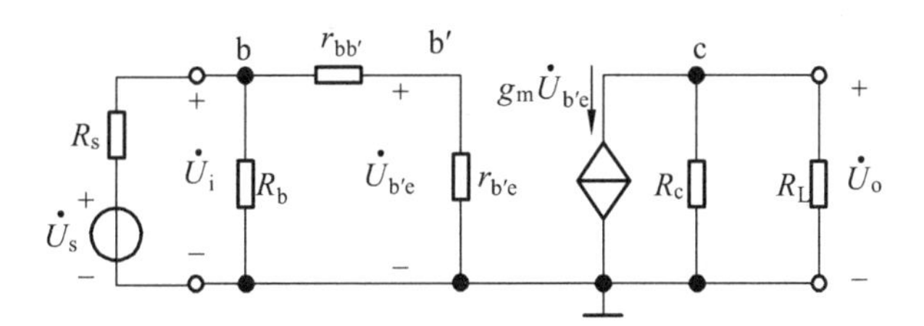

图 4.4.5　单管共射放大电路的中频等效电路

输入电阻为 $R_i = R_b//(r_{bb'}+r_{b'e}) = R_b//r_{be}$，

中频电压放大倍数为

$$\begin{aligned}\dot{A}_{usm} &= \frac{\dot{U}_o}{\dot{U}_s} = \frac{\dot{U}_i}{\dot{U}_s}\cdot\frac{\dot{U}_o}{\dot{U}_i} = \frac{\dot{U}_i}{\dot{U}_s}\cdot\frac{\dot{U}_{b'e}}{\dot{U}_i}\cdot\frac{\dot{U}_o}{\dot{U}_{b'e}} \\ &= \frac{R_i}{R_s+R_i}\cdot\frac{r_{b'e}}{r_{be}}\cdot(-g_m R'_L)\end{aligned} \tag{4.4.8}$$

式中，$R'_L = R_L//R_c$。

4.4.2.2 高频电压放大倍数

考虑到高频信号作用时 C'_π 的影响，图 4.4.4（a）所示电路的高频等效电路如图 4.4.6（a）所示。

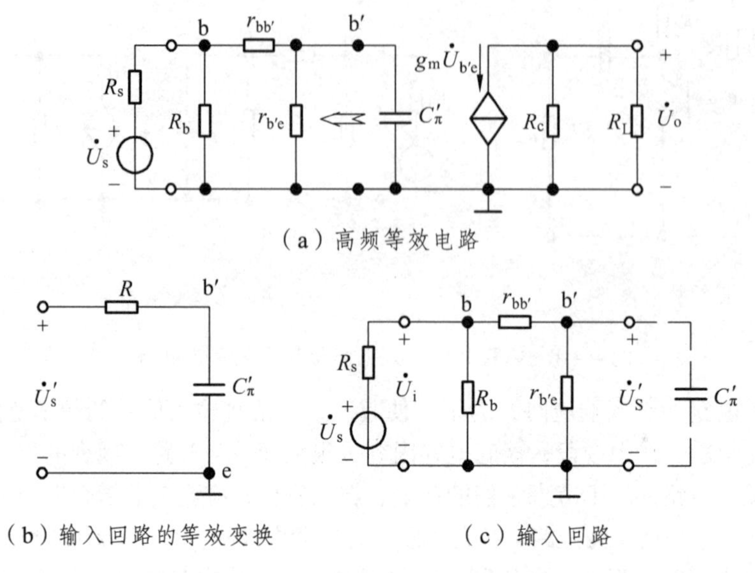

（a）高频等效电路

（b）输入回路的等效变换　　（c）输入回路

图 4.4.6　单管共射放大电路的高频等效电路

利用戴维宁定理，从 C'_π 两端向左看，电路可等效成图（b）所示电路，R 和 C'_π 构成如图 4.4.4（a）所示电路的低通电路。通过图（c）所示电路可以求出 b′-e 间的开路电压及等效内阻 R 的表达式。

$$\dot{U}'_s = \frac{r_{b'e}}{r_{be}} \cdot \dot{U}_i = \frac{r_{b'e}}{r_{be}} \cdot \frac{R_i}{R_s + R_i}\dot{U}_s \tag{4.4.9}$$

$$R = r_{b'e} // (r_{bb'} + R_s // R_b) \tag{4.4.10}$$

因为 b′-e 间电压 $\dot{U}_{b'e}$ 与输出电压 $\dot{U}_o$ 的关系没变，所以高频电压放大倍数为

$$\dot{A}_{usH} = \frac{\dot{U}_o}{\dot{U}_s} = \frac{\dot{U}'_s}{\dot{U}_s} \cdot \frac{\dot{U}_{b'e}}{\dot{U}'_s} \cdot \frac{\dot{U}_o}{\dot{U}_{b'e}}$$

$$= \frac{R_i}{R_s + R_i} \cdot \frac{r_{b'e}}{r_{be}} \cdot \frac{\dfrac{1}{j\omega C'_\pi}}{R + \dfrac{1}{j\omega C'_\pi}}(-g_m R'_L)$$

$$= \dot{A}_{usm} \cdot \frac{1}{1 + j\omega R C'_\pi} = \dot{A}_{usm} \cdot \frac{1}{1 + j\dfrac{f}{f_H}}$$

它所在回路的时间常数 $\tau = RC'_\pi$，因而上限频率为

$$f_H = \frac{1}{2\pi R C'_\pi} \tag{4.4.11}$$

4.4.2.3 低频电压放大倍数

考虑到低频电压信号作用时耦合电容 C 的影响，图 4.4.4（a）所示电路的低频等效电路如图 4.4.7 所示。

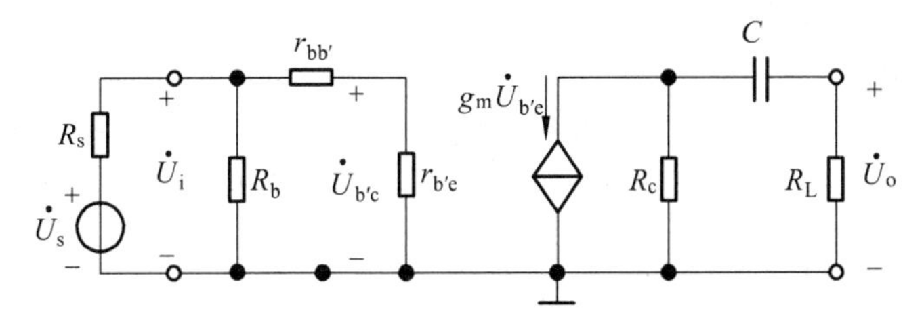

图 4.4.7 单管共射放大电路的低频等效电路

$$\dot{A}_{usL}=\frac{\dot{U}_o}{\dot{U}_s}=\frac{\dot{U}_s'}{\dot{U}_s}\cdot\frac{\dot{U}_{b'e}}{\dot{U}_s'}\cdot\frac{\dot{U}_o}{\dot{U}_{b'e}}$$

$$=\frac{R_i}{R_s+R_i}\cdot\frac{r_{b'e}}{r_{be}}\cdot\frac{R_LR_c}{R_L+R_c+\frac{1}{j\omega C}}(-g_m)$$

$$=\frac{R_i}{R_s+R_i}\cdot\frac{r_{b'e}}{r_{be}}\cdot\frac{R_LR_c/(R_L+R_c)}{1+\frac{1}{j\omega(R_L+R_c)C}}(-g_m)$$

$$=\frac{R_i}{R_s+R_i}\cdot\frac{r_{b'e}}{r_{be}}\cdot\frac{1}{1+\frac{1}{j\omega(R_L+R_c)C}}(-g_mR_L')$$

$$=\dot{A}_{usm}\cdot\frac{1}{1+\frac{1}{j\omega(R_L+R_c)C}}$$

$$=\dot{A}_{usm}\cdot\frac{1}{1-j\frac{1}{\omega(R_L+R_c)C}}=\dot{A}_{usm}\cdot\frac{1}{1-j\frac{f_L}{f}}$$

它所在回路的时间常数 $\tau=(R_L+R_C)C$，因而下限频率为

$$f_L=\frac{1}{2\pi(R_L+R_C)C}\tag{4.4.12}$$

写出 $\dot{A}_u$ 的表达式

$$\dot{A}_u=\dot{A}_{um}\cdot\frac{j\frac{f}{f_L}}{(1+j\frac{f}{f_L})(1+j\frac{f}{f_H})}=\dot{A}_{um}\cdot\frac{1}{(1-j\frac{f_L}{f})(1+j\frac{f}{f_H})}\tag{4.4.13}$$

从以上分析可知，式（4.4.13）可以全面表示任何频段的电压放大倍数，而且上限频率和下限频率均可表示为 $\dfrac{1}{2\pi\tau}$，τ 分别是极间电容 C'_π 和耦合电容 C 所在回路的时间常数，τ 是从电容两端向外看的总等效电阻与相应的电容之积。可见，求解上、下限截止频率的关键是正确求出回路的等效电阻。

例 4.4.1 在图 4.4.4（a）所示电路中，已知 $V_{CC}=15\ \text{V}$，$R_s=1\ \text{k}\Omega$，$R_b=20\ \text{k}\Omega$，$R_c=R_L=5\ \text{k}\Omega$，$C=5\ \mu\text{F}$；晶体管的 $U_{BEQ}=0.7\text{V}$，$r_{bb'}=100\ \Omega$，$\beta=100$，$f_\beta=0.5\ \text{MHz}$，$C_{ob}=5\ \text{pF}$。试估算电路的截止频率 f_H 和 f_L，并画出 $\dot{A}_{us}$ 的波特图。

解：（1）求解 Q 点。

$$I_{BQ}=\frac{V_{CC}-U_{BEQ}}{R_b}-\frac{U_{BEQ}}{R_s}=(\frac{15-0.7}{20}-\frac{0.7}{1})\ \text{mA}=0.015\ \text{mA}$$

$$I_{CQ}=\beta I_{BQ}=(100\times 0.015)\ \text{mA}=1.5\ \text{A}$$

$$U_{CEQ}=V_{CC}-I_{CQ}R_c=(15-1.5\times 5)\ \text{V}=7.5\ \text{V}$$

可见，放大电路的 Q 点合适。

（2）求解混合 π 模型中的参数。

$$r_{b'e}=(1+\beta)\frac{U_T}{I_{EQ}}=\frac{U_T}{I_{BQ}}=\frac{26}{0.015}\Omega\approx 1733\ \Omega$$

根据式（4.4.4b）有

$$C_\pi C_{b'e}=\frac{1}{2\pi r_{b'e}f_\beta}-C_{ob}=(\frac{10^{12}}{2\pi\times 1733\times 4\times 10^5}-5)\ \text{pF}\approx 178\ \text{pF}$$

$$g_m=\frac{I_{EQ}}{U_T}\approx\frac{1.5}{26}\text{S}\approx 0.057\,7\ \text{S}$$

$$C'_\pi=C_\pi+[1+g_m(R_c//R_e)]C_\mu=178+(1+0.0577\times 2\,500)\times 5=903\ \text{pF}$$

（3）求解中频电压放大倍数。

$$r_{be}=r_{bb'}+r_{b'e}\approx(100+1733)\ \Omega\approx 1.83\ \text{k}\Omega$$

$$R_i=R_b//r_{be}\approx\frac{20\times 1.83}{20+1.83}\text{k}\Omega\approx 1.68\ \text{k}\Omega$$

$$\dot{A}_{usm}=\frac{\dot{U}_o}{\dot{U}_s}=\frac{R_i}{R_s+R_i}\cdot\frac{r_{b'e}}{r_{be}}\cdot[-g_m(R_L//R_c)]$$

$$=\frac{1.68}{1+1.68}\times\frac{1.73}{1.83}\times(-0.057\,7\times 2500)$$

$$\approx -85$$

（4）求解 f_H 和 f_L。

$$f_H = \frac{1}{2\pi[r_{b'e} // (r_{bb'} + R_s // R_b)]C'_\pi}$$

因为 $R_s << R_b$，所以

$$f_H = \frac{1}{2\pi[r_{b'e} // (r_{bb'} + R_s // R_b)]C'_\pi} \approx \frac{1}{2\pi \times \frac{1\,733 \times (100 + 1\,000)}{1\,733 + (100 + 1\,000)} \times 903 \times 10^{-12}} \text{Hz}$$

$$\approx 262 \text{ kHz}$$

$$f_L = \frac{1}{2\pi(R_c + R_L)C} \approx \frac{1}{2\pi(5 \times 10^3 + 5 \times 10^3) \times 5 \times 10^{-6}} \text{Hz}$$

$$\approx 3.2 \text{ Hz}$$

（5）画 $\dot{A}_{us}$ 的波特图。

根据式（4.4.11）及以上的计算结果可得

$$\dot{A}_u = \dot{A}_{um} \cdot \frac{\mathrm{j}\frac{f}{f_L}}{(1 + \mathrm{j}\frac{f}{f_L})(1 + \mathrm{j}\frac{f}{f_H})} \approx \frac{-85 \times (\mathrm{j}\frac{f}{3.2})}{(1 + \mathrm{j}\frac{f}{3.2})(1 + \mathrm{j}\frac{f}{262 \times 10^3})}$$

$$20\lg|\dot{A}_{usm}| \approx 38.6(\text{dB})$$

画出 $\dot{A}_{us}$ 的波特图，如图 4.4.8 所示。

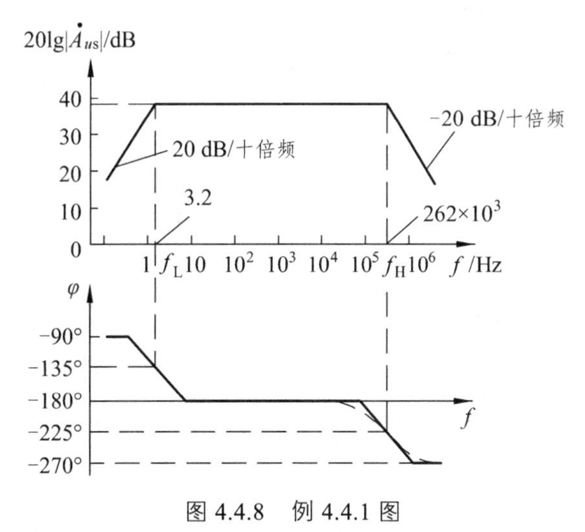

图 4.4.8　例 4.4.1 图

思考题

4.4.1　放大电路在高频信号作用时，放大倍数数值下降的原因是（　　）。

A. 耦合电容和旁路电容的存在

B. 半导体管极间电容和分布电容的存在

C. 半导体管的非线性特性

D. 放大电路的静态工作点不合适

4.4.2　对于单管共射放大电路，当 $f=f_H$ 时，U_o 与 U_i 的相位关系是（　　）。

A. −45°　　　　B. −135°　　　　C. −225°

习　题

4.4.1　已知某放大电路的波特图如图题 4.4.1 所示，填空：

（1）电路的中频电压增益 $20\lg|\dot{A}_{um}|=$______ dB，$\dot{A}_{um}=$______。

（2）电路的下限频率 $f_L\approx$______Hz，上限频率 $f_H\approx$______ kHz。

（3）电路的电压放大倍数的表达式 $\dot{A}_u=$______。

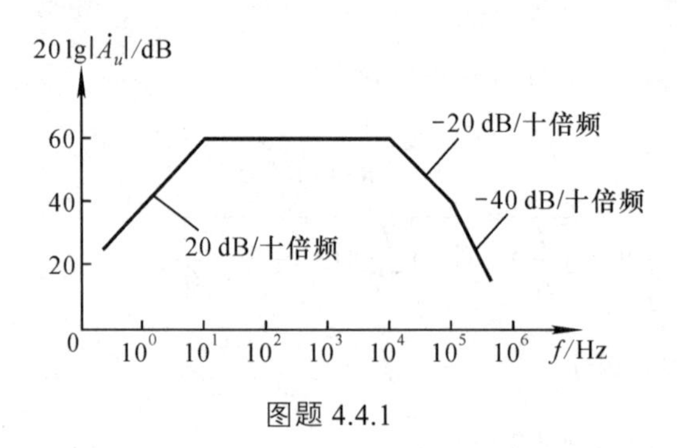

图题 4.4.1

4.4.2　在图题 4.4.2 所示电路中，已知晶体管的 $r_{bb'}$、C_μ、C_π，$R_i\approx r_{be}$。

填空：除要求填写表达式的之外，其余各空填入①增大、②基本不变、③减小。

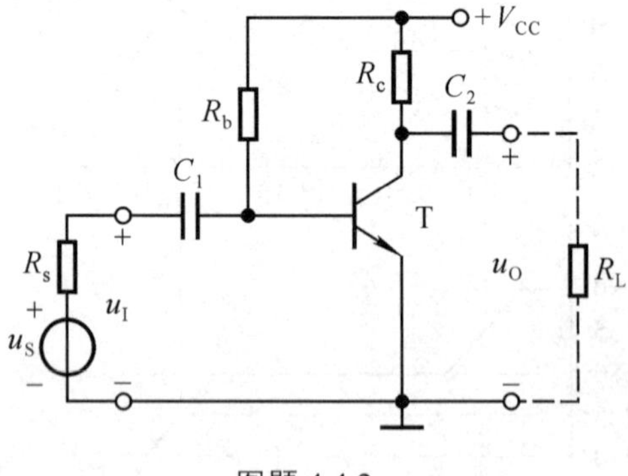

图题 4.4.2

（1）在空载情况下，下限频率的表达式 $f_L=$______。当 R_s 减小时，f_L 将______；当带上负载电阻后，f_L 将______。

（2）在空载情况下，若 b-e 间等效电容为 C'_π，则上限频率的表达式 $f_H=$______；当 R_s 为零时，f_H 将______；当 R_b 减小时，g_m 将______，C'_π 将______，f_H 将______。

4.4.3　如图题 4.4.3 所示放大电路中，已知晶体管的 $U_{\text{beq}}=0.7\text{ V}$，$\beta_0=100$，电路参数 $R_s=0.5\text{ k}\Omega$，$R_c=1\text{ k}\Omega$，$R_b=10\text{ k}\Omega$，$R_{b2}=1.5\text{ k}\Omega$，$R_e=0.1\text{ k}\Omega$，$C_1=0.1\ \mu\text{F}$，$V_{CC}=12\text{ V}$。

（1）计算下限频率上限频率。（2）计算中频电压增益。（3）绘制电压增益的幅频特性画出波特图。

4.4.4　图题 4.4.4 所示为一个简单的音频放大器的输出级。晶体管参数为 $U_{\text{BEQ}}=0.7\text{ V}$，$\beta_0=200$，$R_s=500\ \Omega$，$R_c=1\text{ k}\Omega$，$R_b=430\text{ k}\Omega$，$R_e=2.5\text{ k}\Omega$，$V_{CC}=10\text{ V}$。若 $f_L=15\text{ Hz}$，求 C_1 的值。

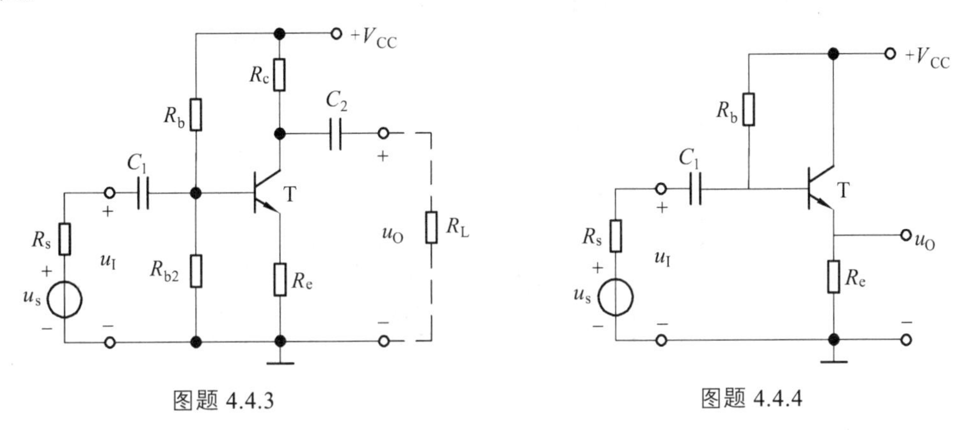

图题 4.4.3　　　　图题 4.4.4

4.4.5　已知某共射放大电路的波特图如图题 4.4.5 所示，试写出 $\dot{A}_u$ 的表达式。

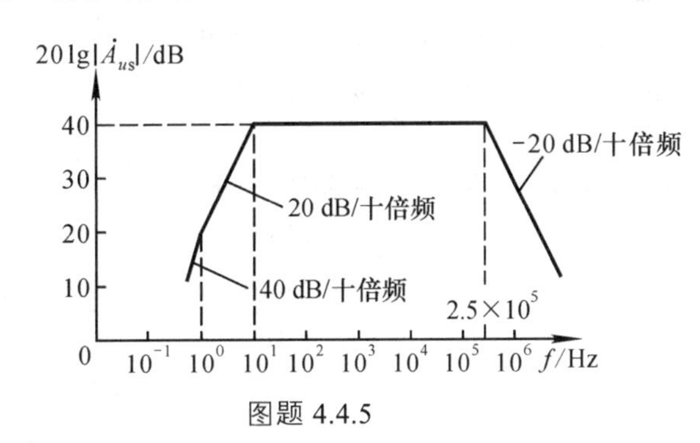

图题 4.4.5

4.4.6　已知某电路电压放大倍数为 $\dot{A}_u=\dfrac{-10\mathrm{j}f}{\left(1+\mathrm{j}\dfrac{f}{10}\right)\left(1+\mathrm{j}\dfrac{f}{10^5}\right)}$，试求解：

（1）$\dot{A}_{um}$、f_L 和 f_H。

（2）画出波特图。

4.4.7　电路如图题 4.4.7 所示。已知晶体管的 β、$r_{bb'}$、C_μ 均相等，所有电容的容量均相等，静态时所有电路中晶体管的发射极电流 I_{EQ} 均相等。定性分析各电路，将结论填入空内。

（1）低频特性最差即下限频率最高的电路是______；

（2）低频特性最好即下限频率最低的电路是______；

（3）高频特性最差即上限频率最低的电路是______。

4.4.8　在图题 4.4.7（b）所示电路中，若要求 C_1 与 C_2 所在回路的时间常数相等，且已知

$r_{be}=1\text{k}\Omega$，则 C_1：C_2 = ?若 C_1 与 C_2 所在回路的时间常数均为 25 ms，则 C_1、C_2 各为多少？下限频率 $f_L \approx$?

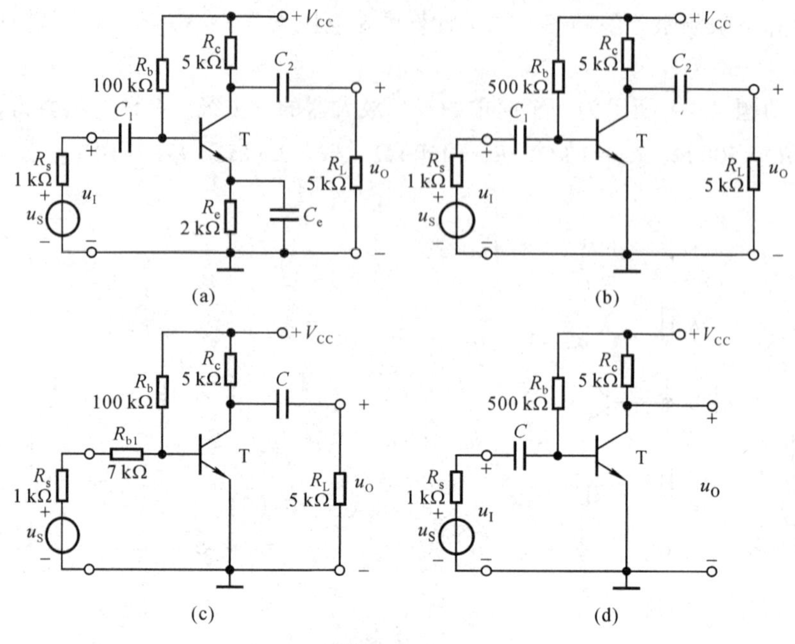

图题 4.4.7

4.4.9　在图题 4.4.7（a）所示电路中，若 C_e 突然开路，则中频电压放大倍数 $\dot{A}_{um}$ 、f_H 和 f_L 各产生什么变化（是增大、减小、还是基本不变）？为什么？

4.4.10　在图题 4.4.10 所示电路中，已知晶体管的 $r_{bb'}=80\ \Omega$，$r_{be}=1.68\ \text{k}\Omega$，$C_\mu=4\ \text{pF}$，$f_\beta=100\ \text{MHz}$；$R_s=500\ \Omega$，$R_{b1}=56\ \text{k}\Omega$，$R_{b2}=16\ \text{k}\Omega$，$R_c=4\ \text{k}\Omega$，$R_e=4\ \text{k}\Omega$，$R_L=8\ \text{k}\Omega$，$C_1=5\ \mu\text{F}$，$C_2=10\ \mu\text{F}$；$V_{CC}=12\ \text{V}$。

（1）求 f_H、f_L。

（2）求中频放大倍数。

（3）画幅频、相频特性曲线。

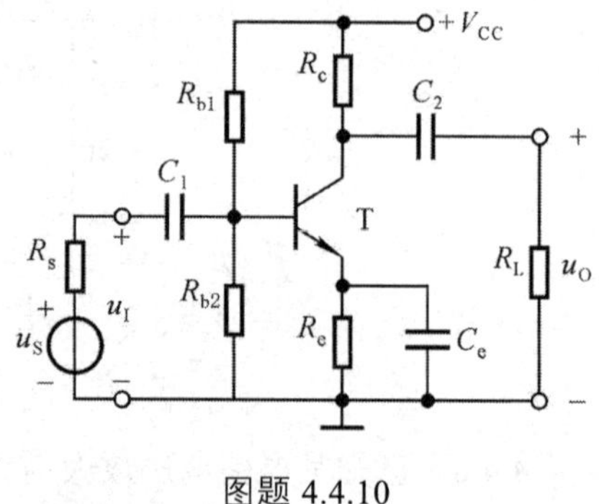

图题 4.4.10

4.5　多级放大电路频率特性的定性分析

多级放大电路的电压增益 A_u 为各级电压增益的乘积。由于各级放大电路的电压增益是信号频率的函数，因而，多级放大电路的电压增益 $\dot{A}_u$ 也必然是信号频率的函数。

为了简明起见，假设有一个两级放大电路，由两个通带电压增益相同、频率响应相同的单管共射放大电路构成，图 4.5.1（a）是它的结构示意图，级间采用 RC 耦合方式，由于耦合环节具有隔直流、通交流的作用，因此两级的静态工作情况互不影响，而信号则可顺利通过。

下面定性分析图 4.5.1（a）所示电路的幅频响应，研究它与所含单级放大电路的频率响应的关系。设每级的通带电压增益为 A_{um1}，则每级的上限频率 f_{H1} 和下限频率 f_{L1} 处对应的电压

增益为 $0.707A_{um1}$，两级放大电路的通带电压增益为 A_{um1}^2。显然，这个两级放大电路的上、下限频率不可能是 f_{H1} 和 f_{L1}，因为对应于这两个频率的电压增益是$(0.707A_{um1})^2 = 0.5A_{um1}^2$，如图 4.5.1（b）所示。

根据放大电路通频带的定义，当该电路的电压增益为 $0.707A_{um1}$ 时，对应的低端频率为下限频率 f_L，高端频率为上限频率 f_H，如图 4.5.1（b）所示。

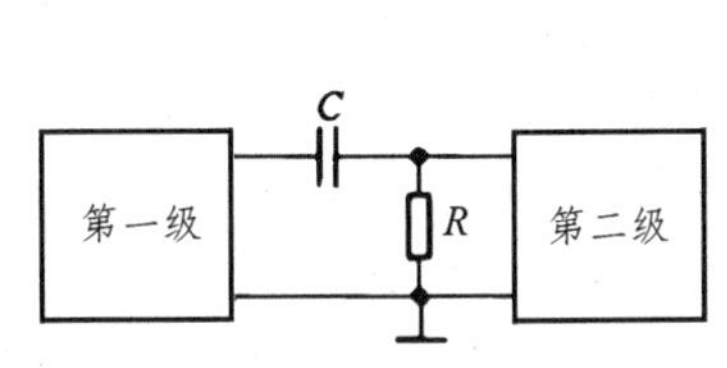

（a）两级放大电路的结构示意图

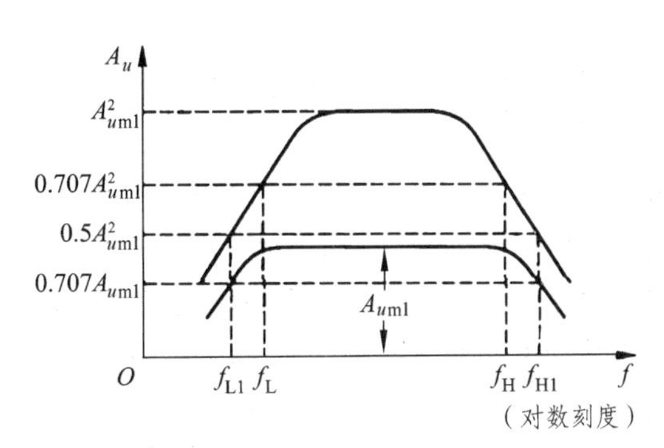

（b）单级和两级放大电路的幅频响应

图 4.5.1　两级放大电路

显然 $f_L > f_{L1}$，$f_H < f_{H1}$，即两级放大电路的通频带变窄了。依此推广到 N 级放大电路，其总电压增益为各单级放大电路电压增益的乘积，即

$$\dot{A}_u = \dot{A}_{u1} \cdot \dot{A}_{u2} \cdot \dots \cdot \dot{A}_{uN} = \prod_{k=1}^{N} \dot{A}_{uk} \qquad (4.5.1)$$

应当注意的是，在计算各级的电压增益时，前级的开路电压是下级的信号源电压；前级的输出阻抗是下级的信号源阻抗，而下级的输入阻抗是前级的负载。从图 4.5.1（b）所示的两级放大电路的通频带可推知，多级放大电路的通频带一定比它的任何一级都窄，级数越多，则 f_L 越高而 f_H 越低，通频带越窄。这就是说，将几级放大电路串联起来后，总电压增益虽然提高了，但通频带变窄，这是多级放大电路一个重要的概念。

对于一个 N 级放大电路，设组成它的各级放大电路的下限频率分别为 f_{L1}，f_{L2}，…，f_{LN}，上限频率分别为 f_{H1}，f_{H2}，…，f_{HN}，该多级放大电路的下限频率为 f_L，上限频率为 f_H，则可以估算：

$$f_L \approx 1.1\sqrt{\sum_{k=1}^{N} f_{Lk}^2} \qquad (4.5.2a)$$

$$\frac{1}{f_H} \approx 1.1\sqrt{\sum_{k=1}^{N} \frac{1}{f_{Hk}^2}} \qquad (4.5.2b)$$

根据以上分析可知，若两级放大电路是由两个具有相同频率特性的单管放大电路组成，则其上、下限频率分别为

$$f_L \approx 1.1\sqrt{2} f_{L1} \approx 1.56 f_{L1} \qquad (4.5.3a)$$

$$\frac{1}{f_{\mathrm{H}}} \approx 1.1\sqrt{\frac{2}{f_{\mathrm{H1}}^2}} \Longrightarrow f_{\mathrm{H}} \approx \frac{f_{\mathrm{H1}}}{1.1\sqrt{2}} \approx 0.643 f_{\mathrm{H1}} \tag{4.5.3b}$$

对各级具有相同频率特性的三级放大电路，其上、下限频率分别为

$$f_{\mathrm{L}} \approx 1.1\sqrt{3} f_{\mathrm{L1}} \approx 1.91 f_{\mathrm{L1}} \tag{4.5.4a}$$

$$\frac{1}{f_{\mathrm{H}}} \approx 1.1\sqrt{\frac{3}{f_{\mathrm{H1}}^2}} \Longrightarrow f_{\mathrm{H}} \approx \frac{f_{\mathrm{H1}}}{1.1\sqrt{3}} \approx 0.52 f_{\mathrm{H1}} \tag{4.5.4b}$$

可见，三级放大电路的通频带几乎是单级电路的一半。放大电路的级数愈多，频带愈窄。

在多级放大电路中，若某级的下限频率远高于其他各级的下限频率，则可认为整个电路的下限频率近似为该级的下限频率。同理，若某级的上限频率远低于其他各级的上限频率，则可认为整个电路的上限频率近似为该级的上限频率。因此式（4.5.3）和式（4.5.4）多用于各级截止频率相差不多的情况。此外，对于有多个耦合电容和旁路电容的单管放大电路，在分析下限频率时，应先求出每个电容所确定的截止频率，然后利用式（4.5.2）求出电路的下限频率。

例 4.5.1 已知某电路的各级均为共射放大电路，其对数幅频特性如图 4.5.2 所示。试求解下限频率 f_{L}、上限频率 f_{H} 和电压放大倍数 $\dot{A}_u$ 。

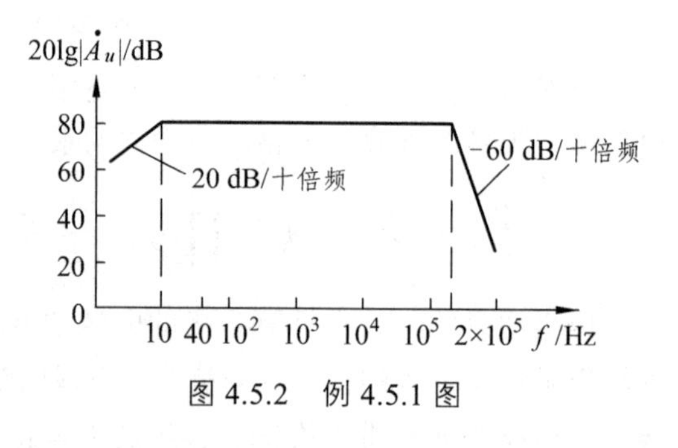

图 4.5.2 例 4.5.1 图

解： 由图 4.5.2 可知：

（1）频率特性曲线的低频段只有一个拐点，且低频段曲线斜率为 20 dB/十倍频，说明影响低频特性的只有一个电容，故电路的下限频率 f_{L}=10 Hz。

（2）频率特性曲线的高频段只有一个拐点，且高频段曲线斜率为–60dB/十倍频，说明影响高频特性的有三个电容，即电路为三级放大电路，且每一级的上限频率均为 2×10^5Hz，根据式（4.5.4b）可得上限频率为

$$f_{\mathrm{H}} \approx 0.52 f_{\mathrm{H1}} = (0.52\times2\times10^5)\mathrm{Hz} = 1.04\times10^5\,\mathrm{Hz} = 104\ \mathrm{kHz}$$

（3）因各级均为共射电路，所以在中频段输出电压与输入电压相位相反。因此，电压放大倍数为

$$\dot{A}_u = \frac{-10^4}{(1+\dfrac{10}{\mathrm{j}f})(1+\mathrm{j}\dfrac{f}{2\times10^5})^3}$$

思考题

为什么说放大电路的级数越多、耦合电容和旁路电容越多，通频带越窄？

习 题

4.5.1 已知两级共射放大电路的电压放大倍数为 $\dot{A}_u=\dfrac{\mathrm{j}\,200f}{\left(1+\mathrm{j}\dfrac{f}{5}\right)\left(1+\mathrm{j}\dfrac{f}{10^4}\right)\left(1+\mathrm{j}\dfrac{f}{2.5\times10^5}\right)}$。

求：（1）$\dot{A}_{um}$ 、f_L 和 f_H；（2）画出波特图。

4.5.2 已知某电路的幅频特性如图题 4.5.2 所示，试问：

（1）该电路的耦合方式；

（2）该电路由几级放大电路组成；

（3）当 $f=10^4$Hz 时，附加相移为多少？当 $f=10^5$ 时，附加相移约为多少？

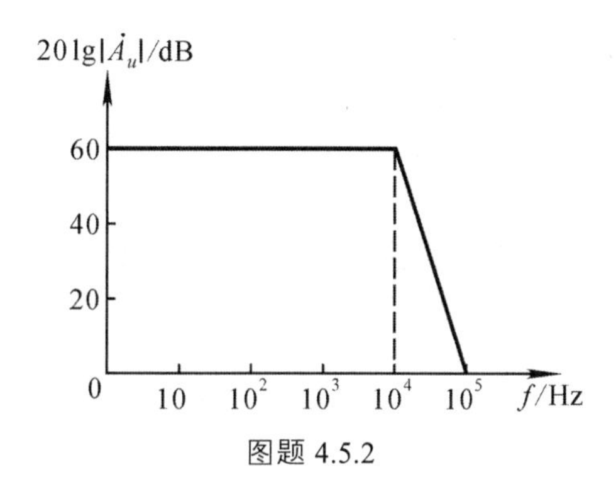

图题 4.5.2

4.5.3 若某电路的幅频特性如图题 4.5.2 所示，试写出 $\dot{A}_u$ 的表达式，并近似估算该电路的上限频率 f_H。

4.5.4 电路如图题 4.5.4 所示。试定性分析下列问题，并简述理由。

（1）哪个电容决定电路的下限频率？

（2）若 T_1 和 T_2 静态时发射极电流相等，且 $r_{bb'}$ 和 C'_π 相等，则哪一级的上限频率低？

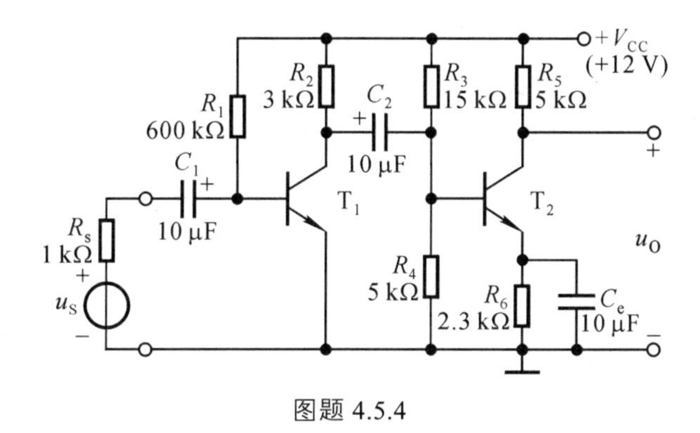

图题 4.5.4

4.5.5 已知一个两级放大电路各级电压放大倍数分别为

$$\dot{A}_{u1}=\frac{\dot{U}_{o1}}{\dot{U}_i}=\frac{-\mathrm{j}\,25f}{\left(1+\mathrm{j}\dfrac{f}{4}\right)\left(1+\mathrm{j}\dfrac{f}{10^5}\right)},\quad \dot{A}_{u2}=\frac{\dot{U}_o}{\dot{U}_{i2}}=\frac{-\mathrm{j}\,2f}{\left(1+\mathrm{j}\dfrac{f}{50}\right)\left(1+\mathrm{j}\dfrac{f}{10^5}\right)}$$

。试求解：

（1）该放大电路的表达式；

（2）该电路的 f_L 和 f_H；

（3）画出该电路的波特图。

第5章 集成运算放大电路

5.1 集成运算放大电路概述

集成电路运算放大器（Integrated Circuit-Operational Amplifiers，IC-OPA），通常简称集成运放。自从20世纪60年代中期第一块集成运算放大器问世以后，电子工程师们开始大量应用集成运算放大器，由于使用者不断要求更高质量的集成运放，在短短几年时间里，高性能、低价格的各种集成运放就应运而生，使集成运放的特性十分接近理想特性。

集成运放是模拟集成电路中应用极为广泛的一种器件，它不仅用于信号的放大、运算、处理、变换、测量、信号产生和电源电路，而且还可用于开关电路中。运算放大器作为基本的电子器件，虽然本身具有非线性的特性，但在许多情况下，它作为线性电路的器件，很容易用来设计各种应用电路。

5.1.1 集成运放的电路结构特点

在集成运放电路中，相邻元器件的参数具有良好的一致性，电阻的阻值和电容的容量均有一定的限制，以及便于制造互补式MOS电路等。这些特点使得集成放大电路与分立元件放大电路在结构上有较大的差别。观察它们的电路图可以发现，后者除放大管外，其余元件多为电阻、电容、电感等；而前者以晶体管和场效应管为主要元件，电阻与电容的数量很少。归纳起来，集成运放有如下特点：

（1）因为硅片上不能制作大电容，所以集成运放均采用直接耦合方式。

（2）因为相邻元件具有良好的对称性，而且受环境温度和干扰等影响后的变化也相同，所以，集成运放中大量采用元件具有对称性的各种差分放大电路（作输入级）和恒流源电路（作偏置电路或有源负载）。

（3）因为制作不同形式的集成电路，只是所用掩模不同，增加元器件并不增加制造工序，即电路的复杂化并不会使工艺过程复杂化，所以集成运放允许采用复杂的电路形式，以达到提高各方面性能的目的。

（4）集成运放电路中作为放大管的晶体管和场效应管数量很少，其余管子用做它用。例如，因为硅片上不宜制作高阻值的电阻，所以在集成运放中常用有源元件（晶体管或场效应管）取代电阻。

（5）集成晶体管和场效应管因制作工艺不同，性能上有较大差异，所以在集成运放中常采用复合形式，以得到各方面性能俱佳的效果。

5.1.2　集成电路运算放大器的内部组成单元

集成电路运算放大器是一种电子器件，它是采用一定制造工艺将大量半导体三极管、电阻、电容等元件以及它们之间的连线制作在同一小块单晶硅的芯片上，并具有一定功能的电子电路。

它的类型很多，电路也不一致，但在电路结构上有共同之处。图 5.1.1 表示集成电路运算放大器的内部结构框图。输入级由差分式放大电路组成，利用它的电路对称性可提高整个电路的性能；中间电压放大级的主要作用是提高电压增益，它可由一级或多级放大电路组成；输出级的电压增益为 1，但能为负载提供一定的功率。电路由两个电源 V_+和 V_-供电。整个电路设计成具有两个输入端 P 和 N，一个输出端 O。三端的电压分别用 u_P、u_N和 u_O表示，它们都是以正、负电源的中间接点作为参考电位点，这在第 1 章已做过介绍。P、N 两端分别称为同相输入端（用符号“+”表示）和反相输入端（用符号“−”表示），意即当 P 端加入电压信号 $u_P(u_N = 0)$时，在输出端得到的输出电压 u_O与 u_P同相；而当在 N 端加入电压信号 $u_N(u_P = 0)$时，u_O与 u_P反相。一个实际的集成运放，P、N 与输出端的电压信号之间的相位关系是确定的。

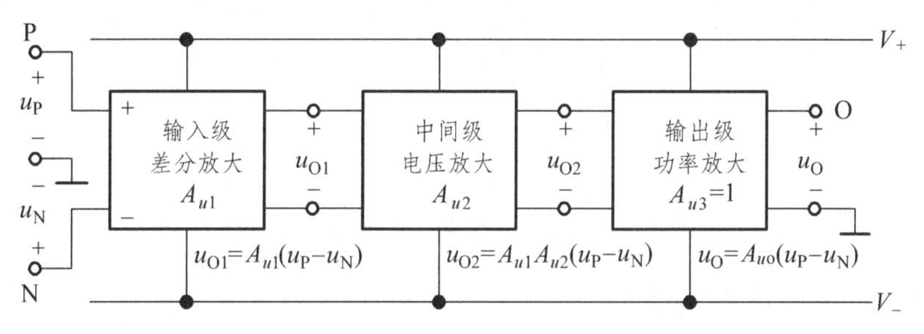

图 5.1.1　集成电路运算放大器的内部结构框图

从信号传输的过程来考虑，当两输入信号电压 u_P和 u_N加到差分放大输入级的两输入端时，得输入级的输出电压 $u_{O1} = A_{u1}(u_P-u_N)$，A_{u1}是输入级的电压增益。u_{O1}传送到中间级作电压放大的信号电压，从而在电压放大级的输出端产生 $u_{O2} = A_{u1}A_{u2}(u_P-u_N)$。输出级无电压放大功能（$A_{u3} = 1$），但它能利用电压 u_{O2}的控制作用，从而能对外接低阻值的负载供给一定的功率。运放的输出电压 $u_O = A_{uo}(u_P-u_N)$，其中 $A_{uo} = A_{u1}A_{u2}A_{u3}$是运放的开环电压增益，即运放由输出端到输入端无外接反馈元件时的电压增益，运放电路的功能是用来放大两个输入信号的差值。

运放的图形符号如图 5.1.2 所示，图 5.1.2（a）是国家标准规定的符号，图 5.1.2（b）是国内外常用的符号。

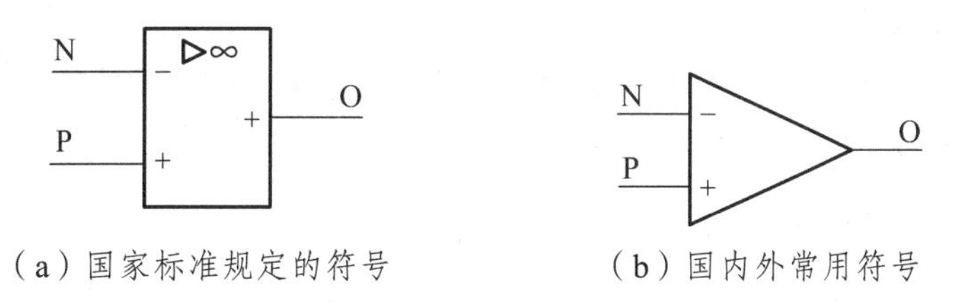

（a）国家标准规定的符号　　（b）国内外常用符号

图 5.1.2　运算放大器的图形符号

5.1.3　运算放大器的电路简化模型及传输特性

5.1.3.1　运算放大器的电路简化模型

根据第 1 章放大电路模型的有关知识，将运算放大器看作一个简化的具有端口特性的标准器件。因此可以用一个包含输入端口（P、N），输出端口（O）和供电电源端（V_+、V_-）的电路模型来代表。如图 5.1.3 所示，输入端口用输入电阻 r_i 来等效，输出端口用输出电阻 r_o 和与它串联的受控电压源 $A_{uo}(u_P-u_N)$来等效。电压 u_P、u_N 和 u_O 都是以正、负电源$+V_1$、$-V_2$ 的中间接点作为参考电位点，即 0 电位点。电源是运放内部电路运行所必需的能源。在后面讨论的电路中不再画出电路的供电电源 V_1、V_2。

集成运放开环电压增益 A_{uo} 的值较高，至少为 10^4，通常可达 10^6 甚至更高。两输入端之间的输入电阻值较大，通常为 $10^6\Omega$ 或更高。与此相反，输出电阻 r_o 的值较小，通常为 100 Ω 或更低。A_{uo}、r_i 和 r_o 三个参数的值是由运放内部电路所确定的。

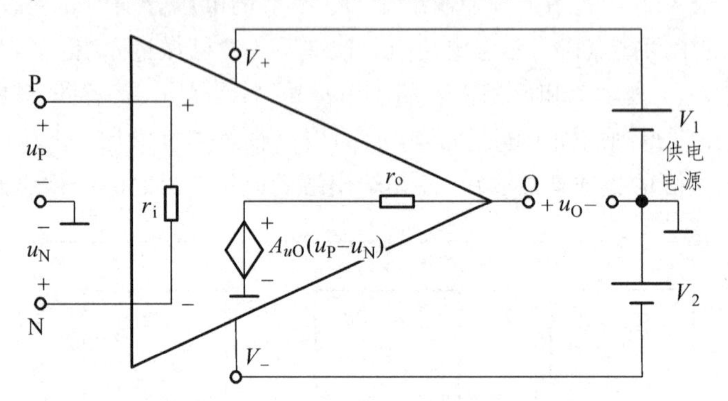

图 5.1.3　运算放大器的电路简化模型

5.1.3.2　运算放大器的传输特性

电路模型中的输出电压 u_O 不可能超越正、负电源电压值，由于运放的开环电压增益很高，以至输入电压（u_P-u_N）的值尽管很小，仍可驱使运放进入饱和区。若$(u_P-u_N)>0$，则 u_O 将趋于正饱和极限电压 $V_+(+U_{OM}=V_+)$；反之，若$(u_P-u_N)<0$，u_O 将趋于负饱和极限电压 $V_-(-U_{OM}=V-)$。实际运放的输出电压 u_O 的变化范围，往往是低于 $V_+(+U_{OM}=V_+-\Delta V)$，而又高于 $V_-(-U_{OM}=V_-+\Delta V)$的值（其中，$\Delta V$ 由运放内部电路的晶体管决定）。只有在理想情况下，u_O 的变化范围才扩展到正、负饱和极限值。

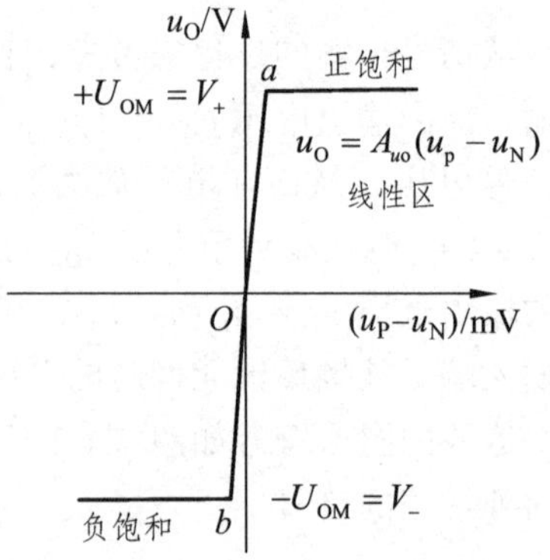

图 5.1.4　运算放大器的电压传输特性

根据上述情况，可用下列表达式来描述运放的传输特性。设 $A_{uo}>>0$，

若 $V-<A_{uo}(u_P-u_N)<V_+$，则 $u_O=A_{uo}(u_P-u_N)$ （5.1.1）

若 $A_{uo}(u_P-u_N)\geqslant V_+$，则 $u_O=+U_{OM}=V_+$ （5.1.2）

若 $A_{uo}(u_P-u_N)\leqslant V_-$，则 $u_O=-U_{OM}=V_-$ （5.1.3）

图 5.1.4 是根据式（5.1.1）~式（5.1.3）所描绘的运放的电压传输特性 $u_O=A_{uo}(u_p-u_N)$。

特性的 ab 段几乎是一条垂直线，这是因为它的斜率 A_{uo} 的值很大的缘故，所跨越的范围称为线性区。上、下两条水平线，分别表示正、负饱和极限值，$+U_{OM}=V_+$、$-U_{OM}=V_-$，为非线性区，又称限幅区。

应当注意到，电压传输特性的形状与 $A_{uo}(u_P-u_N)$ 密切相关，由于 A_{uo} 的值很高，容易导致电路性能不稳定。后面将讨论到，为使由集成运放所组成的各种应用电路能稳定地工作在线性区，必须引入负反馈。

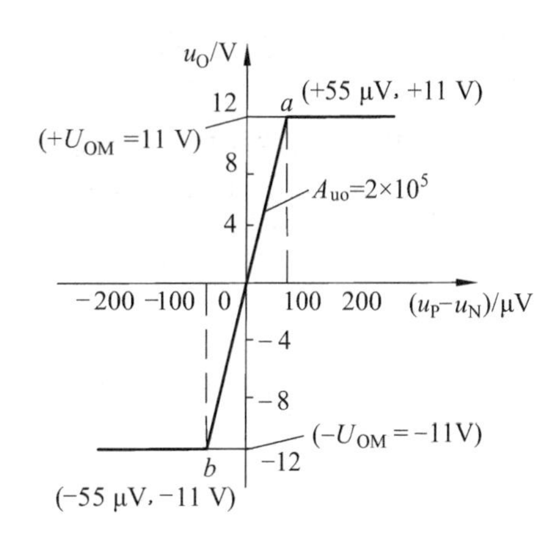

图 5.1.5　例 5.1.1 中运放的传输特性

例 5.1.1　电路如图 5.1.5 所示，运放的开环电压增益 $A_{uo}=2\times10^5$，输入电阻 $r_i=0.1\ \mathrm{M\Omega}$，电源电压 $V_+=+12\ \mathrm{V}$，$V_-=-12\ \mathrm{V}$。(1) 试求当 $u_O=+U_{OM}=\pm12\mathrm{V}\pm1\ \mathrm{V}$ 时，输入电压的最小幅值 u_P-u_N 及输入电流 i_i；(2) 画出传输特性曲线 $u_O=f(u_P-u_N)$。说明运放的两个区域。

解：(1) 输入电压的最小幅值 $u_P-u_N=u_O/A_{uo}$，当 $u_O=+U_{OM}=\pm12\mathrm{V}\pm1\mathrm{V}$ 时，有

$$u_P-u_N=\pm11\mathrm{V}/(2\times10^5)=\pm55\ \mu\mathrm{V}$$

输入电流 $i_i=(u_P-u_N)/r_i=\pm55\ \mu\mathrm{V}/0.1\ \mathrm{M\Omega}=\pm55\mu\mathrm{V}/(0.1\times10^6)\Omega=\pm550\ \mathrm{pA}$

(2) 画传输特性曲线。取 a 点（+55μV, +11V），b 点（−55μV, −11V），连接 a、b 两点得 ab 线段，其斜率 $A_{uo}=2\times10^5$，当$|u_P-u_N|<55\ \mu\mathrm{V}$ 时，电路工作在线性区；当$|u_P-u_N|>55\mu\mathrm{V}$ 时，运放进入非线性区（限幅区）。运放的电压传输特性如图 5.1.5 所示。

5.1.3.3　理想集成运放

由图 5.1.4 所示运放的电压传输特性可知，由于开环的电压增益 A_{uo} 很高，它的中心部分的斜度很陡峭，同时考虑到运放的输入电阻值 r_i 很高，而它的输出电阻值 r_o 又很低，这就启发人们去建立一个近似理想运放的模型（理想模型），其主要特性如下：

(1) 输出电压 u_O 的饱和极限值等于运放的电源电压，即$+U_{OM}=V_+$和$-U_{OM}=V_-$，亦即理想运放工作在限幅区。

(2) 理想运放的开环电压增益 $A_{uo}\to\infty$。当运放工作在线性区时，其输出电压 $u_O=A_{uo}$（u_P-u_N），由于 u_O 不能超出电源电压，u_O 为有限值，所以有 $u_P-u_N=u_O/A_{uO}\approx0$（或 $u_P\approx u_N$），即理想运放两输入端间电压 $u_P-u_N\approx0$，如同两输入端近似短路，这种现象称为虚假短路，简称“虚短”。运放工作在线性区是与负反馈连接有关。

(3) 理想运放的 $r_i\to\infty$。由于 $u_P-u_N\approx0$，所以运放的输入电流 $i_i=(u_P-u_N)/r_i\approx0$（或 $i_P=-i_N\to0$），即理想运放流入同相端和流出反相端的电流基本为零。

(4) 理想运放的输出电阻 $r_o\to0$，输出电压 $u_O=A_{uo}$,（u_P-u_N）。

(5) 开环带宽 BW→∞（对所有频率的信号都有相同大小的 A_{uo}）。

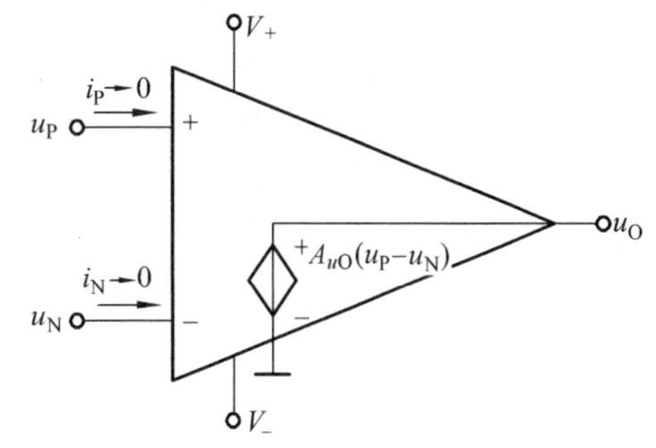

图 5.1.6　理想运放的电路模型

如将运放的性能参数理想化，便可得到如图 5.1.6 所示的理想运放的电路模型。它表示输入端是开路的，即 $r_i\to\infty$，输出端的电阻 $r_o\to0$，输出

电压 $u_O = A_{uo}(u_P - u_N)$为受控源电压，其中，$A_{uo} \to \infty$。应当指出的是，每个端子的电压是该端子与地之间的电压。

由理想运放参数而导出理想运放的特性："虚短" $u_P - u_N \approx 0$ 和 $i_i \approx 0$。理想运放的特性对分析和设计由运放组成的各种线性应用电路（闭环的电路）很重要，应用十分简便，必须熟练掌握。

思考题

5.1.1　集成运放的电压传输特性由哪两部分组成，它们各有什么特点?在理想情况下，输出电压的最大值$\pm U_{OM}$等于多少?

5.1.2　运放工作在线性区的电路应如何连接才能保证电路稳定地工作?

习　题

已知一个集成运放的开环差模增益 A_{od} 为 100 dB，最大输出电压峰-峰值 $U_{OPP} = \pm 14$ V，分别计算差模输入电压 u_I（即 $u_P - u_N$）为 10 μV、100 μV、1 mV、1 V 和−10 μV、−100 μV、−1 mV、−1 V 时的输出电压 u_O。

5.2　集成电路中的直流偏置技术

在前面讨论的分立元件 BJT 和 FET 的放大电路中，静态工作点一般是利用电阻分压实现偏置的。但在集成电路中制造一个三端有源器件比制造一个电阻所占用的芯片面积小，也比较经济，因而采用 BJT 或 FET 制成电流源电路，为放大电路提供电流恒定的静态偏置。实际上，理想电流源是不存在的，所幸的是三端器件 BJT 和 FET 的输出特性在放大区内均具有近似恒流的特性，其动态输出电阻值均很高，因而可以直接利用，或稍加改进即可获得多种较好的电流源电路，使集成电路能获得稳定的直流偏置。需要特别注意的是，电流源电路并非放大电路，不能用来放大信号。

5.2.1　镜像电流源

1. BJT 基本镜像电流源

图 5.2.1 所示为镜像电流源电路，它由两只特性完全相同的管子 T_0 和 T_1 构成，由于 T_0 的管压降 U_{CE0} 与其 b-e 间电压 U_{BE0} 相等，从而保证 T_0 工作在放大状态，而不进入饱和状态，故集电极电流 $I_{C0} = \beta_0 I_{B0}$。由于图中 T_0 和 T_1 的 b-e 间电压相等，故基极电流 $I_{B0} = I_{B1} = I_R$；又由于电流放大系数 $\beta_0 = \beta_1 = \beta$，故集电极电流 $I_{C0} = I_{C1} = I_C = \beta I_B$。可见，电路的这种特殊接法，造成 I_{C1} 和 I_{C0} 呈镜像关系，因而称此电路为镜像电流源。I_{C1} 为输出电流。电阻 R 中的电流为基准电流，其表达式为

$$I_R = \frac{V_{CC} - U_{BE}}{R} = I_C + 2I_B = I_C + 2 \cdot \frac{I_C}{\beta}$$

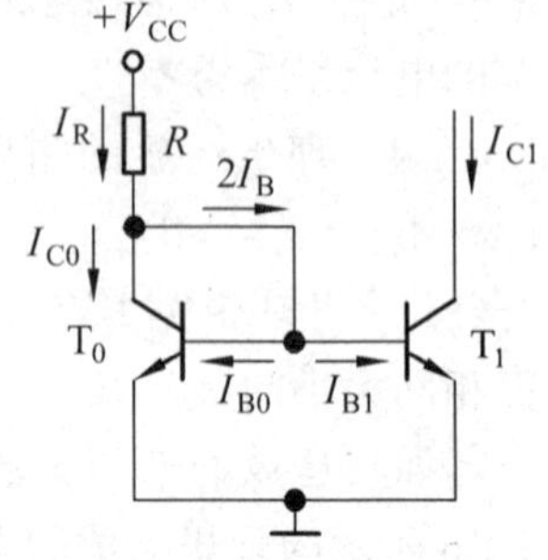

图 5.2.1　镜像电流源

所以集电极电流为

$$I_{C} = \frac{\beta}{\beta+2} \cdot I_{R} \tag{5.2.1}$$

当 β>>2 时，输出电流为

$$I_{C} \approx I_{R} = \frac{V_{CC} - U_{BE}}{R} \tag{5.2.2}$$

集成运放中纵向晶体管的 β 均在百倍以上，因而式（5.2.2）成立。当 V_{CC} 和 R 的数值一定时，输出电流也就随之确定。

镜像电流源具有一定的温度补偿作用，简述如下：当温度上升时，I_{C0}、I_{C1} 会增加，I_{C0} 增加会使得 I_R 增加，于是 U_R 增加，U_B 下降，所以 I_B 下降，所以 I_{C1} 下降，形成负反馈。当温度降低时，电流、电压的变化与上述过程相反，因此提高了输出电流 I_{C1} 的稳定性。

镜像电流源电路简单，应用广泛。但是，在电源电压 V_{CC} 一定的情况下，若要求 I_{C1} 较大，则根据式（5.2.2），I_R 势必增大，R 的功耗也就增大，这是集成电路中应当避免的；若要求 I_{C1} 很小，则 I_R 势必也小，R 的数值必然很大，这在集成电路中是很难做到的。因此，派生了其他类型的电流源电路。

2. 改进的镜像电流源

在基本电流源电路中，β 足够大时式（5.2.2）才成立。换言之，在上述电路的分析中均忽略了基极电流对 I_{C1} 的影响。如果在基本电流源中采用横向 PNP 型管，则 β 只有几倍至十几倍。例如，若镜像电流源中 $\beta = 10$，则根据式（5.2.1），$I_{C1} \approx 0.833\ I_R$。$I_{C1}$ 与 I_R 相差很大。为了减小基极电流 I_{B0} 和 I_{B1} 的影响，提高输出电流与基准电流的传输精度，稳定输出电流，可对基本镜像电流源电路加以改进，这里介绍一种改进型的镜像电流源——威尔逊电流源。

图 5.2.2 所示为威尔逊电流源电路，I_{C2} 为输出电流。T_1 管 c-e 串联在 T_2 管的发射极，其作用与典型工作点稳定电路中的 R_e 相同。因为 c-e 间等效电阻非常大，所以可使 I_{C2} 高度稳定。图中 T_0、T_1 和 T_2 管特性完全相同，因而 $\beta_0 = \beta_1 = \beta_2 = \beta$，$I_{C1} = I_{C2} = I_C$。

根据各管的电流可知，A 点的电流方程为

$$I_{E2} = I_C + 2I_B = I_C + \frac{2I_C}{\beta}$$

所以

$$I_C = \frac{\beta}{\beta+2} I_{E2} = \frac{\beta}{\beta+2} \cdot \frac{1+\beta}{\beta} I_{C2} = \frac{\beta+1}{\beta+2} I_{C2}$$

在 B 点，有

$$I_R = I_{B2} + I_C = \frac{I_{C2}}{\beta} + \frac{\beta+1}{\beta+2} \cdot I_{C2} = \frac{\beta^2+2\beta+2}{\beta^2+2\beta} I_{C2}$$

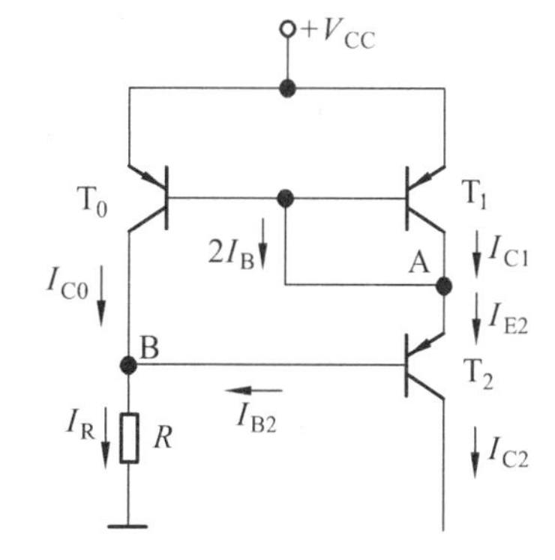

图 5.2.2　威尔逊电流源

整理可得

$$I_{C2} = (1 - \frac{2}{\beta^2+2\beta+2}) I_R \approx I_R \tag{5.2.3}$$

当 $\beta = 10$ 时，$I_{C2} \approx 0.984\, I_R$。可见，在 β 很小时，也可认为 $I_{C2} \approx I_R$，I_{C2} 受基极电流影响很小。

5.2.2　比例电流源

比例电流源电路改变了镜像电流源中 $I_{C1} \approx I_R$ 的关系，使 I_{C1} 可以大于 I_R，也可以小于 I_R，与 I_R 成比例关系，从而克服了镜像电流源的上述缺点，其电路如图 5.2.3 所示。

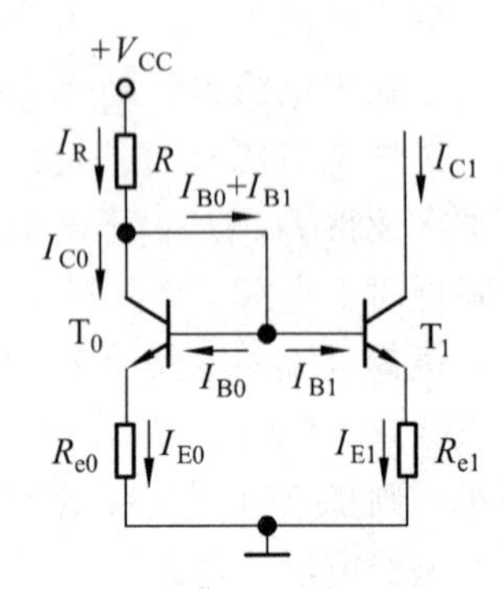

图 5.2.3　比例电流源

从电路可知

$$U_{BE0} + I_{E0}R_{e0} = U_{BE1} + I_{E1}R_{e1} \tag{5.2.4}$$

根据晶体管发射结电压与发射极电流的近似关系，可得：

$$I_E = I_S(e^{\frac{U_{BE}}{U_T}} - 1) \approx I_S e^{\frac{U_{BE}}{U_T}}$$

所以有

$$U_{BE} \approx U_T \ln \frac{I_E}{I_S}$$

由于 T_0 与 T_1 的特性完全相同，所以有

$$U_{BE0} - U_{BE1} \approx U_T \ln \frac{I_{E0}}{I_{E1}}$$

代入式（5.2.4），整理可得

$$I_{E1}R_{e1} \approx I_{E0}R_{e0} + U_T \ln \frac{I_{E0}}{I_{E1}}$$

当 $\beta >> 2$ 时，$I_{CQ} \approx I_{EQ} \approx I_R$，$I_{C1} \approx I_{E1}$，所以有

$$I_{C1} \approx \frac{R_{e0}}{R_{e1}} \cdot I_R + \frac{U_T}{R_{e1}} \ln \frac{I_R}{I_{C1}} \tag{5.2.5}$$

在一定的取值范围内，若式（5.2.5）中的对数项可忽略，则

$$I_{C1} \approx \frac{R_{e0}}{R_{e1}} \cdot I_R \tag{5.2.6}$$

可见，只要改变 R_{e0} 和 R_{e1} 的阻值，就可以改变 I_{C1} 和 I_R 的比例关系。式中基准电流为

$$I_R \approx \frac{V_{CC} - U_{BE0}}{R + R_{e0}} \tag{5.2.7}$$

与典型的静态工作点稳定电路一样，R_{e0} 和 R_{e1} 是电流负反馈电阻，因此与镜像电流源比较，比例电流源的输出电流 I_{C1} 具有更高的温度稳定性。

5.2.3 微电流源

集成运放输入级放大管的集电极（发射极）静态电流很小，往往只有几十微安，甚至更小。

为了只采用阻值较小的电阻而又获得较小的输出电流 I_{C1}，为可以将比例电流源中 R_{e0} 的阻值减小到零，于是便得到如图 5.2.4 所示的微电流源电路。当 β>>1 时，T_1 管集电极电流为

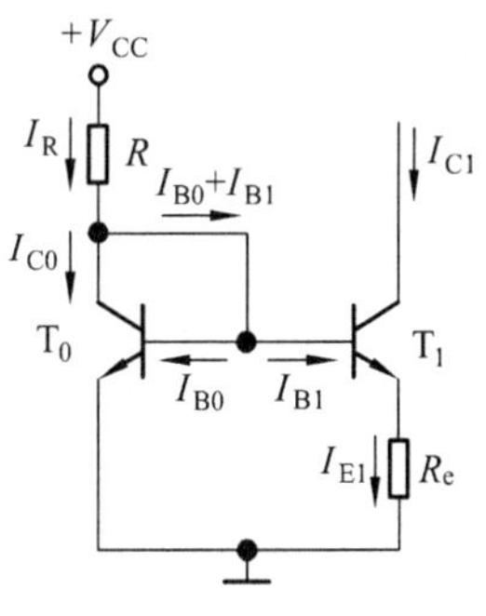

图 5.2.4 微电流源

$$I_{C1} \approx I_{E1} = \frac{U_{BE0} - U_{BE1}}{R_e} \tag{5.2.8}$$

式中（U_{BE0}-U_{BE1}）只有几十毫伏甚至更小，因此，只要几千欧的 R_e，就可得到几十微安的 I_{C1}。图中 T_1 与 T_0 特性完全相同，可得

$$I_{C1} \approx \frac{U_{BE0} - U_{BE1}}{R_e} = \frac{U_T}{R_e} \ln \frac{I_{C0}}{I_{C1}} \approx \frac{U_T}{R_e} \ln \frac{I_R}{I_{C1}} \tag{5.2.9}$$

在已知 R_e 的情况下，上式对 I_{C1} 而言是超越方程，可以通过图解法或累试法解出 I_{C1}。式中基准电流为

$$I_R \approx \frac{V_{CC} - U_{BE0}}{R} \tag{5.2.10}$$

实际上，在设计电路时，首先应确定 I_R 和 I_{C1} 的数值，然后求出 R 和 R_e 的数值。例如，在图 5.2.4 所示电路中，若 $V_{CC} = 15$ V，$I_R = 1$ mA，$U_{BE0} = 0.7$ V，$U_{GS(th)} = 26$ mV，$I_{C1} = 20$ μA，则根据式（5.2.10）可得 $R = 14.3$ kΩ，根据式（5.2.9）可得 $R_e \approx 5.09$ kΩ。可见求解过程并不复杂。

5.2.4 多路电流源电路

集成运放是一个多级放大电路，因而需要多路电流源分别给各级提供合适的静态电流。可以利用一个基准电流去获得多个不同的输出电流，以适应各级的需要。图 5.2.5 所示电路是在比例电流源基础上得到的多路电流源，I_R 为基准电流，I_{C1}、I_{C2} 和 I_{C3} 为三路输出电流。

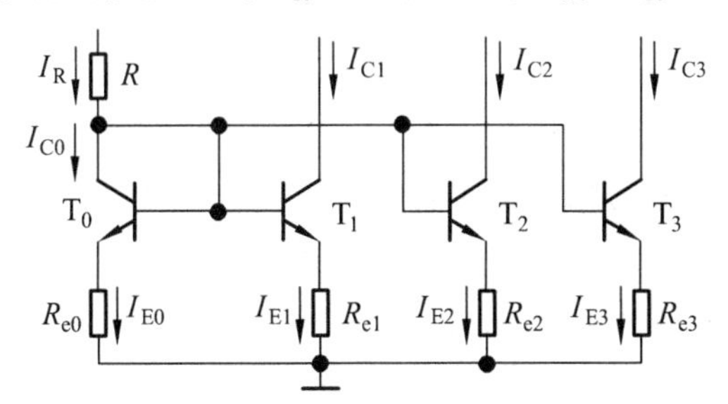

图 5.2.5 基于比例电流源的多路电流源

根据 T_0~T_3 的接法，可得

$$U_{BE0} + I_{E0}R_{e0} = U_{BE1} + I_{E1}R_{e1} = U_{BE2} + I_{E2}R_{e2} = U_{BE3} + I_{E3}R_{e3}$$

由于各管的 b-e 间电压 U_{BE} 数值大致相等，因此可得近似关系

$$I_{E0}R_{e0} \approx I_{E1}R_{e1} \approx I_{E2}R_{e2} \approx I_{E3}R_{e3} \tag{5.2.11}$$

当 I_{E0} 确定后，各级只要选择合适的电阻，就可以得到所需的电流。

例 5.2.1 图 5.2.6 所示电路是型号为 F007 的通用型集成运放的电流源部分。其中 T_{10} 与 T_{11}，T_{12} 与 T_{13} 的 β 均为 5，它们 b-e 间电压值均约为 0.7 V。试求出各管的集电极电流。

解： 图中 R_5 上的电流是基准电流，根据 R_5 所在回路可以求出

$$I_R = \frac{2V_{CC} - U_{EB12} - U_{EB11}}{R_5} \approx \frac{30-0.7-0.7}{39}\text{mA} \approx 0.73\ \text{mA}$$

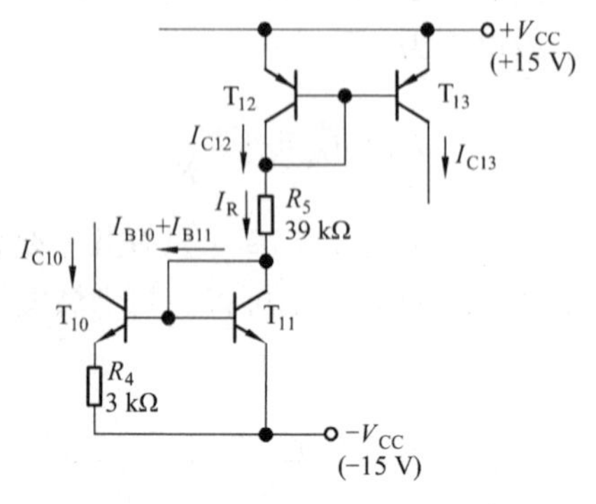

图 5.2.6 F007 中的电流源电路

T_{10} 与 T_{11} 构成微电流源，根据式（5.2.9）有

$$I_{C10} \approx \frac{U_T}{R_4}\ln\frac{I_R}{I_{C10}} \approx \left(\frac{26}{3}\ln\frac{0.73}{I_{C10}}\right)\ \mu\text{A}$$

利用累试法或图解法求出 $I_{C10} \approx 28\ \mu\text{A}$。

T_{12} 与 T_{13} 构成镜像电流源，根据式（5.2.1）有

$$I_{C13} = I_{C12} = \frac{\beta}{\beta+2}\cdot I_R \approx \frac{5}{5+2}\times 0.73\ \text{mA} \approx 0.52\ \text{mA}$$

在电流源电路的分析中，首先应求出基准电流 I_R，I_R 常常是集成运放电路中唯一一个通过列回路方程直接估算出的电流；然后利用与 I_R 的关系，分别求出各路输出电流。

思考题

5.2.1　什么叫差模信号？什么叫共模信号？为什么要抑制共模信号？

5.2.2　差动放大电路利用对称抵消来抑制零漂，为什么还要采用带公共发射极电阻的差动放大电路和带恒流源的差动放大电路?

5.2.3　假设双端输入的差动放大电路绝对对称，共模放大倍数为零，是否可以输入任意大的共模信号？为什么？试用基本差动放大电路与带公共射极电阻的差动放大电路说明。

习　题

5.2.1　选择合适的答案填入空内。

（1）集成放大电路采用直接耦合方式的原因是______。

A. 便于设计　　B. 放大交流信号　　C. 不易制作大容量电容

（2）选用差分放大电路的原因是______。

A. 克服温漂　　B. 提高输入电阻　　C. 稳定放大倍数

（3）差分放大电路的差模信号是两个输入端信号的______，共模信号是两个输入端信号的________。

A. 差　　B. 和　　C. 平均值

（4）用恒流源取代长尾式差分放大电路中的发射极电阻 R_e，将使电路的________。

A. 差模放大倍数数值增大

B. 抑制共模信号能力增强

C. 差模输入电阻增大

（5）互补输出级采用共集形式是为了使_______。

A. 电压放大倍数大　　　　B. 不失真输出电压大　　　　C. 带负载能力强

5.2.2　图题 5.2.2 所示电路参数理想对称，$\beta_1=\beta_2=\beta$，$r_{be1}=r_{be2}=r_{be}$。

（1）写出 R_w 的滑动端在中点时 A_{ud} 的表达式；

（2）写出 R_w 的滑动端在最右端时 A_{ud} 的表达式，比较两个结果有什么不同。

5.2.3　图题 5.2.3 所示电路参数理想对称，晶体管的 β 均为 50，$r_{bb'}=100\ \Omega$，$U_{BEQ}\approx 0.7$。试计算 R_w 滑动端在中点时，T_1 管和 T_2 管的发射极静态电流 I_{EQ} 以及动态参数 A_{ud} 和 R_i。

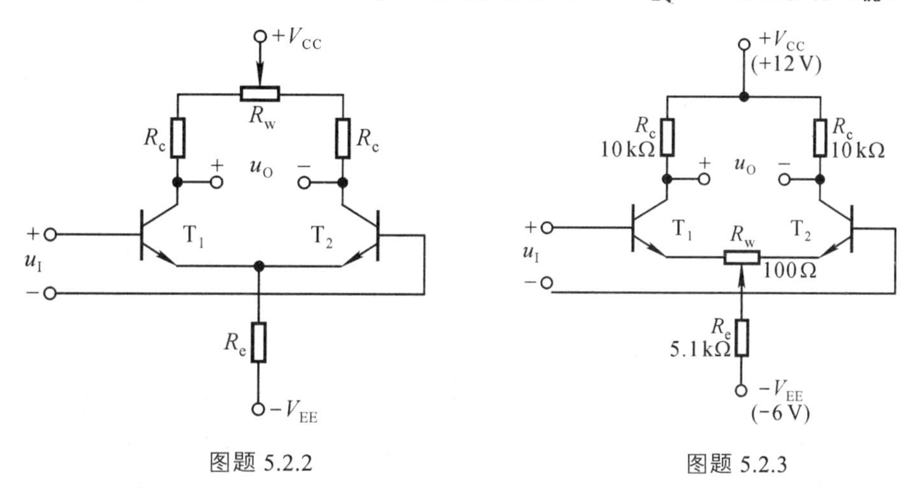

图题 5.2.2　　　　　　　　　　图题 5.2.3

5.2.4　电路如图题 5.2.4 所示，晶体管的 $\beta=50$，$r_{bb'}=100\ \Omega$。

（1）计算静态时 T_1 管和 T_2 管的集电极电流和集电极电位；

（2）用直流表测得 $U_O=2$ V，$U_I=$？若 $U_I=10$ mV，则 $U_O=$？

5.2.5　电路如图题 5.2.5 所示，T_1 和 T_2 的低频跨导 g_m 均为 10 mS。试求解差模放大倍数和输入电阻。

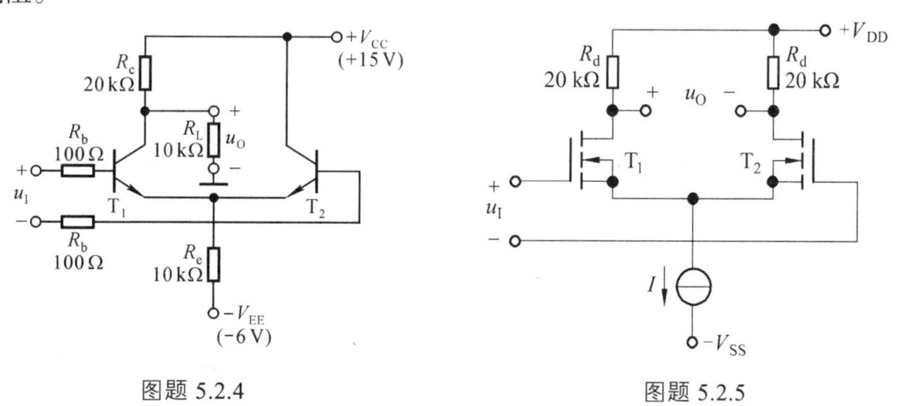

图题 5.2.4　　　　　　　　　　图题 5.2.5

5.3　差分放大电路

5.3.1　差分放大电路概述

图 5.3.1（a）是用两个特性相同的三端器件（含 BJT 或 FET）T_1、T_2 组成的差分式放大

电路，并在两器件下端公共接点 e 处连接一电流源 I_O。两器件的输入端 I_1、I_2 分别接输入信号电压 u_{i1} 和 u_{i2}，两输出端 O_1、O_2 分别连接两只等值的电阻 R_1 和 R_2。电路则由两个电源 V_+和 V_-供电。

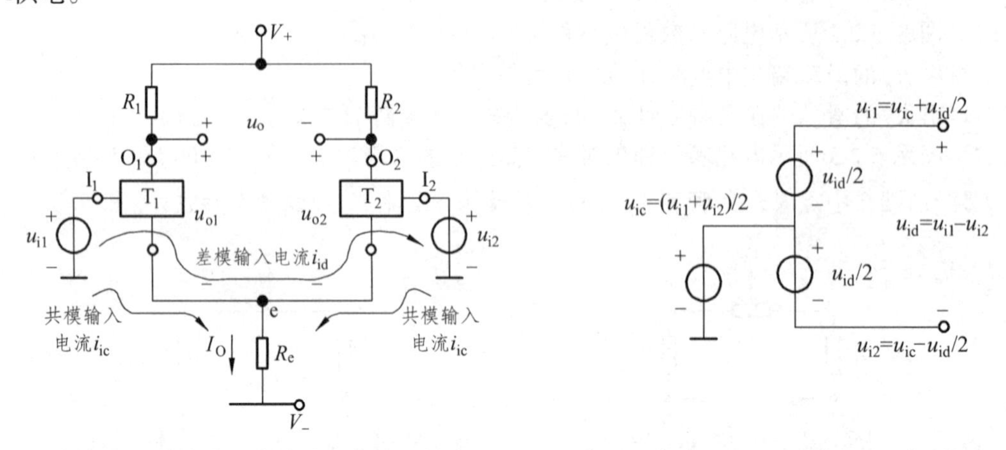

（a）用三端器件组成的差分式放大电路　　（b）用 u_{id}、u_{ic} 表示 u_{i1} 和 u_{i2}

图 5.3.1　差分式放大电路的一般结构及输入信号分解

5.3.1.1　差模信号和共模信号的概念

什么叫差模和共模信号?这是我们应当首先建立的重要概念。如 T_1、T_2 是 BJT 器件，由图 5.3.1（a）可以看到有两种电流信号，一种是从 I_1 端到 I_2 端的差模输入电流信号 i_{id}，另一种是从两管的 I_1 和 I_2 端分别流入电流源的共模输入电流信号 i_{ic}。实际上，电流信号是由输入电压信号产生的，因此差模信号是指差分式放大电路两输入端信号的差值部分，在图 5.3.1（a）中以电压信号为例，I_1 和 I_2 两输入端的差模电压信号 u_{id} 定义为

$$u_{id} = u_{i1} - u_{i2} \tag{5.3.1}$$

两输入端的共模电压信号 u_{ic} 是两输入端信号相同的公共部分，u_{ic} 是两输入电压 u_{i1} 和 u_{i2} 的算术平均值，称为共模电压，定义为

$$u_{ic} = \frac{u_{i1} + u_{i2}}{2} \tag{5.3.2}$$

当用差模和共模电压表示两输入电压时，由式（5.3.1）和式（5.3.2）可得

$$u_{i1} = u_{ic} + \frac{u_{id}}{2} \tag{5.3.3}$$

$$u_{i2} = u_{ic} - \frac{u_{id}}{2} \tag{5.3.4}$$

由式（5.3.3）、式（5.3.4）可知，两输入端的共模信号 u_{ic} 的大小相等、极性相同；而两输入端的差模电压$+u_{id}/2$ 和$-u_{id}/2$ 的大小相等、极性相反。这些表达式可用图 5.3.1（b）所示的图形表示。当 T_1、T_2 加入信号电压 u_{i1} 和 u_{i2} 后，产生的差模输入电流和共模输入电流与图 5.3.1（a）所表示的流向是一致的。

5.3.1.2　差分式放大电路的输出

图 5.3.1（a）有两种输出方式，即单端输出和双端输出。从 O_1（或 O_2）到地之间的输出

为单端输出，如输出电压 u_{o1}（或 u_{o2}）；从 O_1 和 O_2 之间的输出，则称为双端输出，如输出电压 $u_o = u_{o1} - u_{o2}$。无论哪种输出方式，输出信号电压总是包含差模输入信号 u_{id} 和共模输入信号 u_{ic} 分别经放大电路放大后的叠加。u_{id} 和 u_{ic} 经放大后，在输出端有差模输出电压 u_{od} 和共模输出电压 u_{oc}，类似地，对单端输出时输出电压分别为

$$u_{o1} = u_{oc} + \frac{u_{od}}{2} \tag{5.3.5}$$

$$u_{o2} = u_{oc} - \frac{u_{od}}{2} \tag{5.3.6}$$

双端输出时输出电压为

$$u_o = u_{o1} - u_{o2} = u_{od} \tag{5.3.7}$$

差分式放大电路的差模电压增益和共模电压增益为：

$$A_{ud} = \frac{U_{od}}{U_{id}} \tag{5.3.8a}$$

$$A_{uc} = \frac{U_{oc}}{U_{ic}} \tag{5.3.8b}$$

差模信号和共模信号同时存在时，对于线性放大电路来说，输出电压 u_o 是 u_{od} 和 u_{oc} 的叠加，用叠加原理求出电路总的输出电压，即

$$u_o = u_{od} + u_{oc} = A_{ud}u_{id} + A_{uc}u_{ic} \tag{5.3.9}$$

放大电路的设计要求差模电压增益 A_{od} 高，而共模电压增益 A_{oc} 低。

5.3.1.3 共模抑制比 K_{CMR}

为了综合反映差分式放大电路放大差模信号的能力和抑制共模信号的能力，常用共模抑制比作为一项技术指标来衡量，其定义为放大电路差模信号的电压增益 A_{ud} 与共模信号的电压增益 A_{uc} 之比的绝对值，即

$$K_{CMR} = \left|\frac{A_{ud}}{A_{uc}}\right| \tag{5.3.10}$$

由此可见，差模电压增益越大，共模电压增益越小，则抑制共模信号的能力越强，放大电路的性能越优良，因此希望 K_{CMR} 值越大越好。共模抑制比有时也用分贝（dB）数来表示，即

$$K_{CMR} = 20\lg\left|\frac{A_{ud}}{A_{uc}}\right| \text{dB} \tag{5.3.11}$$

5.3.1.4 差分放大电路的工作原理

1. 零点漂移

零点漂移（简称零漂），就是当放大电路的输入端短路时，输出端还有缓慢变化的电压产生，即输出电压偏离原来的起始点而上下漂动。在直接耦合多级放大电路中，当第一级放大电路的 Q 点由于某种原因（如温度变化）而稍有偏移时，第一级的输出电压将发生微小的变化，这种缓慢的微小变化就会被逐级放大，致使放大电路的输出端产生较大的漂移电压。放

大增益越高漂移越严重，当输出漂移电压的大小可以和放大的有效信号电压相比时，就无法分辨是有效信号电压还是漂移电压，严重时漂移电压甚至会把有效信号电压淹没，使放大电路无法正常工作。温度变化引起半导体器件参数变化是放大电路产生零点漂移的主要原因，为了表示由于温度变化引起的漂移，常把温度升高 1ºC 时，输出漂移电压 ΔU_o 按放大电路的总电压增益 A_u 折合到输入端的等效输入漂移电压 ΔU_i（$=\Delta U_o/A_u\Delta T$）作为温漂指标。

2. BJT 典型差分放大电路

用 BJT 替图 5.3.1 中的三端器件，可以得到 BJT 典型差分放大电路，如图 5.3.2 所示。我们来讨论差分放电路对零点漂移的抑制作用。在差分式放大电路中，无论是温度变化还是电源电压的波动，都会引起两管集电极电流以及相应的集电极电压的变化，其效果相当于在两个输入端加入了共模信号电压，也就是相当于在 u_{i1} 与 u_{i2} 所加信号为大小相等、极性相同的输入信号（称为共模信号）。由于电路参数对称，T_1 管和 T_2 管所产生的电流变化相等，即 $\Delta i_{B1}=\Delta i_{B2}$，$\Delta i_{C1}=\Delta i_{C2}$，因此集电极电位的变化也相等，即 $\Delta u_{C1}=\Delta u_{C2}$。那么，图中所标注的输出电压 $u_O=u_{C1}-u_{C2}=(U_{CQ1}+\Delta u_{C1})-(U_{CQ2}+\Delta u_{C2})=0$，说明差分放大电路对共模信号具有很强的抑制作用，在参数理想对称的情况下，共模输出为零，$A_{uc}=0$，所以差分放大电路对温漂有较好的抑制作用。

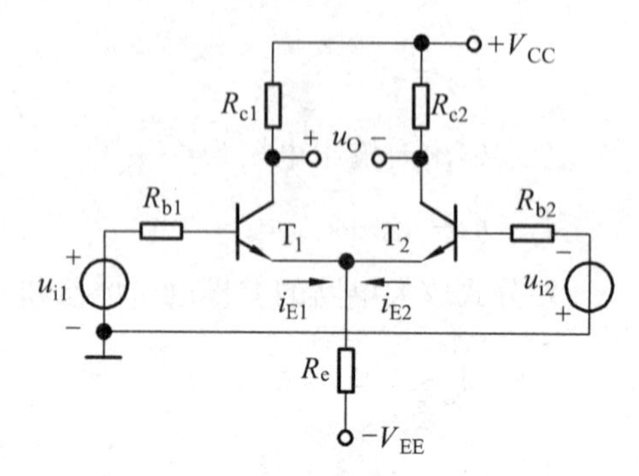

图 5.3.2　BJT 典型差分放大电路

3. 差分电路对输入信号的放大作用

为使信号得以放大，需将其分成大小相等的两部分，按相反极性加在电路的两个输入端。这种大小相等、极性相反的信号称为差模信号。由于 $\Delta u_{i1}=-\Delta u_{i2}$，又由于电路参数对称，$T_1$ 管和 T_2 管所产生的电流的变化大小相等而变化方向相反，即 $\Delta i_{B1}=-\Delta i_{B2}$，$\Delta i_{C1}=-\Delta i_{C2}$；因此集电极电位的变化也是大小相等且变化方向相反的，即 $\Delta u_{C1}=-\Delta u_{C2}$，这样得到的输出电压 $\Delta u_O=\Delta u_{C1}-\Delta u_{C2}=2\Delta u_{C1}$，从而实现了电压放大。

在差模信号作用下，R_e 中的电流变化为零，即 R_e 对差模信号无反馈作用，相当于短路，因此大大提高了对差模信号的放大能力。图 5.3.2 所示的典型差分放大电路，也有文献称之为差动放大电路。所谓"差动"，是指只有当两个输入端之间的电位有差别（即变化量）时，输出电压才有变动（即变化量）的意思。

对于差分放大电路的分析，多是在电路参数理想对称情况下进行的。所谓电路参数理想对称，是指在对称位置的电阻值绝对相等，两只晶体管在任何温度下输入特性曲线与输出特性曲线均完全重合。

应当指出，由于实际电阻的阻值误差各不相同，特别是晶体管特性的分散性，任何分立元件差分放大电路的参数不可能理想对称，也就不可能完全抑制零点漂移；而在集成电路中，由于相邻元件具有良好的对称性，故能够实现趋于参数理想对称的差分放大电路。

5.3.2　长尾式差分式放大电路

图 5.3.3 所示为典型的差分放大电路，由于 R_e 接负电源 $-V_{EE}$，拖一个尾巴，故称为长尾式

电路。电路参数理想对称，即 $R_{b1}=R_{b2}=R_b$，$R_{c1}=R_{c2}=R_c$；T_1 管与 T_2 管的特性相同，$\beta_1=\beta_2=\beta$，$r_{be1}=r_{be2}=r_{be}$。R_e 为公共的发射极电阻。

在图 5.3.3 所示电路中，输入端与输出端均没有接“地”点，称为双端输入/双端输出电路。在实际应用中，为了负载的安全和防止干扰，常将信号源的一端接地，或者将负载电阻的一端接地。根据输入端和输出端接地情况不同，除上述双端输入/双端输出电路外，还有双端输入/单端输出，单端输入/双端输出和单端输入/单端输出，共四种接法。它们的静态性能都一样，前面已经分析了。下面分别讨论它们的动态性能。

5.3.2.1 双端输入/双端输出

1. 静态分析

当输入信号 $u_{i1}=u_{i2}=0$ 时，可以获得图 5.3.3（a）的直流通路，如图 5.3.3（b）所示。

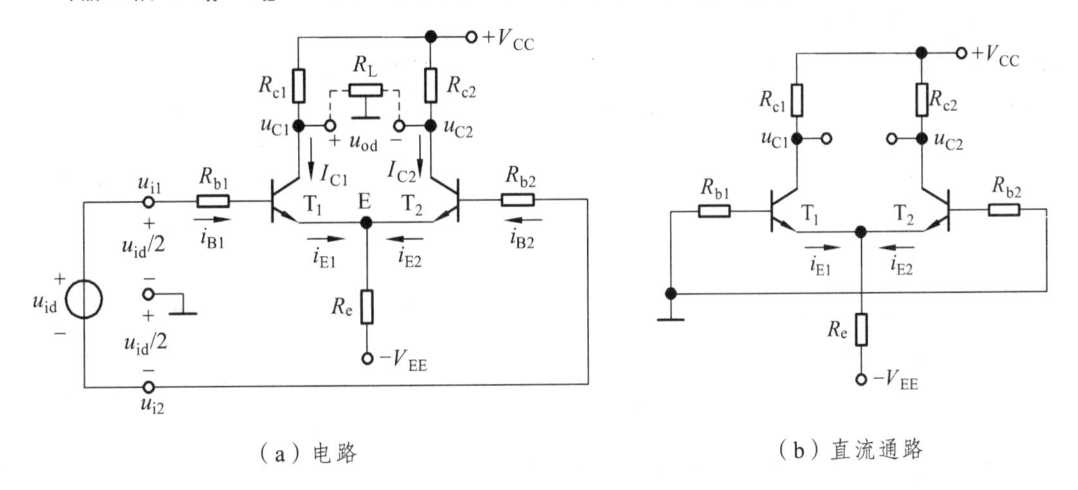

图 5.3.3 长尾式差分放大电路

这里值得注意的是，由于电路的对称性，有 $U_{CQ1}=U_{CQ2}$，所以 R_L 上的电流等于 0，R_L 相当于断开的状态。而电阻 R_e 中的电流等于 T_1 管和 T_2 管的发射极电流之和，即

$$I_{R_e}=I_{EQ1}+I_{EQ2}=2I_{EQ} \tag{5.3.12}$$

根据基极回路方程

$$I_{BQ}R_b+U_{BEQ}+2I_{EQ}R_e=V_{EE} \tag{5.3.13}$$

可以求出基极静态电流 I_{BQ} 或发射极电流 I_{EQ}，从而解出静态工作点。通常情况下，由于 R_b 阻值很小（很多情况下 R_b 为信号源内阻），而且 I_{BQ} 也很小，所以 R_b 上的电压可忽略不计，发射极电位 $U_{EQ}\approx -U_{BEQ}$，因而发射极的静态电流为

$$I_{EQ}\approx\frac{V_{EE}-U_{BEQ}}{2R_e} \tag{5.3.14}$$

可见，只要合理地选择 R_e 的阻值并与电源 V_{EE} 相配合，就可以设置合适的静态工作点。由 I_{EQ} 可得

$$I_{BQ}=\frac{I_{EQ}}{1+\beta} \tag{5.3.15}$$

$$U_{CEQ}=U_{CQ}-U_{EQ}\approx V_{CC}-I_{CQ}R_C+U_{BEQ} \tag{5.3.16}$$

由于$U_{CQ1}=U_{CQ2}$，所以$U_o=U_{CQ1}-U_{CQ2}=0$。

2. 输入为差模信号时的动态分析

当给差分放大电路输入一个差模信号 Δu_{id}时，由于电路参数的对称性，Δu_{id}经分压后，加在 T_1管一边的为$+\Delta u_{id}/2$，加在 T_2管一边的为$-\Delta u_{id}/2$，如图 5.3.3（a）所示。由于 E 点电位在差模信号作用下不变，R_e相当于接“地”；又由于负载电阻的中点电位在差模信号作用下也不变，也相当于接“地”，因而 R_L被分成相等的两部分，分别接在 T_1管和 T_2管的 c-e 之间，所以图 5.3.3（a）所示电路在差模信号作用下的交流等效电路如图 5.3.4 所示。

由式（5.3.8a）可以得差模电压增益为：

$$A_{ud}=\frac{\Delta U_{od}}{\Delta U_{id}}=\frac{-2\Delta I_c(R_c//\frac{R_L}{2})}{2\Delta I_b(R_b+r_{be})}=-\frac{\beta(R_c//\frac{R_L}{2})}{R_b+r_{be}} \tag{5.3.17}$$

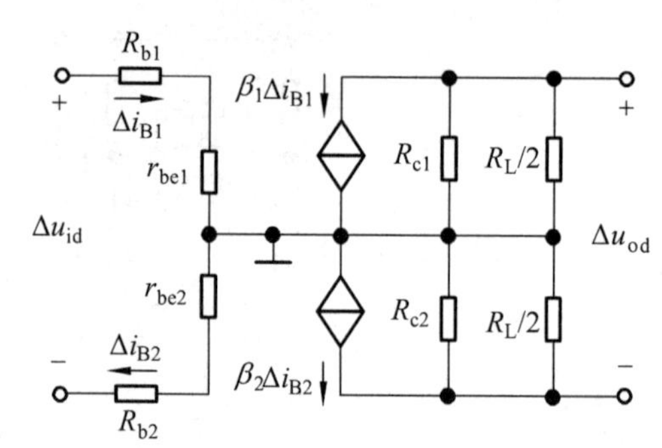

图 5.3.4 双端输入/双端输出差分放大电路交流等效电路

由此可见，虽然差分放大电路用了两只晶体管，但它的电压放大能力只相当于单管共射放大电路。因而，差分放大电路是以牺牲一只管子的放大倍数为代价来换取低温漂的效果的。

根据输入电阻的定义，从图 5.3.3（b）可以看出

$$R_i=2(R_b+r_{be}) \tag{5.3.18}$$

它是单管共射放大电路输入电阻的 2 倍。

电路的输出电阻也是单管共射放大电路输出电阻的 2 倍，即

$$R_o=2R_c \tag{5.3.19}$$

3. 输入为共模信号时的动态分析

在图 5.3.4 所示电路中，输入共模信号时，若电路参数理想对称，由于 $u_{c1}=u_{c2}$，所以 $u_{oc}=u_{c1}-u_{c2}=0$。

由式（5.3.8b）可以得共模电压增益为：

$$A_{uc}=\frac{U_{oc}}{U_{ic}}=0 \tag{5.3.20}$$

所以有

$$K_{CMR}=\left|\frac{A_{ud}}{A_{uc}}\right|=\infty \tag{5.3.21}$$

5.3.2.2　双端输入/单端输出

图 5.3.5 所示为双端输入/单端输出差分放大电路。与图 5.3.3（a）所示电路相比，只在输出端不同，其负载电阻 R_L 的一端接 T_1 管的集电极，另一端接地。它的输出回路已不对称，因此影响了它的静态工作点和动态参数。

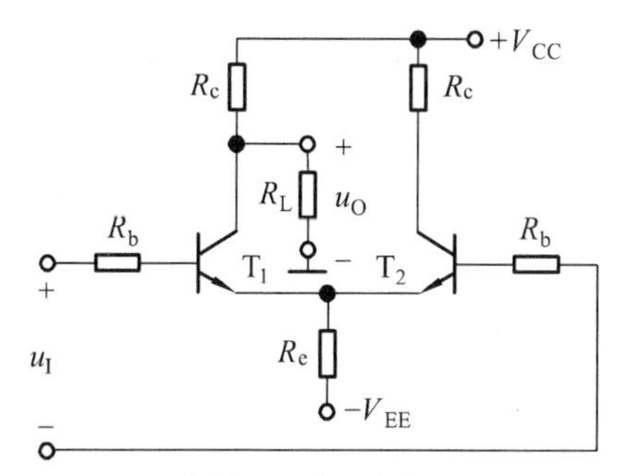

图 5.3.5　双端输入/单端输出差分放大电路

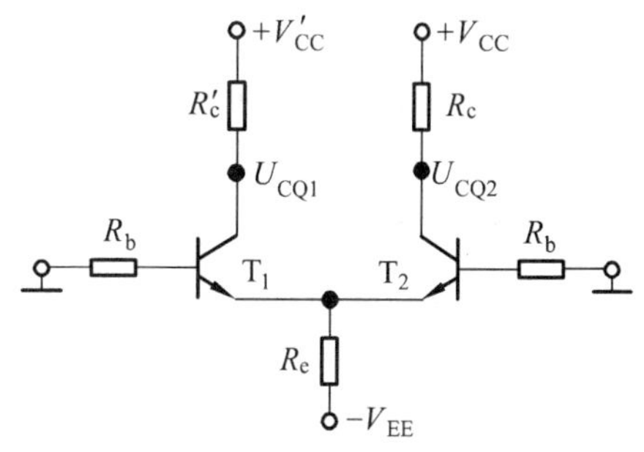

图 5.3.6　图 5.3.5 所示电路的直流通路

1. 静态分析

画出图 5.3.5 所示电路的直流通路如图 5.3.6 所示，图中 V'_{CC} 和 R'_c 是利用戴维南定理进行变换得出的等效电源和电阻，其表达式分别为

$$V'_{CC} = \frac{R_L}{R_c + R_L} \cdot V_{CC} \tag{5.3.22}$$

$$R'_c = R_c // R_L \tag{5.3.23}$$

虽然由于输入回路参数对称，使静态电流 $I_{BQ1} = I_{BQ2}$，从而 $I_{CQ1} = I_{CQ2}$；但是，由于输出回路不对称，使 T_1 管和 T_2 管的集电极电位 $U_{CQ1} \neq U_{CQ2}$，从而使管压降 $U_{CEQ1} \neq U_{CEQ2}$。

由图 5.3.6 可得

$$U_{CQ1} = V'_{CC} - I_{CQ} R'_c \tag{5.3.24}$$

$$U_{CQ2} = V_{CC} - I_{CQ} R_c \tag{5.3.25}$$

静态工作点 I_{EQ}、I_{BQ} 和 U_{CEQ1}、U_{CEQ2} 可通过式（5.3.14）~（5.3.16）计算。

2. 输入为差模信号时的动态分析

因为在差模信号作用时，负载电阻仅取得 T_1 管集电极电位的变化量，所以与双端输出电路相比，差模放大倍数的数值减小。画出图 5.3.5 所示电路对差模信号的等效电路，如图 5.3.7 所示。在差模信号作用时，由于 T_1 管与 T_2 管中电流大小相等且方向相反，所以发射极相当于接地，因此差模放大倍数

$$A_{ud} = \frac{\Delta U_{od}}{\Delta U_{id}} = \frac{-\Delta I_c (R_c // R_L)}{2\Delta I_b (R_b + r_{be})} = -\frac{\beta (R_c // R_L)}{2(R_b + r_{be})} \tag{5.3.26}$$

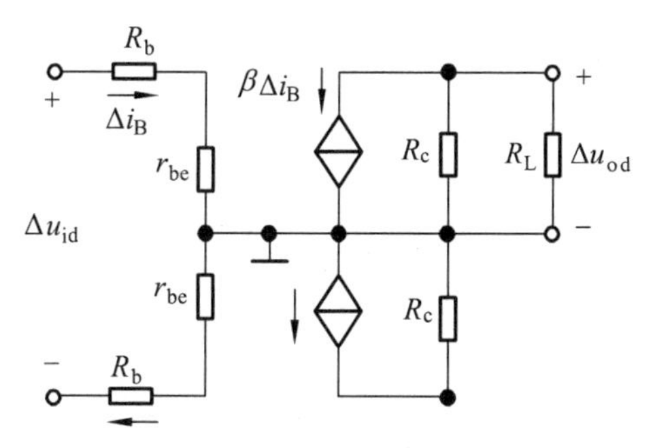

图 5.3.7　图 5.3.5 所示电路对差模信号的等效电路

电路的输入回路没有变，所以输入电阻 R_i 仍

为 $2(R_b+r_{be})$。

电路的输出电阻 R_o 为 R_c，是双端输出电路输出电阻的一半。

3. 输入为共模信号时的动态分析

如果输入差模信号极性不变，而输出信号取自 T_2 管的集电极，则输出与输入同相。当输入共模信号时，由于两边电路的输入信号大小相等且极性相同，所以发射极电阻 R_e 上的电流变化量 $\Delta i_E = 2\Delta i_{E1}$，发射极电位的变化量 $\Delta V_E = 2\Delta i_{E1}R_e$；对于每只管子而言，可以认为是 Δi_E 流过阻值为 $2R_e$ 所造成的，如图 5.3.8（a）所示。因此，与输出电压相关的 T_1 管一边电路对共模信号的等效电路如图 5.3.8（b）所示。

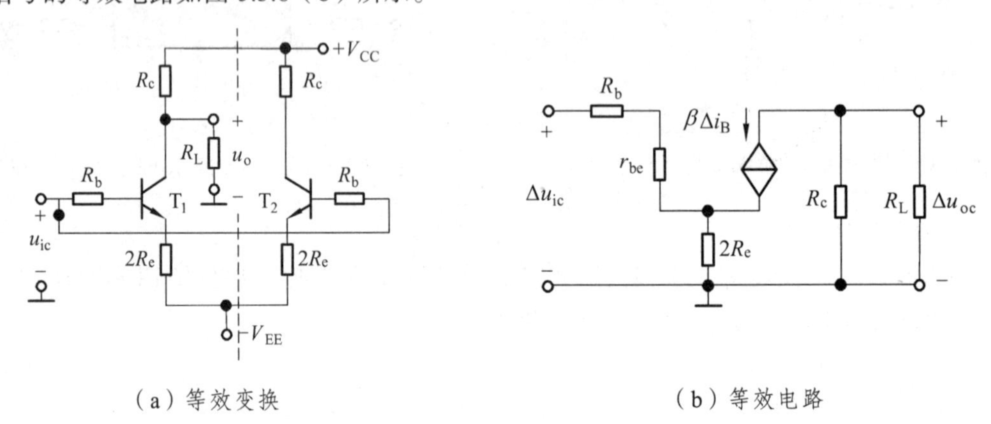

（a）等效变换　　　　（b）等效电路

图 5.3.8　图 5.3.5 所示电路对共模信号的等效电路

由图可以求出共模放大倍数为

$$A_{uc} = \frac{\Delta U_{oc}}{\Delta U_{ic}} = -\frac{\beta(R_c // R_L)}{R_b + r_{be} + 2(1+\beta)R_e} \tag{5.3.27}$$

共模抑制比为

$$K_{CMR} = \left|\frac{A_{ud}}{A_{uc}}\right| = \frac{R_b + r_{be} + 2(1+\beta)R_e}{2(R_b + r_{be})} \tag{5.3.28}$$

从式（5.3.27）和式（5.3.28）可以看出，R_e 愈大，A_{uc} 的值愈小，K_{CMR} 愈大，电路的性能也就愈好。因此，增大 R_e 是改善共模抑制比的基本措施。

5.3.2.3　单端输入/双端输出

图 5.3.9（a）所示为单端输入/双端输出电路，两个输入端中有一个接地，输入信号加在另一端与地之间。因为电路对于差模信号是通过发射极相连的方式将 T_1 管的发射极电流传递到 T_2 管的发射极的，故称这种电路为射极耦合电路。

为了说明这种输入方式的特点，不妨将输入信号进行如下的等效变换。在加信号一端，可将输入信号分为两个串联的信号源，它们的数值均为 $\Delta u_i/2$，极性相同；在接地一端，也可以等效为两个串联的信号源，它们的数值均为 $\Delta u_i/2$，但极性相反，如图 5.3.9（b）所示。不难看出，同双端输入时一样，左右两边获得的差模信号仍为 $\pm\Delta u_i/2$；但是与此同时，两边输入了 $\Delta u_i/2$ 的共模信号。可见，单端输入电路与双端输入电路的区别在于：在输入差模信号的同时伴随着共模信号的输入。因此，在共模放大倍数 A_{uc} 不为零时，输出端不仅有差模信号作用而得到的差模输出电压，还有共模信号作用而得到的共模输出电压，即

$$\Delta u_o = A_{ud}\Delta u_i + A_{uc}\frac{\Delta u_i}{2} \tag{5.3.29}$$

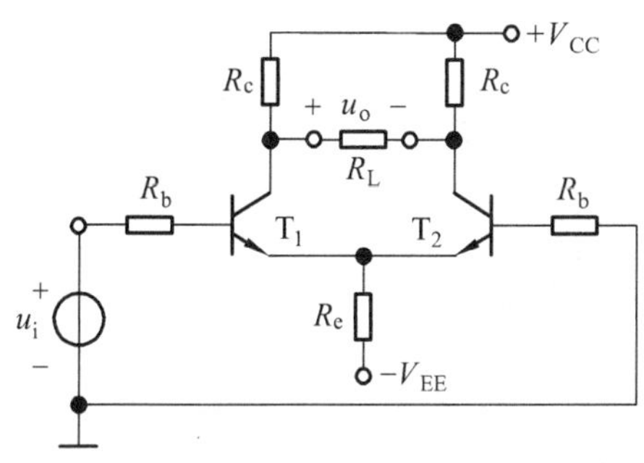

（a）电路

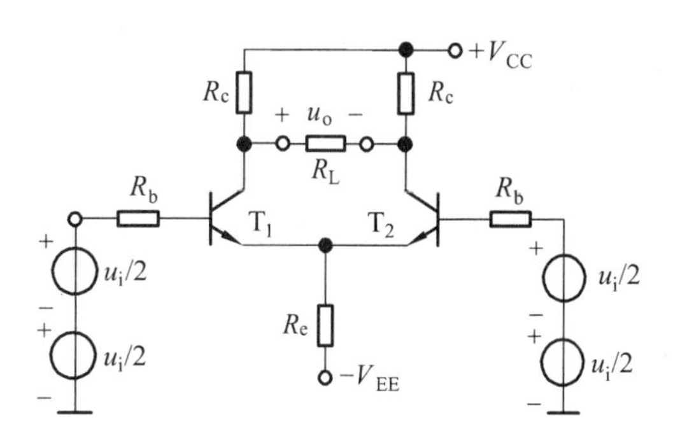

（b）输入信号的等效变换

图 5.3.9　单端输入/双端输出电路

当然，若电路参数理想对称，则 $A_{uc} = 0$，即式中的第二项为 0，此时 K_{CMR} 将为无穷大。单端输入/双端输出电路与双端输入/双端输出电路的静态工作点以及动态参数的分析完全相同，这里不再一一推导。

5.3.2.4　单端输入/单端输出

图 5.3.10 所示为单端输入/单端输出电路，对于单端输出电路，常将不输出信号一边的 R_c 省掉。该电路对 Q 点、A_{ud}、A_{uc}、R_i 和 R_o 的分析与图 5.3.5 所示电路相同，对输入信号作用的分析与图 5.3.9 所示电路相同。

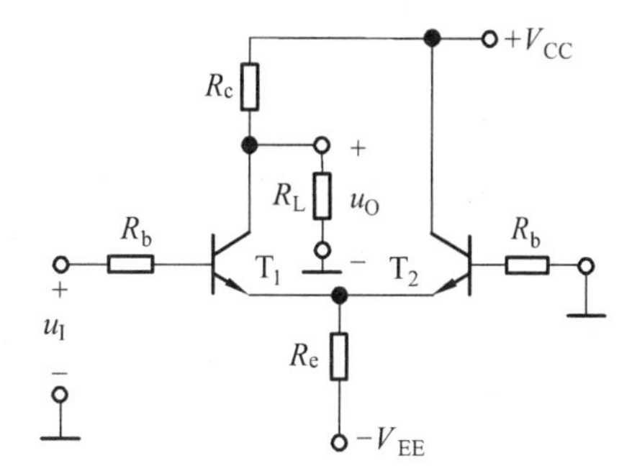

图 5.3.10　单端输入/单端输出电路

5.3.2.5　总结及举例

4 种接法的动态参数特点归纳如下：

（1）输入电阻均为 $2(R_b+r_{be})$。

（2）A_{ud}、A_{uc}、R_o 与输出方式有关：双端输出时，A_{ud} 见式（5.3.17），$A_{uc} = 0$，$R_o = 2R_c$；单端输出时，A_{ud} 与 A_{uc} 分别见式（5.3.26）和式（5.3.27），而 $R_o = R_c$。

（3）单端输入时，在差模信号输入的同时总伴随着共模输入。若输入信号为 Δu_i，则 $\Delta u_{id} = \Delta u_i$，$\Delta u_{ic} = +\Delta u_i/2$，输出电压表达式为式（5.3.29）。

例 5.3.1　电路如图 5.3.3（a）所示，已知 $R_b = 1\ \text{k}\Omega$，$R_c = 10\ \text{k}\Omega$，$R_L = 5.1\ \text{k}\Omega$，$V_{CC} = 12\ \text{V}$，$V_{EE} = 6\ \text{V}$；晶体管的 $\beta = 100$，$r_{be} = 2\ \text{k}\Omega$，$U_{BEQ} = 0.7\ \text{V}$；$T_1$ 管和 T_2 管的发射极静态电流均为 0.5 mA。

（1）R_e 的取值应为多少？T_1 管和 T_2 管的管压降 U_{CEQ} 等于多少？

（2）计算 A_{ud}、R_i 和 R_o 的数值；

（3）若将电路改成单端输出，如图 5.3.5 所示，用直流表测得输出电压 $U_o = 3\ \text{V}$，试问输

入电压 u_i 约为多少?设共模输出电压可忽略不计。

解：（1）根据式（5.3.14）有

$$R_e \approx \frac{V_{EE} - U_{BEQ}}{2I_{EQ}} = \frac{6-0.7}{2\times0.5}\text{k}\Omega = 5.3\ \text{k}\Omega$$

$$V_{CQ} = V_{CC} - I_{CQ}R_C \approx (12 - 0.5\times10)\text{V} = 7\ \text{V}$$

根据式（5.3.16）有

$$U_{CEQ} = V_{CQ} - V_{CQ} \approx (7+0.7)\text{V} = 7.7\ \text{V}$$

（2）根据式（5.3.17）~（5.3.19），可计算出动态参数。

$$A_{ud} = -\frac{\beta(R_c // \frac{R_L}{2})}{R_b + r_{be}} = -\frac{100\times\frac{10\times2.55}{10+2.55}}{1+2} \approx -68$$

$$R_i = 2(R_b + r_{be}) = 2\times(1+2)\ \text{k}\Omega = 6\ \text{k}\Omega$$

$$R_o = 2R_c = 2\times10\ \text{k}\Omega = 20\ \text{k}\Omega$$

（3）由于用直流表测得的输出电压中既含有直流（静态）量又含有变化量（信号作用的结果），所以首先应计算出静态时 T_1 管的集电极电位，然后用所测电压减去计算出的静态电位就可得到动态电压。根据式（5.3.22）~（5.3.24）可得

$$U_{CQ1} = \frac{R_L}{R_c + R_L}V_{CC} - I_{CQ}(R_c // R_L) = (\frac{5.1}{10+5.1}\times12 - 0.5\times\frac{10\times5.1}{10+5.1})\text{V} \approx 2.36\ \text{V}$$

$$\Delta U_o = U_o - U_{CQ1} \approx (3-2.36)\text{V} = 0.64\ \text{V}$$

已知 ΔU_o，且共模输出电压可忽略不计，因而若能计算出差模电压放大倍数，就可以得出输入电压的数值。根据式（5.3.26）有

$$A_{ud} = -\frac{1}{2}\cdot\frac{\beta(R_c // R_L)}{R_b + r_{be}} = -\frac{1}{2}\times\frac{100\times\frac{10\times5.1}{10+5.1}}{1+2} \approx 56$$

所以输入电压为

$$\Delta u_i \approx \frac{\Delta u_o}{A_{ud}} = (\frac{0.64}{-56})\text{V} \approx -0.0114\ \text{V} = -11.4\ \text{mV}$$

5.3.3 具有恒流源的差分式放大电路

在差分放大电路中，增大发射极电阻 R_e 的阻值，能够有效地抑制每一边电路的温漂，提高共模抑制比，这一点对于单端输出电路尤为重要。可以设想，若 R_e 为无穷大，则即使是单端输出电路，根据式（5.3.27）和式（5.3.10），A_{uc} 也为零，K_{CMR} 也为无穷大。设晶体管发射极静态电流为 0.5 mA，则 R_e 中电流就为 1 mA；若 R_e 为 10 kΩ，则电源 V_{EE} 的值约为 10.7 V；若 $R_e = 100$ kΩ，则 $V_{EE} \approx 100.7$ V，这显然是不现实的。考虑到故障情况下这样高的电源电压会全部加在差分管上，差分管必须选择高耐压管，对于小信号放大电路这是不合理的。差分电路需要既能采用较低的电源电压、又能有很大的等效电阻 R_e 的发射极电路，电流源正好具

备上述特点。

利用工作点稳定电路来取代 R_e，就得到如图 5.3.11 所示的具有恒流源的差分放大电路。图中 R_1、R_2、R_3 和 T_3 组成工作点稳定电路，电源 V_{EE} 可取几伏，电路参数应满足 $I_2>>I_{B3}$。这样就有 $I_1 \approx I_2$，所以 R_2 上的电压为

$$U_{R2} \approx \frac{R_2}{R_1+R_2}V_{EE} \quad (5.3.30)$$

T_3 管的集电极电流为

$$I_{C3} \approx I_{E3} = \frac{U_{R2}-U_{BE3}}{R_3} \quad (5.3.31)$$

若 U_{BE3} 的变化可忽略不计，则 I_{C3} 基本不受温度影响。而且，由图 5.3.11 可知，没有动态信号能够作用到 T_3 管的基极或发射极，因此 I_{C3} 为恒流，发射极所接电路可以等效成一个恒流源。T_1 管和 T_2 管的发射极静态电流为

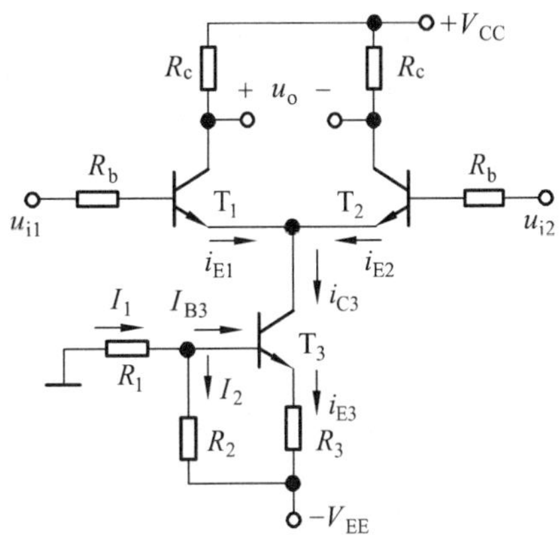

图 5.3.11　具有恒流源的差分放大电路

$$I_{EQ1} = I_{EQ2} = \frac{I_{C3}}{2} \quad (5.3.32)$$

当 T_3 管输出特性为理想特性时，T_3 在放大区的输出特性曲线是横轴的平行线时，恒流源的内阻为无大，即相当于 T_1 管和 T_2 管的发射极接了一个阻值为无穷大的电阻，对共模信号的负反馈作用无穷大，因此使电路的 $A_{uc}=0$，$K_{CMR}=\infty$。

恒流源的具体电路是多种多样的，若用恒流源符号取代具体电路，则可得到图 5.3.12 所示差分放大电路。在实际电路中，由于难以做到参数理想对称，所以常用一个阻值很小的电位器加在两只管子的发射极之间，见图中的 R_w。调节电位器滑动端的位置便可使电路在 $u_{i1}=u_{i2}=0$ 时 $u_o=0$，所以常称 R_w 为调零电位器。

为了获得高输入电阻的差分放大电路，可以将前面所讲电路中的差放管用场效应管取代，如图 5.3.13 所示。这种电路特别适于做直接耦合多级放大电路的输入级。通常情况下，可以认为其输入电阻为无穷大。和晶体管差分放大电路相同，场效应管差分放大电路也有 4 种接法，可以采用前面叙述的方法对 4 种接法进行分析，这里不赘述。

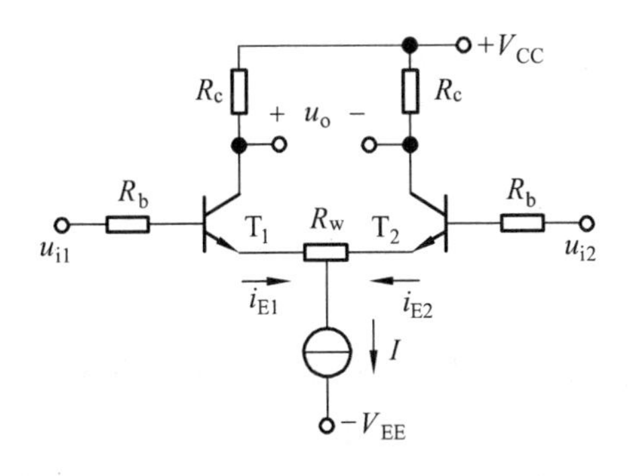

图 5.3.12　恒流源电路的简化画法及电路调零措施

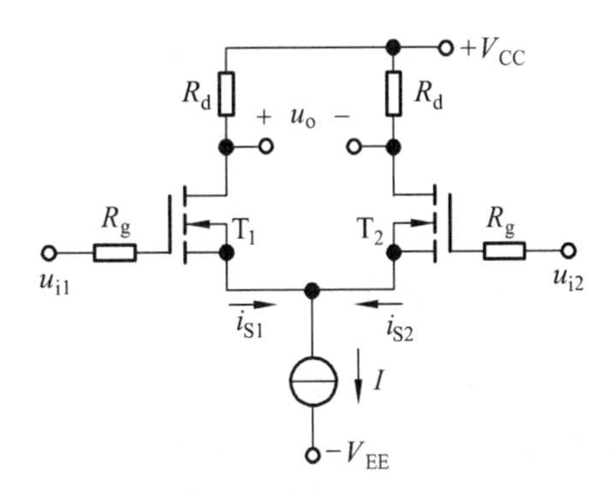

图 5.3.13　场效应管差分放大电路

思考题

5.3.1　电流源电路有什么特点?在模拟集成电路中，为什么要采用电流源来实现直流偏置和作为放大电路的有源负载?

5.3.2　试画出 BJT 镜像电流源、高输出电阻电流源、BJT 微电流源等三种电流源电路，并说明哪种电路常用来设计极小电流的电流源电路?串级电流源电路的动态输出电阻为多少?该电路有什么特点?

习　题

5.3.1　多路电流源电路如图题 5.3.1 所示，已知所有晶体管的特性均相同，U_{BE} 均为 0.7 V。试求 I_{C1}、I_{C2} 各为多少。

5.3.2　电路如图 5.3.2 所示，已知 $\beta_1=\beta_2=\beta_3=100$。各管的 U_{BE} 均为 0.7 V，试求 I_{C2} 的值。

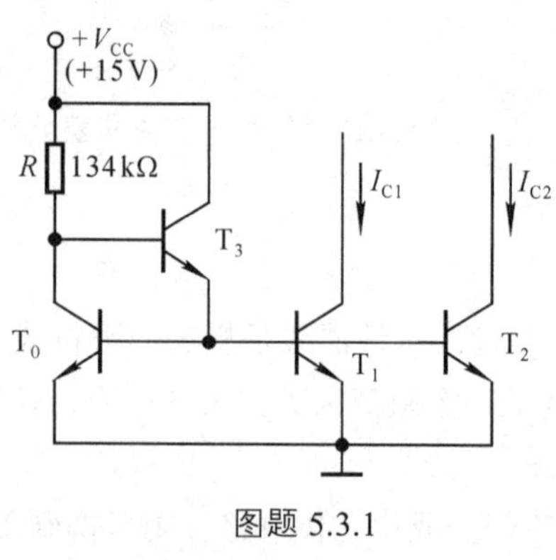

图题 5.3.1

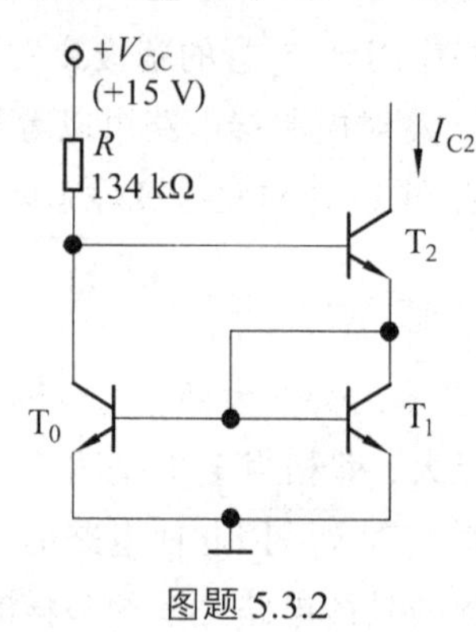

图题 5.3.2

5.3.3　电路如图题 5.3.3 所示，各晶体管的低频跨导均为 g_m，T_1 和 T_2 管 D-S 间的动态电阻分别为 r_{ds1} 和 r_{ds2}。试求解电压放大倍数 $A_u=\Delta u_o/\Delta u_i$ 的表达式。

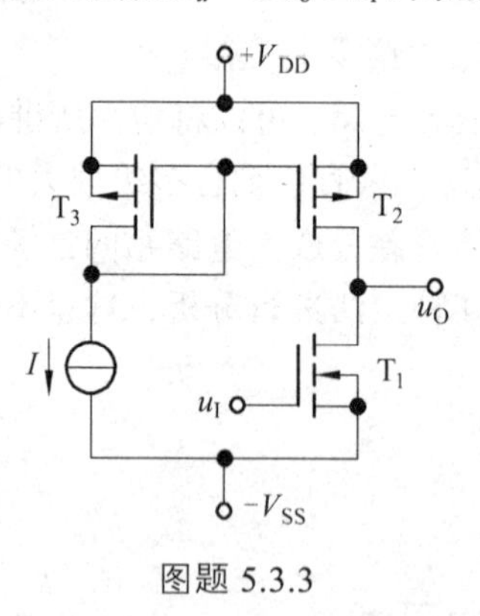

图题 5.3.3

5.4　集成运算放大器

从本质上看，集成运放是一种高性能的直接耦合放大电路。尽管品种繁多，内部电路结构也不尽相同，但是它们的基本组成部分、结构形式和组成原则基本一致。本节首先从集成运放电路的原理电路谈起，然后对典型电路进行分析。分析集成运放电路的目的，一是从中更加深入地理解集成运放的性能特点，二是了解复杂电路的分析方法。

5.4.1 BJT 集成运放原理

在集成运放电路中，若有一个支路的电流可以直接估算出来，通常该电流就是偏置电路的基准电流，电路中与之相关联的电流源（如镜像电流源、比例电流源等）部分，就是偏置电路。将偏置电路分离出来，剩下部分一般为三级放大电路，按信号的流通方向，以“输入”和“输出”为线索，既可将三级分开，又可得出每一级属于哪种基本放大电路。

双极型集成运放的原理电路如图 5.4.1（a）所示，首先将偏置电路分离出来，然后再对放大电路进行分析。

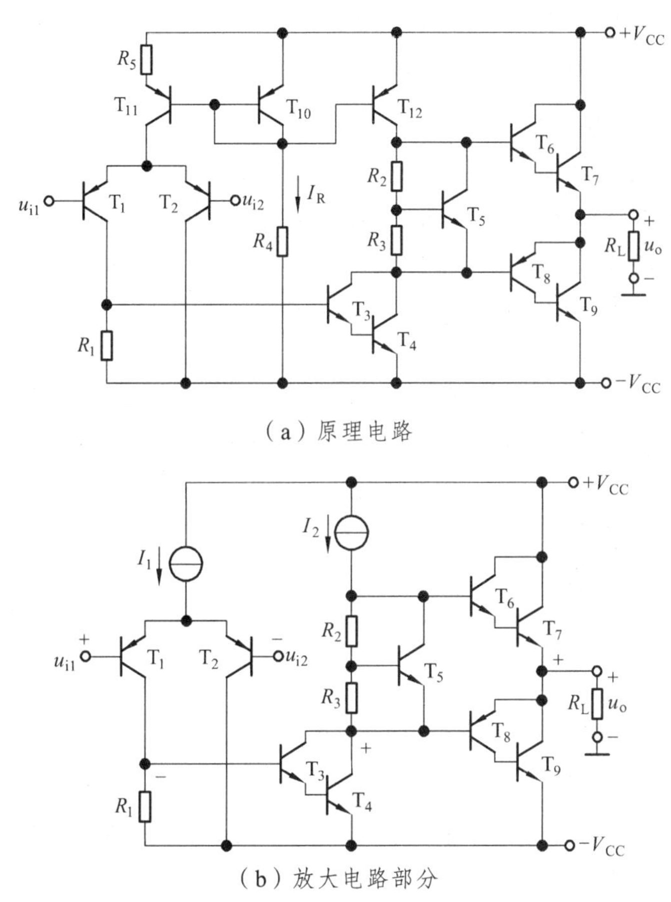

（a）原理电路

（b）放大电路部分

图 5.4.1　双极型集成运放的原理电路

1. 对偏置电路的分析

观察图 5.4.1（a）所示电路，发现电阻 R_4 中的电流可以估算出来，所以 I_{R4} 即为偏置电路中的基准电流。

$$I_{R4}=\frac{2V_{CC}-U_{EB10}}{R_4}$$

2. 对原理电路的定性分析

观察图 5.4.1（b）所示电路，按输入信号（$u_{i1}-u_{i2}$）传递的顺序可以看出，所示为三级放大电路。与图 5.1.1 所示集成运放电路方框图对照，第一级是以 T_1 管和 T_2 管为放大管的双端输入/单端输出差分放大电路，其作用是减小整个电路的温漂，增大共模抑制比。第二级是以 T_3 和 T_4 管组成的复合管为放大管、以恒流源作有源负载的共射放大电路，可获得很高的电压放大倍数。第三级是准互补电路，带负载能力强，且最大不失真输出电压幅值接近电源电压；R_2、R_3 和 T_5 组成 U_{BE} 倍增电路，用来消除交越失真。电路还采用 NPN 管和 PNP 管混合使用的方法，以保证各级均有合适的静态工作点，且输入电压为零时输出电压为零。

当输入的差模信号极性 u_{i1} 为正、u_{i2} 为负时，T_1 管集电极动态电位的极性为负，即 T_3 管的基极动态电位为负，因而 T_3 和 T_4 管集电极动态电位为正（共射电路输出电压与输入电压反相），所以输出电压为正（OCL 电路是电压跟随电路）。因此，u_{i1} 与 u_o 极性相同，u_{i2} 与 u_o 极性相反。可见，u_{i1} 为同相输入端，u_{i2} 为反相输入端。

3. 对原理电路的定量估算

为了分析动态参数，首先应画出图 5.4.1（b）所示电路的交流等效电路，如图 5.4.2 所示。因为 T_3 和 T_4 管的集电极所接恒流源的动态电阻无穷大，所以 T_3 和 T_4 管的动态电流全部流向输出级；且 T_5 管的集电极和发射极之间无动态压降，即可视为短路。因为在输入信号极性不同时，输出级的 T_6 和 T_7、T_8 和 T_9 中只有一对管子工作，所以交流等效电路中可只画一半电路。

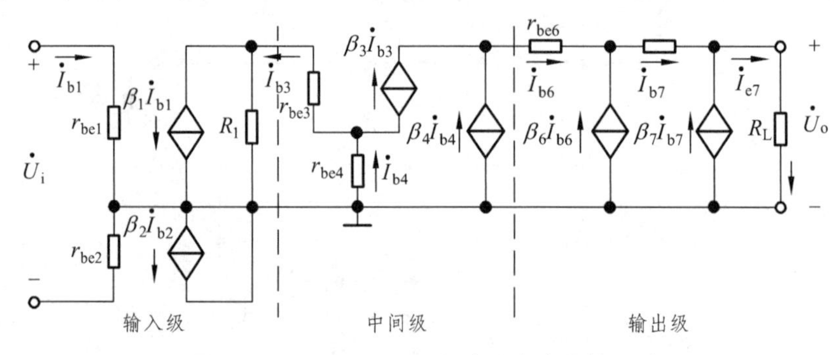

图 5.4.2　图 5.4.1 所示电路的交流等效电路

交流等效电路中各支路的电流方向是以输入信号方向为依据逐级确定的。设电路中所有晶体管的电流放大系数均为 β，以下逐级分析电流关系。

若电阻 R_1 远远大于第二级放大电路的输入电阻，则 T_3 管的基极电流 $\dot{I}_{b3} \approx \dot{I}_{c1} = \beta \dot{I}_{b1}$，而且根据图中电流关系可得

$$\dot{I}_{b4} \approx \dot{I}_{c3} = \beta \dot{I}_{b3} = \beta^2 \dot{I}_{b1}$$

$$\dot{I}_{b6} \approx \dot{I}_{c4} = \beta \dot{I}_{b4} = \beta^3 \dot{I}_{b1}$$

$$\dot{I}_{b7} \approx \dot{I}_{c6} = \beta \dot{I}_{b6} = \beta^4 \dot{I}_{b1}$$

T_7 管的发射极电流全部流入负载，负载电阻上的电流为

$$\dot{I}_L = \dot{I}_{e7} \approx \dot{I}_{c7} = \beta \dot{I}_{b7} = \beta^5 \dot{I}_{b1}$$

因此，图 5.4.1 所示电路的电压放大倍数

$$\dot{A}_u = \frac{\Delta u_o}{\Delta(u_{i1} - u_{i2})} = \frac{\dot{I}_L R_L}{\dot{I}_{b1} \cdot 2r_{be1}} \approx \frac{\beta^5 R_L}{2r_{be1}}$$

上式表明，要使电压放大倍数达到几十万甚至上百万倍不是太困难的事。同时说明，双极型管放大电路的高电压放大倍数是依靠晶体管的电流放大作用的积累来实现的。

输入电阻为

$$R_{\mathrm{i}} = r_{\mathrm{be1}} + r_{\mathrm{be2}} = 2r_{\mathrm{be1}}$$

因为差分放大电路的集电极静态电流很小，为几十微安甚至更小，所以输入电阻很大。

5.4.2 F007 电路分析

F007 是通用型集成运放，其电路如图 5.4.3 所示，它由±15 V 两路电源供电。从图中可以看出，从$+V_{\mathrm{CC}}$经 T_{12}、R_5和 T_{11}到$-V_{\mathrm{CC}}$所构成的回路的电流能够直接估算出来，因而 R_5中的电流为偏置电路的基准电流。T_{10}与 T_{11}构成微电流源，而且 T_{10}的集电极电流 I_{C10}等于 T_9管集电极电流 I_{C9}与 T_3、T_4的基极电流 I_{B3}、I_{B4}之和，即 $I_{\mathrm{C10}} = I_{\mathrm{C9}}+I_{\mathrm{B3}}+I_{\mathrm{B4}}$；$\mathrm{T}_8$与 T_9为镜像关系，为第一级提供静态电流；T_{13}与 T_{12}为镜像关系，为第二、三级提供静态电流。F007 的偏置电路如图中所标注。将偏置电路分离出来后，可得到 F007 的放大电路部分，如图 5.4.4 所示。根据信号的流通方向可将其分为三级，下面就各级做具体分析。

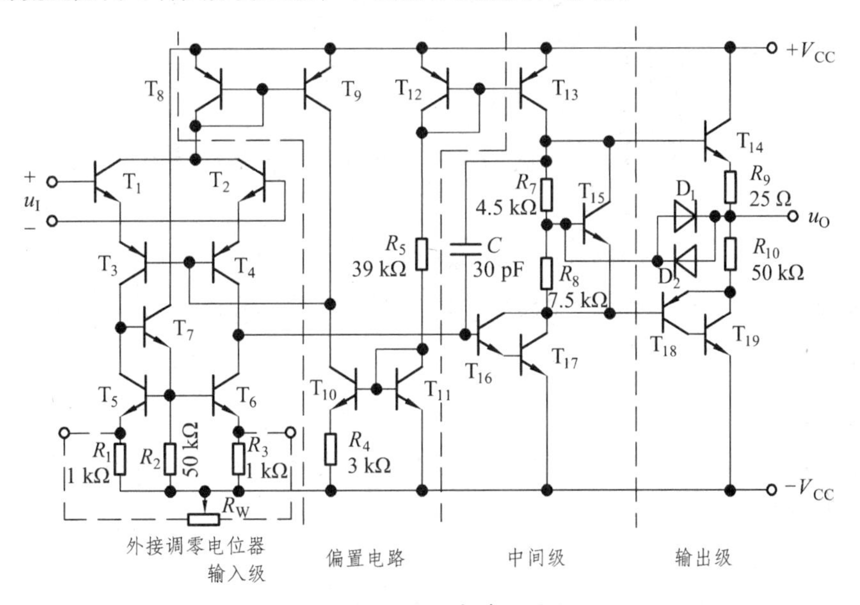

图 5.4.3 F007 电路原理图

1. 输入级

输入信号 u_{i}加在 T_1和 T_2管的基极，而从 T_4管（即 T_6管）的集电极输出信号，故输入级是双端输入/单端输出的差分放大电路，完成了整个电路对地输出的转换。T_1与 T_2、T_3与 T_4管两、两特性对称，构成共集-共基电路，从而提高电路的输入电阻，改善频率响应。T_1与 T_2管为纵向管，β大；T_3与 T_4管为横向管，β小但耐压高；T_5、T_6与 T_7管构成的电流源电路作为差分放大电路的有源负载；因此输入级可承受较高的差模输入电压并具有较强的放大能力。

T_5、T_6与 T_7构成的电流源电路不但作为有源负载，而且将 T_3管集电极动态电流转换为输出电流 Δi_{B16}的一部分。由于电路的对称性，当有差模信号输入时，$\Delta i_{\mathrm{C3}} = -\Delta i_{\mathrm{C4}}$，$\Delta i_{\mathrm{C5}} \approx \Delta i_{\mathrm{C3}}$（忽略 T_7管的基极电流），$\Delta i_{\mathrm{C5}} = \Delta i_{\mathrm{C6}}$（因为 $R_1 = R_3$），因而$\Delta i_{\mathrm{C6}} \approx -\Delta i_{\mathrm{C4}}$，所以$\Delta i_{\mathrm{B16}} = \Delta i_{\mathrm{C4}}-$

$\Delta i_{C6} \approx 2\Delta i_{C4}$，输出电流加倍，当然会使电压放大倍数增大。电流源电路还对共模信号起抑制作用，当共模信号输入时，$\Delta i_{C3} \approx \Delta i_{C4}$，而$\Delta i_{C6} = \Delta i_{C5} \approx \Delta i_{C3}$（忽略 T_7 管的基极电流），$\Delta i_{B16} = \Delta i_{C4} - \Delta i_{C6} \approx 0$，可见，共模信号基本不传递到下一级，提高了整个电路的共模抑制比。

此外，当某种原因使输入级静态电流增大时，T_8 与 T_9 管集电极电流会相应增大，但因为 $I_{C10} = I_{C9} + I_{B3} + I_{B4}$，且 I_{C10} 基本恒定，所以 I_{C9} 的增大势必使 I_{B3}、I_{B4} 减小，从而使输入级静态电流 I_{C1}、I_{C2}、I_{C3}、I_{C4} 减小，最终保持它们基本不变。当某种原因使输入级静态电流减小时，各电流的变化与上述过程相反。

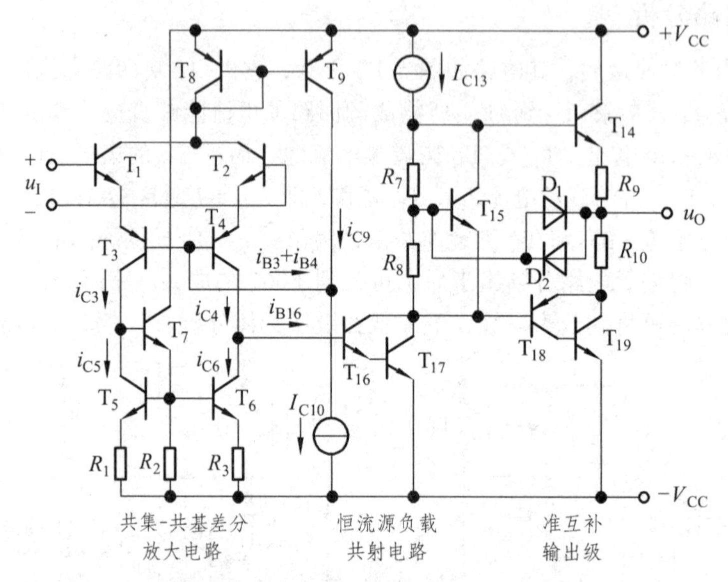

图 5.4.4　F007 电路中的放大电路部分

综上所述，输入级是一个输入电阻大、输入端耐压高、对共模信号抑制能力强、有较大差模放大倍数的双端输入/单端输出差分放大电路。

2. 中间级

中间级是以 T_{16} 和 T_{17} 组成的复合管为放大管、以电流源为集电极负载的共射放大电路，具有很强的放大能力。

3. 输出级

输出级是准互补电路，T_{18} 和 T_{19} 复合而成的 PNP 型管与 NPN 型管 T_{14} 构成互补形式，为了弥补它们的非对称性，在发射极加了两个阻值不同的电阻 R_9 和 R_{10}。R_7、R_8 和 T_{15} 构成 U_{BE} 倍增电路，为输出级设置合适的静态工作点，以消除交越失真。R_9 和 R_{10} 还作为输出电流 i_o（发射极电流）的采样电阻，与 D_1、D_2 共同构成过流保护电路，这是因为 T_{14} 导通时 R_7 上电压与二极管 D_1 上电压之和等于 T_{14} 管 b-e 间电压与 R_9 上电压之和，即

$$u_{R_7} + u_{D_1} = u_{BE14} + i_o R_9$$

当 i_o 未超过额定值时，$u_{D1} < U_{ON}$，D_1 截止；而当 i_o 过大时，R_9 上电压变大使 D_1 导通，为 T_{14} 的基极分流，从而限制了 T_{14} 的发射极电流，保护了 T_{14} 管。D_2 在 T_{18} 和 T_{19} 导通时起保护作用。

在图 5.4.3 中，电容 C 的作用是相位补偿；外接电位器 R_W 起调零作用，改变其滑动端，可改变 T_5 和 T_6 管的发射极电阻，以调整输入级的对称程度。读者可参阅本节对图 5.4.1 所示电路的定量分析，自行分析 F007 电路的输入电阻、输出电阻和电压放大倍数。其电压放大倍数可达几十万倍，输入电阻可达 2 MΩ 以上。

思考题

5.4.1 集成电路为什么要采用直接耦合方式?

5.4.2 运放的输入级与输出级各采用什么电路形式？它们对运放的性能带来什么影响?

5.4.4 F007 型运放电路由哪几部分组成?各部分的作用如何?

5.4.5 BJT 型运放 F007 的偏置电路由哪些器件组成，电路中电流源电路各起什么作用?

5.4.6 试说明 BJT 型 F007 的输入级、电压放大级和输出级电路的基本形式。电路中有哪些保护电路?

习 题

5.4.1 比较图题 5.4.1 所示两个电路，分别说明它们是如何消除交越失真和如何实现过流保护的。

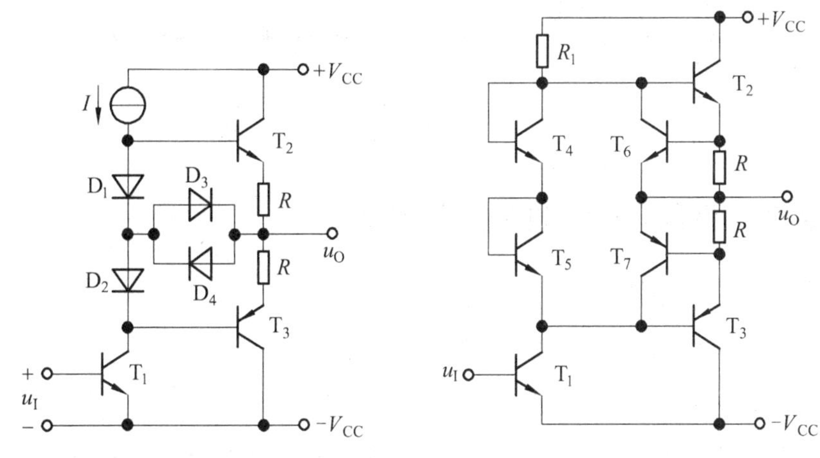

图题 5.4.1

5.4.2 图题 5.4.2 所示为简化的高精度运放电路原理图，试分析：

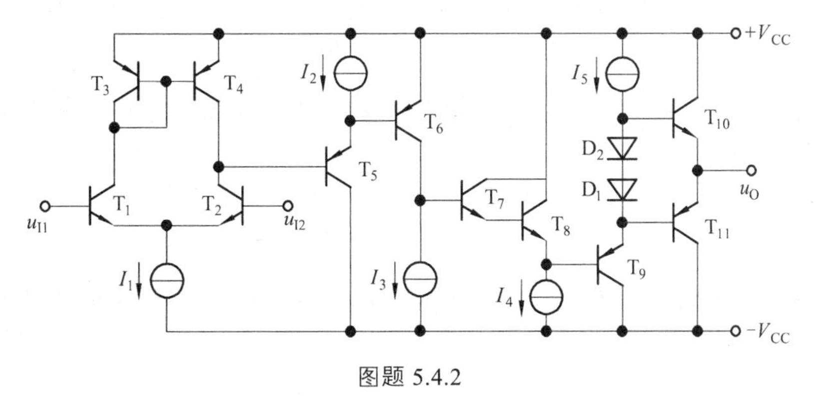

图题 5.4.2

（1）两个输入端中哪个是同相输入端，哪个是反相输入端；

（2）T_3与T_4的作用；

（3）电流源I_3的作用；

（4）D_2与D_3的作用。

5.4.3　通用型运放 F747 的内部电路如图题 5.4.3 所示，试分析：

（1）偏置电路由哪些元件组成?基准电流约为多少?

（2）哪些是放大管?组成几级放大电路?每级各是什么基本电路?

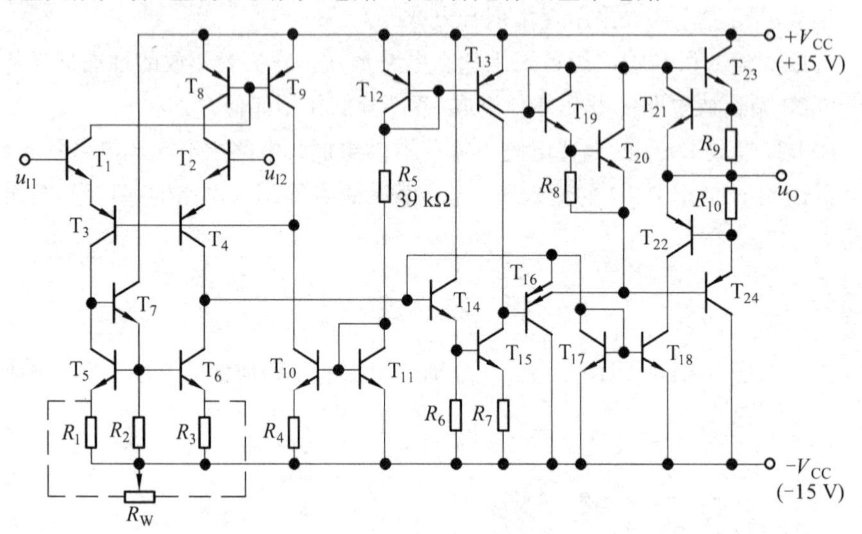

图题 5.4.3

5.5　集成运放的性能指标、种类及选择

5.5.1　集成运放的性能指标

在考察集成运放的性能时，常用下列参数来描述：

1. 开环差模增益 A_{od}

在集成运放无外加反馈时的差模放大倍数称为开环差模增益，记作 A_{od}。$A_{od}=\Delta u_o/\Delta(u_P-u_N)$，常用分贝（dB）表示，其分贝数为 $20\lg|A_{od}|$。通用型集成运放的 A_{od} 通常在 10^5 左右，即 100 dB 左右。F007C 的 A_{od} 大于 94 dB。

2. 共模抑制比 K_{CMR}

共模抑制比等于差模放大倍数与共模放大倍数之比的绝对值，即 $K_{CMR}=|A_{od}/A_{oc}|$，也常用分贝表示，其数值为 $20\lg K_{CMR}$。

F007 的 K_{CMR} 大于 80 dB。由于 A_{od} 大于 94 dB，所以 A_{oc} 小于 14 dB。

3. 差模输入电阻 r_{id}

r_{id} 是集成运放对输入差模信号的输入电阻。r_{id} 愈大，从信号源索取的电流愈小。F007C 的 r_{id} 大于 2 MΩ。

4. 输入失调电压 U_{IO} 及其温漂 dU_{IO}/dT

由于集成运放的输入级电路参数不可能绝对对称，所以当输入电压为零时，u_o 并不为零。U_{IO} 是使输出电压为零时在输入端所加的补偿电压，若运放工作在线性区，则 U_{IO} 的数值是 u_i 为零时输出电压折合到输入端的电压，即

$$U_{IO}=-\frac{U_O|_{u_i=0}}{A_{od}} \tag{5.5.1}$$

U_{IO} 愈小，表明电路参数对称性愈好。对于有外接调零电位器的运放，可以通过改变电位器滑动端的位置使得输入为零时输出为零。

dU_{IO}/dT 是 U_{IO} 的温度系数，是衡量运放温漂的重要参数，其值愈小，表明运放的温漂愈小。

F007C 的 U_{IO} 小于 2 mV，dU_{IO}/dT 小于 20 μV/°C。因为 F007C 的开环差模增益为 94 dB，约 5×10^4 倍；根据式（5.1.1）~（5.1.3）可知，在输入失调电压（2 mV）作用下，集成运放已工作在非线性区；所以若不加调零措施，则输出电压不是 $+U_{OM}$ 就是 $-U_{OM}$，而无法放大。

5. 输入失调电流 I_{IO} 及其温漂 dI_{IO}/dT

$$I_{IO}=|I_{B1}-I_{B2}| \tag{5.5.2}$$

I_{IO} 反映输入级差放管输入电流的不对称程度。dI_{IO}/dT 与 dU_{IO}/dT 的含义相类似，只不过研究的对象为 I_{IO}。I_{IO} 和 dI_{IO}/dT 愈小，运放的质量愈好。

6. 输入偏置电流 I_{IB}

I_{IB} 是输入级差放管的基极（栅极）偏置电流的平均值，即

$$I_{IB}=\frac{1}{2}(I_{B1}+I_{B2}) \tag{5.5.3}$$

I_{IB} 愈小，信号源内阻对集成运放静态工作点的影响也就愈小。而通常 I_{IB} 愈小，往往 H 也愈小。

7. 最大共模输入电压 U_{Icmax}

U_{Icmax} 是输入级能正常放大差模信号情况下允许输入的最大共模信号，若共模输入电压高于此值，则运放不能对差模信号进行放大。因此，在实际应用时，要特别注意输入信号中共模信号的大小。

F007 的 U_{Icmax} 高达±13 V。

8. 最大差模输入电压 U_{Idmax}

当集成运放所加差模信号大到一定程度时，输入级至少有一个 PN 结承受反向电压，U_{Idmax} 是不至于使 PN 结反向击穿所允许的最大差模输入电压。当输入电压大于此值时，输入级将损坏。运放中 NPN 型管的 b-e 间耐压值只有几伏，而横向 PNP 型管的 b-e 间耐压值可达几十伏。

F007C 中输入级采用了横向 PNP 型管，因而 U_{Idmax} 可达+30 V。

9. −3dB 带宽 f_H

f_H 是使 A_{od} 下降 3 dB（即下降到约 0.707 倍）时的信号频率。由于集成运放中晶体管（或

场效应管）数目多，因而极间电容就较多；又因为那么多元件制作在一小块硅片上，分布电容和寄生电容也较多；因此，当信号频率升高时，这些电容的容抗变小，使信号受到损失，导致 A_{od} 数值下降且产生相移。

F007C 的 f_H 仅为 7Hz。

应当指出，在实用电路中，因为引入负反馈展宽了频带，所以上限频率可达数百千赫。

10. 单位增益带宽 f_c

f_c 是使 A_{od} 下降到零分贝（即 $A=1$，失去电压放大能力）时的信号频率，与晶体管的特征频率 f_T 相类似。

11. 转换速率 SR

SR 是在大信号作用下输出电压在单位时间变化量的最大值，即

$$SR=\left|\frac{\mathrm{d}u_o}{\mathrm{d}t}\right|_{max} \tag{5.5.4}$$

SR 表示集成运放对信号变化速度的适应能力，是衡量运放在大幅值信号作用时工作速度的参数，常用每微秒输出电压变化多少伏来表示。当输入信号变化斜率的绝对值小于 SR 时，输出电压才能按线性规律变化。信号幅值愈大、频率愈高，要求集成运放的 SR 也就愈大。

在近似分析时，常把集成运放的参数理想化，即认为 A_{od}、K_{CMR}、r_{id}、f_H 等参数值均为无穷大，而 U_{IO} 和 $\mathrm{d}U_{IO}/\mathrm{d}T$、$I_{IO}$ 和 $\mathrm{d}I_{IO}/\mathrm{d}T$、$I_{IB}$ 等参数值均为零。

5.5.2 集成运放的种类

集成运放自 20 世纪 60 年代问世以来，飞速发展，目前已经历了四代产品。

第一代产品虽然基本沿用了分立元件放大电路的设计思想，采用了集成数字电路的制造工艺，利用了少量横向 PNP 型管，构成以电流源作偏置电路的三级直接耦合放大电路；但是，它各方面性能都远远优于分立元件电路，满足了一般应用的要求。典型产品有 μA709，国产的 F003、5G23 等。

第二代产品普遍采用了有源负载，简化了电路设计，并使开环增益有了明显的提高，各方面性能指标比较均衡，因此属于通用型运放，应用非常广泛。典型产品有 μA741、LM324，国产的 F007、F324、5C24 等。

第三代产品的输入级采用了超 β 管，β 值高达 1 000~5 000，而且版图设计上考虑了热效应的影响，从而减小了失调电压、失调电流及它们的温漂，增大了共模抑制比和输入电阻。典型产品有 AD508、MC1556、国产的 F1556、F030 等。

第四代产品采用了斩波稳零和动态稳零技术，使各性能指标参数更加理想化，一般情况下不需调零就能正常工作，大大提高了精度。典型产品有 HA2900、SN62088，国产的 5G7650 等。

目前，除有不同增益的各种通用型运放外，还有品种繁多的专用型运放，以满足各种特殊要求。

从前面集成运放典型电路的分析可知，按供电方式可将运放分为双电源供电和单电源供电，在双电源供电中又分正、负电源对称型和不对称型。按集成度（即一个芯片上运放个数）可分为单运放、双运放和四运放，目前四运放日益增多。按内部结构和制造工艺可将运放分

为双极型、CMOS 型、Bi-JFET 和 Bi-MOS 型。双极型运放一般输入偏置电流及器件功耗较大，但由于采用多种改进技术，所以种类多、功能强。CMOS 型运放输入阻抗高、功耗小，可在低电源电压下工作。

目前已有低失调电压、低噪声、高速度、强驱动能力的产品。Bi-JFET、Bi-MOS 型运放采用双极型管与单极型管混合搭配的生产工艺，以场效应管作输入级，使输入电阻高达 $10^{12}\,\Omega$ 以上；Bi-MOS 常以 CMOS 电路作输出级，可输出较大功率。

除以上几种分类方法外，还可从内部电路的工作原理、电路的可控性和电参数的特点等三个方面分类，下面简单加以介绍。

运放按性能指标可分为通用型和专用型两类。通用型运放用于无特殊要求的电路之中，其性能指标的数值范围见表 5.5.1，少数运放可能超出表中数值范围；专用型运放为了适应各种特殊要求，某一方面性能特别突出，下面作一简单介绍。

表 5.5.1　通用型运放的性能指标

参数	单位	数值范围	参数	单位	数值范围
A_{od}	dB	65~100	KCMR	dB	70~90
r_{id}	MΩ	0.5~2	单位增益带宽	MHz	0.5-2
U_{IO}	mV	2~5			
I_{IO}	μA	0.2~2	SR	V/μs	0.5~0.7
I_{IB}	μA	0.3~7	功耗	mW	80~120

1. 高阻型

具有高输入电阻（r_{id}）的运放称为高阻型运放。它们的输入级多采用超 β 管或场效应管，r_{id} 大于 $10^9\,\Omega$，适用于测量放大电路、信号发生电路或采样–保持电路。

国产的 F3130，输入级采用 MOS 管，输入电阻大于 $10^{12}\,\Omega$，I_{IB} 仅为 5 pA。

2. 高速型

单位增益带宽和转换速率高的运放为高速型运放。它种类很多，增益带宽多在 10 MHz 左右，有的高达千兆赫；转换速率大多在几十伏/微秒至几百伏/微秒，有的高达几千伏/微秒。适用于模/数转换器、数/模转换器、锁相环电路和视频放大电路。

国产超高速运放 3554 的 SR 为 1 000 V/μs，单位增益带宽为 1.7 GHz。

3. 高精度型

高精度型运放具有低失调、低温漂、低噪声、高增益等特点，它的失调电压和失调电流比通用型运放小两个数量级，而开环差模增益和共模抑制比均大于 100 dB。适用于对微弱信号的精密测量和运算，常用于高精度的仪器设备中。

国产的超低噪声高精度运放 F5037 的 U_{IO} 为 10 μV，其温漂为 0.2 μV/℃；I_{IO} 为 7 nA；等效输入噪声电压密度约为 3.5 nV/$\sqrt{\text{Hz}}$，电流密度约为 1.7 pA/$\sqrt{\text{Hz}}$；A_{od} 约为 105 dB。

4. 低功耗型

低功耗型运放具有静态功耗低、工作电源电压低等特点，它们的功耗只有几毫瓦甚至更小，电源电压为几伏，而其他方面的性能不比通用型运放差。它们适用于能源有严格限制的情况，例如空间技术、军事科学及工业中的遥感遥测等领域。

微功耗高性能运放 TLC2252 的功耗约为 180 μW，工作电源为 5 V，开环差模增益为 100 dB，差模输入电阻为 $10^{12}\ \Omega$。可见，它集高阻与低功耗于一身。

此外，还有能够输出高电压（如 100V）的高压型运放，能够输出大功率（如几十瓦）的大功率型运放等。

除了通用型和专用型运放外，还有一类运放是为完成某种特定功能而生产的，例如仪表用放大器、隔离放大器、缓冲放大器、对数/反对数放大器等。随着 EDA 技术的发展，人们会越来越多地自己设计专用芯片。目前可编程模拟器件也在发展之中，人们可以在一块芯片上通过编程的方法实现对多路信号的各种处理，如放大、有源滤波、电压比较等。

5.5.3 集成运放的选择

通常情况下，在设计集成运放应用电路时，没有必要研究运放的内部电路，而是根据设计需求寻找具有相应性能指标的芯片。因此，了解运放的类型，理解运放主要性能指标的物理意义，是正确选择运放的前提。应根据以下几方面的要求选择运放。

1. 信号源的性质

根据信号源是电压源还是电流源，内阻大小、输入信号的幅值及频率的变化范围等，选择运放的差模输入电阻 r_{id}、–3 dB 带宽（或单位增益带宽）、转换速率 SR 等指标参数。

2. 负载的性质

根据负载电阻的大小，确定所需运放的输出电压和输出电流的幅值。对于容性负载或感性负载，还要考虑它们对频率参数的影响。

3. 精度要求

对模拟信号的处理，如放大运算等，往往提出精度要求；如电压比较，往往提出响应时间、灵敏度要求。根据这些要求选择运放的开环差模增益 A_{od}、失调电压 U_{IO}、失调电流 I_{IO} 及转换速率 SR 等指标参数。

4. 环境条件

根据环境温度的变化范围，可正确选择运放的失调电压及失调电流的温漂 $\mathrm{d}U_{\mathrm{IO}}/\mathrm{d}T$、$\mathrm{d}I_{\mathrm{IO}}/\mathrm{d}T$ 等参数；根据所能提供的电源（如有些情况只能用干电池）选择运放的电源电压；根据对能耗有无限制，选择运放的功耗等。

根据上述分析就可以通过查阅手册等手段选择某一型号的运放，必要时还可以通过各种 EDA 软件进行仿真，最终确定最满意的芯片。目前，各种专用运放和多方面性能俱佳的运放种类繁多，采用它们会大大提高电路的质量。

不过，从性能价格比方面考虑，应尽量采用通用型运放，只有在通用型运放不能满足应用要求时才采用专用型运放。

5.5.4 集成运放的使用

5.5.4.1 使用时必做的工作

1. 集成运放的外引线（管脚）

目前，集成运放的常见封装方式有金属壳封装和双列直插式封装，外形如图 5.5.1 所示，以后者居多。双列直插式有 8、10、12、14、16 管脚等种类，虽然它们的外引线排列日趋标准化，但各制造厂仍略有区别。因此，使用运放前必须查阅有关手册，辨认管脚，以便正确连线。

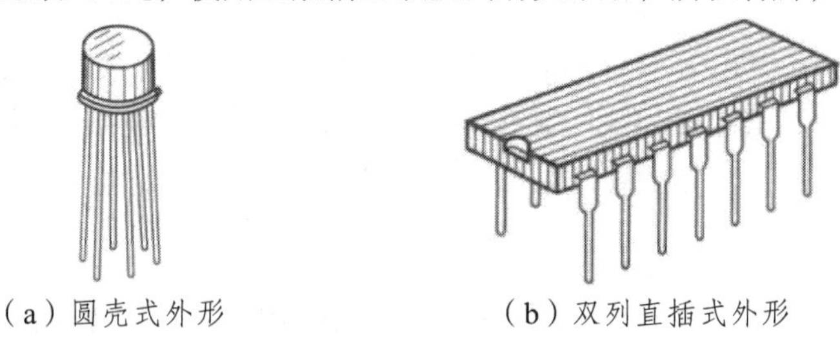

（a）圆壳式外形　　（b）双列直插式外形

图 5.5.1　集成电路的外形

2. 参数测量

使用运放之前往往要用简易测试法判断其好坏，例如用万用表电阻的中间挡（“×100Ω”或“×1kΩ”挡，避免电流或电压过大）对照管脚测试有无短路和断路现象。必要时还可以采用测试设备量测运放的主要参数。

3. 调零和设置偏置电压

由于失调电压及失调电流的存在，输入为零时输出往往不为零。对于内部无自动稳零措施的运放需外加调零电路，使之在零输入时输出为零。

对于单电源供电的运放，常需在输入端加直流偏置电压，设置合适的静态点，以便能放大正负两个方向的变化信号。例如，为使正、负两个方向信号变化的幅值相同，应将 Q 点设置在集成运放电压传输特性的中点，即 $V_{CC}/2$ 处，如图 5.5.2（a）所示。图 5.5.2（b）和（c）分别为阻容耦合和直接耦合两种情况下的偏置电路；静态时，$u_{I1}=u_{I2}=0$，由于 4 个电阻均为 R，阻值相等，故 $u_P=u_N=V_{CC}/2$。如果正、负两个方向信号变化的幅值不同，可通过调整偏置电路中电阻阻值来调高或调低 Q 点。

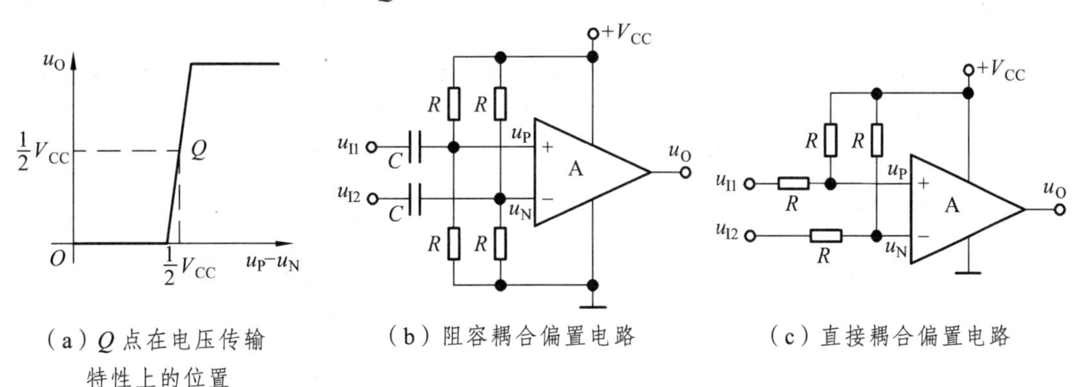

（a）Q 点在电压传输特性上的位置　　（b）阻容耦合偏置电路　　（c）直接耦合偏置电路

图 5.5.2　单电源集成运放静态工作点的设置

4. 消除自激振荡

为了防止电路产生自激振荡，且消除各电路因共用一个电源相互之间所产生的影响，应在集成运放的电源端加去耦电容。“去耦”是指去掉联系，一般去耦电容多用一个容量大的和一个容量小的电容并联在电源正、负极。

有的集成运放还要外接频率补偿电容，应特别注意接入电容的容量须合适，否则会影响集成运放的带宽。

5.5.4.2　保护措施

集成运放在使用中常因以下三种原因被损坏：输入信号过大，使 PN 结击穿；电源电压极性接反或过高；输出端直接接“地”或接电源，运放将因输出级功耗过大而损坏。因此，为使运放安全工作，也从三个方面进行保护。

1. 输入保护

一般情况下，运放工作在开环（即未引反馈）状态时，易因差模电压过大而损坏；在闭环状态时，易因共模电压超出极限值而损坏。图 5.5.3 中（a）所示是防止差模电压过大的保护电路，（b）所示是防止共模电压过大的保护电路。

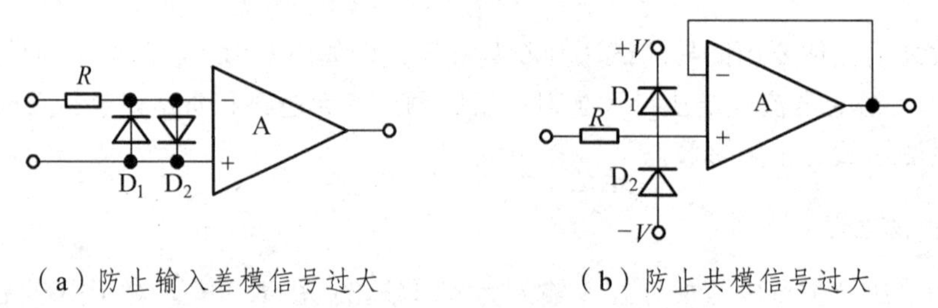

（a）防止输入差模信号过大　　（b）防止共模信号过大

图 5.5.3　输入保护措施

2. 输出保护

图 5.5.4 所示为输出端保护电路，限流电阻 R 与稳压管 D_Z 构成限幅电路。一方面将负载与集成运放输出端隔离开来，限制了运放的输出电流；另一方面也限制了输出电压的幅值。当然，任何保护措施都是有限度的，若将输出端直接接电源，则稳压管会损坏，使电路的输出电阻大大提高，从而影响电路的性能。

3. 电源端保护

为了防止电源极性接反，可以利用二极管的单向导电性，在电源端串联二极管来实现保护，如图 5.5.5 所示。

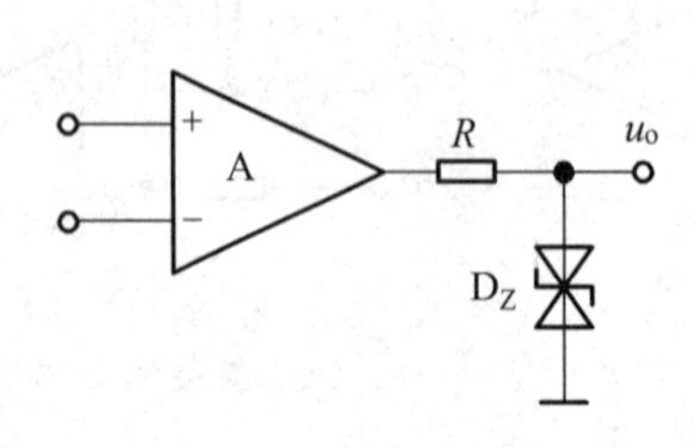

图 5.5.4　输出保护电路

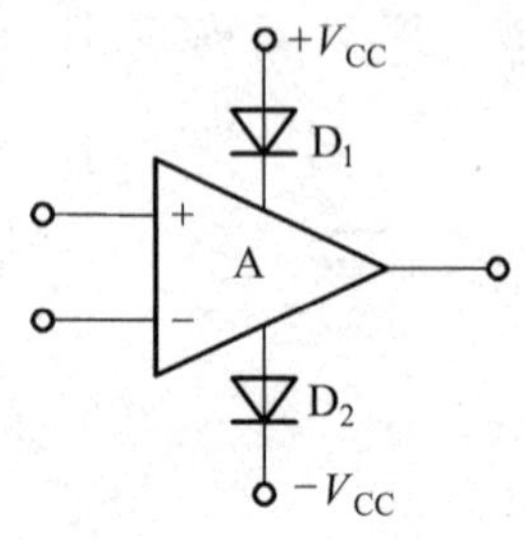

图 5.5.5　电源端保护

思考题

5.5.1　集成电路运放的输入失调电压、输入失调电流和输入偏置电流 I_{m} 是如何定义的？它们对运放的工作产生什么影响？对高精度运放有什么要求？

5.5.2　集成运放使用时，为什么两输入端的电阻要相等。

5.5.3　在选用集成运放时，什么情况下应考虑极限参数。

习　题

5.5.1　判断下列说法是否正确，用“√”或“×”表示判断结果填入括号内。

（1）运放的输入失调电压 U_{IO} 是两输入端电位之差。（　　）

（2）运放的输入失调电流 I_{IO} 是两端电流之差。（　　）

（3）运放的共模抑制比 $K_{\mathrm{CMR}}=\left|\frac{A_{\mathrm{d}}}{A_{\mathrm{c}}}\right|$。（　　）

（4）有源负载可以增大放大电路的输出电流。（　　）

（5）在输入信号作用时，偏置电路改变了各放大管的动态电流。（　　）

5.5.2　根据下列要求，将应优先考虑使用的集成运放填入空内。已知现有集成运放的类型是：

① 通用型；② 高阻型；③ 高速型；④ 低功耗型；⑤ 高压型；⑥ 大功率型；⑦ 高精度型。

（1）作低频放大器，应选用（　　）。

（2）作宽频带放大器，应选用（　　）。

（3）作幅值为 1 μV 以下微弱信号的测量放大器，应选用（　　）。

（4）作内阻为 100 kΩ 信号源的放大器，应选用（　　）。

（5）负载需 5 A 电流驱动的放大器，应选用（　　）。

（6）要求输出电压幅值为±80V 的放大器，应选用（　　）。

（7）宇航仪器中所用的放大器，应选用（　　）。

第 6 章 反馈放大电路

反馈理论被广泛应用于电子技术以及控制科学、生命科学、人类社会学等许多领域。在电子电路中，反馈的应用更为普遍。按照极性的不同，反馈分为负反馈和正反馈两种类型，它们在电子电路中所起的作用不同。在所有实用的放大电路中都要适当地引入负反馈，用以改善或控制放大电路的一些性能指标，例如提高增益的稳定性、减小非线性失真、抑制干扰和噪声、扩展带宽、控制输入电阻和输出电阻等，但这些性能的改善都是以降低增益为代价的。在某些情况下，放大电路中的负反馈可能转变为正反馈。正反馈会造成放大电路的工作不稳定，但在波形产生电路中则要有意地引入正反馈，以满足自激振荡的条件。

本章首先介绍反馈的基本概念及负反馈放大电路的类型，接着介绍负反馈放大电路增益的一般表达式，负反馈对放大电路性能的影响，闭环电压增益的近似计算，最后讨论负反馈放大电路的稳定性问题。

6.1 反馈的基本概念与分类

6.1.1 反馈的基本概念与判别

1. 什么是反馈

在电子电路中，所谓反馈，是指将电路输出电量（电压或电流）的一部分或全部通过反馈网络，用一定的方式送回到输入回路，以影响输入输出电量（电压或电流）的过程。反馈体现了输出信号对输入信号的反作用。

引入反馈的放大电路称为反馈放大电路，它由基本放大电路 A 和反馈网络 F 组成一个闭合环路，如图 6.1.1 所示。其中 X_i 是反馈放大电路的输入信号，X_o 是输出信号，X_f 是反馈信号，X_i' 是基本放大电路的净输入信号。对负反馈放大电路而言，X_i' 是输入信号 X_i 与反馈信号 X_f 相减后的差值信号。以上这些信号可以是电压，也可以是电流，但 X_i' 和 X_f 肯定是同一种电量。

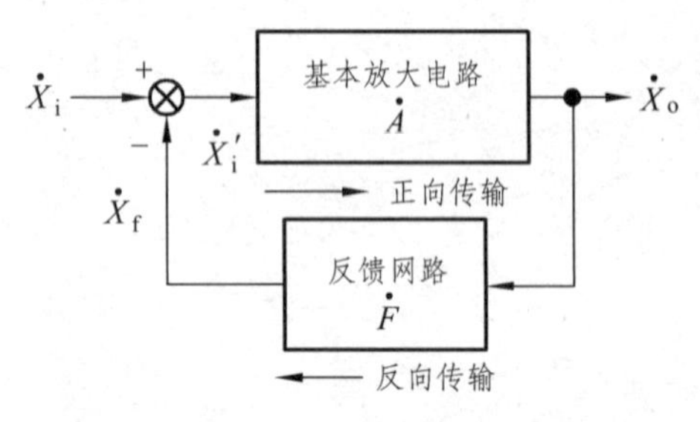

图 6.1.1 反馈放大电路的组成框图

为了简化分析，可以假设反馈环路中信号是单向传输的，如图中箭头所示。即认为信号从输入到输出的正向传输（放大）只经过基本放大电路，而不通过反馈网络，因为反馈网络一般由无源元件组成，没有放大作用，故其正向传输作用可以忽略。基本放大电路的增益为 $A = X_o / X_i'$。

信号从输出到输入的反向传输只通过反馈网络，而不通过基本放大电路（因为其内部反馈作用很小，可以忽略）。反向传输系数为 $F = X_f / X_o$，称为反馈系数。

2. 判别方法

由图 6.1.1 可知，判断一个放大电路中是否存在反馈，只要看该电路的输出回路与输入回路之间是否存在反馈网络，即反馈通路。若没有反馈网络，则不能形成反馈，这种情况称为开环。若有反馈网络存在，则能形成反馈，这种状态称为闭环。

例 6.1.1 试判断图 6.1.2 所示各电路中是否存在反馈。

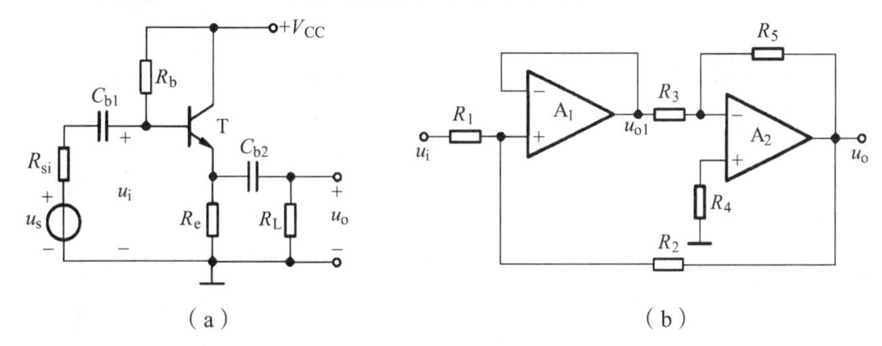

图 6.1.2 例 6.1.1 的电路图

解：

图 6.1.2（a）为共集电极放大电路，由它的交流通路（即将电容 C_{b1}、C_{b2} 视为对交流短路，电源+V_{CC} 视为交流的“地”）可知，发射极电阻 R_e 和负载电阻 R_L 既在输入回路中，又在输出回路中，它们构成了反馈通路，因而该电路中存在着反馈。

图 6.1.2（b）为两级放大电路，其中每一级都有一条反馈通路，第一级为电压跟随器，它的输出端与反相输入端之间由导线连接，形成反馈通路；第二级为反相放大电路，它的输出端与反相输入端之间由电阻 R_5 构成反馈通路。此外，从第二级的输出到第一级的输入也有一条反馈通路，由 R_2 构成。通常称每级各自存在的反馈为局部（或本级）反馈，称跨级的反馈为级间反馈。

6.1.2 直流反馈与交流反馈

在放大电路中既含有直流分量，也含有交流分量，因而，必然有直流反馈与交流反馈之分。存在于放大电路的直流通路中的反馈为直流反馈；直流反馈影响放大电路的直流性能，如静态工作点。存在于交流通路中的反馈为交流反馈；交流反馈影响放大电路的交流性能，如增益、输入电阻、输出电阻和带宽等。

6.1.3 正反馈与负反馈

6.1.3.1 基本概念

由图 6.1.1 所示的反馈放大电路组成框图可知，反馈信号送回到放大电路的输入回路与原输入信号共同作用后，对净输入信号的影响有两种效果：一种是使净输入信号量比没有引入反馈时减小，这种反馈称为负反馈；另一种是使净输入信号量比没有引入反馈时增加，这种反馈称为正反馈。在放大电路中一般引入负反馈。

6.1.3.2　瞬时极性法

判断反馈极性的基本方法是瞬时变化极性法，简称瞬时极性法。

具体做法是：先假设输入信号 u_i 在某一瞬时的极性为正（相对于共同端“地”而言），用（+）号标出，然后沿着信号正向传输的路径，根据各种基本放大电路的输出信号与输入信号间的相位关系，从输入到输出逐级标出放大电路中各相关点电位的瞬时极性或相关支路电流的瞬时流向，再经过反馈通路，确定从输出回路到输入回路的反馈信号的瞬时极性，最后判断反馈信号是削弱还是增强了净输入信号，如果是削弱，则为负反馈，反之则为正反馈。

例 6.1.2　试判断图 6.1.3 所示各电路中级间交流反馈的极性。

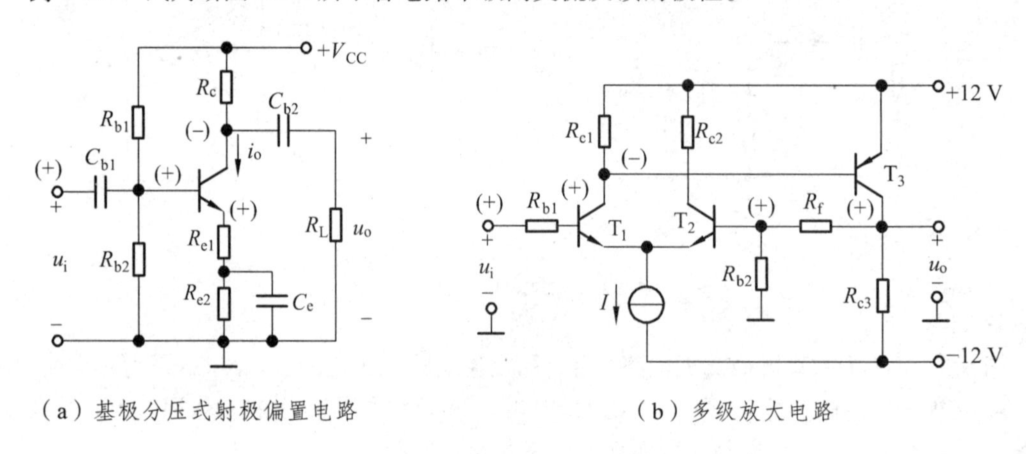

（a）基极分压式射极偏置电路　　　　（b）多级放大电路

图 6.1.3　例 6.1.2 的电路（为简化起见，图中只标出交流信号分量）

解： 图 6.1.3（a）所示电路中，因射极电容 C_e 的旁路作用，所以对交流信号而言，电阻 R_{e2} 上不存在交流信号，而电阻 R_{e1} 为交流通路的输入回路和输出回路所共有，构成了反馈通路。R_{e1} 上的交流电压即为反馈信号 u_f，基本放大电路的净输入信号是 u_{be}。设输入信号 u_i 的瞬时极性为正，如图 6.1.3（a）中所标，经 BJT 放大后，其集电极电压为负，发射极电压 u_e（即反馈信号 u_f）为正，因而使该放大电路的净输入信号电压 u_{be}（$=u_i-u_f$）比没有反馈（即没有 R_{e1}）时的 u_{be}（$=u_i$）减小了，所以由 R_{e1} 引入的交流反馈是负反馈。

图 6.1.3（b）所示电路是一个两级放大电路，第一级是由 T_1 和 T_2 构成的单端输入-单端输出式差分放大电路，第二级是由 T_3 组成的共射电路。在第二级的输出回路和第一级的输入回路之间由电阻 R_f 与 R_{b2} 构成了级间交流反馈通路。R_{b2} 上的交流电压是反馈信号 u_f，T_1 和 T_2 两个基极间的信号电压是该电路的净输入信号。

设输入信号 u_i 的瞬时极性为（+），则 T_1 基极的交流电位 u_{b1} 也为（+），第一级的输出（T_1 的集电极）信号 u_{c1} 为（−），第二级的输出信号 u_{c3} 为（+），经 R_f 与 R_{b2} 反馈到 T_2 基极的反馈信号 u_f（$=u_{b2}$）也为（+），因而使该电路的净输入信号电压 u_{id}（$=u_{b1}-u_{b2}$）比没有反馈时减小了，所以 R_f 与 R_{b2} 引入的是负反馈。

6.1.4　交流负反馈的四种组态

6.1.4.1　串联反馈与并联反馈

串联反馈与并联反馈的区别在于基本放大电路的输入回路与反馈网络的连接方式不同。若反馈信号为电压量，与输入电压求差而获得净输入电压，则为串联反馈；若反馈信号为电流量，与输入电流求差获得净输入电流，则为并联反馈。据此，可以根据电路连线形式来判别，在电路构成负反馈的前提下，若反馈信号与输入信号不连接在同一电极上，则为串联反馈；若反馈信号与输入信号连接在同一电极上，则为并联反馈。

在图 6.1.4（a）所示电路中，集成运放的净输入电压 $u_D = u_I - u_F$，故引入了串联反馈。

在图 6.1.4（b）所示两电路中，集成运放的净输入电流 $i_D = i_I - i_F$，故它引入了并联反馈。

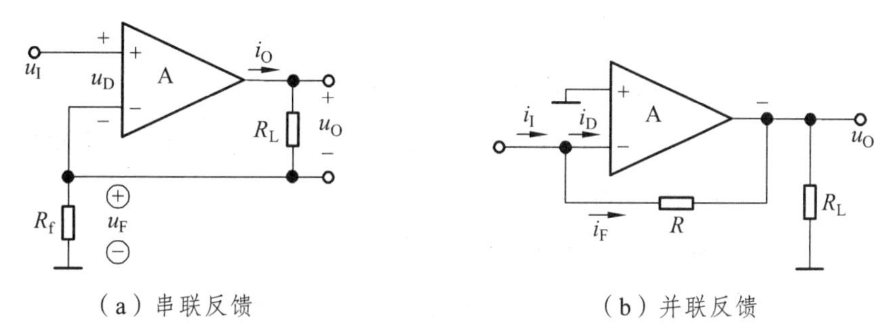

（a）串联反馈　　　（b）并联反馈

图 6.1.4　串联反馈与并联反馈

6.1.4.2　电压反馈与电流反馈

电压反馈与电流反馈的区别在于基本放大电路的输出回路与反馈网络的连接方式不同。如前所述，负反馈电路中的反馈量不是取自输出电压就是取自输出电流；因此，只要令负反馈放大电路的输出电压 u_O 为零，若反馈量也随之为零，则说明电路中引入了电压负反馈；若反馈量依然存在，则说明电路中引入了电流负反馈。据此，其判别方法可以根据电路连线形式来判别，在电路构成负反馈的前提下，若负载电阻一端接输出端，另一端直接接地，从输出端引回反馈信号，则为电压反馈；若负载电阻一端接输出端，另一端不直接接地或者悬空，则为电流反馈。

通过判断可知，图 6.1.5（a）所示电路中引入了交流负反馈，输入电流 i_I 与反馈电流 i_F 如图中所标注。令输出电压 $u_O = 0$，即将集成运放的输出端接地，便得到图（b）所示电路。此时，虽然反馈电阻 R_f 中仍有电流，但那是输入电流 i_I 作用的结果，而因为输出电压 u_O 为零，所以它在 R_f 中产生的电流（即反馈电流）也必然为零，故电路中引入的是电压反馈。

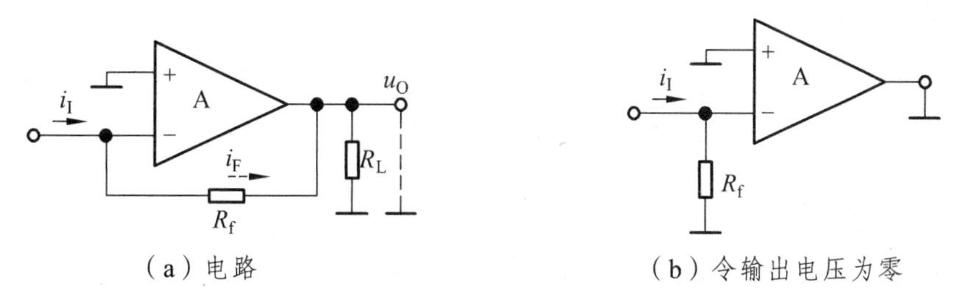

（a）电路　　　（b）令输出电压为零

图 6.1.5　电压反馈与电流反馈的判断（一）

通过判断可知，图 6.1.6（a）所示电路中引入了交流负反馈，各支路电流如图中所标注。令输出电压 $u_O=0$，即将负载电阻 R_L 两端短路，便得到如图（b）所示电路。因为输出电流 i_O 仅受集成运放输入信号的控制，所以即使 R_L 短路，i_O 也并不为零；说明反馈量依然存在，故电路中引入的是电流反馈。

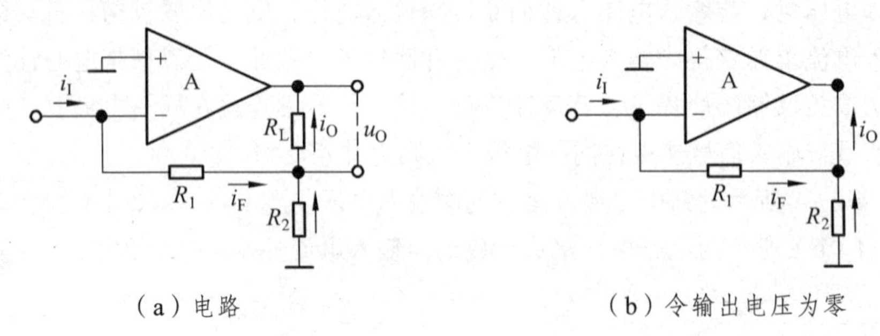

（a）电路　　（b）令输出电压为零

图 6.1.6　电压反馈与电流反馈的判断（二）

应当特别指出，上述方法仅仅是判断方法，而不是实验方法；因为如果将集成运放的输出端强制接地，常会使之因电流过大而烧坏。

6.1.3.3　4 种组态负反馈放大电路分析（见图 6.1.7）

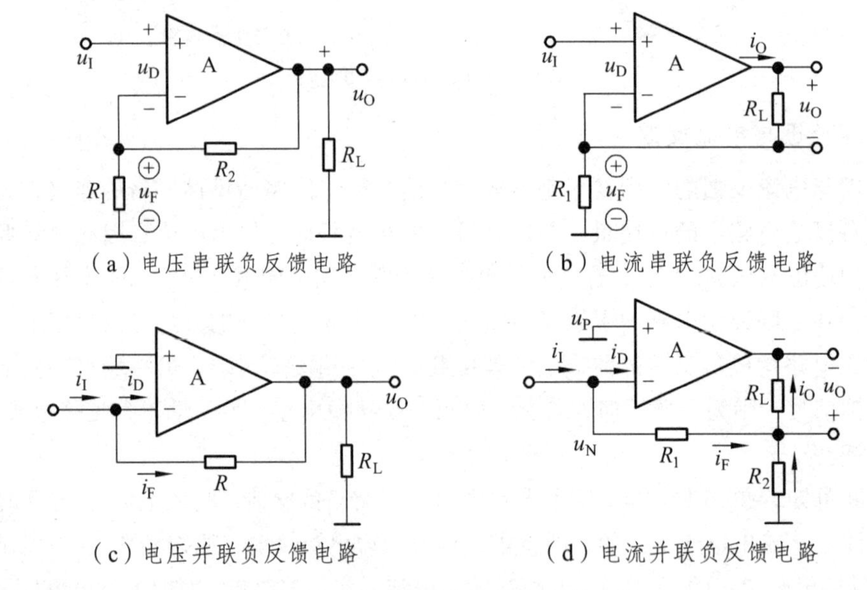

（a）电压串联负反馈电路　　（b）电流串联负反馈电路

（c）电压并联负反馈电路　　（d）电流并联负反馈电路

图 6.1.7　4 种组态的放大电路分析

1. 电压串联负反馈电路

如图 6.1.7（a）所示，大多数电路均采用电阻分压的方式，将输出电压的一部分作为反馈电压。电路各点电位的瞬时极性如图中所标注。由图可知，反馈量

$$u_F=\frac{R_1}{R_1+R_2}\cdot u_O \tag{6.1.1}$$

表明反馈量取自输出电压 u_O 且正比于 u_O，并将与输入电压 u_I 求差后放大，故电路引入了电压串联负反馈。

2. 电流串联负反馈电路

如图 6.1.7（b）所示，电路中相关电位及电流的瞬时极性和电流流向如图中所标注。由图可知，反馈量

$$u_F = i_O R_1 \tag{6.1.2}$$

表明反馈量取自输出电流 i_O 且转换为反馈电压 u_F，并将与输入电压 u_I 求差后放大，故电路引入了电流串联负反馈。

3. 电压并联负反馈电路

在图 6.1.7（c）所示电路中，相关电位及电流的瞬时极性和电流流向如图中所标注。由图可知，反馈量

$$i_F = -\frac{u_O}{R} \tag{6.1.3}$$

表明反馈量取自输出电压 u_O 且转换成反馈电流 i_F，并将与输入电流 i_I 求差后放大，因此电路引入了电压并联负反馈。

4. 电流并联负反馈电路

在图 6.1.7（d）所示电路中，各支路电流的瞬时极性如图中所标注。由图可知，反馈量

$$i_F = -\frac{R_2}{R_1 + R_2} \cdot i_O \tag{6.1.4}$$

表明反馈信号取自输出电流 i_O 且转换成反馈电流 i_F，并将与输入电流 i_I 求差后放大，因而电路引入了电流并联负反馈。

由上述 4 个电路可知，串联负反馈电路所加信号源均为电压源，这是因为若加恒流源，则电路的净输入电压将等于信号源电流与集成运放输入电阻之积，而不受反馈电压的影响。同理，并联负反馈电路所加信号源均为电流源，这是因为若加恒压源，则电路的净输入电流将等于信号源电压除以集成运放输入电阻，而不受反馈电流的影响。换言之，串联负反馈适用于输入信号为恒压源或近似恒压源的情况，而并联负反馈适用于输入信号为恒流源或近似恒流源的情况。

综上所述，放大电路中应引入电压负反馈还是电流负反馈，取决于负载欲得到稳定的电压还是稳定的电流；放大电路中应引入串联负反馈还是并联负反馈，取决于输入信号源是恒压源（或近似恒压源）还是恒流源（或近似恒流源）。

思考题

6.1.1 试回答下列问题：

（1）什么是反馈？什么是正反馈和负反馈？

（2）如何判断反馈的极性和负反馈的组态？

6.1.2 “直接耦合放大电路只能引入直流反馈，阻容耦合放大电路只能引入交流反馈。”这种说法正确吗？举例说明。

6.1.3 为什么说反馈量是仅仅取决于输出量的物理量？在判断反馈极性时如何体现上述概念？

6.1.4 当负载电阻变化时，电压负反馈放大电路和电流负反馈放大电路的输出电压分别如何变化？为什么？

习 题

6.1.1 已知交流负反馈有 4 种组态：

A. 电压串联负反馈　　B. 电压并联负反馈

C. 电流串联负反馈　　D. 电流并联负反馈

选择合适的答案填入下列空格内，只填入 A、B、C 或 D。

（1）欲得到电流-电压转换电路，应在放大电路中引入____；

（2）欲将电压信号转换成与之成比例的电流信号，应在放大电路中引入____；

（3）欲减小电路从信号源索取的电流，增强带负载能力，应在放大电路中引入_____；

（4）欲从信号源获得更大的电流，并稳定输出电流，应在放大电路中引入_________。

6.1.2 选择合适的答案填入空内。

（1）对于放大电路，所谓开环是指_______；

A. 无信号源　　B. 无反馈通路

C. 无电源　　D. 无负载

而所谓闭环是指_______。

A. 考虑信号源内阻　　B. 存在反馈通路

C. 接入电源　　D. 接入负载

（2）在输入量不变的情况下，若引入反馈后_____，则说明引入的反馈是负反馈。

A. 输入电阻增大　　B. 输出量增大

C. 净输入量增大　　D. 净输入量减小

（3）直流负反馈是指_____。

A. 直接耦合放大电路中所引入的负反馈

B. 只有放大直流信号时才有的负反馈

C. 在直流通路中的负反馈

（4）交流负反馈是指_____。

A. 阻容耦合放大电路中所引入的负反馈

B. 只有放大交流信号时才有的负反馈

C. 在交流通路中的负反馈

6.1.3 判断图题 6.1.3 所示各电路中是否引入了反馈，是直流反馈还是交流反馈，是正反馈还是负反馈。设图中所有电容对交流信号均可视为短路。

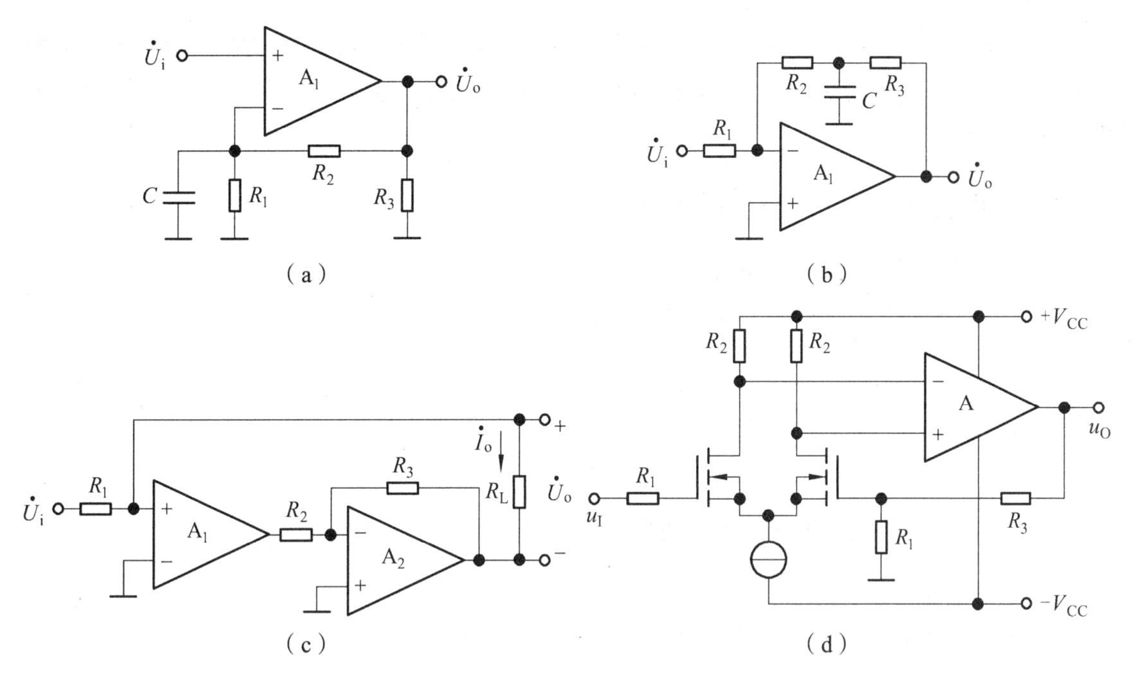

图题 6.1.3

6.1.4　电路如图题 6.1.4 所示，指出各电路中的反馈元件（或电路），并说明是本级反馈还是级间反馈，是正反馈还是负反馈，是直流反馈还是交流反馈。

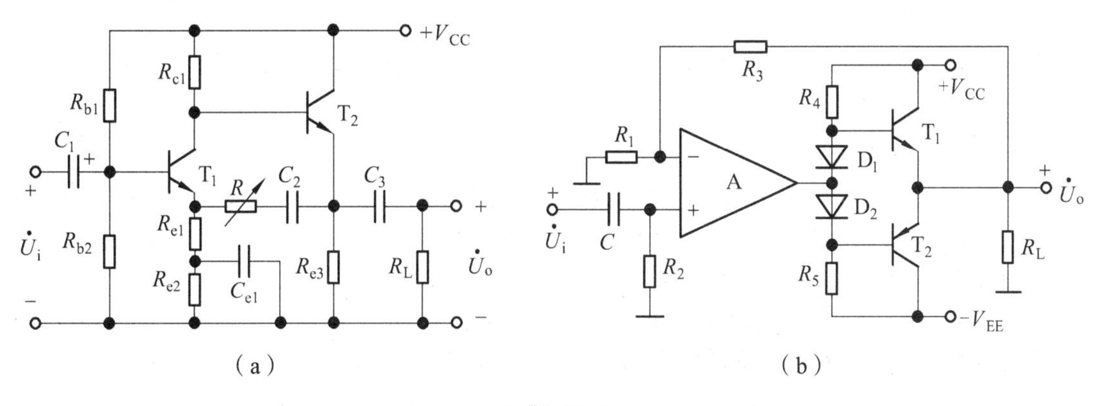

图题 6.1.4

6.2　反馈放大电路的方框图及其一般表达式

6.2.1　反馈放大电路的方框图

任何负反馈放大电路都可以用图 6.2.1 所示的方框图来表示。它由基本放大电路和反馈网络组成。近似分析时可以认为方框图中基本放大电路只有单方向的信号正向传输通路（忽略反馈网络），反馈网络仅有单方向的信号反向传输通路（忽略放大电路的内部寄生反馈）。

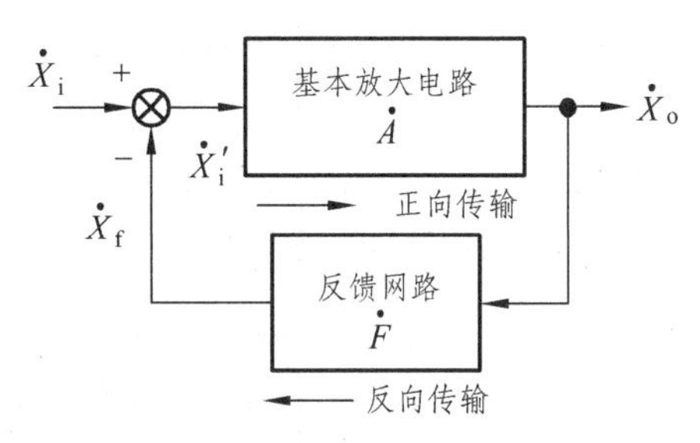

图 6.2.1　负反馈放大电路的方框图

在图 6.2.1 中，箭头表示信号流通方向，符号⊗表示信号叠加，$\dot{X}_{\mathrm{i}}$ 为闭环放大电路的输入信号，$\dot{X}_{\mathrm{f}}$ 为反馈信号，$\dot{X}_{\mathrm{i}}'$ 为基本放大电路 $\dot{A}$ 的输入信号（净输入信号），$\dot{X}_{\mathrm{o}}$ 为闭环放大电路的输出信号。

6.2.2 反馈放大电路的一般表达式

1. 闭环放大倍数的一般表达式

在方框图中定义基本放大电路的放大倍数为

$$\dot{A}=\dot{X}_{\mathrm{o}}/\dot{X}_{\mathrm{i}}' \tag{6.2.1}$$

反馈系数为

$$\dot{F}=\dot{X}_{\mathrm{f}}/\dot{X}_{\mathrm{o}} \tag{6.2.2}$$

负反馈放大电路的放大倍数（即闭环放大倍数）为

$$\dot{A}_{\mathrm{f}}=\dot{X}_{\mathrm{o}}/\dot{X}_{\mathrm{i}} \tag{6.2.3}$$

由图 6.2.1 所示的一般方框图可知，各信号量之间关系式为

$$\dot{X}_{\mathrm{o}}=\dot{A}\dot{X}_{\mathrm{i}}' \tag{6.2.4}$$

$$\dot{X}_{\mathrm{i}}'=\dot{X}_{\mathrm{i}}-\dot{X}_{\mathrm{f}} \tag{6.2.5}$$

$$\dot{X}_{\mathrm{f}}=\dot{F}\dot{X}_{\mathrm{o}} \tag{6.2.6}$$

根据（6.2.4）~（6.2.6），可得放大电路的放大倍数（闭环放大倍数）的一般表达式为

$$\dot{A}_{\mathrm{f}}=\frac{\dot{A}}{1+\dot{A}\dot{F}} \tag{6.2.7}$$

由于电压负反馈电路中 $\dot{X}_{\mathrm{o}}=\dot{U}_{\mathrm{o}}$，电流负反馈电路中 $\dot{X}_{\mathrm{o}}=\dot{I}_{\mathrm{o}}$；串联负反馈电路中 $\dot{X}_{\mathrm{i}}=\dot{U}_{\mathrm{i}}$，$\dot{X}_{\mathrm{i}}'=\dot{U}_{\mathrm{i}}'$，$\dot{X}_{\mathrm{f}}=\dot{U}_{\mathrm{f}}$；并联负反馈电路中 $\dot{X}_{\mathrm{i}}=\dot{I}_{\mathrm{i}}$，$\dot{X}_{\mathrm{i}}'=\dot{I}_{\mathrm{i}}'$，$\dot{X}_{\mathrm{f}}=\dot{I}_{\mathrm{f}}$。因此，对于不同组态的负反馈放大电路，基本放大电路的放大倍数和反馈网络的反馈系数的物理意义、量纲都各不相同，为了严格区分这 4 个不同含义的放大倍数，在符号表示时，应加上不同的脚注，相应地，4 种不同组态的反馈系数也用不同的下标表示。这些量的具体形式如表 6.2.1 所示。

表 6.2.1　4 种组态负反馈放大电路比较

反馈组态	$\dot{X}_{\mathrm{i}}$	$\dot{X}_{\mathrm{f}}$	$\dot{X}_{\mathrm{i}}'$	$\dot{X}_{\mathrm{o}}$	$\dot{A}$	$\dot{F}$	$\dot{A}_{\mathrm{f}}$	功能
电压串联	$\dot{U}_{\mathrm{i}}$	$\dot{U}_{\mathrm{f}}$	$\dot{U}_{\mathrm{i}}'$	$\dot{U}_{\mathrm{o}}$	$\dot{A}_{\mathrm{uu}}=\frac{\dot{U}_{\mathrm{o}}}{\dot{U}_{\mathrm{i}}'}$	$\dot{F}_{\mathrm{uu}}=\frac{\dot{U}_{\mathrm{f}}}{\dot{U}_{\mathrm{o}}}$	$\dot{A}_{\mathrm{uuf}}=\frac{\dot{U}_{\mathrm{o}}}{\dot{U}_{\mathrm{i}}}$	$\dot{U}_{\mathrm{i}}$ 控制 $\dot{U}_{\mathrm{o}}$，电压放大
电压并联	$\dot{I}_{\mathrm{i}}$	$\dot{I}_{\mathrm{f}}$	$\dot{I}_{\mathrm{i}}'$	$\dot{U}_{\mathrm{o}}$	$\dot{A}_{\mathrm{ui}}=\frac{\dot{U}_{\mathrm{o}}}{\dot{I}_{\mathrm{i}}'}$	$F_{\mathrm{iu}}=\frac{I_{\mathrm{f}}}{U_{\mathrm{o}}}$	$\dot{A}_{\mathrm{uif}}=\frac{\dot{U}_{\mathrm{o}}}{\dot{I}_{\mathrm{i}}}$	$\dot{I}_{\mathrm{i}}$ 控制 $\dot{U}_{\mathrm{o}}$，电流变换成电压
电流串联	$\dot{U}_{\mathrm{i}}$	$\dot{U}_{\mathrm{f}}$	$\dot{U}_{\mathrm{i}}'$	$\dot{I}_{\mathrm{o}}$	$\dot{A}_{\mathrm{iu}}=\frac{\dot{I}_{\mathrm{o}}}{U_{\mathrm{i}}'}$	$\dot{F}_{\mathrm{ui}}=\frac{\dot{U}_{\mathrm{f}}}{\dot{I}_{\mathrm{o}}}$	$\dot{A}_{\mathrm{iuf}}=\frac{\dot{I}_{\mathrm{o}}}{\dot{U}_{\mathrm{i}}}$	$\dot{U}_{\mathrm{i}}$ 控制 $\dot{I}_{\mathrm{o}}$，电压变换成电流
电流并联	$\dot{I}_{\mathrm{i}}$	$\dot{I}_{\mathrm{f}}$	$\dot{I}_{\mathrm{i}}'$	$\dot{I}_{\mathrm{o}}$	$A_{\mathrm{ii}}=\frac{I_{\mathrm{o}}}{I_{\mathrm{i}}'}$	$\dot{F}_{\mathrm{ii}}=\frac{\dot{I}_{\mathrm{f}}}{\dot{I}_{\mathrm{o}}}$	$\dot{A}_{\mathrm{iif}}=\frac{\dot{I}_{\mathrm{o}}}{\dot{I}_{\mathrm{i}}}$	$\dot{I}_{\mathrm{i}}$ 控制 $\dot{I}_{\mathrm{o}}$，电流放大

2. 反馈深度

由式（6.2.7）可知，放大电路引入反馈后，其放大倍数改变了。闭环放大倍数 $\dot{A}_f$ 的大小与 $|1+\dot{A}\dot{F}|$ 这一因数有关。一般情况下，$\dot{A}$ 和 $\dot{F}$ 都是频率的函数，它们的数值和相位角均随频率而变。以下分 3 种情况讨论。

（1）若 $|1+\dot{A}\dot{F}|>1$，则 $|\dot{A}_f|<|\dot{A}|$，即引入反馈后，放大倍数减小了，这种反馈为负反馈。负反馈放大电路的 $|1+\dot{A}\dot{F}|$ 愈大，则放大倍数减小愈多。

（2）若 $|1+\dot{A}\dot{F}|<1$，则 $|\dot{A}_f|>|\dot{A}|$，即引入 $|\dot{A}_f|$ 反馈后，放大倍数增加了，这种反馈称为正反馈。正反馈虽然可以增加放大倍数，但使放大电路的性能不稳定。放大电路中一般很少引入正反馈，正反馈多用于信号波形产生电路。

（3）若 $|1+\dot{A}\dot{F}|=0$，则 $|\dot{A}_f|\to\infty$，这就是说，放大电路在没有输入信号时也有输出信号，这时放大电路处于自激振荡状态。

从上面的讨论可知，$|1+\dot{A}\dot{F}|$ 与放大电路的工作状态和性能直接有关。对负反馈放大电路，$|1+\dot{A}\dot{F}|$ 愈大，其闭环放大倍数减小愈多，因此，$|1+\dot{A}\dot{F}|$ 的值是衡量负反馈程度的一个重要指标，也称为反馈深度。

例 6.2.1 已知某电压串联负反馈放大电路在通带内（中频区）的反馈系数 F_u=0.01，输入信号 u_i=10mV，开环电压增益 $A_u=10^4$，试求该电路的闭环电压增益 A_{uf}、反馈电压 u_f，和净输入电压 u_{id}。

解：由式（6.2.7）可求得该电路的闭环电压增益为

$$A_{uf}=\frac{A_u}{1+A_uF_u}=\frac{10^4}{1+10^4\times0.01}\approx99.01$$

反馈电压为

$$u_f=F_uu_o=F_uA_{uf}u_i=0.01\times99.01\times10\text{ mV}\approx9.9\text{ mV}$$

净输入电压为

$$u_{id}=u_i-u_f=(10-9.9)\text{ mV}=0.1\text{ mV}$$

思考题

6.2.1 什么是反馈深度？什么是深度负反馈？

6.2.2 对于深度负反馈放大电路，试说明其物理意义。

6.2.3 在负反馈放大电路的方块图中，什么是反馈网络，什么是基本放大电路？在研究负反馈放大电路时，为什么重点研究的是反馈网络，而不是基本放大电路？

习 题

6.2.1 电路如图题 6.2.1 所示，已知集成运放为理想运放，最大输出电压幅值为+14 V。填空：电路引入了_____（填入反馈组态）交流负反馈，电路的输入电阻趋近于____，电压放大倍数 $A_{uf}=\Delta u_O/\Delta u_I=$____，设 $u_I=1$ V，则 $u_o=$____V；若 R_1 开路，则 u_o 变为____V；若 R_1 短路，则 u_o 变为____V；若 R_2 开路，则 u_o 变为____V；若 R_2 短路，则 u_o 变为____V。

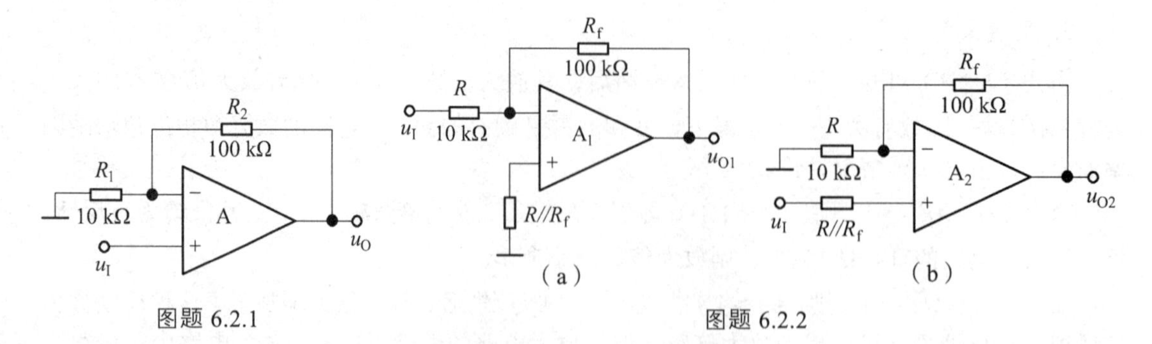

图题 6.2.1

图题 6.2.2

6.2.2　电路如图题 6.2.2 所示，集成运放输出电压的最大幅值为±14 V，请填写完成下列表格。

u_I/V	0.1	0.2	1.0	1.5
u_{O1}/V				
u_{O2}/V				

6.3　深度负反馈条件下放大倍数的近似计算

负反馈放大电路主要性能指标的定量计算有多种方法，这些方法的繁简程度不同，适用的分析对象也不同。考虑到大多数负反馈放大电路均满足深度负反馈的条件，因此本书只介绍深负反馈条件下放大倍数的近似估算。

在负反馈放大电路的一般表达式（6.2.7）中，若$|1+\dot{A}\dot{F}|>>1$，则

$$\dot{A}_f \approx \frac{1}{\dot{F}} \tag{6.3.1}$$

又因为 $\dot{A}_f=\frac{\dot{X}_o}{\dot{X}_i}$，$\dot{F}=\frac{\dot{X}_f}{\dot{X}_o}$，代入式（6.3.1），得

$$\dot{X}_f \approx \dot{X}_i \tag{6.3.2}$$

根据式（6.2.5），这时基本放大电路的净输入量为

$$\dot{X}_i'=\dot{X}_i-\dot{X}_f=0 \tag{6.3.3}$$

式（6.3.2）和式（6.3.3）表明，在深度负反馈条件下，反馈量近似等于输入量，可以忽略净输入量。但不同组态，可忽略的净输入量将不同。当电路引入深度串联负反馈时，有

$$\dot{U}_i \approx \dot{U}_f \tag{6.3.4}$$

认为净输入电压 $u_{id}\approx 0$。

当电路引入深度并联负反馈时，有

$$\dot{I}_i \approx \dot{I}_f \tag{6.3.5}$$

认为净输入电流 $i_{id}\approx 0$。

对于串联负反馈，有 $u_i\approx u_f$，$u_{id}\approx 0$，因而在基本放大电路输入电阻上产生的输入电流也必然趋于零，即 $i_{id}\approx 0$。对于并联负反馈，有 $i_i\approx i_f$，$i_{id}\approx 0$，因而在基本放大电路输入电阻上产生的输入电压 $u_{id}\approx 0$。总之，不论是串联还是并联负反馈，在深度负反馈条件下，均有 $u_{id}\approx 0$

（虚短）和 $i_{id}\approx 0$（虚断）同时存在。利用“虚短”“虚断”的概念可以快速方便地估算出深度负反馈放大电路的闭环增益或闭环电压增益。下面举例说明。

例 6.3.1 设图 6.3.1 所示电路满足深度负反馈的条件，试写出该电路的闭环电压增益表达式。

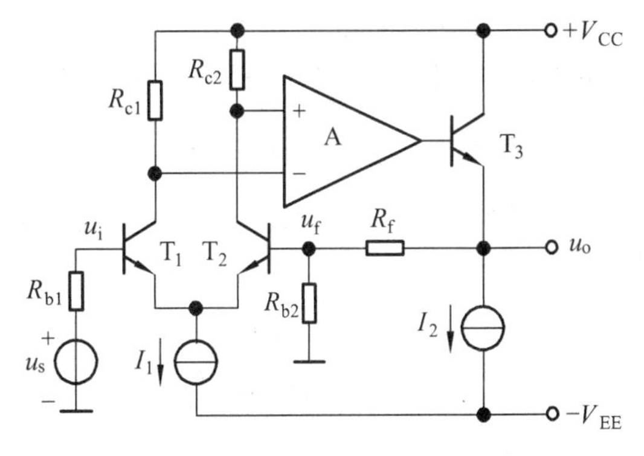

图 6.3.1　例 6.3.1 的电路

解： 电路是两级放大电路，由电阻 R_{b2} 和 R_f 组成级间反馈网络。在放大电路的输出回路，反馈网络接至信号输出端，用输出短路法判断是电压反馈；在放大电路的输入回路，输入信号加在 T_1 的基极，反馈信号 u_f 加在 T_2 的基极，净输入信号 $u_{id}=u_i-u_f$，是串联反馈；用瞬时极性法可判断该电路为负反馈。由于是串联反馈，又是深度电压负反馈，利用“虚短”和“虚断”，即 $u_i\approx u_f$，$i_{b1}=i_{b2}\approx 0$，可直接写出

$$u_i\approx u_f=\frac{R_{b2}}{R_{b2}+R_f}u_o$$

于是得闭环电压增益为

$$A_{uf}=\frac{u_o}{u_i}\approx 1+\frac{R_f}{R_{b2}}$$

思考题

6.3.1　试从深度负反馈条件下四种组态负反馈放大电路的电压放大倍数表达式，来说明电压负反馈稳定输出电压，电流负反馈稳定输出电流。

6.3.2　在分析集成运放组成的负反馈放大电路时，利用深度负反馈的条件和利用理想运放“虚短”“虚断”的特点求解出的放大倍数有区别吗？为什么？

习　题

6.3.1　电路如图题 6.3.1 所示，设各电路中集成运放的性能均为理想的，并满足深度负反馈条件，试求各电路的 F、A_f、A_{uuf} 表达式。

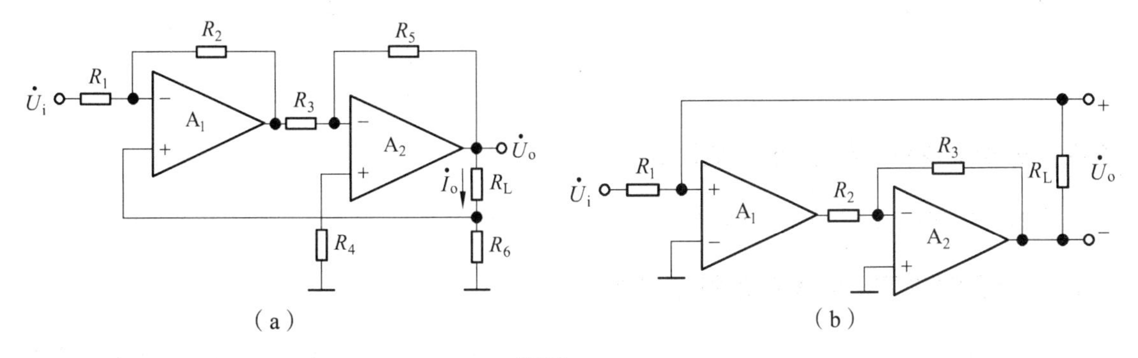

图题 6.3.1

6.3.2　分别估算题 6.3.2 所示各电路在深度负反馈条件下的电压放大倍数。

6.3.3　电路如图题 6.3.3 所示，满足深度负反馈的条件。试回答：

（1）请按 $\dot{A}_{\mathrm{f}} \approx \dfrac{1}{\dot{F}}$ 求出各电路的 $\dot{F}$ 、$\dot{A}_{\mathrm{f}}$ 、$\dot{A}_{u u \mathrm{f}}$ 表达式；

（2）请按式 $\dot{X}_{\mathrm{i}} \approx \dot{X}_{\mathrm{f}}$ 求出各电路的 $\dot{A}_{u u \mathrm{f}}$ 表达式。

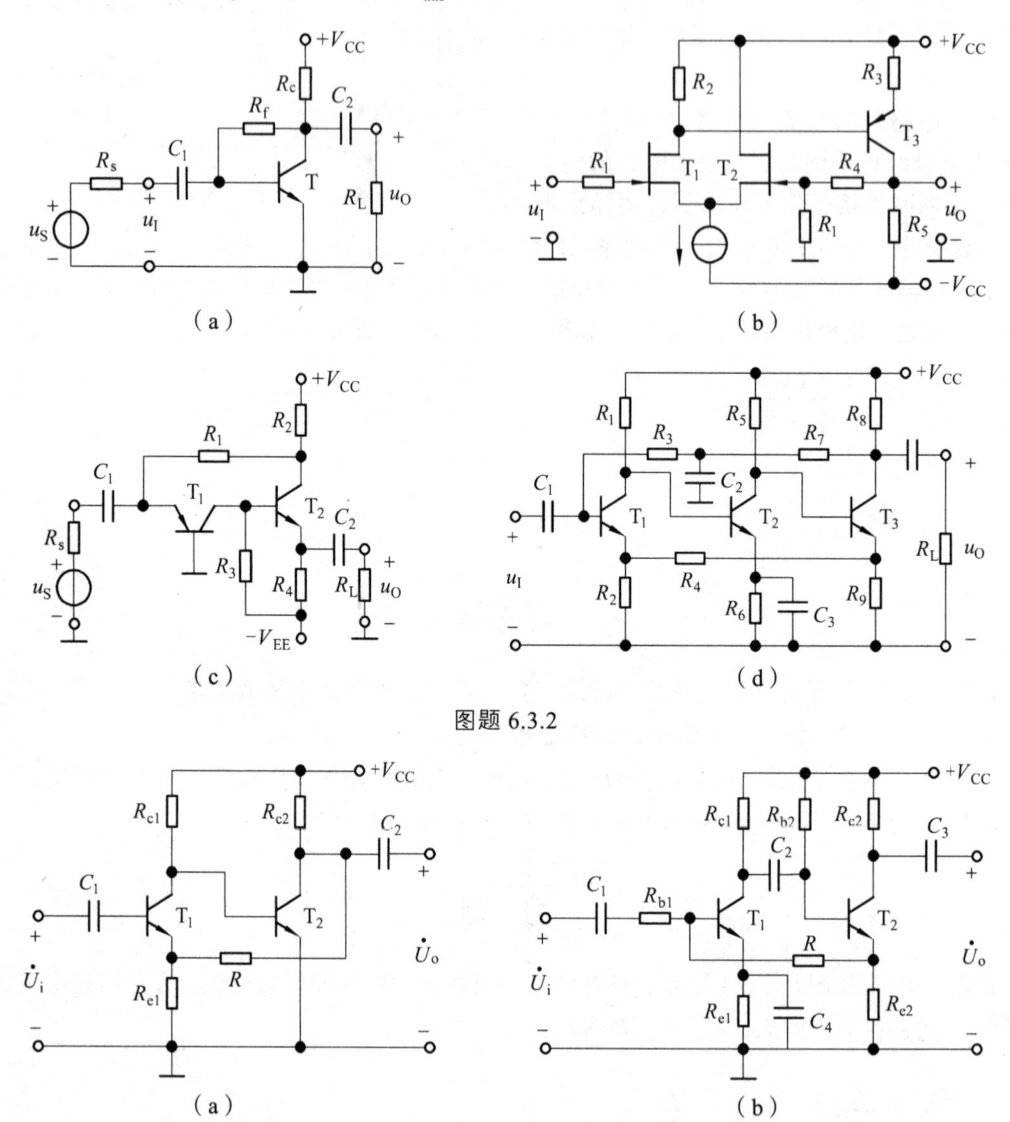

图题 6.3.2

图题 6.3.3

6.4　负反馈对放大电路性能的影响

在放大电路中引入负反馈可以改善其性能，下面分别进行讨论。

6.4.1　负反馈提高了放大倍数的稳定性

当放大电路引入深度负反馈时，$\dot{A}_{\mathrm{f}} \approx 1/\dot{F}$ ，即 $\dot{A}_{\mathrm{f}}$ 与基本放大电路的内部参数无关，几乎

仅取决于反馈网络，而反馈网络通常由电阻组成，因此闭环放大倍数 $\dot{A}_f$ 的稳定性很好。

为了衡量放大电路放大倍数的稳定程度，通常用放大倍数的相对变化量来衡量。为了讨论方便，假设放大电路工作在中频段，则 $\dot{A}$ 、$\dot{F}$ 、$\dot{A}_f$ 均为实数，分别用 A 、F 、A_f 来表示，这时闭环放大倍数的一般表达式为

$$A_f = \frac{A}{1+AF} \tag{6.4.1}$$

对上式求微分，则有

$$dA_f = \frac{dA}{(1+AF)^2}$$

上式两边同除以 A_f 可得

$$\frac{dA_f}{A_f} = \frac{1}{1+AF} \cdot \frac{dA}{A} \tag{6.4.2}$$

用增量近似代替微分，可得

$$\frac{\Delta A_f}{A_f} = \frac{1}{1+A_f} \cdot \frac{\Delta A}{A} \tag{6.4.3}$$

式（6.4.3）表明，负反馈放大电路放大倍数的相对变化量减小为开环放大倍数相对变化量的 $\frac{1}{1+A_f}$ 。换句话说，A_f 的稳定性是 A 的 $(1+AF)$ 倍。

6.4.2 负反馈对放大电路输入、输出电阻的影响

在放大电路中引入不同组态的负反馈后，将对输入电阻、输出电阻产生不同的影响。为了简化分析过程，讨论限定在中频段。

6.4.2.1 负反馈对输入电阻的影响

输入电阻是从放大电路输入端看进去的等效电阻，因而负反馈对输入电阻的影响取决于基本放大电路与反馈网络在电路输入端的连接方式，即取决于电路引入的是串联反馈还是并联反馈。串联负反馈将增大输入电阻，而并联负反馈将减小输入电阻。

1. 串联负反馈使输入电阻增大

图 6.4.1 所示为串联负反馈放大电路的简化方框示意图。

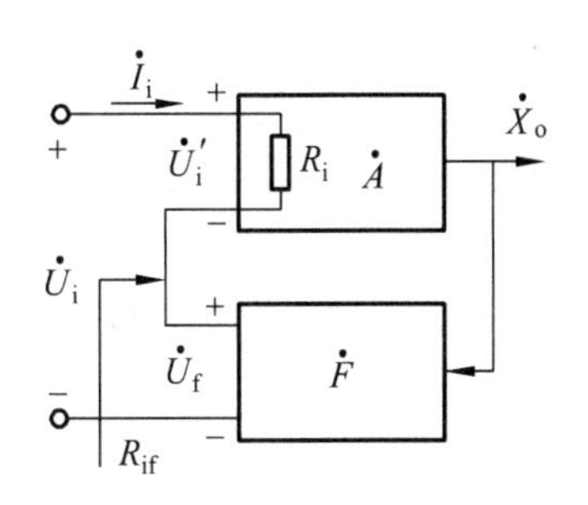

图 6.4.1 串联负反馈对输入电阻的影响

根据输入电阻的定义，基本放大电路的输入电阻为

$$R_i = \frac{U_i'}{I_i}, \quad R_{if} = \frac{U_i}{I_i}$$

引入串联负反馈后，放大电路的输入电阻为

$$R_{if}=\frac{U_i}{I_i}=\frac{U_i'+U_f}{I_i}$$

对串联负反馈有 $U_f=AFU_i'$，故可得

$$R_{if}=(1+AF)R_i \tag{6.4.4}$$

式（6.4.4）表明，引入串联负反馈后，放大电路的输入电阻增大到无负反馈时的（1+AF）倍。对于电压串联负反馈和电流串联负反馈结论相同。

更确切地说，引入负反馈，使引入负反馈支路的等效电阻增大到基本放大电路输入电阻的（1+AF）倍。

2. 并联负反馈使输入电阻减小

图 6.4.2 所示为并联负反馈放大电路的简化方框示意图。

根据输入电阻的定义，基本放大电路的输入电阻为

$$R_i=\frac{U_i}{I_i'}$$

引入并联负反馈后，放大电路的输入电阻为

$$R_{if}=\frac{U_i}{I_i}=\frac{U_i}{I_i'+I_f}$$

对于并联负反馈有 $I_f=AFI_i'$，故可得

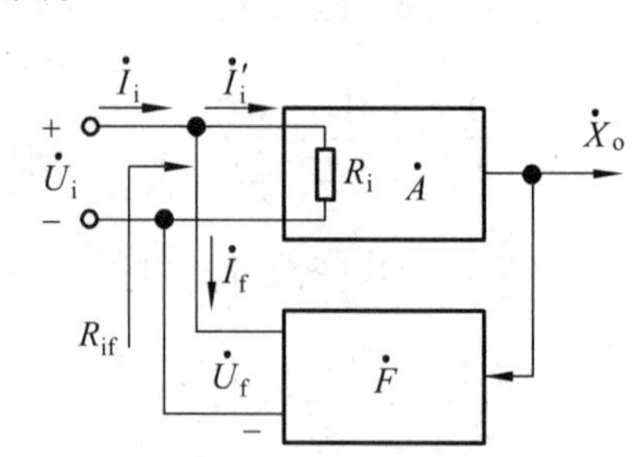

图 6.4.2　并联负反馈对输入电阻的影响

$$R_{if}=\frac{R_i}{1+AF} \tag{6.4.5}$$

式（6.4.5）表明，引入并联负反馈后，放大电路的输入电阻减小到无负反馈时的 $\frac{1}{1+AF}$。对于电压并联负反馈和电流并联负反馈结论相同。

6.4.2.2　负反馈对输出电阻的影响

输出电阻是从放大电路输出端看进去的等效电阻，因而负反馈对输出电阻的影响取决于基本放大电路与反馈网络在放大电路输出端的连接方式，即取决于电路引入的是电压反馈还是电流反馈。电压负反馈使输出电阻减小，而电流负反馈将增大输出电阻。

1. 电压负反馈使输出电阻减小

电压负反馈具有稳定输出电压的作用，这就近似于内阻很小的恒压源。也就是说，电压负反馈的引入使输出电阻比无反馈时为小。图 6.4.3 所示为电压负反馈放大电路的简化方框示意图。这里采用使输入信号为零 ($\dot{X}_i=0$)、输出端外加测试电压 U_o 来求输出电阻的方法。注意，这里的 $\dot{A}$ 是 $R_L=\infty$ 即开路时的开环放大倍数，R_o 是基本放大电路的输出电阻。

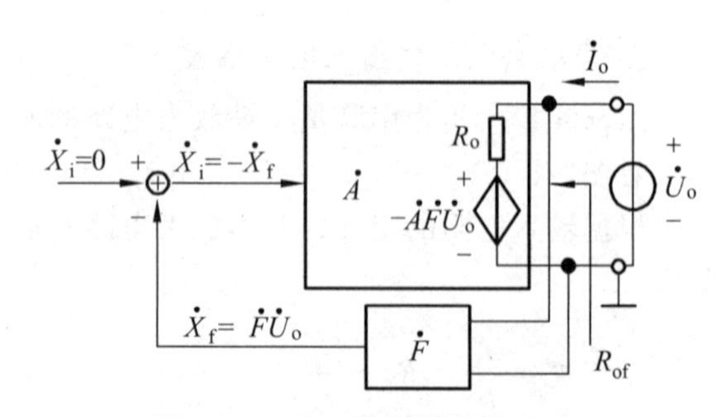

图 6.4.3　电压负反馈放大电路

$$R_{of}=\frac{U_o}{I_o} \tag{6.4.6}$$

在图 6.4.3 中，若忽略反馈网络 $\dot{F}$ 对 $\dot{I}_o$ 的分流作用，则可得

$$U_o = I_o R_o - AFU_o$$

整理可得

$$R_{of}=\frac{U_o}{I_o}=\frac{R_o}{1+AF} \tag{6.4.7}$$

式(6.4.7)表明，引入电压负反馈后，放大电路的输出电阻减小到无负反馈时 R_o 的 $\frac{1}{1+AF}$。对于电压串联负反馈和电压并联负反馈有相同结论。

2. 电流负反馈使输出电阻增大

电流负反馈具有稳定输出电流 $\dot{I}_o$ 的作用，这就近似于内阻很大的电流源。也就是说，电流负反馈的引入使输出电阻比无反馈时为大，图 6.4.4 所示为电流负反馈放大电路的简化方框示意图。分析方法同上。注意，这里的 $\dot{A}$ 是 $R_L=0$ 时的短路开环放大倍数，R_o 是基本放大电路的输出电阻。

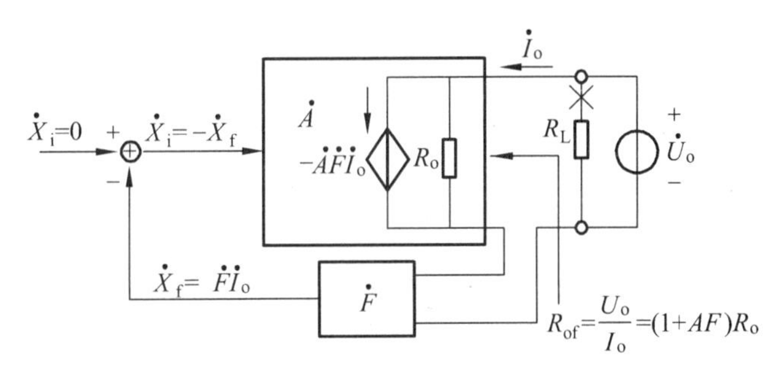

图 6.4.4　电流负反馈电路

在图 6.4.4 中，若忽略电流 $\dot{I}_o$ 在反馈网络 $\dot{F}$ 上的压降，则可得

$$I_o=\frac{U_o}{R_o}-AFI_o$$

整理可得

$$R_{of}=(1+AF)R_o \tag{6.4.8}$$

式（6.4.8）表明，引入电流负反馈后，放大电路的输出电阻 R_{of} 增大到无负反馈时 R_o 的（1+AF）倍。对于电流串联负反馈、电流并联负反馈有相同结论。

6.4.3　负反馈使放大电路的通频带展宽

从第 4 章有关放大电路的频率响应分析可知，放大电路的放大倍数是频率的函数。引入负反馈后可使放大倍数的稳定性提高，当然也包括因信号频率变化而引起的放大倍数的变化将减小，其结果就是展宽了通频带。

为了使问题简单化，下面以单级放大电路为例进行讨论。并设反馈网络为纯电阻网络，

基本放大电路的中频放大倍数为 $\dot{A}_m$，上限频率为 f_H，因此无反馈时基本放大电路高频段放大倍数的表达式为

$$\dot{A}_h = \frac{A_m}{1+j\dfrac{f}{f_H}} \tag{6.4.9}$$

考虑到 $\dot{F}=F$，引入负反馈后，放大电路高频段的放大倍数为

$$\dot{A}_f = \frac{\dot{A}}{1+\dot{A}\dot{F}} = \frac{\dot{A}}{1+\dot{A}F} \tag{6.4.10}$$

将式（6.4.9）代入式（6.4.10），可得

$$\dot{A}_f = \frac{\dfrac{A_m}{1+j\dfrac{f}{f_H}}}{1+F\cdot\dfrac{A_m}{1+j\dfrac{f}{f_H}}} = \frac{\dfrac{A_m}{1+A_m\cdot F}}{1+j\dfrac{f}{(1+A_m\cdot F)\cdot f_H}} \tag{6.4.11}$$

令 $$A_{mf} = \frac{A_m}{1+A_m\cdot F} \tag{6.4.12}$$

$$f_{Hf} = (1+A_m\cdot F)\cdot f_H \tag{6.4.13}$$

则式（6.4.11）可写成

$$\dot{A}_f = \frac{A_{mf}}{1+j\dfrac{f}{f_{Hf}}} \tag{6.4.14}$$

将式（6.4.14）与式（6.4.9）比较可知，引入负反馈后，放大倍数下降了，但上限截止频率提高到无负反馈时的（$1+A_mF$）倍。

用同样的方法可以推导，对于只有单个下限截止频率 f_L 的无负反馈放大电路，当引入负反馈后，其下限截止频率表达式为

$$f_{Lf} = \frac{f_L}{1+A_mF} \tag{6.4.15}$$

式（6.4.15）表明，引入负反馈后，放大电路的下限截止频率减小为无负反馈时的 $\dfrac{1}{1+A_mF}$。

一般情况下，对于阻容耦合放大电路，$f_H >> f_L$。而对于直接耦合放大电路，$f_L=0$。所以无反馈时，通频带为

$$f_{bw} = f_H - f_L \approx f_H$$

有反馈时，通频带为

$$f_{bwf} = f_{Hf} - f_{Lf} \approx f_{Hf}$$

根据式（6.4.13）可得

$$f_{\mathrm{bwf}} \approx (1+A_{\mathrm{m}}F)f_{\mathrm{bw}} \tag{6.4.16}$$

式（6.4.16）表明，引入负反馈后，放大电路的通频带展宽为无反馈时的（$1+A_{\mathrm{m}}F$）倍。

在具有多个时间常数的放大电路中，其波特图有多个拐点，这时开环与闭环不再是简单的（$1+A_{\mathrm{m}}F$）倍的关系，但是负反馈对通频带的展宽趋势是不变的。

6.4.4 减小非线性失真

对于理想的放大电路，其输出信号与输入信号应完全呈现线性关系，但是由于放大电路中放大器件（如晶体管、场效应管）特性的非线性，当输入信号为正弦波时，放大电路输出信号的波形可能不再是正弦波，而产生非线性失真。输入信号的幅度越大，非线性失真就越严重。

负反馈可以改善放大电路的非线性失真，但是只能改善反馈环内产生的非线性失真。现用图 6.4.5 定性分析负反馈减小非线性失真。

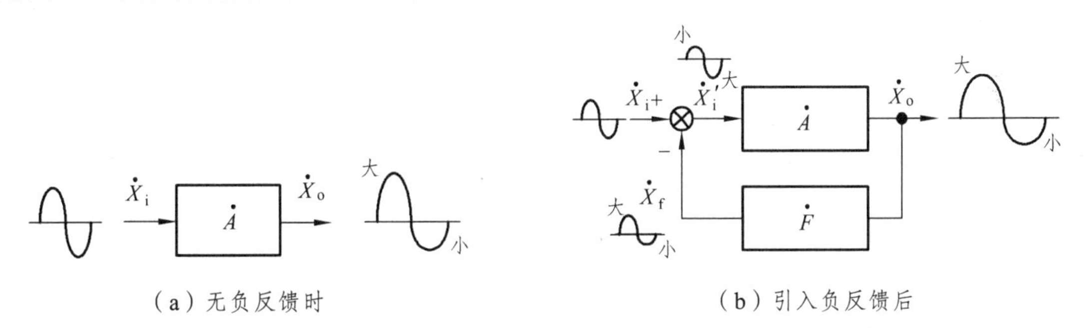

（a）无负反馈时　　（b）引入负反馈后

图 6.4.5　负反馈减小非线性失真

如果基本放大电路存在非线性失真，则正弦波输入信号 X_{i} 经过放大后可能出现图 6.4.5（a）所示情况，图中输出信号 X_{o} 失真波形为正半周大、负半周小。

假设反馈网络由线性元件电阻构成，则反馈网络不会产生非线性失真。引入负反馈后，输入输出波形如图 6.4.5（b）所示。失真的输出波形 X_{o} 经反馈网络，得到的仍然是失真的反馈信号 X_{f}（正半周大，负半周小）。输入信号与反馈信号求和（$X_{\mathrm{i}}' = X_{\mathrm{i}} - X_{\mathrm{f}}$），使净输入信号产生相反的失真，再经基本放大电路输出，正好矫正了原来的失真，从而减小了放大电路的非线性失真。

值得注意的是，由于引入负反馈后放大倍数下降了，信号输出幅度也将减小，不好对比。因此必须加大输入信号，使引入负反馈以后的输出幅度达到原来开环时的输出幅度，这时比较才有意义。

6.4.5 放大电路中引入负反馈的一般原则

引入负反馈能够改善放大电路的多方面性能，且反馈越深，改善的效果越显著，但是放大倍数下降得也越多。反馈的组态不同，对放大电路的性能所产生的影响也各不相同，因此，在设计放大电路时，应根据需要和目的引入合适的反馈。

以下为正确引入负反馈时应遵循的一般原则。

（1）要稳定静态工作点，应引入直流负反馈。

（2）要改善放大电路的动态性能，应引入交流负反馈。

（3）根据信号源的性质选择引入串联负反馈或者并联负反馈。其主要依据是降低输入信号源的负载。因此，当信号源为恒压源或内阻较小的电压源时，为提高放大电路的输入电阻，应引入串联负反馈。当信号源为恒流源或内阻较大的电流源时，为减小放大电路的输入电阻，应引入并联负反馈。

（4）根据负载对放大电路输出量的要求选择引入电压负反馈或者电流负反馈。其主要依据是增强放大电路输出端的带负载能力。因此，当负载需要稳定电压信号时，应引入电压负反馈；当负载需要稳定电流信号时，应引入电流负反馈。

（5）有时需要进行信号变换，这就要选择合适的组态。例如，当输入是电压信号、输出需要电流信号时，这是一个电压–电流变换器，则应引入电流串联负反馈；当输入是电流信号、输出需要电压信号时，这是一个电流–电压变换器，则应引入电压并联负反馈。

思考题

6.4.1　列表总结交流负反馈对放大电路各方面性能的影响。

6.4.2　只要放大电路中引入交流负反馈，都可使电压放大倍数的稳定性增强，频带展宽吗？为什么？

习　题

6.4.1　已知某负反馈放大电路的闭环增益为 40 dB，当温度变化使开环增益 $\dot{A}$ 变化了10%，$\dot{A}_f$ 相应变化了 1%，则此时电路的开环增益为多少分贝？

6.4.2　设某放大电路的 $A = 1000$，由于环境温度的变化，使增益下降为 900，引入负反馈后，反馈系数 $F = 0.099$。求闭环增益的相对变化量。

6.4.3　电路如图题 6.4.3 所示。

（1）正确接入信号源和反馈，使电路的输入电阻增大、输出电阻减小；

（2）若 $\left|\dot{A}_u\right| = \dfrac{U_o}{U_i} = 20$，则 R_f 应取多少千欧？

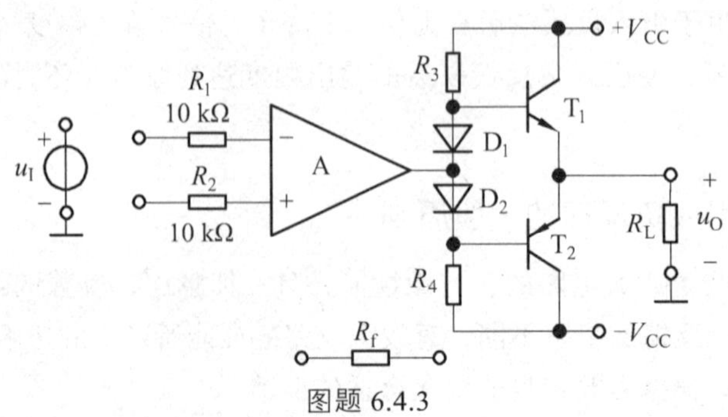

图题 6.4.3

6.5 负反馈放大电路的稳定性分析

引入负反馈可以改善放大电路的性能指标，但是如果负反馈引入不当，反馈深度过深，可能会引起放大电路自激振荡。所谓自激振荡，是指输入量为零时，输出有一定频率和一定幅值的信号。这时放大电路不能正常工作，不具有稳定性。为使放大电路能稳定地正常工作，必须要研究放大电路产生自激振荡的原因和消除自激振荡的措施。

6.5.1 负反馈放大电路自激振荡产生的原因和条件

1. 自激振荡产生的原因

放大电路的通频带是有限的，前面讨论负反馈放大电路时都是假设其工作在通频带区域内的。实际上，在通频带以外，随着信号频率的升高或降低，由于放大元器件极间电容的存在或放大电路中有耦合电容和旁路电容等，不仅放大倍数会显著下降，而且相移也会明显增大。一般将通频带上、下限频率附近以及通频带以外产生的相移称为放大电路的附加相移。

在图 6.5.1 所示负反馈放大电路的方框图中，输入信号 $\dot{X}_i$ 与反馈信号 $\dot{X}_f$ 求和时，其相位关系使净输入信号 $\dot{X}_i'$ 减小，因此是负反馈。但是，如果在通频带以外，基本放大电路与反馈网络的附加相移之和，使得反馈信号 $\dot{X}_f'$ 的相位与原来相反，从而使净输入增加，则原来的负反馈在这个频率点上就变成了正反馈，当反馈信号的幅值足够大时，即使没有输入信号 $(\dot{X}_i = 0)$，电路输出端也会有输出，这就是产生自激振荡了，如图 6.5.1 所示。

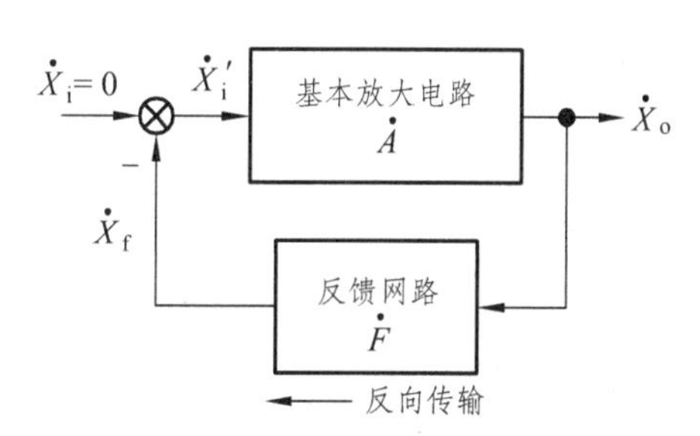

图 6.5.1　负反馈放大电路的自激振荡

可见，负反馈放大电路产生自激振荡的根本原因是闭环环路上基本放大电路和反馈网络的附加相移足够大，$\dot{A}$ 和 $\dot{F}$ 的附加相移使得负反馈变成了正反馈，当满足一定的幅值条件时，电路便产生自激，这时必须采取措施，破坏自激条件，才能使放大电路稳定地工作。

2. 负反馈放大电路的自激振荡条件

当负反馈放大电路放大倍数的一般表达式（6.2.7）的分母 $(1+\dot{A}\dot{F})=0$ 时，$|\dot{A}_f|=\infty$，这就是说，当输入信号 $\dot{X}_i=0$ 时，也会有输出信号 $\dot{X}_o$，这就是自激振荡。因此，自激振荡的条件为

$$|\dot{A}\dot{F}|=-1 \tag{6.5.1}$$

为了便于分析，通常将自激振荡条件写成模与相角形式

$$|\dot{A}\dot{F}|=1 \tag{6.5.2}$$

$$\Delta\varphi_A+\Delta\varphi_F=(2n+1)\pi \quad （n\text{ 为整数}） \tag{6.5.3}$$

式（6.5.2）和式（6.5.3）称为自激振荡的平衡条件，式（6.5.2）为幅值平衡条件，式（6.5.3）为相位平衡条件。只有同时满足幅值平衡条件和相位平衡条件，电路才有可能产生自激振荡。在起振过程中，$|\dot{X}_o|$ 有一个从小到大的过程，因此起振条件为

$$|\dot{A}\dot{F}|>1 \tag{6.5.4}$$

事实上，自激振荡并不需要外加输入电压信号，这个输入电压信号是来自放大电路内部元器件的热噪声电压，或者是开启电源时的瞬间冲击电压。

式（6.5.3）中，$\Delta\varphi_A$ 是放大电路频率特性在低频区或高频区内产生的附加相移，$\Delta\varphi_F$ 是反馈网络产生的附加相移。

6.5.2　负反馈放大电路的稳定性

1. 稳定性的判别方法

一个负反馈放大电路，如果在整个频段范围内，都不能同时满足幅值平衡条件和相位平衡条件，则这个负反馈放大电路是稳定的。通常是用负反馈放大电路的环路放大倍数的波特图来判断是否稳定。

由于集成运放的普遍应用，直接耦合放大电路具有典型意义。图 6.5.2 所示为两个具有低通特性的直接耦合放大电路的频率特性，以此为例说明负反馈放大电路稳定性的判别方法。图中 f_c 表示满足幅值平衡条件（6.5.2）的频率，f_0 表示满足相位平衡条件（6.5.3）的频率。

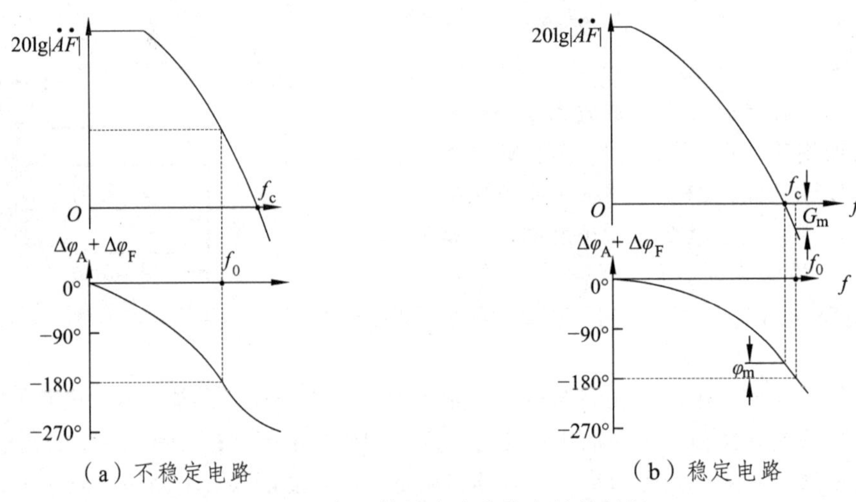

（a）不稳定电路　　（b）稳定电路

图 6.5.2　负反馈放大电路稳定性的判别

在图 6.5.2（a）中，当 $f=f_0$，即 $\Delta\varphi_A+\Delta\varphi_F=-180°$ 时，有 $20\lg|\dot{A}\dot{F}|>0$，即 $|\dot{A}\dot{F}|>1$，说明满足式（6.5.4）所示的起振条件，因此，此频率特性所代表的负反馈放大电路是不稳定的。

在图 6.5.2（b）中，当 $f=f_c$，即 $|\dot{A}\dot{F}|=1$ 时，有 $\Delta\varphi_A+\Delta\varphi_F<180°$，这时，相位平衡条件（6.5.3）不满足。当 $f=f_0$ 时，有 $|\dot{A}\dot{F}|<1$，幅值平衡条件（6.5.2）不满足。因此，此频率特性所代表的负反馈放大电路是稳定的。

综上所述，根据环路放大倍数的频率特性判别负反馈放大电路稳定性的方法如下：

（1）若在整个频率范围内不存在 f_0，即附加相移 $\Delta\varphi_A+\Delta\varphi_F$ 不会达到±180°，则此放大电路是稳定的。例如，负反馈放大电路仅含一阶惯性环节时，一般不会产生自激振荡。

（2）若存在 f_0 且 $f_0>f_c$，则放大电路是稳定的。

（3）若存在 f_0 且 $f_0<f_c$，则放大电路是不稳定的。

2. 稳定裕度

在实际应用中，由于环境温度、电源电压、电路元器件参数及外界电磁场干扰等因素的影响，放大电路的工作状态会发生变化，为了使放大电路有足够的可靠性，总是希望放大电路远离自激振荡的平衡条件。因此，规定负反馈放大电路应具有一定的稳定裕度。

1）幅值裕度 G_m

定义 $f=f_0$ 时所对应的 $20\lg|\dot{A}\dot{F}|$ 的值为幅值裕度 G_m，如图 6.5.2 所示，G_m 的表达式为

$$G_m = 20\lg|\dot{A}\dot{F}|_{f=f_0} \tag{6.5.5}$$

稳定的负反馈放大电路的 $G_m<0$，而且 $|G_m|$ 愈大电路愈稳定，一般认为 $G_m \leqslant -10\ \text{dB}$，电路就具有足够的幅值稳定裕度。

2）相位裕度 φ_m

如图 6.5.2 所示，相位裕度 φ_m 即 $f=f_c$ 时 $|\Delta\varphi_A+\Delta\varphi_F|$ 与 180°的差值，即

$$\varphi_m = 180° - |\Delta\varphi_A+\Delta\varphi_F|_{f=f_c} \tag{6.5.6}$$

稳定的负反馈放大电路的 $\varphi_m>0$，而且 φ_m 愈大电路愈稳定，一般认为 $\varphi_m \geqslant 45°$，电路就具有足够的相位稳定裕度。

6.5.3 负反馈放大电路自激振荡的消除方法

由自激振荡平衡条件及对负反馈电路的稳定性分析可知，由于在低频段或高频段附加相移的作用，在某个频率下，电路满足了自激振荡条件而产生自激。如果采用某种方法破坏自激振荡条件，即改变 $\dot{A}\dot{F}$ 的频率特性，使之根本不存在 f_0，或者即使存在 f_0，但 $f_0>f_c$，那么自激振荡必然被消除了。通常采用的方法是，在满足自激振荡条件的那些频率范围内，人为引入 RC 环节，对电路进行相位校正，使电路的频率特性曲线改变，以保证 $f_0>f_c$。

1. 滞后补偿

设某多级负反馈放大电路环路增益的幅频特性如图 6.5.3 中虚线所示。电容滞后补偿的方法是，在放大电路时间常数最大的一级（产生 f_{H1} 的那级电路）并接补偿比容 C，如图 6.5.4 所示。

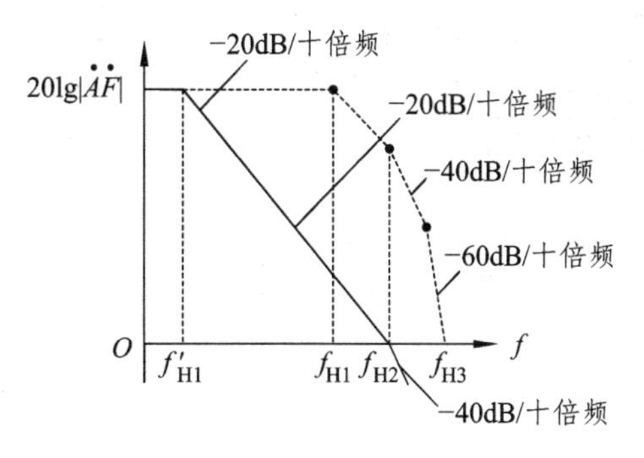

图 6.5.3 电容滞后补偿前后放大电路的幅频特性

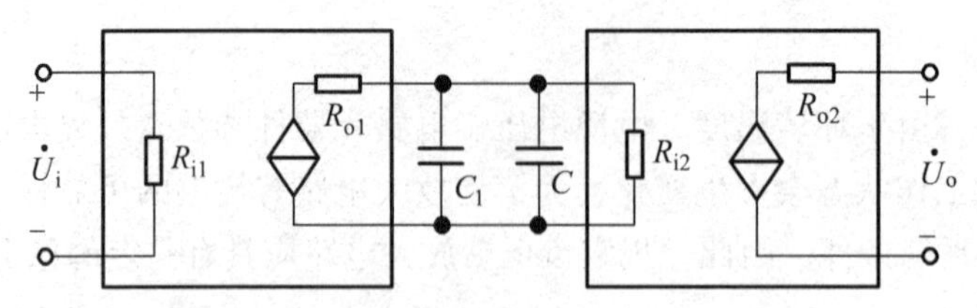

图 6.5.4　电容滞后补偿

图 6.5.4 中，C_1 为前级输出电容和后级输入电容的等效电容，C 为接入的补偿电容，R_{O1} 为前级的输出电阻，R_{i2} 为后级的输入电阻。因此，加补偿电容 C 前的上限频率为

$$f_{H1}=\frac{1}{2\pi C_1(R_{o1}//R_{i2})} \tag{6.5.7}$$

加补偿电容 C 后的上限频率为

$$f'_{H1}=\frac{1}{2\pi(C_1+C)(R_{o1}//R_{i2})} \tag{6.5.8}$$

如果适当选取电容 C 的数值，使补偿后当 $f=f_{H2}$ 时，$20\lg|\dot{A}\dot{F}|=0\ \text{dB}$，而且 $f_{H2}\geqslant 10f'_{H1}$，如图 6.5.3 中实线所示的频率特性，这样，当 $f=f_c$ 时，$(\Delta\varphi_A+\Delta\varphi_F)$ 约为$-135°$，即补偿后 $f_0>f_c$，但具有 45°的相位裕度，所以电路一定可以稳定工作。电容 C 的并入使滞后的附加相移更加滞后，所以称为滞后补偿。

2. 超前补偿

超前补偿方法的指导思想是人为引入一个具有超前相移的网络，使其产生的超前相移与原放大电路中所产生的滞后相移相抵消，从而使 $f_0>f_c$，保证负反馈放大电路稳定工作。超前补偿通常将电容加在反馈回路，如图 6.5.5 所示。

未加补偿电容 C 时，电路的反馈系数为

$$\dot{F}_0=\frac{R_1}{R_1+R_2}$$

加了补偿电容 C 后的反馈系数为

$$\dot{F}=\frac{R_1}{R_1+R_2//\dfrac{1}{\text{j}\omega C}}=\frac{R_1}{R_1+R_2}\cdot\frac{1+\text{j}\omega R_2C}{1+\text{j}\omega C(R_1//R_2)}$$

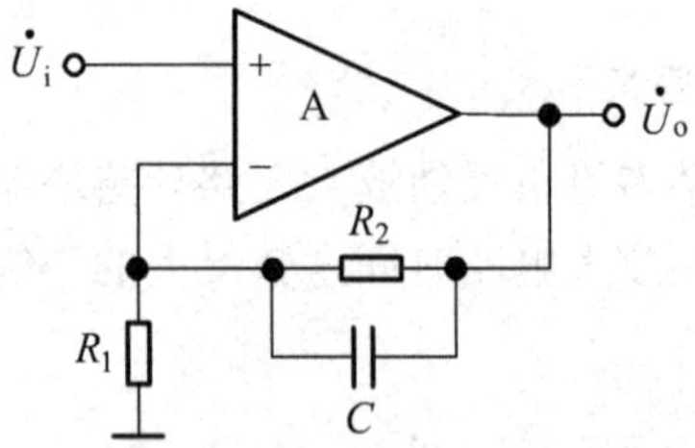

图 6.5.5　超前补偿电路

若令 $f_1=\dfrac{1}{2\pi R_2C}$，$f_2=\dfrac{1}{2\pi(R_1//R_2)C}$，则上式可写为

$$\dot{F}=F_0\frac{1+\text{j}\dfrac{f}{f_1}}{1+\text{j}\dfrac{f}{f_2}}$$

由于 $f_1 < f_2$，因此 $\left(\arctan\frac{f}{f_1} - \arctan\frac{f}{f_2}\right) > 0$，这表明反馈网络加入补偿电容 C 后，$\Delta\varphi_F > 0$，具有超前附加相移。而一般基本放大电路在高频段总有滞后附加相移，即 $\Delta\varphi_A < 0$。这样，在 f_c 处可以使环路增益的附加相移小于 180°，即 $(\Delta\varphi_A + \Delta\varphi_F) < 180°$，从而消除自激振荡。

最后必须指出，消除负反馈放大电路的自激振荡，在实际应用中往往是在基本思路的指导下，先初步估算出补偿元件的参数，再通过实验进行调整，最后达到较为满意的效果。

思考题

6.5.1　何为自激振荡？负反馈放大电路在什么情况下会产生自激振荡？

6.5.2　为什么一级和二级阻容耦合放大电路组成的负反馈放大电路不容易产生自激振荡？而三级或三级以上的放大电路所组成的负反馈放大电路容易产生自激振荡？

习　题

6.5.1　某负反馈放大电路的反馈系数 $F_u = 0.1$，开环电压增益 A_u 如下，试判断该放大电路是否稳定？

$$A_u = \frac{10^4}{\left(1 + \mathrm{j}\frac{f}{10^6}\right)\left(1 + \mathrm{j}\frac{f}{10^7}\right)\left(1 + \mathrm{j}\frac{f}{10^8}\right)}$$

6.5.2　已知负反馈放大电路的 $\dot{A} = \frac{10^4}{\left(1 + \mathrm{j}\frac{f}{10^4}\right)\left(1 + \mathrm{j}\frac{f}{10^5}\right)^2}$，试分析：为了使放大电路能够稳定工作（即不产生自激振荡），反馈系数的上限值为多少？

第7章 信号的运算与处理电路

7.1 基本运算电路

集成运放电路可以构成各种运算电路，本节将介绍比例、加减、积分、微分、对数、指数等基本运算电路。分析这些电路时，要注意输入方式，判别反馈电路，其比例系数即为反馈放大电路的放大倍数。

7.1.1 概述

基本运算电路一般工作在集成运放的线性工作区，因而电路中引入的是负反馈。在分析运算电路时，一般假定集成运放工作在理想状态，引入的反馈均为深度负反馈，即输入电阻无穷大，输出电阻为零，电压放大倍数无穷大，并且两个输入端的净输入电压和净输入电流均为零，即同相输入端和反相输入端之间电流无通路（虚断），但两端的电压相等（虚短），这是分析运算电路输出电压和输入电压运算关系的基本出发点。为了计算方便，假设同相输入端为P节点，反相输入端为N节点。

在求解过程中，一般采用的方法为节点电流法和叠加原理。

7.1.2 比例运算电路

7.1.2.1 反相比例运算电路

1. 基本电路

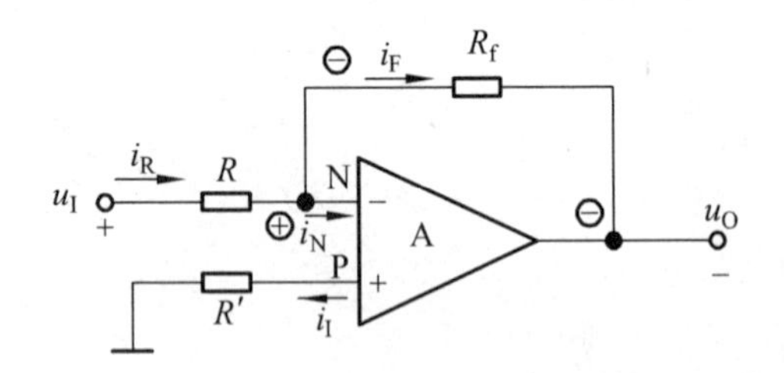

图 7.1.1 反相比例运算电路

反相比例运算电路如图 7.1.1 所示，由于反馈网络与输入端为电流相加减方式，当输出为零时，反馈电阻 R_f 上的电流为零。从瞬时极性法判断，当反相输入端输入为正极性时，输出为负极性，通过 R_f 反馈到输入端为负极性。从以上分析可知，这是一个典型的电压并联负反馈电路。同相输入端通过电路补偿电阻 R' 接地，通常为了保证集成运放输入级差分放大电路的对称性，$R' = R // R_f$。

根据“虚断”概念可得 $i_N = i_P = 0$，故可认为 R' 上无电压降，相当于P点短路，u_P 与地等电位，即 $u_P = 0$。

又根据“虚短”的概念，同相输入端与反相入端电位相同，于是有

$$u_N = u_P = 0 \tag{7.1.1}$$

节点 N 的电流方程为

$$i_R = i_F \Longrightarrow \frac{u_I - u_N}{R} = \frac{u_N - u_O}{R_f}$$

将式（7.1.1）代入上式可得

$$u_O = -\frac{R_f}{R} u_I \tag{7.1.2}$$

从式（7.1.2）可知，输出电压 u_O 与输入电压 u_I 的比例关系系数为 $-R_f / R$。

从电路可以看出，这是一个反相比例运算电路，由于电路引入了深度电压负反馈，所以该电路的输出电阻 $R_o = 0$；由于引入的是并联反馈，所以输入电阻等于输入端和地之间的等效电阻，即 $R_i = R$。在精确计算时应考虑输入电阻减小对运算电路的影响。

2. T 形网络反相比例运算电路

在实际应用中，为了得到较大的电压放大倍数，而又不想 R_f 太大，一般采用 T 形网络取代图 7.1.1 所示电路中的 R_f。如图 7.1.2 所示电路中，R_f 由电阻 R_2、R_3 和 R_4 构成，形似英文字母 T，故称为 T 形网络电路。

根据“虚断”的概念有 $i_N = i_P = 0$，故可认为 R_5 上无电压降，相当于 P 点短路，u_P 与地等电位，即 $u_P = 0$。

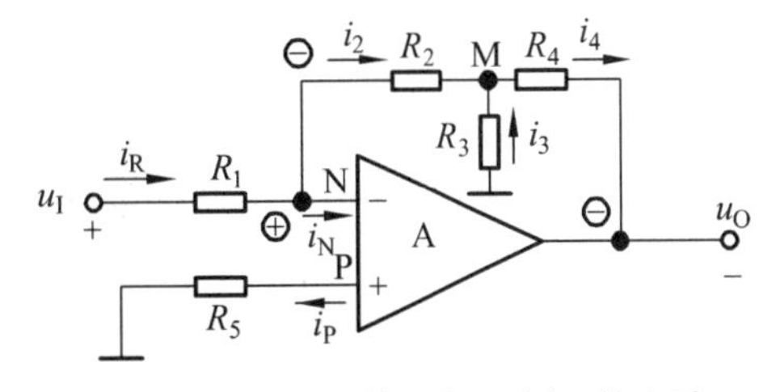

图 7.1.2　T 形网络反相比例运算电路

又根据“虚短”的概念，可知同相输入端与反相输入端电位相同，即 $u_N = u_P = 0$，由此可得节点 N 的电流方程为

$$\frac{u_I}{R_1} = \frac{-u_M}{R_2}$$

因而节点 M 的电位为

$$u_M = -\frac{R_2}{R_1} \cdot u_I$$

R_3 和 R_4 的电流分别为

$$i_3 = -\frac{u_M}{R_3} = -\frac{R_2}{R_1 R_3} \cdot u_I \text{，} \quad i_4 = i_2 + i_3$$

输出电压为

$$u_O = -i_2 R_2 - i_4 R_4$$

将各电流表达式代入上式并整理可得

$$u_O = -\frac{R_2 + R_4}{R_1}\left(1 + \frac{R_2 // R_4}{R_3}\right) u_I \tag{7.1.3}$$

7.1.2.2 同相比例运算电路

1. 基本电路

如图 7.1.3 所示的电路为同相比例运算电路，由于反馈网络与输入端为电压相加减方式，当输出为零时，反馈电阻 R_f 上的电流为零；从瞬时极性法判断，当同相输入端输入为正极性时，输出为正极性，通过 R_f 反馈到输入端为正极性。从以上分析可知，这是电压串联负反馈电路，输入电阻等于集成运放输入电阻（无穷大），输出电阻为零。

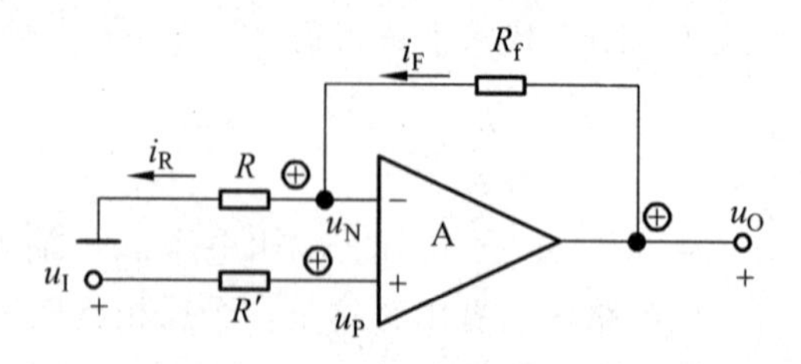

图 7.1.3　同相比例运算电路

根据"虚断"的概念有 $i_N = i_P = 0$，所以 R' 上无压降，故 $u_P = u_I$。

根据"虚短"的概念得

$$u_N = u_P = u_I \tag{7.1.4}$$

说明集成运放的净输入电压为零，但有共模输入电压。

因为 $i_R = i_F$，即

$$\frac{u_N - 0}{R} = \frac{u_O - u_N}{R_f}$$

$$\Rightarrow u_O = \left(1 + \frac{R_f}{R}\right) u_N = \left(1 + \frac{R_f}{R}\right) u_P \tag{7.1.5}$$

将式（7.1.4）代入式（7.1.5）得

$$u_O = \left(1 + \frac{R_f}{R}\right) u_I \tag{7.1.6}$$

从上式可知，u_O 与 u_I 同相且放大倍数大于 1。由于存在共模输入信号，所以在误差分析时，应重点考虑共模信号对同相比例放大电路的影响。

2. 电压跟随器

在同相比例运算电路中，若将输出电压的全部反馈到反相输入端，就构成了图 7.1.4 所示的电压跟随器。电路引入了电压串联负反馈且反馈系数为 1 。由于 $u_O = u_N = u_P$，故输出电压与输入电压的关系为

$$u_O = u_I$$

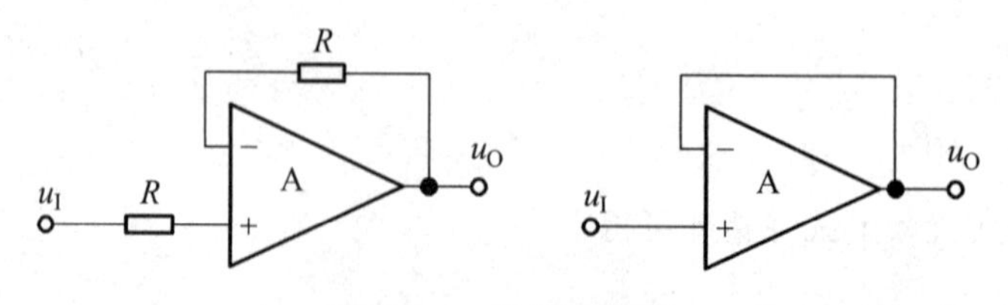

图 7.1.4　电压跟随器

理想运放的开环差模增益为无穷大，因而电压跟随器具有比射极输出器好很多的跟随特性。

综上所述，对于单一信号作用的运算电路，在分析运算关系时，应首先列出关键节点的电流方程（所谓关键节点是指那些与输入电压和输出电压产生关系的节点，如 N 点和 P 点）；然后根据“虚短”和“虚断”的原则进行整理，即可得到输出电压和输入电压的运算关系。

例 7.1.1 电路如图 7.1.5 所示，已知 $R_2>>R_4$，$R_1=R_2$ 试问：

（1）u_O 与 u_I 的比例系数为多少？

（2）若 R_4 开路，则 u_O 与 u_I 的比例系数为多少？

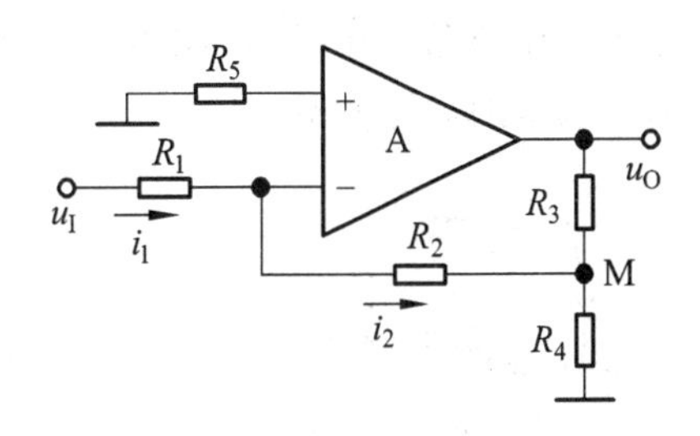

图 7.1.5 例 7.1.1 的电路图

解：比较图 7.1.5 和图 7.1.2 所示的电路不难发现，它们是完全相同的运算电路，即 T 形网络反相比例运算电路。

（1）由于 $u_N=u_P=0$，因而

$$i_2=i_1=\frac{u_I}{R_1}$$

M 点的电位为

$$u_M=-i_2R_2=-\frac{R_2}{R_1}u_I$$

由于 $R_2>>R_4$，可以认为

$$u_o\approx\left(1+\frac{R_3}{R_4}\right)u_M$$

$$u_o\approx-\frac{R_2}{R_1}\left(1+\frac{R_3}{R_4}\right)u_I$$

在上式中，由于 $R_1=R_2$，故 u_o 与 u_I 的关系式为

$$u_o\approx-\left(1+\frac{R_3}{R_4}\right)u_I$$

所以，比例系数约为 $-(1+R_3/R_4)$。

（2）若 R_4 开路，则电路变为典型的反相比例运算电路，根据式（7.1.2）可得，u_o 与 u_I 的运算关系式为

$$u_o=-\frac{R_2+R_3}{R_1}\cdot u_I$$

由于 $R_1=R_2$，故比例系数为 $-(1+R_3/R_1)$。

7.1.3 加减运算电路

加减运算电路一般是在比例运算电路的基础上实现多个输入信号各不同比例求和或求差的电路。所有输入在同一个输入端的可以实现加法运算，在不同输入端的实现减法运算，分析的方法为节点电流法和叠加原理，这里选用叠加原理进行分析。

7.1.3.1　求和运算电路

1. 反相求和运算电路

反相求和运算电路的多个输入信号均作用于集成运放的反相输入端，如图 7.1.6 所示。对于多输入的电路，除了用节点电流法求解运算关系外，还可以利用叠加原理，首先分别求出各输入电压单独作用时的输出电压，然后将它们相加，便得到所有信号共同作用时输出电压与输入电压的运算关系。

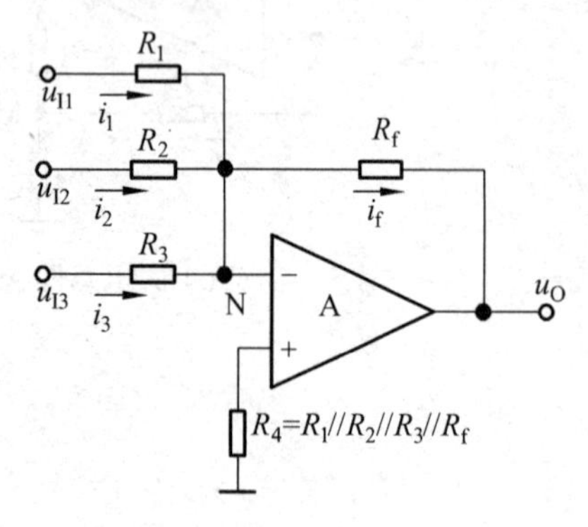

图 7.1.6　反相求和运算电路

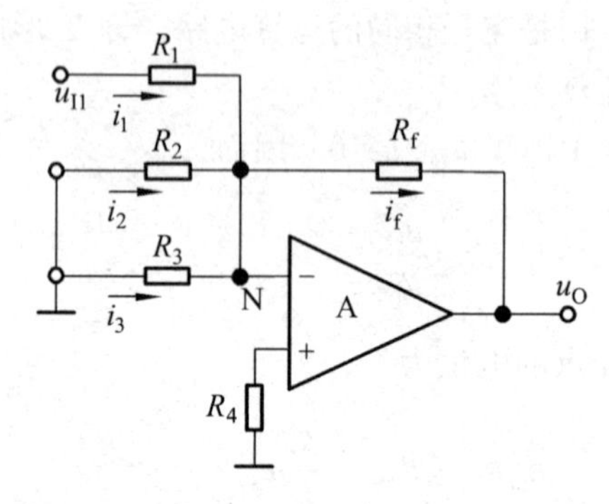

图 7.1.7　利用叠加原理求解运算关系

设 u_{I1} 单独作用,此时应将 u_{I2} 和 u_{I3} 接地,如图 7.1.7 所示。由于电阻 R_2 和 R_3 的一端是"地",一端是"虚地"，故它们的电流为零。因此，电路实现的是反相比例运算，有

$$u_{O1}=-\frac{R_f}{R_1}u_{I1} \tag{7.1.7}$$

利用同样的方法，分别求出 u_{I2} 和 u_{I3} 单独作用时的输出 u_{O2} 和 u_{O3}，即

$$u_{O2}=-\frac{R_f}{R_2}u_{I2},\quad u_{O3}=-\frac{R_f}{R_3}u_{I3}$$

当 u_{I1}、u_{I2} 和 u_{I3} 同时作用时，有

$$u_O=u_{O1}+u_{O2}+u_{O3}=-\frac{R_f}{R_1}u_{I1}-\frac{R_f}{R_2}u_{I2}-\frac{R_f}{R_3}u_{I3} \tag{7.1.8}$$

从反相求和运算电路的分析可知，各信号源为运算电路提供的输入电流各不相同，表明从不同的输入端看进去的等效电阻不同，即输入电阻不同。

2. 同相求和运算电路

当多个输入信号同时作用于集成运放的同相输入端时，就构成同相求和运算电路，如图 7.1.8 所示。

在同相比例运算电路的分析中，曾得到式（7.1.6）所示的结论。因此求解 u_P，即可得到输出电压与输入电压的运算关系。

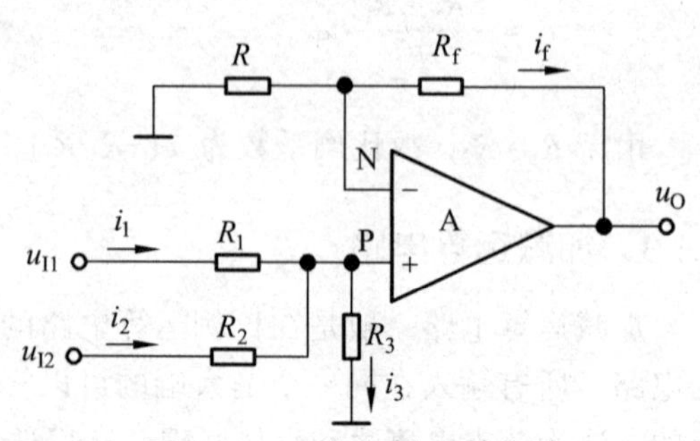

图 7.1.8　同相加法运算电路

节点 P 的电流方程为

$$i_1 + i_2 = i_3$$

$$\frac{u_{I1} - u_P}{R_1} + \frac{u_{I2} - u_P}{R_2} = \frac{u_P}{R_3}$$

$$\left(\frac{1}{R_1} + \frac{1}{R_2} + \frac{1}{R_3}\right) u_P = \frac{u_{I1}}{R_1} + \frac{u_{I2}}{R_2}$$

所以同相输入端电位为

$$u_P = R_P \left(\frac{u_{I1}}{R_1} + \frac{u_{I2}}{R_2}\right) \tag{7.1.9}$$

式中，$R_P = R_1 // R_2 // R_3$。

将式（7.1.9）代入式（7.1.6）得

$$u_O = \left(1 + \frac{R_f}{R}\right) \cdot R_P \cdot \left(\frac{u_{I1}}{R_1} + \frac{u_{I2}}{R_2}\right) = \frac{R + R_f}{R} \cdot \frac{R_f}{R_f} \cdot R_P \cdot \left(\frac{u_{I1}}{R_1} + \frac{u_{I2}}{R_2}\right) = R_f \cdot \frac{R_P}{R_N} \cdot \left(\frac{u_{I1}}{R_1} + \frac{u_{I2}}{R_2}\right)$$

式中，$R_N = R // R_f$。若 $R_N = R_P$，则

$$u_O = R_f \left(\frac{u_{I1}}{R_1} + \frac{u_{I2}}{R_2}\right) \tag{7.1.10}$$

若 $R // R_f = R_1 // R_2$，可省去 R_3。

利用叠加原理求解同相求和运算电路的 u_P 可得

$$u_P = \frac{R_2 // R_3}{R_1 + R_2 // R_3} u_{I1} + \frac{R_1 // R_3}{R_2 + R_1 // R_3} u_{I2}$$

输出电压为

$$u_O = \left(1 + \frac{R_f}{R}\right)\left(\frac{R_2 // R_3}{R_1 + R_2 // R_3} u_{I1} + \frac{R_1 // R_3}{R_2 + R_1 // R_3} u_{I2}\right) \tag{7.1.11}$$

从上式中可以看出，虽叠加原理物理意义非常明确，但计算过程烦琐。

7.1.3.2　加减运算电路

从式（7.1.8）和式（7.1.10）可以看出，当输入电压作用在不同的输入端时就可以组成加减法运算电路，如图 7.1.9 所示为 4 个输入的加减运算电路。

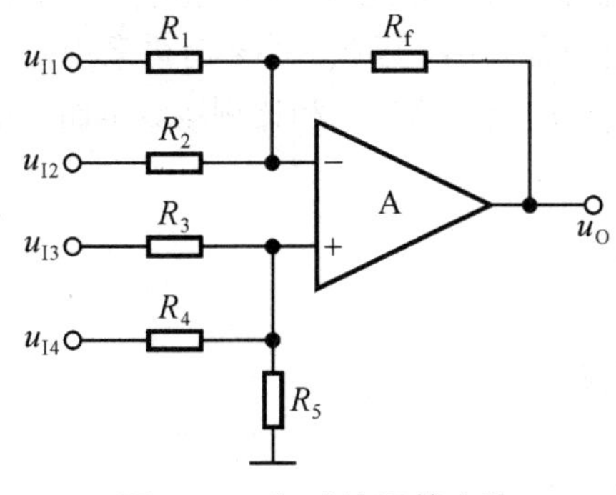

图 7.1.9　加减法运算电路

首先将同相输入端的两个输入电压与地短路，如图 7.1.10（a）所示，可以得到反相求和运算电路，得输出电压为

$$u_{OA}=-R_f\left(\frac{u_{I1}}{R_1}+\frac{u_{I2}}{R_2}\right) \tag{7.1.12}$$

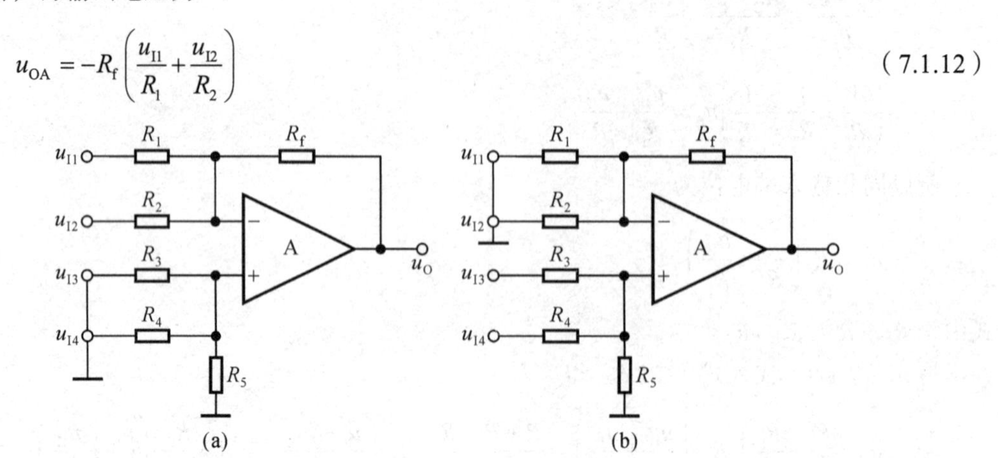

图 7.1.10　利用叠加原理求解加减运算电路

再将反相端的两个电压输入端与地短路，如图 7.1.10（b）所示，则得到同相求和电路，若 $R_1//R_2//R_f=R_3//R_4//R_5$，则输出电压为

$$u_{OB}=R_f\left(\frac{u_{I3}}{R_3}+\frac{u_{I4}}{R_4}\right) \tag{7.1.13}$$

根据叠加原理，输出电压为

$$\begin{aligned}u_O&=u_{OA}+u_{OB}\\&=R_f\left(\frac{u_{I3}}{R_3}+\frac{u_{I4}}{R_4}-\frac{u_{I1}}{R_1}-\frac{u_{I2}}{R_2}\right)\end{aligned} \tag{7.1.14}$$

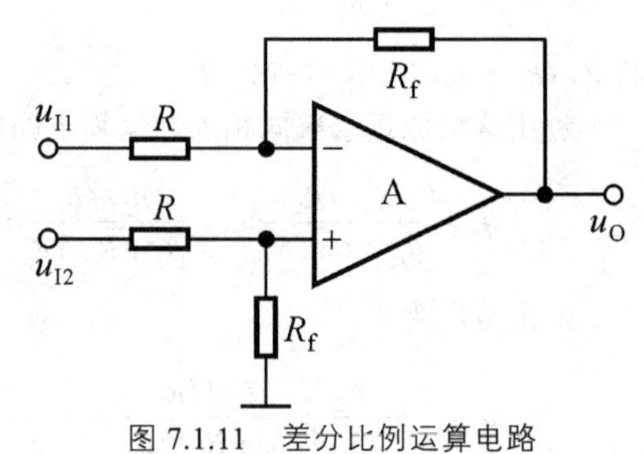

图 7.1.11　差分比例运算电路

若电路只有两个输入且参数如图 7.1.11 所示，则

$$u_O=\frac{R_f}{R}(u_{I2}-u_{I1}) \tag{7.1.15}$$

电路实现了对输入差模信号的比例运算。

使用单个集成运放构成加减运算电路时存在两个缺点：一是电阻的选取和调整不方便，二是对每个信号源而言输入电阻都较小。因此，必要时可采用两级电路。例如，可用图 7.1.12 所示电路实现差分比例运算，第一级电路为同相比例运算电路，第二级为差分比例运算电路。由图可得

$$u_{O1}=\left(1+\frac{R_{f1}}{R_1}\right)u_{I1} \tag{7.1.16}$$

根据叠加原理，第二级电路的输出为

$$u_O=-\frac{R_{f2}}{R_3}u_{O1}+\left(1+\frac{R_{f2}}{R_3}\right)u_{I2}$$

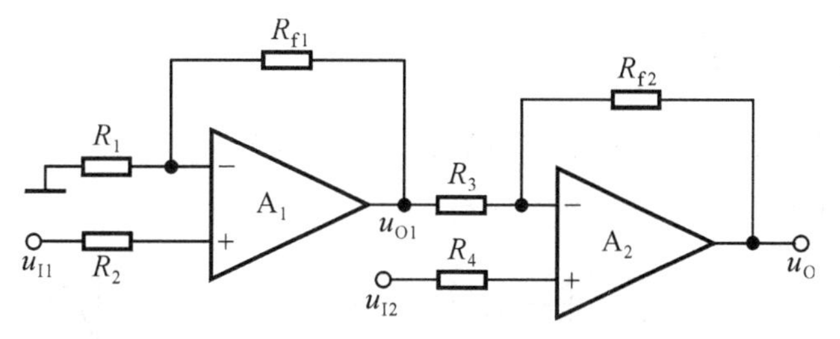

图 7.1.12　高输入电阻的差分比例运算电路

若 $R_1 = R_{f2}$， $R_3 = R_{f1}$，则有

$$u_O = \left(1 + \frac{R_{f2}}{R_3}\right)(u_{I2} - u_{I1}) \tag{7.1.17}$$

从电路来看，第一个为同相比例运算电路，第二个为差分比例运算电路，输入电阻都为无穷大。

7.1.4　积分运算电路和微分运算电路

在自控系统中，常用积分电路和微分电路作为电路环节，在仪器仪表之中它们还广泛用于波形的产生和变换；积分运算和微分运算互为逆运算。

7.1.4.1　积分运算电路

积分运算电路如图 7.1.13 所示，集成运放的同相输入端通过 R' 接地， $u_P = u_N = 0$ ，为“虚地”。

电路中，电容 C 中电流等于电阻 R 中电流，即

$$i_C = i_R = \frac{u_I}{R}$$

假设电容初始电压为零，由于电容上的电流为充电电流，电容电压为输出电压，故

$$i_C = -C\frac{du_O}{dt}$$

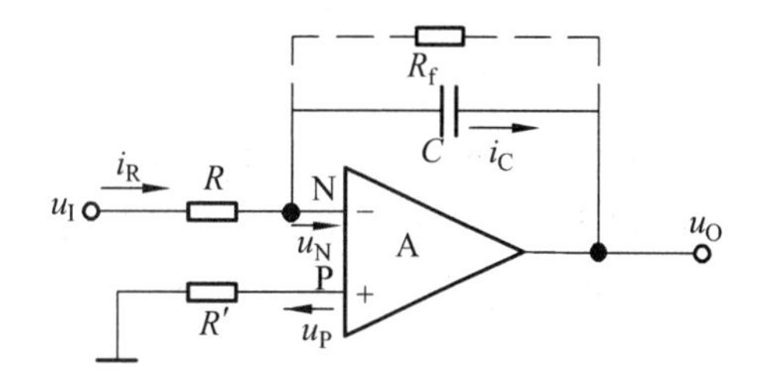

图 7.1.13　积分运算电路

由此得

$$u_O = -\frac{1}{C}\int i_C dt = -\frac{1}{RC}\int u_I dt \tag{7.1.18}$$

t_1 到 t_2 时间段的积分值为

$$u_O = -\frac{1}{RC}\int_{t_1}^{t_2} u_I dt + u_O(t_1) \tag{7.1.19}$$

式中， $u_O(t_1)$ 为积分起始时刻的输出电压，即积分运算的起始值，积分的终值是 t_2 时刻的电压。

当 u_I 为常量时，输出电压为

$$u_{\mathrm{O}}=-\frac{1}{RC}u_{\mathrm{I}}(t_2-t_1)+u_{\mathrm{O}}(t_1) \tag{7.1.20}$$

积分电路的应用十分广泛，如图 7.1.14 所示为当输入为阶跃信号、方波信号、正弦波信号时输出的电压波形。

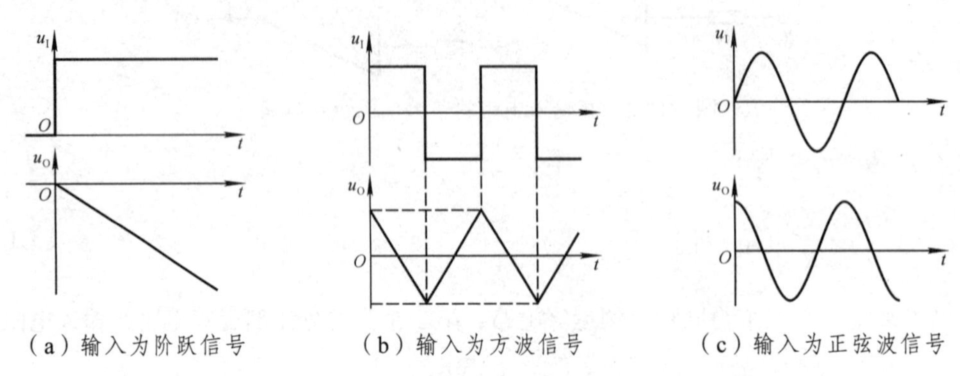

（a）输入为阶跃信号　（b）输入为方波信号　（c）输入为正弦波信号

图 7.1.14　积分运算电路在不同输入情况下的波形

在实用电路中，因为偏置电流、失调电压、失调电流及温漂不等于零，开环电压放大倍数、输入电阻及带宽不是无穷大，实际的电容器存在吸附效应和漏电阻等，因此实际积分电路的输出电压与输入电压的函数关系与理想情况相比存在误差，情况严重时甚至不能正常工作。为了防止低频信号增益过大，常在电容上并联一个反馈电阻加以限制，如图 7.1.13 中虚线所示。

7.1.4.2　微分运算电路

1. 基本微分运算电路

若将图 7.1.13 所示电路中电阻 R 和电容 C 的位置互换，并选取比较小的时间常数 RC，则得到基本微分运算电路，如图 7.1.15 所示。

根据“虚短”“虚断”的原则有 $u_{\mathrm{P}}=u_{\mathrm{N}}=0$，所以电容两端电压 $u_C=u_{\mathrm{I}}$，因而有

$$i_R=i_C=C\frac{\mathrm{d}u_{\mathrm{I}}}{\mathrm{d}t} \tag{7.1.21}$$

由此可得输出电压为

$$u_{\mathrm{O}}=-i_R R=-RC\frac{\mathrm{d}u_{\mathrm{I}}}{\mathrm{d}t} \tag{7.1.22}$$

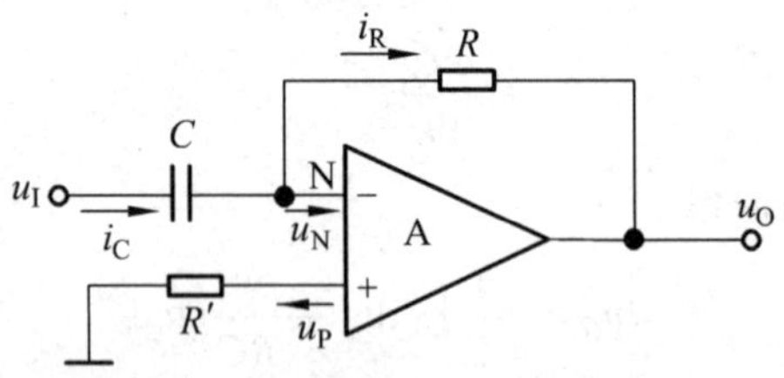

图 7.1.15　基本微分运算电路

即输出电压正比于输入电压对时间的微分。

2. 实用微分运算电路

图 7.1.15 所示基本微分电路存在以下问题：由于输出电压与输入电压的变化率成正比，因此输出受输入影响较大；当受到大幅值脉冲干扰时，会因为充电电流变化过大而使集成运放内部的放大管进入饱和或截止状态，使得电路不能正常工作；由于反馈网络为滞后环节，它与集成运放内部的滞后环节相叠加，易于满足自激振荡的条件，从而使电路不稳定。

为了解决上述问题，可以在输入端串联一个小阻值的电阻 R_1，以限制输入电流，即限制了 R

中电流；在反馈电阻 R 上并联稳压二极管，以限制输出电压幅值，保证集成运放中的放大管始终工作在放大区，不至于出现阻塞现象；在 R 上并联小容量电容 C_1，起相位补偿作用，提高电路的稳定性；如图 7.1.16（a）所示。该电路的输出电压与输入电压成近似微分关系。若输入电压为方波且 $RC \ll T/2$（T 为方波的周期），则输出为尖顶波，如图 7.1.16（b）所示。

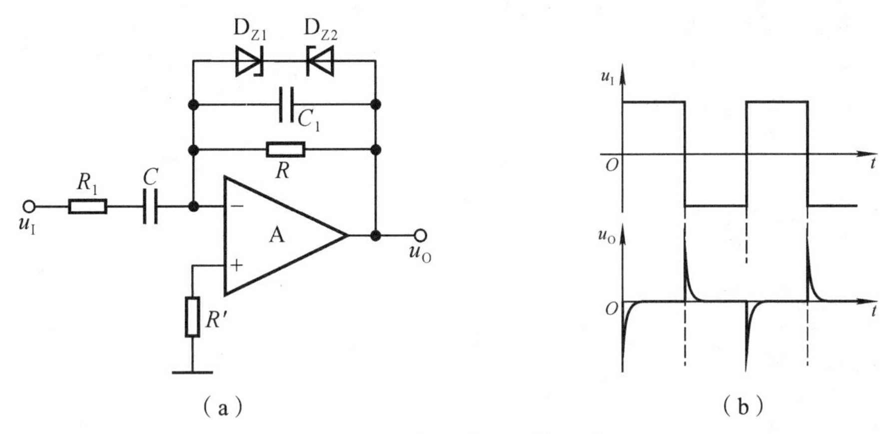

图 7.1.16　实用微分运算电路

（1）逆函数型微分运算电路。

因为微分运算和积分运算互为逆运算，若将积分运算电路作为反馈电路，则可得到微分运算电路，如图 7.1.17 所示。为了保证电路引入的是负反馈，应使输出电压 u_{O2} 与输入电压 u_I 极性相反，u_I 应加在 A_1 的同相输入端。

在图 7.1.17 所示电路中有 $i_1 = i_2$，即

$$\frac{u_I}{R_1} = -\frac{u_{O2}}{R_2} \Longrightarrow u_{O2} = -\frac{R_2}{R_1}\cdot u_I \tag{7.1.23}$$

根据积分运算电路的运算关系可知

$$u_{O2} = -\frac{1}{R_3 C}\int u_O \mathrm{d}t \tag{7.1.24}$$

因此

$$-\frac{R_2}{R_1}u_I = -\frac{1}{R_3 C}\int u_O \mathrm{d}t \tag{7.1.25}$$

从而得到输出电压的表达式为

$$u_O = \frac{R_2 R_3 C}{R_1}\cdot\frac{\mathrm{d}u_I}{\mathrm{d}t} \tag{7.1.26}$$

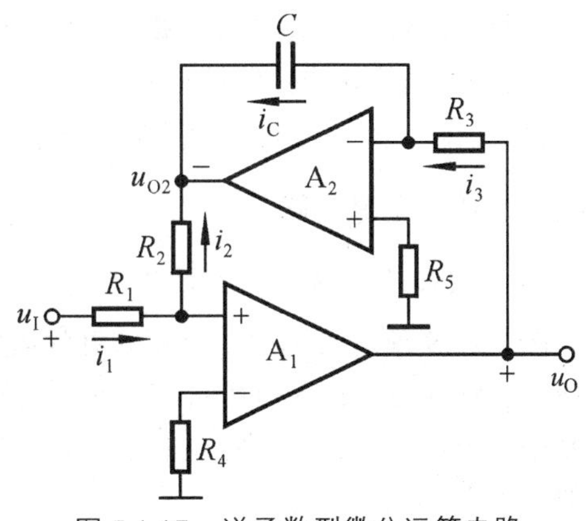

图 7.1.17　逆函数型微分运算电路

利用逆函数运算实现运算电路具有实用价值。例如，采用乘法运算电路作为集成运放的反馈通路，便可以实现除法运算；采用乘方运算电路作为集成运放的反馈通路，便可以实现开方运算，等等。需要注意的是，与一般运算一样，利用逆运算的方法组成运算电路时，引入的必须是负反馈。在自动控制系统中，积分运算常用来提高调节精度，而微分运算则用来加速过渡过程。

例 7.1.2　电路如图 7.1.18 所示，$C_1=C_2=C$，试求出 u_O 与 u_I 的运算关系式。

解：根据“虚短”和“虚断”的原则，在节点 N 上，电流方程为

$$i_1 = i_{C1}$$

$$-\frac{u_N}{R} = C\frac{d(u_N - u_O)}{dt} = C\frac{du_N}{dt} - C\frac{du_O}{dt}$$

$$C\frac{du_O}{dt} = c\frac{du_N}{dt} + \frac{u_N}{R}$$

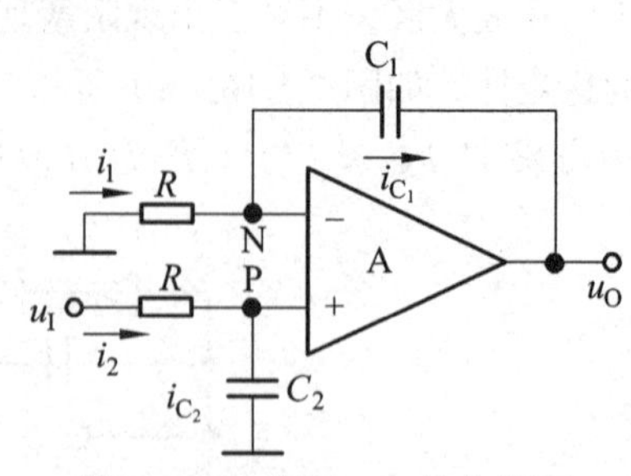

图 7.1.18　例 7.1.2 的电路图

在节点 P 上，电流方程为

$$i_2 = i_{C2}$$

$$\frac{u_I - u_P}{R} = C\frac{du_P}{dt}$$

$$\frac{u_I}{R} = C\frac{du_P}{dt} + \frac{u_P}{R}$$

因为 u_P=u_N，所以

$$C\frac{du_O}{dt} = \frac{u_I}{R}$$

$$u_O = \frac{1}{RC}\int u_I dt$$

在 t_1~t_2 时间段中，u_O 的表达式为

$$u_O = \frac{1}{RC}\int_{t_1}^{t_2} u_I dt + u_O(t_1)$$

电路实现了同相积分运算。

7.1.5　对数运算电路和指数运算电路

对数、反对数运算与加、减、比例运算电路组合，能实现乘法、除法、乘方和开方等运算。利用 PN 结伏安特性所具有的指数规律，将二极管或者晶体管分别接入集成运放的反馈回路和输入回路，可以实现对数运算和指数运算。

7.1.5.1　对数运算电路

1. 采用二极管的对数运算电路

图 7.1.19 所示为采用二极管的对数运算电路，为使二极管导通，输入电压 u_I 应大于零。根据半导体基础知识可知，二极管的正向电流与其端电压的近似关系为

$$i_D \approx I_S e^{\frac{u_D}{U_T}} \tag{7.1.27}$$

因而

$$u_D \approx U_T \ln\frac{i_D}{I_S} \tag{7.1.28}$$

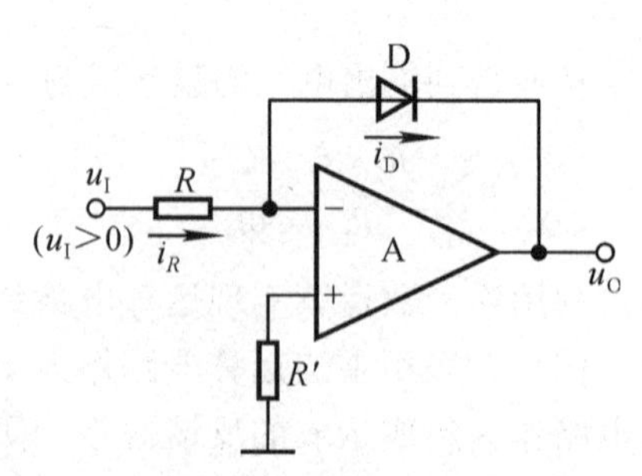

图 7.1.19　采用二极管的对数运算电路

由于 $u_P = u_N = 0$，$i_D = i_R = \frac{u_I}{R}$，根据以上分析可得输出电压为

$$u_O = -u_D \approx -U_T \ln \frac{u_I}{I_S R} \tag{7.1.29}$$

上式表明，运算关系与 U_T 和 I_S 有关，可知电路的运算精度受温度的影响较大。而晶体管的基极和发射极之间具有较为精确的对数关系，故实用电路中常用晶体管取代二极管。

2. 利用晶体管的对数运算电路

利用晶体管的对数运算电路如图 7.1.20 所示，由于集成运放的反相输入端为虚地，所以有节点方程

$$i_C = i_R = \frac{u_I}{R}$$

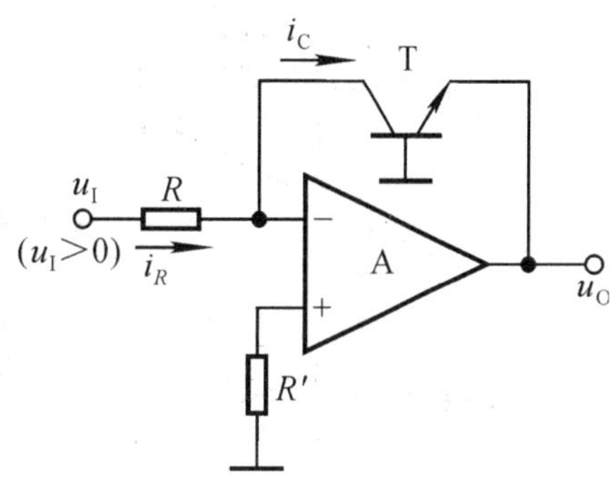

图 7.1.20　采用晶体管的对数运算电路

在忽略晶体管基区体电阻压降且认为晶体管的共基电路放大系数 $\alpha \approx 1$ 的情况下，若 $u_{BE} >> U_T$，则

$$i_C = \alpha i_E \approx I_S e^{\frac{u_{BE}}{U_T}} \tag{7.1.30}$$

$$u_{BE} = U_T \ln \frac{i_C}{I_S} \tag{7.1.31}$$

所以输出电压为

$$u_O = -u_{BE} = -U_T \ln \frac{u_I}{I_S R} \tag{7.1.32}$$

式（7.1.32）与式（7.1.29）相同，所以利用晶体管的对数运算电路和二极管构成的对数运算电路一样，运算关系仍受温度的影响，并且输出电压的幅值不能超过 0.7 V。

7.1.5.2　指数运算电路

将图 7.1.20 所示的对数运算电路中的电阻和晶体管互换，便可得到指数运算电路，如图 7.1.21 所示。图中集成运放反相输入端为虚地，所以有

$$u_{BE} = u_I$$

$$i_R = i_E \approx I_S e^{\frac{u_I}{U_T}} \tag{7.1.33}$$

输出电压为

$$u_O = -i_R R = -I_S e^{\frac{u_I}{U_T}} R \tag{7.1.34}$$

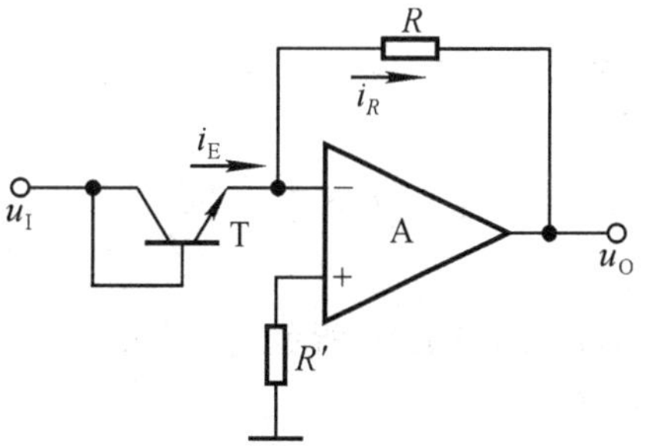

图 7.1.21　指数运算电路

为使晶体管导通，u_I 应大于零，且只能在发射结导通电压范围内，故其变化范围很小。从式（7.1.34）可以看出，指数运算的精度也受温度影响。

7.1.5.3　利用对数和指数运算电路实现的乘法运算电路和除法运算电路

利用对数、指数、求和运算电路实现的乘法运算电路的方框图如图 7.1.22 所示，具体电

路如图 7.1.23 所示。

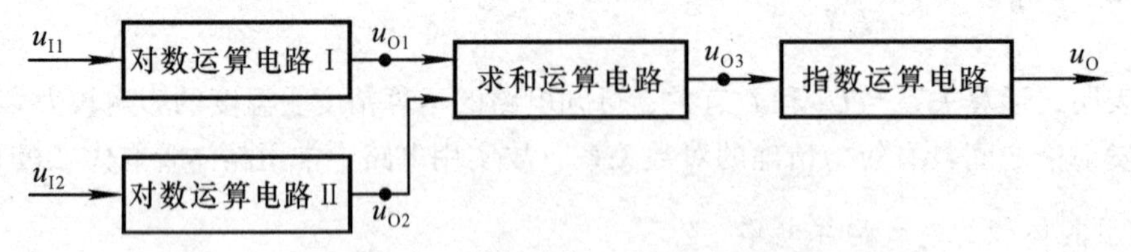

图 7.1.22　利用对数和指数运算电路实现的乘法运算电路方框图

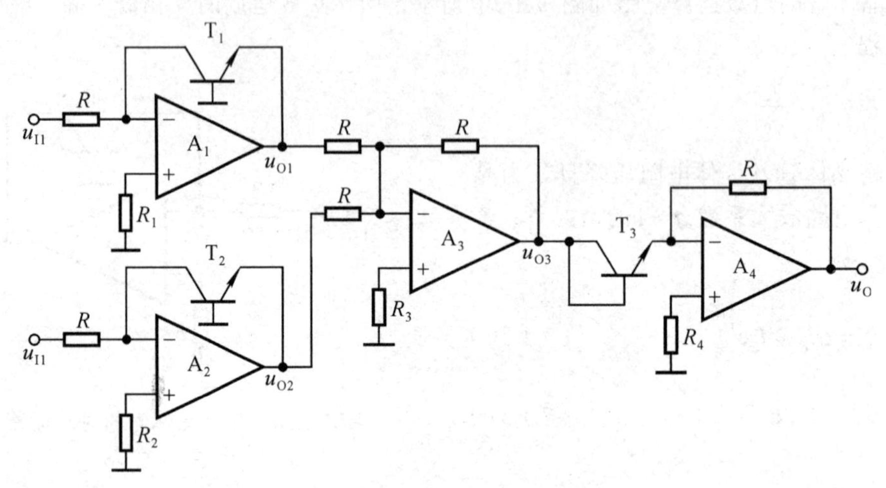

图 7.1.23　乘法运算电路

由于

$$u_{O1} \approx -U_T \ln \frac{u_{I1}}{I_S R}, \quad u_{O2} \approx -U_T \ln \frac{u_{I2}}{I_S R}$$

为了满足乘法电路的要求，求和运算电路的系数为 1，故

$$u_{O3} = -(u_{O1} + u_{O2}) \approx U_T \ln \frac{u_{I1} u_{I2}}{(I_S R)^2} \tag{7.1.35}$$

得

$$u_O \approx -I_S R e^{\frac{u_{O3}}{U_T}} \approx -\frac{u_{I1} u_{I2}}{I_S R} \tag{7.1.36}$$

若将图 7.1.23 所示电路中的求和运算电路换为求差（差分）运算电路，则可实现除法运算电路。

思考题

7.1.1　运算电路一般引入的反馈类型为______，同相输入端与反相输入端等电位的判断依据_____________的概念。

7.1.2　如何识别电路是否为运算电路？为什么两个运算电路在相互连接时可以不考虑前后级之间的影响？

7.1.3　现有电路：

A. 反相比例运算电路　　B. 同相比例运算电路

C. 积分运算电路　　D. 微分运算电路

E. 加法运算电路　　F. 乘方运算电路

选择一个合适的答案填入空内。

（1）欲将正弦波电压移相+ 90°，应选用__________；

（2）欲将正弦波电压转换成二倍频电压，应选用__________；

（3）欲将正弦波电压叠加上一个直流量，应选用__________；

（4）欲实现 $A_u = -100$ 的放大电路，应选用__________；

（5）欲将方波电压转换成三角波电压，应选用__________；

（6）欲将方波电压转换成尖顶波电压，应选用__________。

习　题

7.1.1　如图题 7.1.1 所示，已知电阻 $R_i = 10\ \text{k}\Omega$， $R_f = 100\ \text{k}\Omega$。

（1）写出 u_O 与 u_I 的运算关系式；

（2）求 R' 值。

7.1.2　求解图题 7.1.2 所示电路输入电压与输出电压的运算关系。

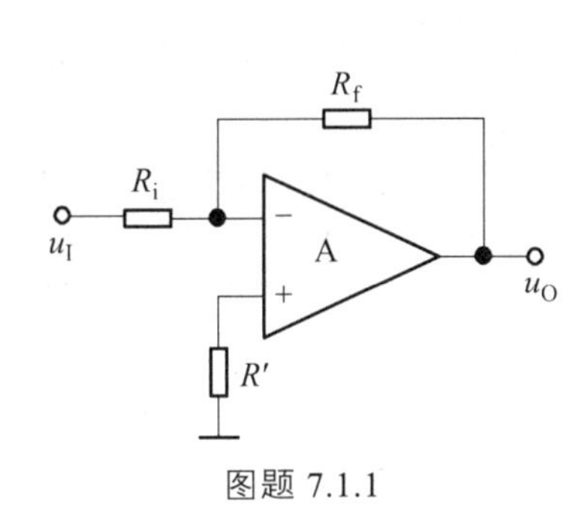

图题 7.1.1

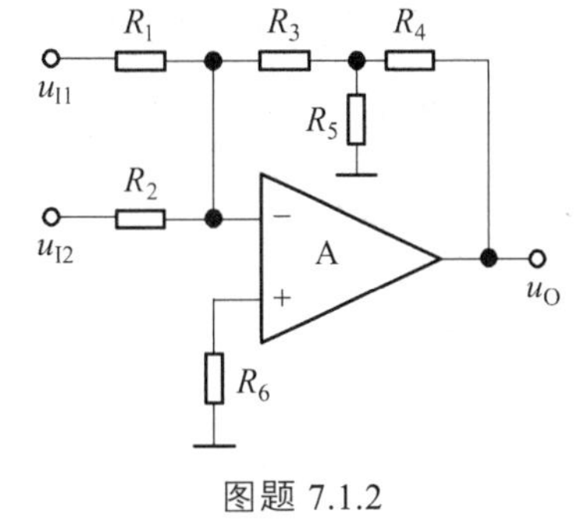

图题 7.1.2

7.1.3　如图题 7.1.3 所示电路中，当 $R_3 = R_2 - R_1$ 时，求输出电流 i_L 与输入电压 u_I 的关系。

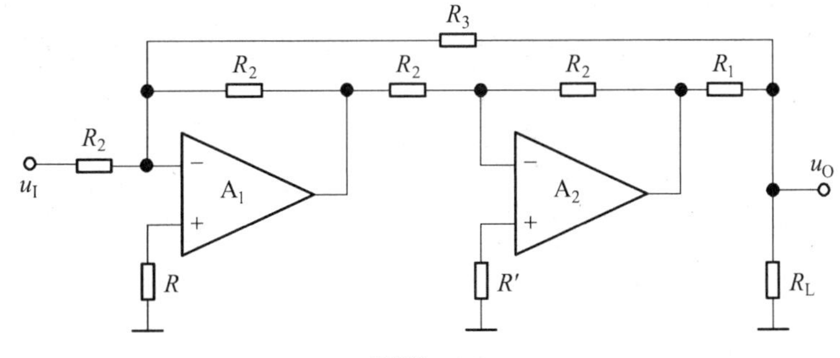

图题 7.1.3

7.1.4　电路如图题 7.1.4 所示。

（1）写出 u_O 与 u_{I1}、u_{I2} 的运算关系式；

（2）当 R_w 的滑动端在最上端时，若 $u_{I1} = 10\ \text{mV}$，$u_{I2} = 20\ \text{mV}$，则 $u_O = ?$

（3）若 u_O 的最大幅值为±14 V，输入电压最大值 $u_{I1max}=10$ mV，$u_{I2max}=20$ mV，最小值均为 0V，则为了保证集成运放工作在线性区，R_2 的最大值为多少？

7.1.5　电路如图题 7.1.5 所示，试求输出电压 u_O 与输入电压 u_{I1} 、u_{I2} 的关系式。

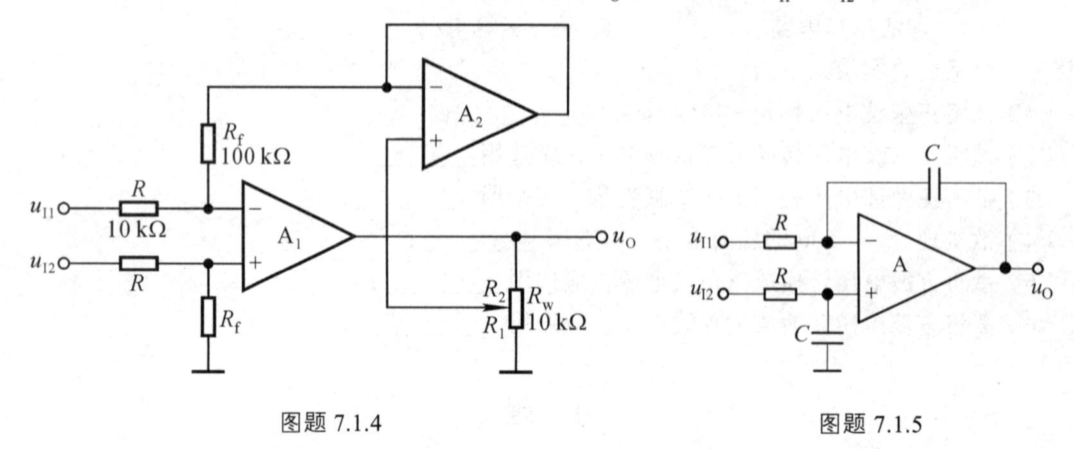

图题 7.1.4　　　　　　　　图题 7.1.5

7.1.6　电路如图题 7.1.6（a）所示，若 $R_1=1\text{ k}\Omega$ ，$R_2=2\text{ k}\Omega$ ，$C=1\ \mu\text{F}$ ，u_{I1} 和 u_{I2} 的波形如图 7.1.6（b）所示，在 $t=0$ 时 $u_C=0$ ，试画出 u_O 的波形图。

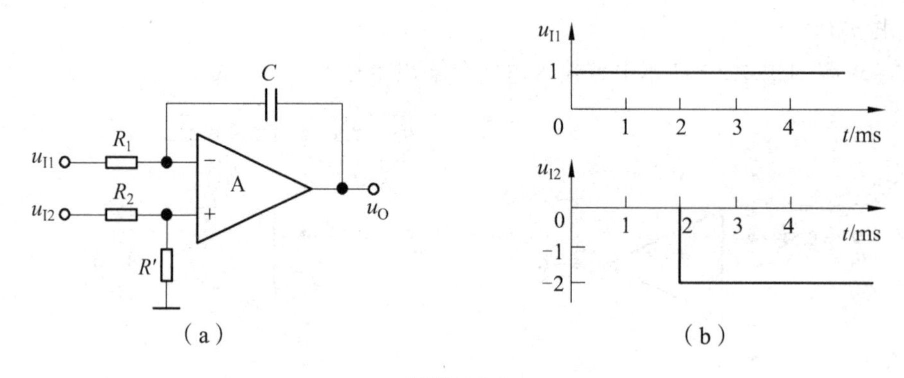

（a）　　　　　　　　（b）

图题 7.1.6

7.1.7　图题 7.1.7 所示电路中，已知 $R_1=R=R'=100\text{ k}\Omega$ ，$R_2=R_f=100\text{ k}\Omega$ ，$C=1\ \mu\text{F}$ 。

（1）试求出 u_O 与 u_I 的运算关系。

（2）设 $t=0$ 时 $u_O=0$ ，且 u_I 由零跃变为−1 V，试求输出电压由零上升到+6 V 所需要的时间。

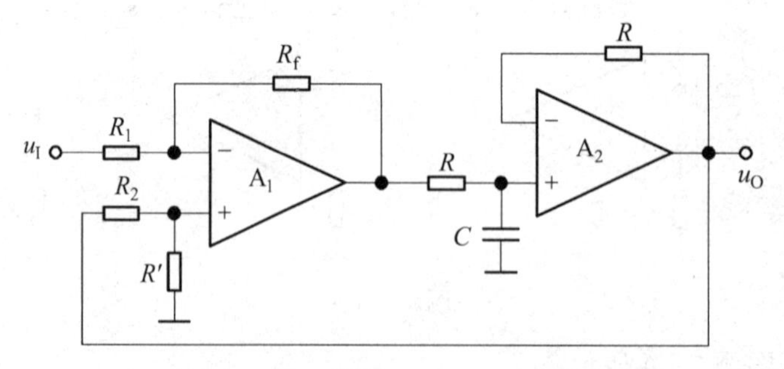

图题 7.1.7

7.1.8　如图题 7.1.8 所示，图中为理想运放，试分别列出 u_{O1} 和 u_{O2} 对输入电压的表达式。

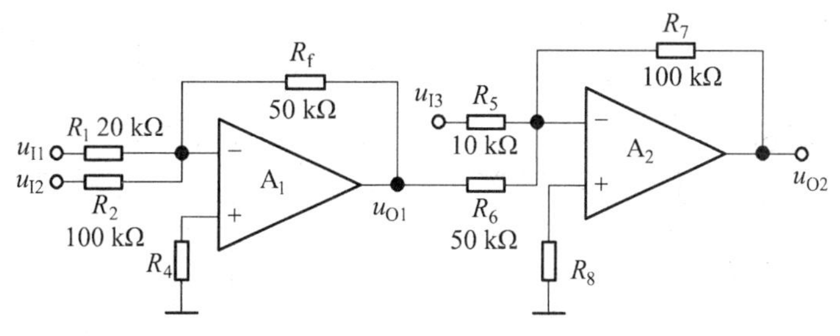

图题 7.1.8

7.1.9　电路如图题 7.1.9 所求，求 u_O。

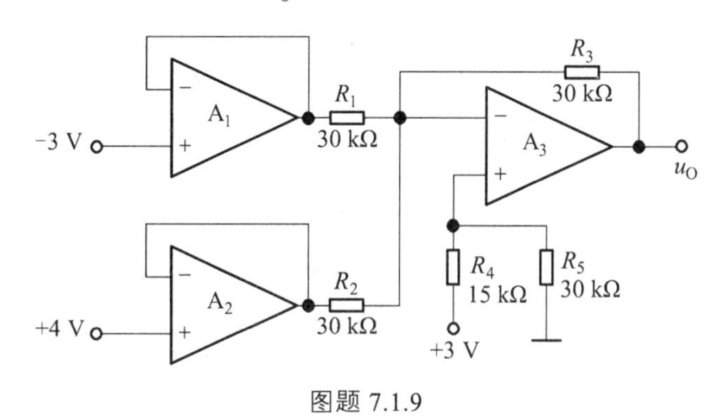

图题 7.1.9

7.1.10　图题 7.1.10 所示电路中，输入电压 u_I 的波形如图（b）所示，当 $t = 0$ 时 $u_O = 0$。试画出输出电压 u_O 的波形。

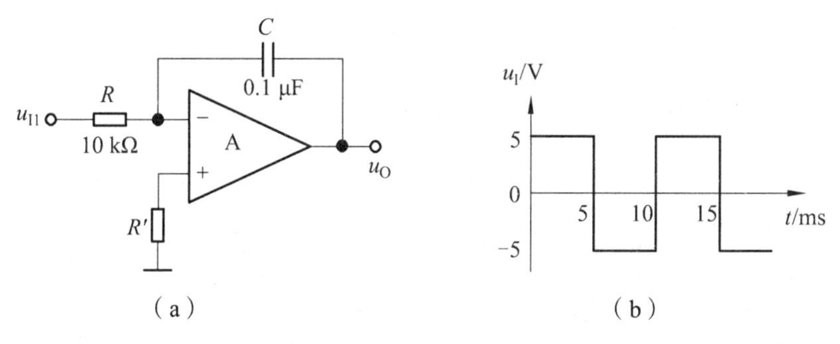

图题 7.1.10

7.1.11　分别求解图题 7.1.11 所示各电路的运算关系。

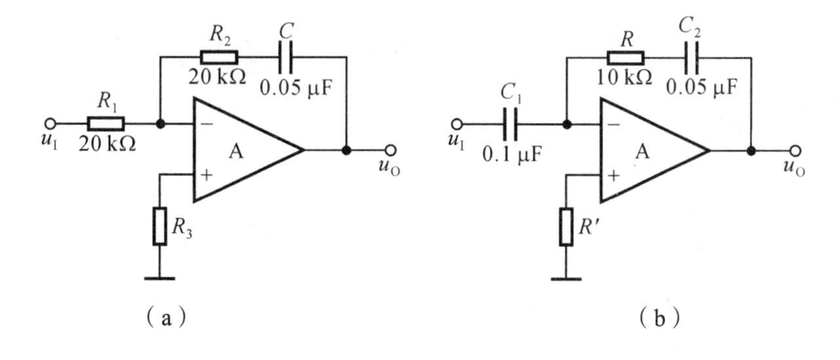

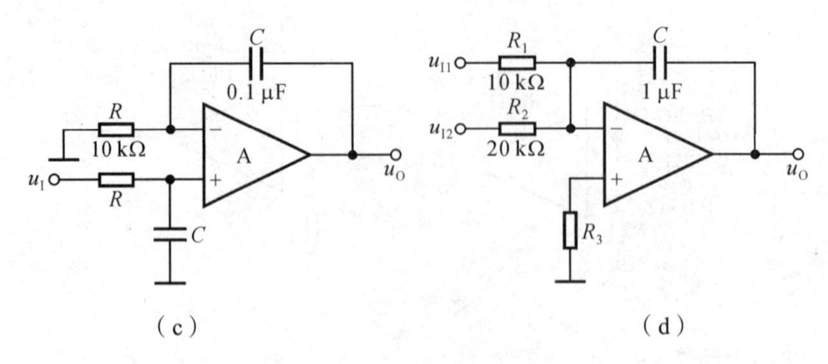

图题 7.1.11

7.1.12　已知图题 7.1.12 所示电路中 $R_1 = 20\ \text{k}\Omega$，$R_2 = 50\ \text{k}\Omega$，$R_3 = 50\ \text{k}\Omega$，$R_4 = 25\ \text{k}\Omega$，$R_5 = 20\ \text{k}\Omega$，$C = 10\ \mu\text{F}$，试求电路的运算关系。

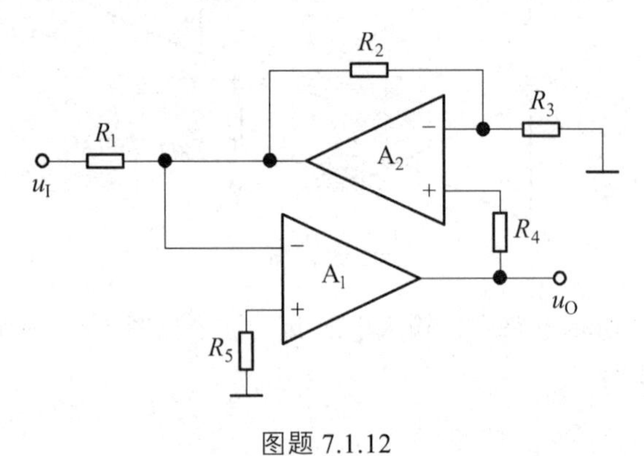

图题 7.1.12

7.1.13　分别求解图题 7.1.13 所示各电路的运算关系。

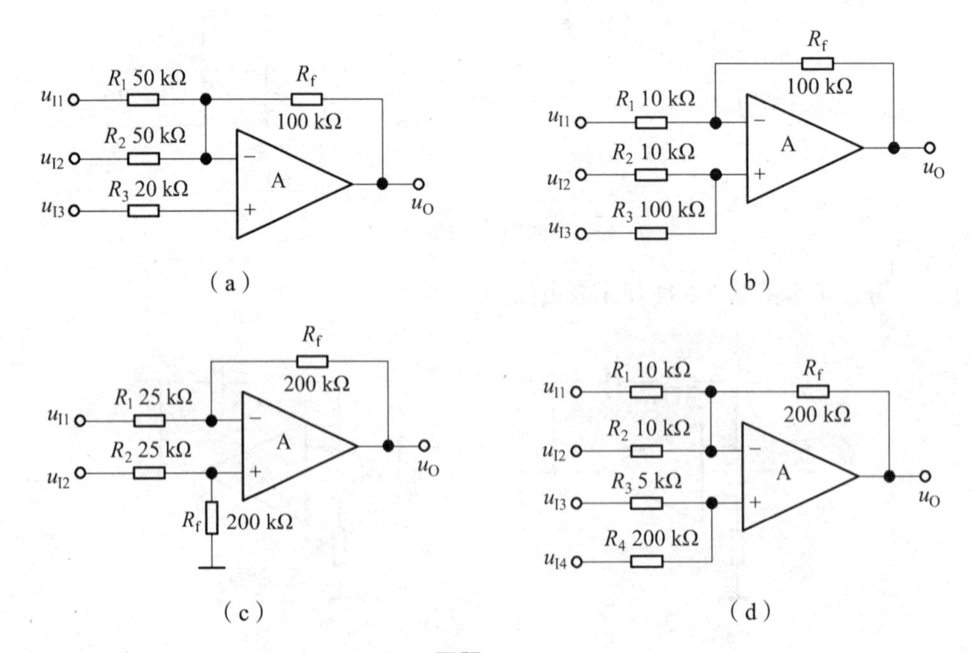

图题 7.1.13

7.2　模拟乘法器电路

模拟乘法器是实现两个模拟量相乘的非线性电子器件，利用它可以方便地实现乘、除、乘方和开方运算电路，还可以组成各种函数发生器、调制解调和锁相环电路等。下面介绍广泛应用的变跨导乘法器。

7.2.1　概述

实现模拟量相乘可以有多种方案，但就集成电路而言，多采用变跨导型电路。模拟乘法器的符号和等效电路如图 7.2.1 所示。

模拟乘法器有两个输入端、一个输出端，输入及输出均对“地”而言，如图 7.2.1（a）所示。输入的两个模拟信号是互不相关的物理量，输出电压是它们的乘积，即

$$u_O = ku_Xu_Y \tag{7.2.1}$$

模拟乘法器的等效电路如图 7.2.1（b）所示，r_{i1} 和 r_{i2} 分别为两个输入端的输入电阻，r_o 是输出电阻。输入信号 u_X 和 u_Y 的极性有四种可能的组合，在 u_X 和 u_Y 的坐标平面上，分为四个区域，即四个象限，如图 7.2.2 所示，按照允许输入信号的极性，模拟乘法器有单象限、两象限和四象限之分。

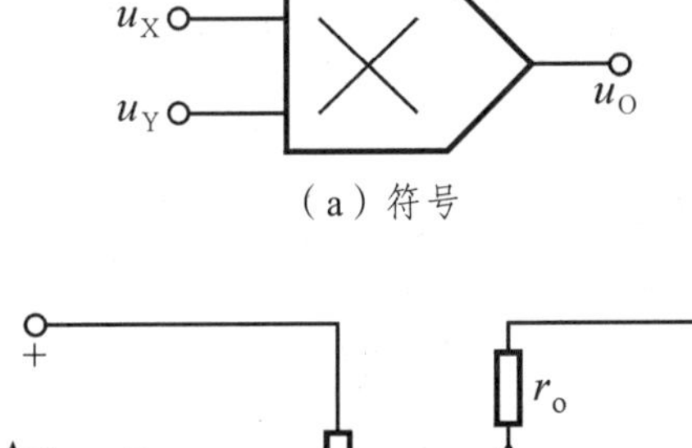

（a）符号

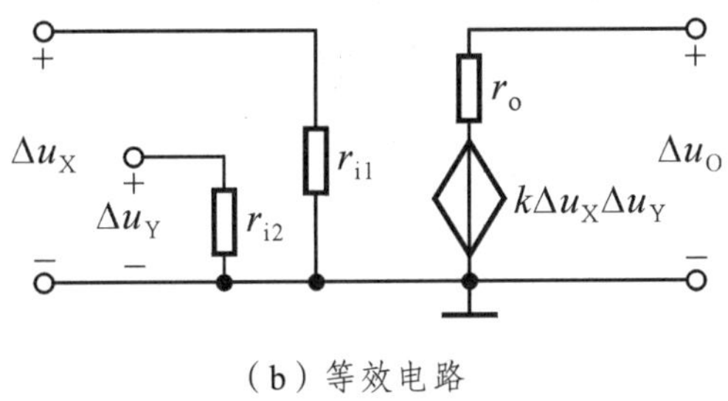

（b）等效电路

图 7.2.1　模拟乘法器的符号及其等电路

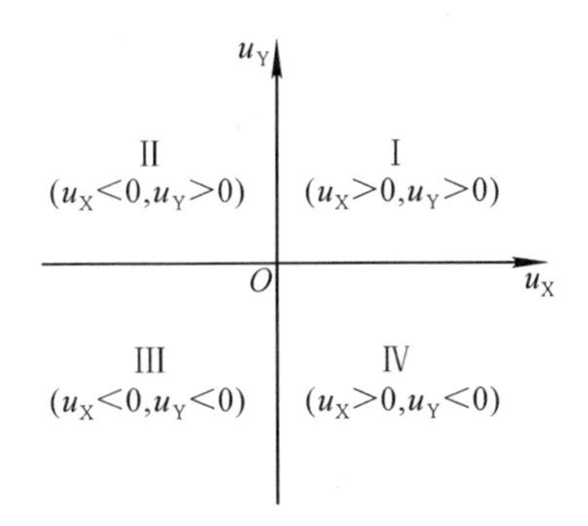

图 7.2.2　模拟乘法器输入信号的四个象限

7.2.2　变跨导型模拟乘法器的工作原理

变跨导型模拟乘法器利用输入电压控制差分放大电路差分管的发射极电流，使之跨导作相应的变化，从而达到与输入差模信号相乘的目的。

7.2.2.1　可控恒流源差分放大电路的乘法特性

在图 7.2.3 所示差分放大电路中，有

$$u_o = \frac{\beta R_c}{r_{be}}，\quad r_{be} \approx (1+\beta)\frac{U_T}{I_E} \tag{7.2.2}$$

所以有 $u_O \approx -\dfrac{\beta R_c}{\beta U_T} I_E u_X$

当 $u_Y \gg u_{BE}$ 时，有 $I_{E3} \approx \dfrac{u_Y}{R_e}$，$I_E = \dfrac{I_{E3}}{2}$，所以有

$$u_O = -\frac{R_c}{U_T} I_E u_X \approx -\frac{R_c}{U_T} \times \frac{u_Y u_X}{2R_e} = k u_X u_Y \tag{7.2.3}$$

式（7.2.3）中 u_X 可正可负，但 u_Y 必须大于零，故图 7.2.3 所示的电路为两象限模拟乘法器。u_O 与 U_T 有关，说明受温度影响。

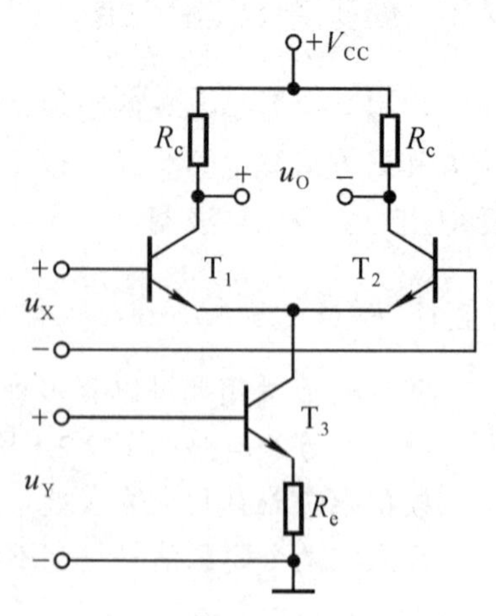

图 7.2.3　两象限模拟乘法器

7.2.2.2　四象限变跨导型模拟乘法器

图 7.2.4 所示为双平衡四象限变跨导型模拟乘法器。通过对图所示电路的分析，可得：

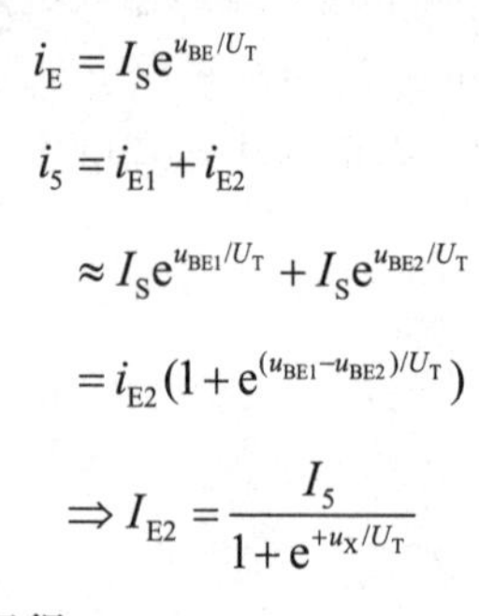

$$i_E = I_S e^{u_{BE}/U_T}$$

$$i_5 = i_{E1} + i_{E2}$$

$$\approx I_S e^{u_{BE1}/U_T} + I_S e^{u_{BE2}/U_T}$$

$$= i_{E2}(1 + e^{(u_{BE1} - u_{BE2})/U_T})$$

$$\Rightarrow I_{E2} = \frac{I_5}{1 + e^{+u_X/U_T}}$$

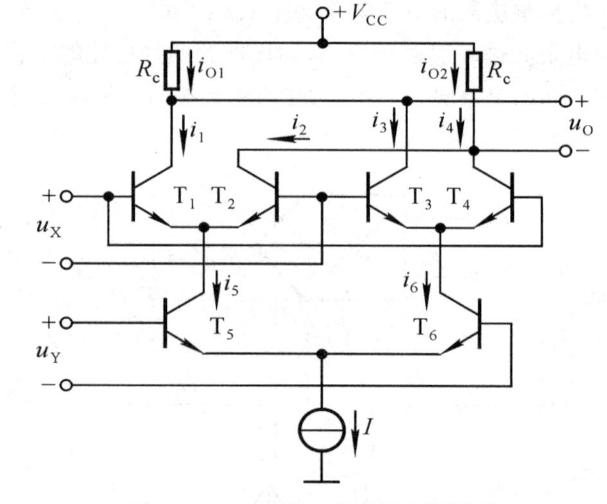

图 7.2.4　双平衡四象限模拟乘法器

同理得

$$I_{E1} = \frac{I_5}{1 + e^{-u_X/U_T}}$$

由此可推导出

$$i_1 - i_2 \approx i_{E1} - i_{E2} = i_5 \operatorname{th} \frac{u_X}{2U_T} \tag{7.2.4}$$

$$i_4 - i_3 \approx i_6 \operatorname{th} \frac{u_X}{2U_T} \tag{7.2.5}$$

$$i_5 - i_6 \approx I \operatorname{th} \frac{u_Y}{2U_T} \tag{7.2.6}$$

$$i_{O1} - i_{O2} = (i_1 + i_3) - (i_4 + i_2) = (i_1 - i_2) - (i_4 - i_3) \tag{7.2.7}$$

将式（7.2.4）~（7.2.6）代入式（7.2.7），得

$$i_{O1} - i_{O2} \approx (i_5 - i_6) \operatorname{th} \frac{u_X}{2U_T} \approx I \left(\operatorname{th} \frac{u_Y}{2U_T} \right) \left(\operatorname{th} \frac{u_X}{2U_T} \right)$$

当 $u_X \ll 2U_T$ 且 $u_Y \ll 2U_T$ 时，有

$$i_{O1} - i_{O2} \approx \frac{I}{4U_T^2} \cdot u_X u_Y$$

所以，输出电压为

$$u_O = -(i_{O1} - i_{O2})R_C$$

$$\approx -\frac{I}{4U_T^2} u_X u_Y = k u_X u_Y \qquad (7.2.8)$$

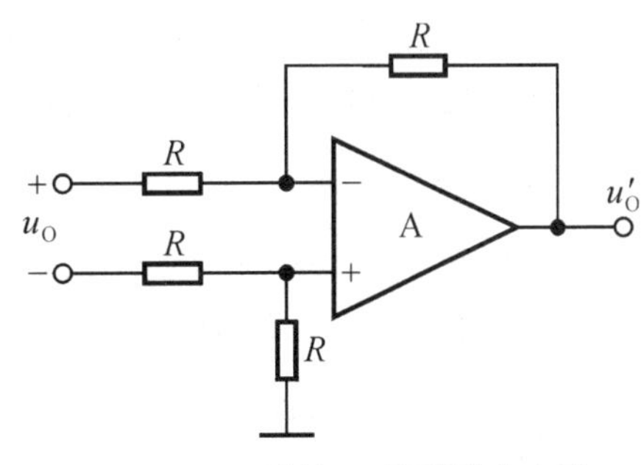

图 7.2.5　双端输入/单端输出电路

由于 u_X 和 u_Y 均可正可负，故图 7.2.4 所示电路为四象限模拟乘法器，它是双端输出形式，可利用图 7.2.5 所示的集成运放电路，将其转换成单端输出形式。

7.2.3　模拟乘法器在运算电路中的应用

模拟乘法器除了自身能够实现两个模拟信号的乘法和平方运算外，还可以和其他电路相配合构成除法、开方、均方根等运算电路。

7.2.3.1　乘方运算电路

利用四象限模拟乘法器能够实现四象限平方输出电压，如图 7.2.6 所示。图中：

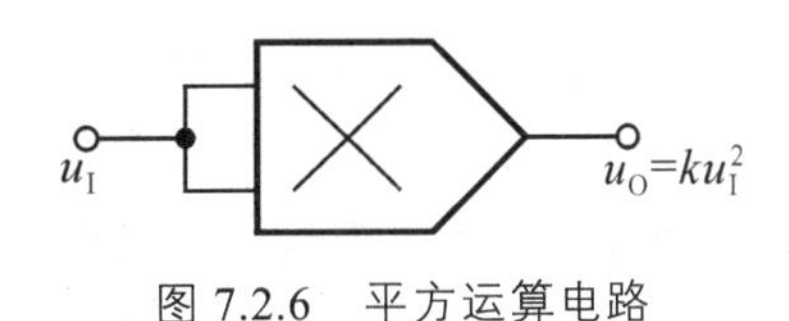

图 7.2.6　平方运算电路

$$u_O = k u_I^2 \qquad (7.2.9)$$

当 u_I 为正弦波且 $u_I = \sqrt{2} U_i \sin \omega t$ 时，有

$$u_O = 2kU_i^2 \sin^2 \omega t = kU_i^2 (1 - \cos 2\omega t) \qquad (7.2.10)$$

即输出为输入的二倍频电压信号。

从理论上讲，可以用多个模拟乘法器串联组成 u_I 的任意次幂的运算电路，但实际应用中采用模拟乘法器与集成对数运算电路和指数运算电路组合而成，如图 7.2.7 所示。

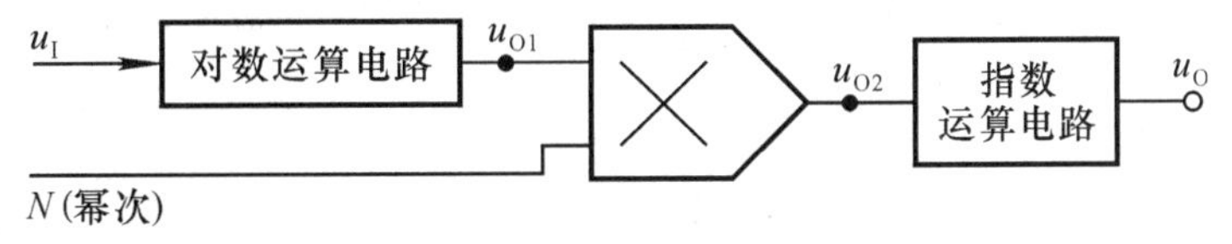

图 7.2.7　N 次幂运算电路

图 7.2.7 中，对数运算电路的输出电压为

$$u_{O1} = k_1 \ln u_I \qquad (7.2.11)$$

模拟乘法器的输出电压为

$$u_{O2} = k_1 k_2 N \ln u_I \qquad (7.2.12)$$

式中，输出电压为

$$u_O = k_3 u_I^{k_1 k_2 N} = k_3 u_I^{kN} \qquad (7.2.13)$$

设 $k_1=10$，$k_2=0.1\,\text{V}^{-1}$，则当 N>1 时，电路实现乘方运算。若 $N=2$，则电路为平方运算电路；若 $N=10$，则电路为 10 次幂运算电路。

7.2.3.2　除法运算电路

利用反函数型运算电路的基本原理，将模拟乘法器放在集成运放的反馈通路中，便可构成除法运算电路，如图 7.2.8 所示。设图中集成运放为理想运放，则有 $u_N=u_P=0$，$i_1=i_2$，即：

$$\frac{u_{I1}}{R_1}=-\frac{u'_O}{R_2}=-\frac{ku_{I2}u_O}{R_2}$$

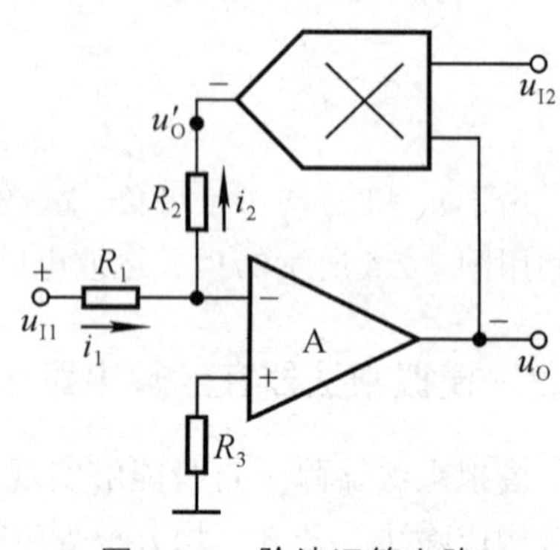

图 7.2.8　除法运算电路

整理上式，得输出电压为

$$u_O=-\frac{R_2}{kR_1}\cdot\frac{u_{I1}}{u_{I2}} \tag{7.2.14}$$

对于图 7.2.8 所示电路，必须保证 $i_1=i_2$，电路引入的才是负反馈。由于 u_{I1} 与 u_O 反相，故要求 u'_O 与 u_O 同符号。因此，当模拟乘法器的 k 小于零时，u_{I2} 应小于零；而当 k 大于零时，u_{I2} 应大于零。即 u_{I2} 与 k 应同符号。由于 u_{I2} 的极性受 k 的限制，故电路为两象限除法运算电路。

同理，若模拟乘法器的输出端通过电阻接集成运放的同相输入端，则为保证电路引入的是负反馈，u_{I2} 与 k 的符号应当相反。

例 7.2.1　运算电路如图 7.2.9 所示，已知模拟乘法器的运算关系式为 $u'_O=ku_Xu_Y=-0.1\,\text{V}^{-1}u_Xu_Y$，试问：（1）电路对 u_{I3} 的极性是否有要求，简述理由；（2）电路的运算关系式。

解：（1）只有电路中引入负反馈，才能实现运算。而只有 u_{I1} 与 u'_O 极性相反，电路引入的才是负反馈；已知 u_O 与 u_{I1} 反相，故 u'_O 应与 u_O 同符号。因为 k<0，所以 u_{I3} 应小于零。

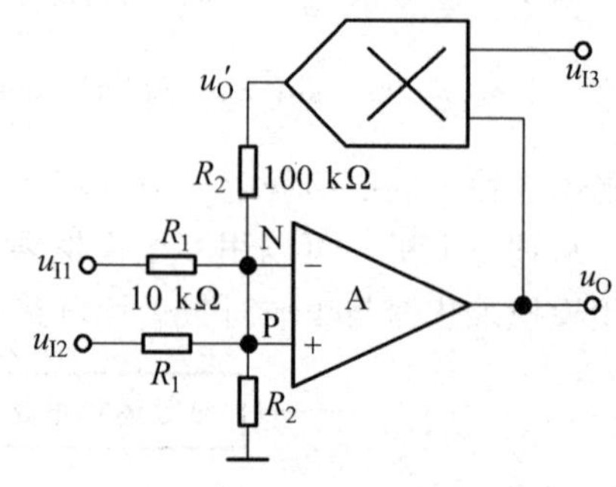

图 7.2.9 例 7.2.1 电路图

（2）P 点电位为　$$u_P=\frac{R_2}{R_1+R_2}\cdot u_{I2}=u_N$$

N 点的电流方程为　$$\frac{u_{I1}-u_N}{R_1}=\frac{u_N-u'_O}{R_2}$$

将 u_N 的表达式代入上式并整理得

$$u'_O=\frac{R_2}{R_1}(u_{I2}-u_{I1})=ku_Ou_{I3}$$

所以输出电压为

$$u_O=\frac{R_2}{kR_1}\cdot\frac{u_{I2}-u_{I1}}{u_{I3}}=\frac{100}{0.1\times10}\cdot\frac{u_{I1}-u_{I2}}{u_{I3}}=100\cdot\frac{u_{I1}-u_{I2}}{u_{I3}}$$

思考题

7.2.1　为了得到正弦波电压的二倍频纯交流信号，应采用什么电路？请画出图来。

7.2.2　试说明利用逆运算即逆函数型方法组成运算电路的原则。

7.2.3　试利用模拟乘法器和集成运放实现除法运算电路，画出模拟乘法器的乘积系数不同极性和输入信号不同极性各种组合情况下电路的构成。

习　题

7.2.1　已知图题 7.2.1 所示电路中的集成运放为理想运放，模拟乘法器的乘积系数 k 大于零，试求解电路的运算关系。

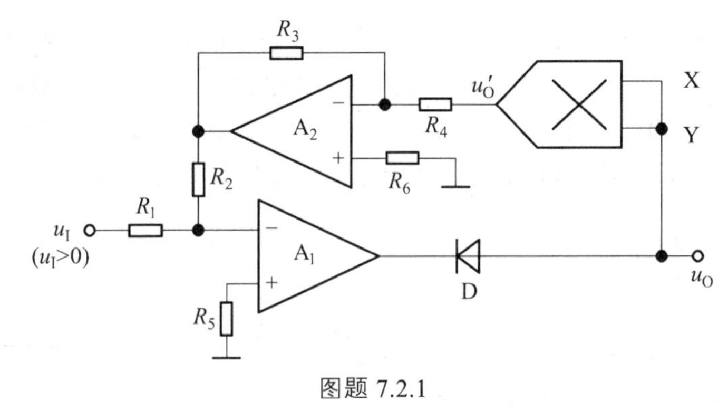

图题 7.2.1

7.2.2　为了使图题 7.2.2 所示电路实现除法运算，试完成以下工作：

（1）标出集成运放的同相输入端和反相输入端；

（2）求出 u_O 和 u_{I1}、u_{I2} 的运算关系式。

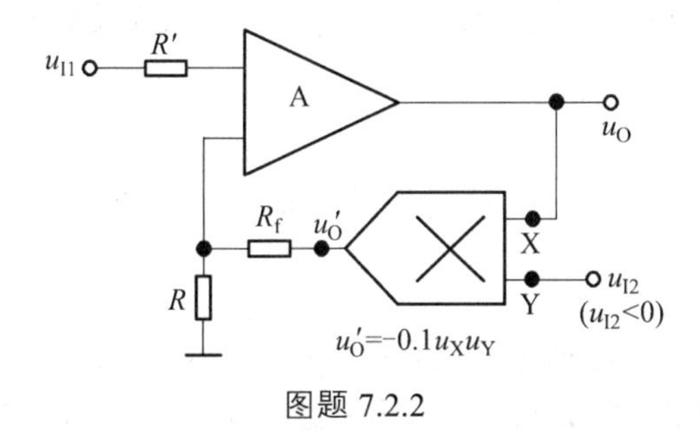

图题 7.2.2

7.2.3　求出图题 7.2.3 所示各电路的运算关系。

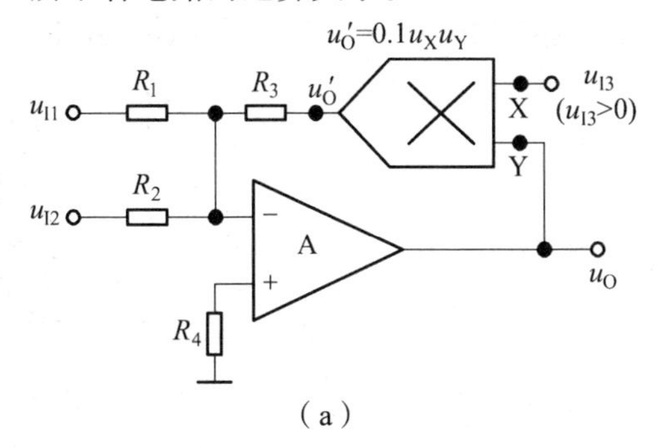

（a）

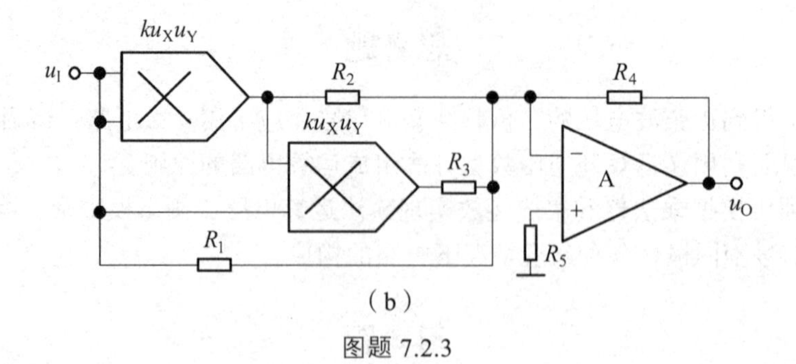

（b）

图题 7.2.3

7.3 有源滤波电路

滤波电路是一种能使有用频率信号通过而同时抑制（或衰减）无用频率的电子装置，实用电路中主要用于信号处理、抗干扰等。与其他滤波电路相比，集成运放组成的有源滤波电路因具有输入阻抗高、输出阻抗低并具有一定的电压放大和缓冲作用而获得了迅速发展，但因为集成运放的带宽有限，所以目前有源滤波电路的工作频率还不能做得很高。

7.3.1 滤波电路的基础知识

7.3.1.1 定义

滤波电路的一般结构如图 7.3.1 所示。假设滤波电路是一个线性时不变网络，则在复频域内有

$$A_u(s)=\frac{U_o(s)}{U_i(s)} \tag{7.3.1}$$

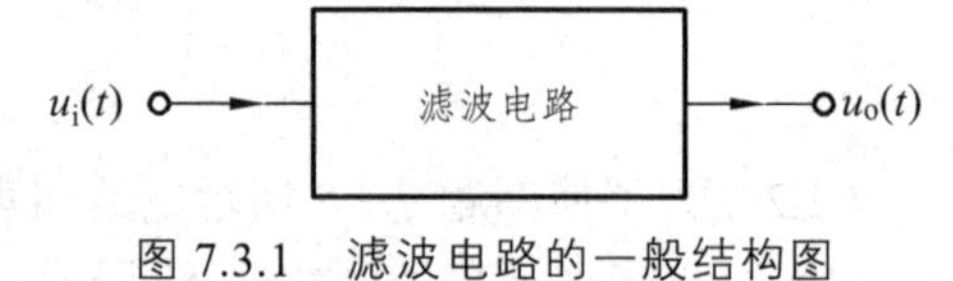

图 7.3.1 滤波电路的一般结构图

其中，$A_u(s)$ 是滤波电路的电压传递函数，一般为复数。对于实际频率来说 $s=\mathrm{j}\omega$，则有

$$A(\mathrm{j}\omega)=|A(\mathrm{j}\omega)|\mathrm{e}^{\mathrm{j}\varphi(\omega)} \tag{7.3.2}$$

这里 $|A(\mathrm{j}\omega)|$ 为传递函数的模，$\varphi(\omega)$ 为其相位角。

7.3.1.2 滤波电路的分类

对于幅频响应，通常把能够通过的信号频率范围定义为通带，而把受阻或衰减的信号频率范围称为阻带，通带和阻带的界限频率叫做截止频率。

通常，滤波电路按照工作频带不同可分为低通滤波电路（LPF）、高通滤波电路（HPF）、带通滤波电路（BPF）、带阻滤波电路（BEF）和全通滤波电路（APF），其特性如图 7.3.2 所示。

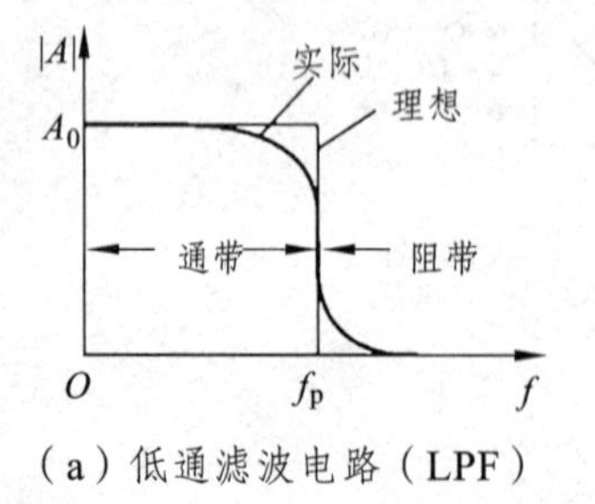

（a）低通滤波电路（LPF）

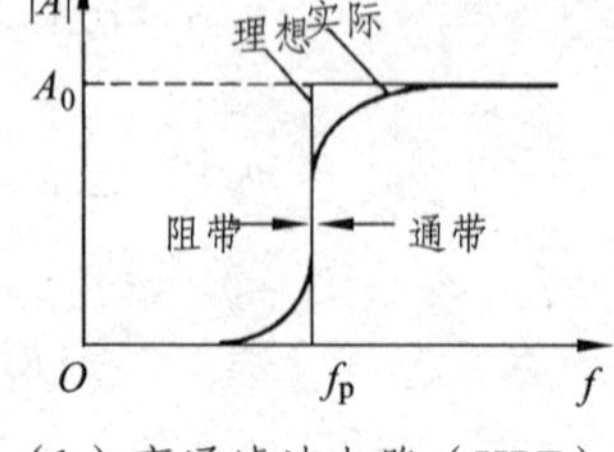

（b）高通滤波电路（HPF）

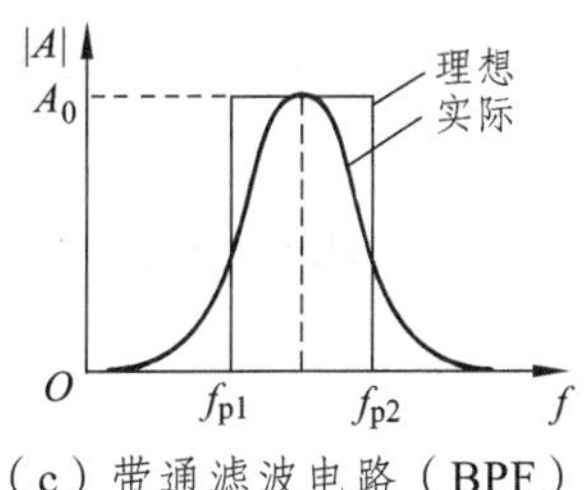

（c）带通滤波电路（BPF）

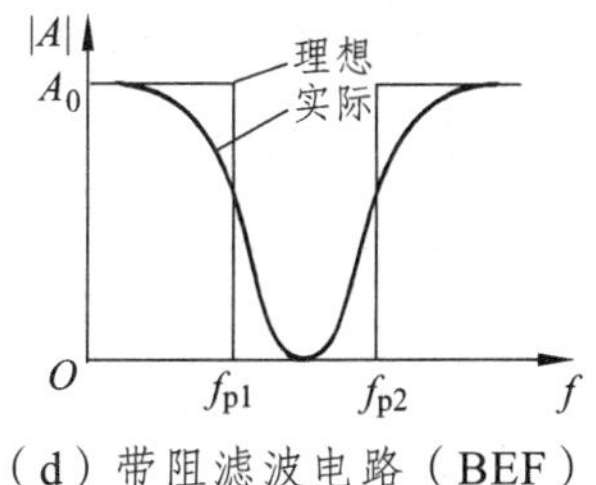

（d）带阻滤波电路（BEF）

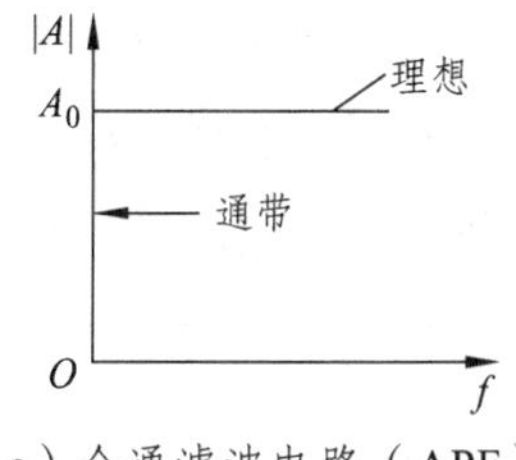

（e）全通滤波电路（APF）

图 7.3.2　滤波器特性

1. 低通滤波电路

低通滤波电路的幅频响应如图 7.3.2（a）所示，图中 A_0 表示低频增益，$|A|$为增益的幅值。由图可知，它的功能是通过从零到某一截止频率 f_p 的低频信号，而对于频率大于 f_p 的所有信号则给予衰减，因此其带宽 $BW = f_p$。

2. 高通滤波电路

高通滤波电路的幅频响应如图 7.3.2（b）所示。由图可以看到，在 $0 \sim f_p$ 范围内的频率为阻带，高于 f_p 的频率为通带。从理论上来说，它的带宽 $BW = \infty$，但实际上，由于受有源器件和外接元件以及杂散参数的影响，带宽受到限制，高通滤波电路的带宽也是有限的。

3. 带通滤波电路

带通滤波电路的幅频响应如图 7.3.2（c）所示。图中 f_{p1} 为下限截止频率，f_{p2} 为上限截止频率。由图可知，它有两个阻带：$0 < f < f_{p1}$ 和 $f > f_{p2}$，因此带宽 $BW = f_{p2} - f_{p1}$。

4. 带阻滤波电路

带阻滤波电路的幅频响应如图 7.3.2（d）所示。由图可知，它有两个通带 $0 < f < f_{p1}$ 及 $f > f_{p2}$，一个阻带 $f_{p1} < f < f_{p2}$。因此它的功能是衰减 $f_{p1} \sim f_{p2}$ 之间的信号。同高通滤波电路相似，由于受有源器件带宽等因素的限制，通带 $f > f_{p2}$ 也是有限的。

5. 全通滤波电路

全通滤波电路没有阻带，它的通带是从零到无穷大，但相移的大小随频率改变，如图 7.3.2（e）所示。

前面介绍的是滤波电路的理想情况，进一步讨论会发现，各种滤波电路的实际频响特性与理想情况是有差别的，设计者的任务是努力向理想特性逼近。

7.3.1.3　实际滤波电路的幅频特性

图 7.3.2 所示的滤波电路的理想幅频特性在实际应用中是不存在的，通常在滤波电路中通带到阻带都有一段放大倍数衰减较快的区域，也称之为过渡带。图 7.3.3 所示为低通滤波电路的实际幅频特性，如果定义通带中输出电压与输入电压之比 $\dot{A}_{up}$ 为通带放大倍数，即 $\dot{A}_{up}$ 是频率等于零时输出电压与输入电压之比；当 $\left|\dot{A}_u\right| \approx 0.707\left|\dot{A}_{up}\right|$ 的频率

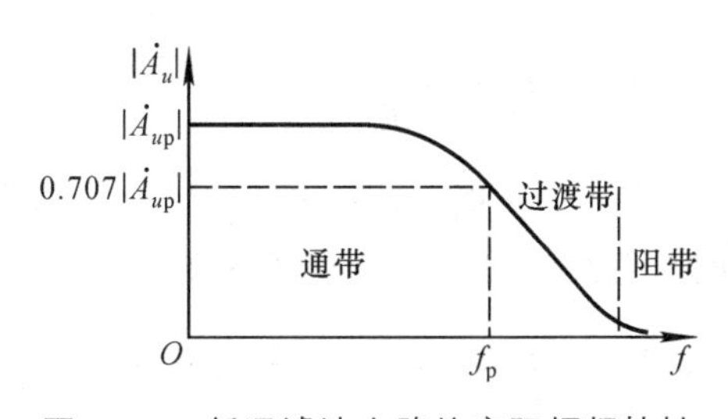

图 7.3.3　低通滤波电路的实际幅频特性

为通带截止频率 f_p，从 f_p 到 $|\dot{A}_u|$ 接近零的频段称为过渡带，使 $|\dot{A}_u|$ 趋近于零的频段称为阻带。过渡带愈窄，电路的选择性愈好，滤波特性愈理想。

分析滤波电路，就是求解电路的频率特性。对于 LPF、HPF、BPF 和 BEF，就是求解 $\dot{A}_{up}$、f_p 和过渡带斜率。

7.3.2　有源低通滤波电路

低通滤波电路是通过低频率信号、衰减高频率信号的电路。如果在一级 *RC* 低通电路的输出端再加上一个电压跟随器，使之与负载很好地隔离开来，就构成了一个简单的一阶有源低通滤波电路。由于电压跟随器的输入阻抗很高、输出阻抗很低，因此，其带负载能力得到加强。

如果希望电路不仅有滤波功能，而且能起放大作用，则只要将电路中的电压跟随器改为同相比例放大电路即可，如图 7.3.4 所示。下面介绍它的性能。

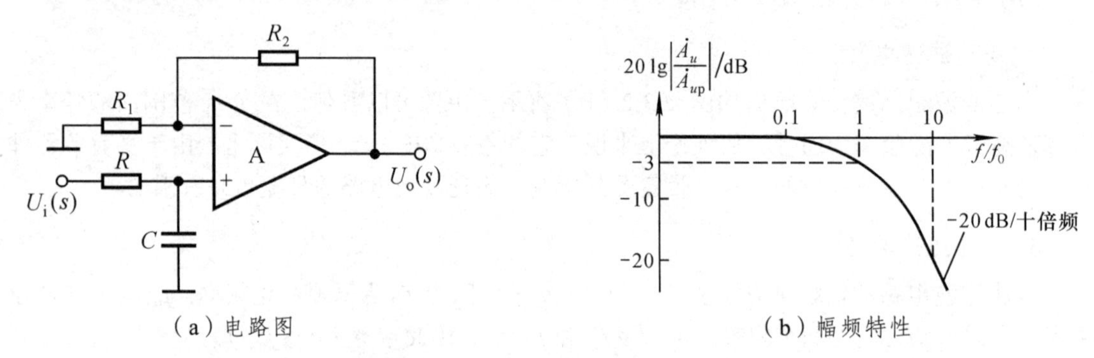

（a）电路图　　（b）幅频特性

图 7.3.4　一阶低通有源滤波电路

7.3.2.1　一阶低通滤波电路

图 7.3.4（a）所示为一阶低通滤波电路，其传递函数为

$$A_u(s)=\frac{U_o(s)}{U_i(s)}=\left(1+\frac{R_2}{R_1}\right)\frac{1}{1+sRC} \tag{7.3.3}$$

用 $j\omega$ 取代 s 且令 $f_0=\dfrac{1}{2\pi RC}$，得出电压放大倍数为

$$\dot{A}_u=\left(1+\frac{R_2}{R_1}\right)\cdot\frac{1}{1+j\dfrac{f}{f_0}} \tag{7.3.4}$$

式中，f_0 称为特征频率。令 $f=0$，可得通带放大倍数为

$$\dot{A}_{up}=1+\frac{R_2}{R_1} \tag{7.3.5}$$

当 $f=f_0$ 时，$\dot{A}_u=\dot{A}_{up}/\sqrt{2}$，故通带截止频率 $f_p=f_0$。幅频特性如图 7.3.4（b）所示，$f\gg f_p$ 时，曲线按−20 dB/十倍频下降。

7.3.2.2　简单二阶低通滤波电路

二阶低通滤波电路的前端由两节 *RC* 滤波电路和同相比例放大电路组成。图 7.3.5（a）所

示为简单二阶低通滤波电路，通常其放大倍数与一阶电路相同，传递函数为

$$A_u(s)=\left(1+\frac{R_2}{R_1}\right)\cdot\frac{U_{\mathrm{P}}(s)}{U_{\mathrm{M}}(s)}=\left(1+\frac{R_2}{R_1}\right)\cdot\frac{U_{\mathrm{P}}(s)}{U_{\mathrm{M}}(s)}\cdot\frac{U_{\mathrm{M}}(s)}{U_{\mathrm{i}}(s)} \tag{7.3.6}$$

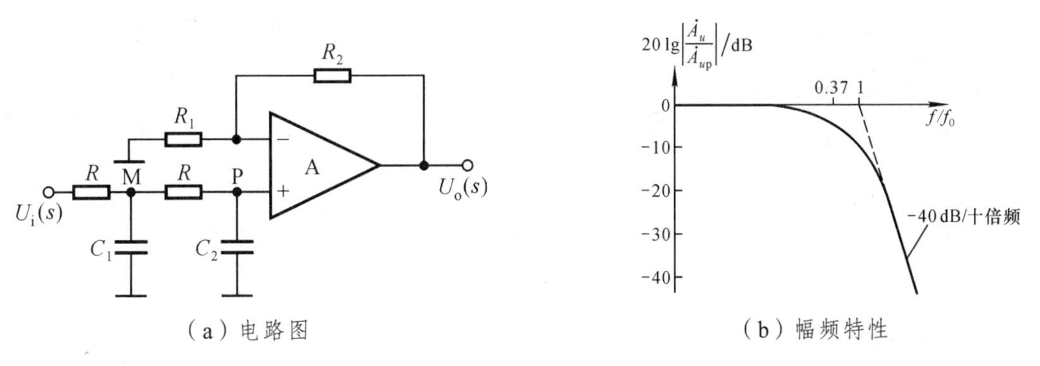

（a）电路图　　（b）幅频特性

图 7.3.5　二阶低通有源滤波电路

当 $C_1=C_2=C$ 时，有

$$\frac{U_{\mathrm{P}}(s)}{U_{\mathrm{M}}(s)}=\frac{1}{1+sRC} \tag{7.3.7}$$

$$\frac{U_{\mathrm{M}}(s)}{U_{\mathrm{i}}(s)}=\frac{\frac{1}{sC}//\left(R+\frac{1}{sC}\right)}{R+\left[\frac{1}{sC}//\left(R+\frac{1}{sC}\right)\right]} \tag{7.3.8}$$

将式（7.3.7）和式（7.3.8）代入式（7.3.6），整理可得

$$A_u(s)=\left(1+\frac{R_2}{R_1}\right)\frac{1}{1+3sRC+(sRC)^2} \tag{7.3.9}$$

用 $\mathrm{j}\omega$ 取代 s 且令 $f_0=\frac{1}{2\pi RC}$，得到电压放大倍数表达式为

$$A_u=\frac{1+\frac{R_2}{R_1}}{1-\left(\frac{f}{f_0}\right)^2+\mathrm{j}3\frac{f}{f_0}} \tag{7.3.10}$$

令式（7.3.10）分母的模等于 $\sqrt{2}$，可解出通带截止频率 $f_{\mathrm{p}}\approx 0.37f_0$。

幅频特性如图 7.3.5（b）所示。虽然衰减斜率达−40 dB/十倍频，但是 f_{p} 远离 f_0，滤波特性趋于理想。

7.3.2.3　二阶压控低通滤波电路

二阶压控低通滤波电路如图 7.3.6（a）所示，其中反相输入端引入负反馈，同相输入端引入的是正反馈。当信号频率趋于零时，由于 C_1 的电抗趋于无穷大，因而正反馈很弱；当信号频率趋于无穷大时，由于 C_2 的电抗趋于零，因而 $U_{\mathrm{P}}(s)$ 趋于零。可以想象，只要正反馈引入得当，则既可以在 $f=f_0$ 时使电压放大倍数数值增大，又不会因正反馈过强而产生自激振荡。

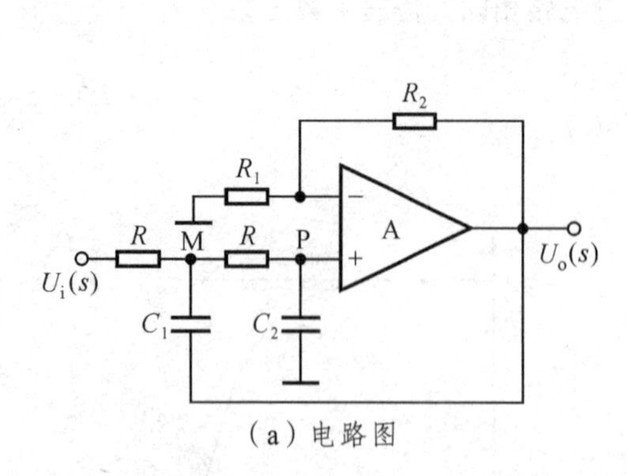

（a）电路图

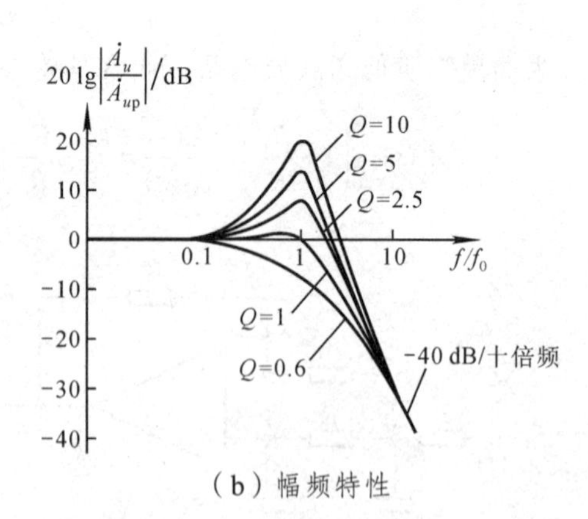

（b）幅频特性

图 7.3.6　二阶压控低通有源滤波电路

设$C_1 = C_2 = C$，则M点的电流方程为

$$\frac{U_{\mathrm{i}}(s)-U_{\mathrm{M}}(s)}{R}=\frac{U_{\mathrm{M}}(s)-U_{\mathrm{O}}(s)}{1/sC}+\frac{U_{\mathrm{M}}(s)-U_{\mathrm{P}}(s)}{R} \tag{7.3.11}$$

P点的电流方程为

$$\frac{U_{\mathrm{M}}(s)-U_{\mathrm{P}}(s)}{R}=\frac{U_{\mathrm{P}}(s)}{1/sC} \tag{7.3.12}$$

联立式（7.3.11）和式（7.3.12），解得传递函数为

$$A_u(s)=\frac{A_{up}(s)}{1+\left[3-A_{up}(s)\right]sRC+(sRC)^2} \tag{7.3.13}$$

在式（7.3.13）中，只有当$A_{up}(s)<3$，即一次项系数大于零时，电路才能稳定工作而不产生自激振荡。

若令$s=\mathrm{j}\omega$，$f_0=\dfrac{1}{2\pi RC}$，则电压放大倍数为

$$\dot{A}_u=\frac{\dot{A}_{up}}{1-\left(\dfrac{f}{f_0}\right)^2+\mathrm{j}(3-\dot{A}_{up})\dfrac{f}{f_0}} \tag{7.3.14}$$

若令$Q=\left|\dfrac{1}{3-\dot{A}_{up}}\right|$，则当$f=f_0$时，有$\left|\dot{A}_u\right|\Big|_{f=f_0}=\dfrac{\left|\dot{A}_{up}\right|}{\left|3-\dot{A}_{up}\right|}=Q\left|\dot{A}_{up}\right|$，即

$$Q=\frac{\left|\dot{A}_{\mathrm{p}}\right|\Big|_{f=f_0}}{\left|\dot{A}_{up}\right|} \tag{7.3.15}$$

可见，Q是$f=f_0$时的电压放大倍数与通带放大倍数数值之比。

当$2<\left|\dot{A}_{up}\right|<3$时，$\left|\dot{A}_u\right|\Big|_{f=f_0}>\left|\dot{A}_{up}\right|$。图 7.3.6（b）所示为$Q$值不同时的幅频特性，当$f>>f_{\mathrm{p}}$时，曲线按−40 dB/十倍频下降。

7.3.3　有源高通滤波电路

7.3.3.1　一阶高通滤波电路

图 7.3.7（a）所示为一阶高通滤波电路，其传递函数、截止频率和通频带放大倍数为

$$A_u(s)=\frac{U_o(s)}{U_i(s)}=\left(1+\frac{R_2}{R_1}\right)\frac{sRC}{1+sRC}$$

$$f_p=\frac{1}{2\pi RC},\quad \dot{A}_{up}=1+\frac{R_2}{R_1}$$

当 $f=f_0$ 时，$\dot{A}_u=\frac{\dot{A}_{up}}{\sqrt{2}}$，故通带截止频率 $f_p=f_0$。幅频特性如图 7.3.7（b）所示，当 $f<f_p$ 时，曲线按+20 dB/十倍频上升。

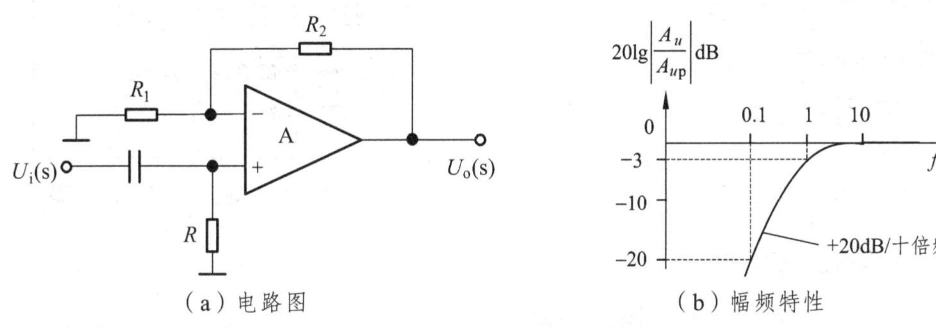

（a）电路图　　（b）幅频特性

图 7.3.7　一阶高通有源滤波电路

7.3.3.2　二阶高通滤波电路

高通滤波电路与低通滤波电路具有对偶性，如果将图 7.3.5 所示电路中的电容替换成电阻，电阻替换成电容，就可得各种高通滤波电路。

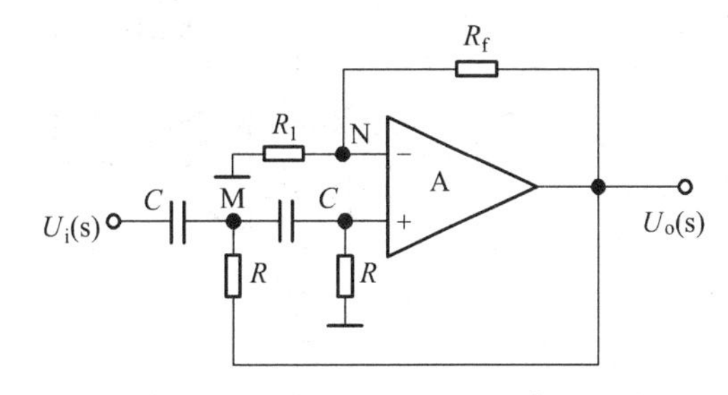

图 7.3.8　二阶压控高通有源滤波电路

图 7.3.8 所示电路为压控电压源二阶高通滤波电路的传递函数、通频带放大倍数、截止频率和品质因数分别为

$$A_u(s)=A_{up}(s)\cdot\frac{(sRC)^2}{1+(3-\dot{A}_{up})sRC+(sRC)^2},\quad \dot{A}_{up}=1+\frac{R_f}{R_1}$$

$$f_p=\frac{1}{2\pi RC},\quad Q=\left|\frac{1}{3-\dot{A}_{up}}\right|$$

7.3.4　有源带通滤波电路

将低通滤波电路和高通滤波电路串联，可得到带通滤波电路。但要注意的是前者的最高截止频率应大于后者的最低截止频率。实用电路中也常采用单个集成运放构成压控电压源二阶带通滤波电路，如图 7.3.9 所示。

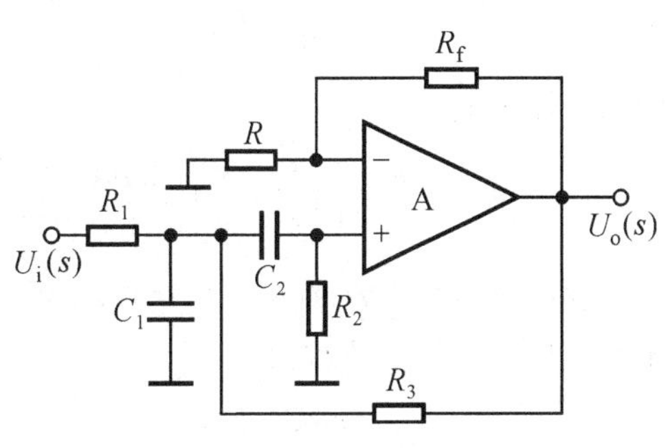

图 7.3.9　带通滤波电路

7.3.5　有源带阻滤波电路

将输入电压同时作用于低通滤波电路和高通滤波电路，再将两个电路的输出电压求和，就可以得到带阻滤波电路。其中低通滤波电路的最高截止频率应小于高通滤波电路的最低截止频率。

实用电路得用无源的 LPF 和 HPF 并联构成无源带阻滤波电路，然后接同相比例运算电路，从而得到有源带阻滤波电路。由于两个无源滤波电路均由三个元件构成英文字母 T，故称之为双 T 网络，如图 7.3.10 所示。

另一种常用的带阻滤波电路如图 7.3.11 所示。

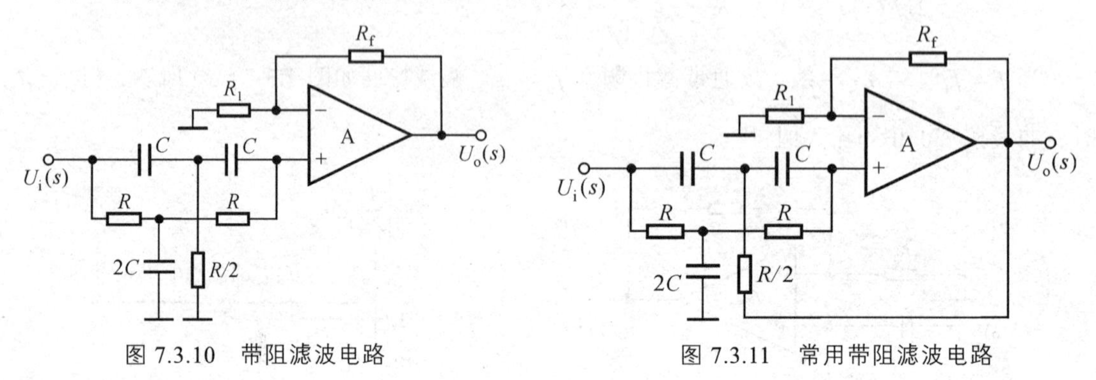

图 7.3.10　带阻滤波电路　　图 7.3.11　常用带阻滤波电路

7.3.6　有源全通滤波电路

图 7.3.12 所示为两个一阶全通滤波电路。

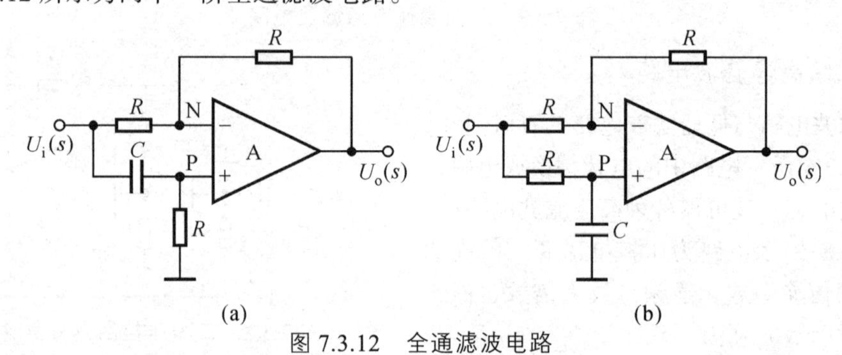

图 7.3.12　全通滤波电路

在图 7.3.12（a）所示电路中，N 点和 P 点的电位为

$$\dot{U}_{\mathrm{N}}=\dot{U}_{\mathrm{P}}=\frac{R}{\dfrac{1}{\mathrm{j}\omega C}+R}\cdot\dot{U}_{\mathrm{i}}=\frac{\mathrm{j}\omega RC}{1+\mathrm{j}\omega RC}\cdot\dot{U}_{\mathrm{i}}$$

因而，输出电压为

$$\dot{U}_{\mathrm{o}}=-\frac{R}{R}\cdot\dot{U}_{\mathrm{i}}+\left(1+\frac{R}{R}\right)\frac{\mathrm{j}\omega RC}{1+\mathrm{j}\omega RC}\cdot\dot{U}_{\mathrm{i}}$$

式中第一项是 $\dot{U}_{\mathrm{i}}$ 对集成运放反相输入端作用的结果，第二项是 $\dot{U}_{\mathrm{i}}$ 对同相输入端作用的结果，所以电压放大倍数为

$$\dot{A}_{u}=-\frac{1-\mathrm{j}\omega RC}{1+\mathrm{j}\omega RC}$$

可以看出，全通滤波电路信号频率从零到无穷大，输出电压的数值与输入电压相等。

高阶有源滤波电路一般都可由一阶和二阶有源滤波电路组成，而二阶有源滤波电路传递函数的基本形式是一致的。

思考题

7.3.1　如何识别集成运放所组成的电路是否为有源滤波电路？它与运算电路有什么相同之处和不同之处？

7.3.2　如何判别滤波电路是 LPF、HPF、BPF 还是 BEF？是几阶电路？

7.3.3　举例说明利用积分运算电路除了能完成积分运算外，还能实现哪些功能？

习　题

7.3.1　填空：

（1）为了避免 50 Hz 电网电压的干扰进入放大器，应选用______滤波电路。

（2）已知输入信号的频率为 10~12 kHz，为了防止干扰信号的混入，应选用____滤波电路。

（3）为了获得输入电压中的低频信号，应选用____滤波电路。

（4）为了使滤波电路的输出电阻足够小，保证负载电阻变化时滤波特性不变，应选用________滤波电路。

7.3.2　试说明图题 7.3.2 所示各电路属于哪种类型的滤波电路，是几阶滤波电路。

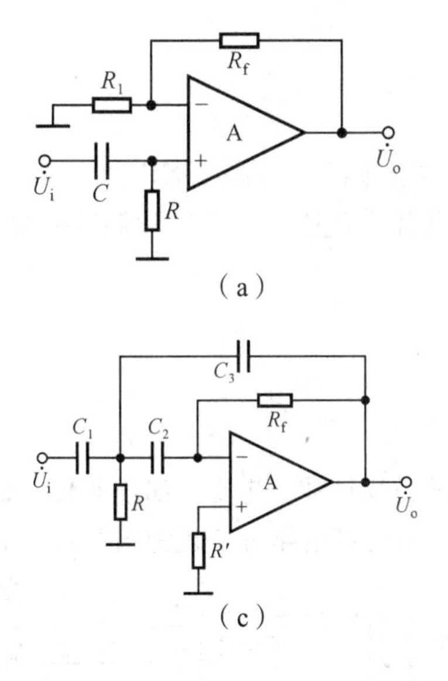

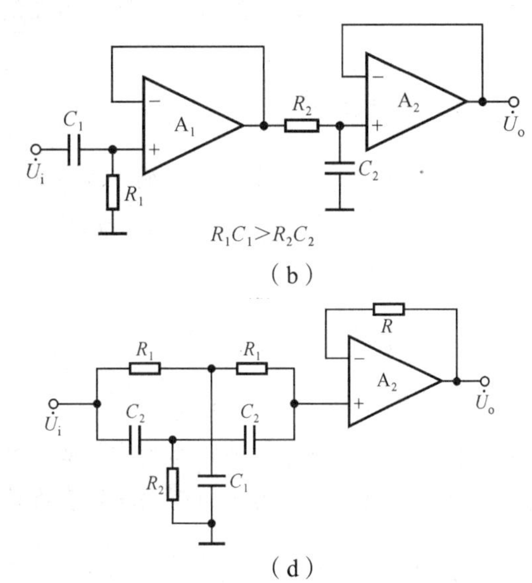

图题 7.3.2

7.3.3　二阶低通滤波电路如图题 7.3.3 所示。已知电路参数 $R_f=12\ \text{k}\Omega$，$R_1=10\ \text{k}\Omega$，$C=0.1\ \mu\text{F}$，$R=15\ \text{k}\Omega$，试计算：

（1）通带电压放大倍数 A_{up}；

（2）电路的品质因数 Q；

（3）电路的特征频率 f_0。

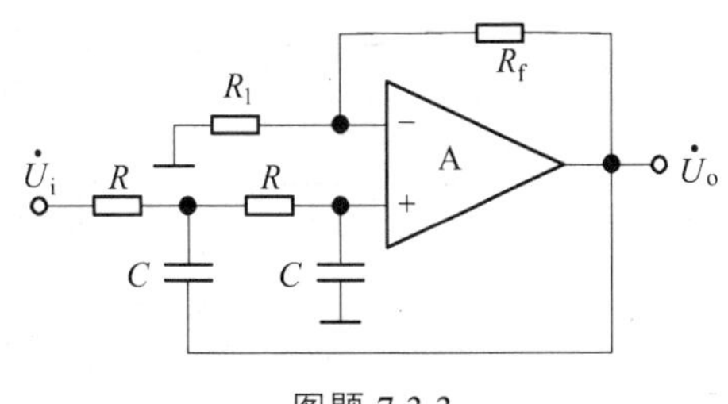

图题 7.3.3

第8章 波形发生与信号转换电路

在模拟电子电路中，常常需要各种波形的信号作为测试信号或控制信号等。例如，在测量放大电路的指标参数时，需要给电路输入正弦波信号；又如，在用示波器测试电路的电压传输特性时，需要给电路输入锯齿波电压；再如，在增益可控集成运放的控制端需要输入矩形波，等等。而为了使所采集的信号能够用于测量、控制、驱动负载或送入计算机，常常需要将信号进行变换，如将电压变换成电流、将电流变换成电压、将电压变换成频率与之成正比的脉冲，等等。

本章将讲述有关波形发生和信号转换电路的组成原则、工作原理以及主要参数。

8.1　正弦波发生电路

正弦波振荡电路是在没有外加输入信号的情况下，依靠电路自激振荡而产生正弦波输出电压的电路。本节的主要内容是介绍正弦波振荡产生的条件，包括 *RC* 正弦波振荡电路、*LC* 正弦波振荡电路等。

8.1.1　正弦波振荡产生的条件

8.1.1.1　产生的条件

正弦波发生电路是没有外加输入信号的带选频网络的正反馈放大电路，如图 8.1.1（a）所示，它是由放大电路和信号正反馈电路组合而成，当 $\dot{X}_i = 0$ 时，电路可简化为图 8.1.1（b）。

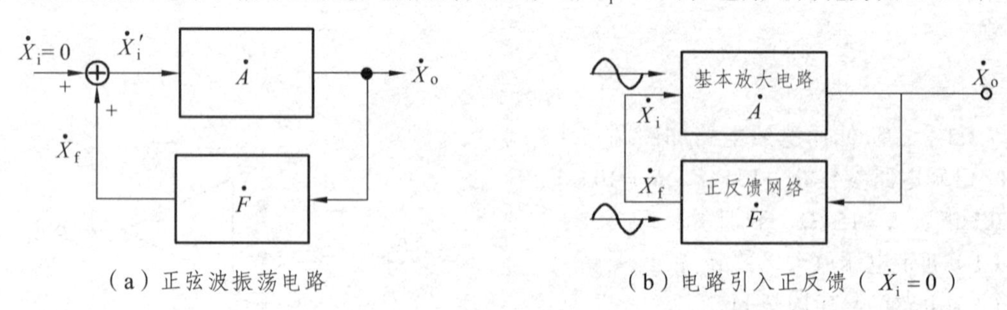

（a）正弦波振荡电路　　（b）电路引入正反馈（$\dot{X}_i = 0$）

图 8.1.1　正弦波振荡电路的方框图

由图 8.1.1（b）可知，因为 $\dot{X}_i = \dot{X}_f$，故有

$$\frac{\dot{X}_f}{\dot{X}_i}=\frac{\dot{X}_o}{\dot{X}_i}\cdot\frac{\dot{X}_f}{\dot{X}_o}=\dot{A}\cdot\dot{F}=1 \tag{8.1.1}$$

写成模与相角的关系为

$$\begin{cases}|\dot{A}\dot{F}|=1\\ \varphi_A+\varphi_F=2n\pi\text{（}n\text{为整数）}\end{cases} \tag{8.1.2}$$

式（8.1.2）为产生正弦波振荡的平衡条件，其中分别为幅值条件和相位条件。这是正弦波振荡电路持续振荡的两个条件。值得注意的是，无论是负反馈放大电路的自激条件（$|\dot{A}\dot{F}|=-1$）还是振荡电路的振荡条件（$|\dot{A}\dot{F}|=1$），都要求环路增益等于 1。不过，由于反馈信号送到比较环节输入端的+、–符号不同[参见图 6.2.1 和图 8.1.1（a）]，所以环路增益各异。

为了使电路能够在接通电源后自行起振，一般将电路的起振条件设计为

$$|\dot{A}\dot{F}|>1 \tag{8.1.3}$$

起振的波形如图 8.1.2 所示。

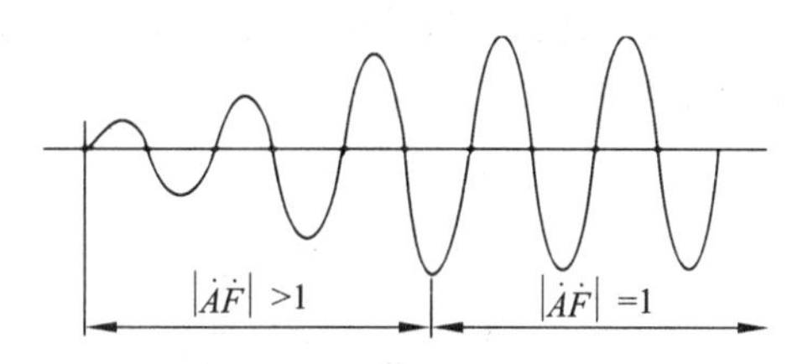

图 8.1.2　$|\dot{A}\dot{F}|>1$ 正弦波起振波形

欲使振荡电路自行建立振荡，就必须满足式（8.1.3）的条件。这样，在接通电源后，振荡电路就有可能自行起振，或者说能够自激。当输出达到一定幅值时，通过稳幅环节自动调整环路增益，使 $\dot{A}\dot{F}=1$，电路进入平衡状态。

为了产生稳定的输出，正弦波振荡电路还必须外加选频网络，使得电路仅对 $f=f_0$ 的信号放大，而对大于和小于 f_0 的频率迅速衰减为零，以得到稳定的波形输出。选频网络可以在放大电路中，也可以在反馈电路中，一般由 R、C、L 元件组成。

综上所述，在正弦波振荡电路中，一要反馈信号能够取代输入信号，即电路中必须引入正反馈；二是要外加选频网络，用以确定振荡频率。通常在电路加电时会产生一个幅值很小的输出量，它含有丰富的频率，而如果电路只对频率为 f_0 的正弦波产生正反馈过程，则输出信号

$$\dot{X}_o\uparrow\rightarrow\dot{X}_f\uparrow(\dot{X}_i'\uparrow)\rightarrow\dot{X}_o\uparrow\uparrow$$

在正反馈过程中，$\dot{X}_o$ 越来越大。由于放大电路的非线性特性，当 $\dot{X}_o$ 的幅值增大到一定的程度时，放大倍数的数值将减小。因此，$\dot{X}_o$ 不会无限制地增大，当 $\dot{X}_o$ 增大到一定数值时，电路达到动态平衡。

8.1.1.2　电路组成及判断

从以上分析可知，正弦波振荡电路由以下 4 部分组成：

（1）放大电路：实现能量的控制，使电路获得一定幅值的输出量。

（2）选频网络：确定电路的振荡频率，保证电路产生正弦波振荡。

（3）正反馈网络：保证电路在没有输入的情况下产生及维持振荡频率。

（4）稳幅环节：也就是非线性环节，作用是使输出信号幅值稳定。

在不少实用振荡电路中，选频网络往往和正反馈网络合二为一；而稳幅环节依靠放大电路的非线性特性起到稳幅作用。判断电路是否能够产生正弦波振荡，首先要观察是否包含放大电路和选频网络，放大电路是否引入了反馈网络，再用瞬时极性法判断反馈网络是否为正反馈，再分别求解电路的 $\dot{A}$ 和 $\dot{F}$，然后判断 $|\dot{A}\dot{F}|$ 是否大于 1。只有达到以上条件，整个电路才能达到正弦波振荡电路产生的条件。

8.1.2　*RC* 正弦波振荡电路

RC 正弦波振荡电路可分为 *RC* 桥式正弦波振荡电路、双 T 网络式和移相式振荡电路 3 种类型，本节介绍 *RC* 桥式正弦波振荡电路的组成、工作原理和振荡频率。

8.1.2.1　*RC* 串并联选频网络

将电阻 R_1 与电容 C_1 串联、电阻 R_2 与电容 C_2 并联所组成的网络称为 *RC* 串并联网络，如图 8.1.3 所示。通常，选取 $R_1 = R_2 = R$，$C_1 = C_2 = C$。输入电压为 $\dot{U}_\mathrm{i}$，输出电压为 $\dot{U}_\mathrm{o}$。

由电路图得

$$\dot{A}_u = \frac{\dot{U}_\mathrm{o}}{\dot{U}_\mathrm{i}} = \frac{R//\dfrac{1}{\mathrm{j}\omega C}}{R+\dfrac{1}{\mathrm{j}\omega C}+R//\dfrac{1}{\mathrm{j}\omega C}} = \frac{1}{3+\mathrm{j}\left(\omega RC-\dfrac{1}{\omega RC}\right)} \tag{8.1.4}$$

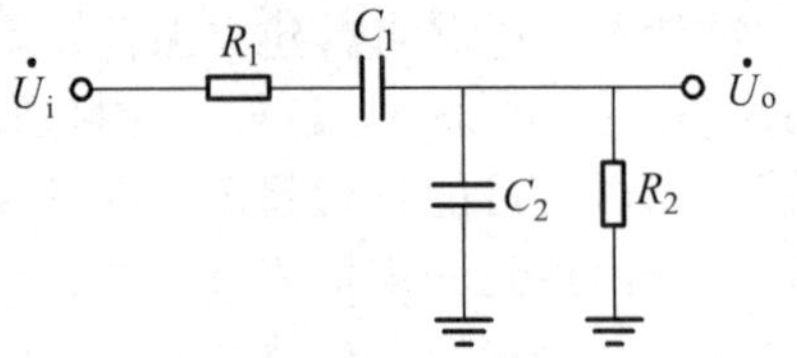

图 8.1.3　*RC* 串并联网络

令 $\omega_0 = \dfrac{1}{RC}$，则

$$f_0 = \frac{1}{2\pi RC} \tag{8.1.5}$$

$$\dot{A}_u = \frac{1}{3+\mathrm{j}\left(\dfrac{f}{f_0}-\dfrac{f_0}{f}\right)} \tag{8.1.6}$$

由此得 *RC* 串并联选频网络幅频特性和相频特性如下

$$|\dot{A}_u| = \frac{1}{\sqrt{3^2+\left(\dfrac{f}{f_0}-\dfrac{f_0}{f}\right)}} \tag{8.1.7}$$

$$\varphi = -\arctan\frac{1}{3}\left(\frac{f}{f_0}-\frac{f_0}{f}\right) \tag{8.1.8}$$

当 $f = f_0$ 时，$|\dot{A}_u| = \dfrac{1}{3}$，即 $|\dot{U}_\mathrm{o}| = \dfrac{1}{3}|\dot{U}_\mathrm{i}|$，$\varphi = 0°$。

从分析的角度来看，当信号频率很低时，$\dfrac{1}{\omega C} > R$，$\dot{U}_\mathrm{o}$ 超前 $\dot{U}_\mathrm{i}$；当频率趋近于零时，相

位超前趋近于+90°，且$|\dot{U}_o|$趋近于零。当信号频率很高时，$\frac{1}{\omega C}<R$，$\dot{U}_o$滞后$\dot{U}_i$；当频率趋近于无穷大时，相位滞后趋近于−90°，且$|\dot{U}_o|$趋近于零。当信号频率从零逐渐变化到无穷大时，$\dot{U}_o$的相位将从+90°逐渐变化到−90°。因此，对于 *RC* 串并联选频网络，必定存在一个频率f_0，当$f=f_0$时，$\dot{U}_o$与$\dot{U}_i$同相，整个电路呈纯阻态。$\dot{A}_u$的频率特性如图 8.1.4 所示。

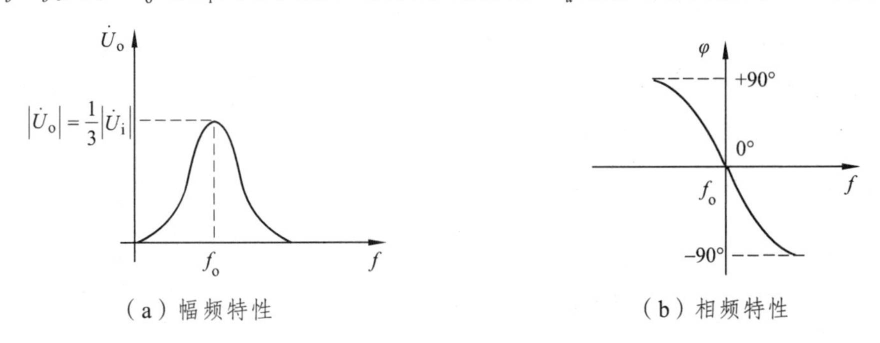

（a）幅频特性　　（b）相频特性

图 8.1.4　$\dot{A}_u$的频率特性

8.1.2.2　起振与稳幅

在 *RC* 桥式正弦波振荡电路中，当$f=f_0$时，只有$|\dot{A}\dot{F}|=1$成立，整个电路才能正常工作。一般来讲，因为反馈网络是无源网络，反馈信号应小于或等于输出信号，根据对 *RC* 串并联选频网络的分析及自激振荡的条件，选择$\dot{A}_u=3$、$\dot{F}=\frac{1}{3}$的电路组合可以构成正弦波振荡电路。在实际应用中，为了保证能顺利起振，可考虑放大倍数略大于 3。考虑到电路带负载的能力及对选频特性的影响，一般选用输入电阻高和输出电阻低的同相比例运算放大电路作为放大电路。*RC* 桥式正弦波振荡电路如图 8.1.5 所示。

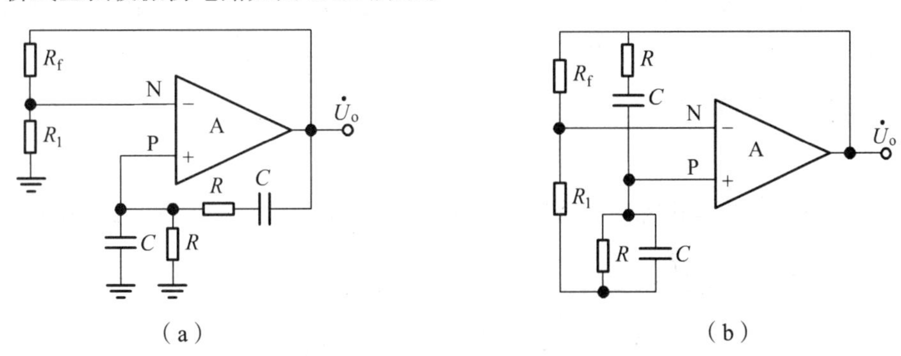

图 8.1.5　*RC* 桥式正弦波振荡电路

根据起振条件和幅值平衡条件，R_f为同相放大电路的负反馈，根据“虚短”“虚断”的概念可得：

$$\dot{A}_u=\frac{\dot{U}_o}{\dot{U}_P}=1+\frac{R_f}{R_1}\geqslant 3 \tag{8.1.9}$$

整理可得

$$R_f\geqslant 2R_1 \tag{8.1.10}$$

为了保证起振，R_f的取值应略大于 $2R_1$。由于$\dot{U}_o$与$\dot{U}_f$具有良好的线性关系，为了进一步稳定输出电压，可以在电路中加入非线性元件来调整反馈的强弱以维持输出电压恒定。例如，可选用 R_1 为正温度系数的热敏电阻，当$\dot{U}_o$因某种而增大时，R_1 上的电流增大，R_1 上的功耗随之增大，导致温度升高，使得 R_1 的阻值增大，从而减小了 $\dot{A}_u$ 数值，$\dot{U}_o$ 也就随之减小；反之，当$\dot{U}_o$因某种原因而减小时，各物理量与上述变化相反，从而使输出电压稳定。当然，也可选用 R_f 为负温度系数的热敏电阻。

此外，还可以在 R_f 回路串联两个并联的二极管，如图所示 8.1.6 所示。由二极管电阻 $r_D \approx \frac{U_T}{I_D} = \frac{U_T}{I_f}$ 可知，当 R_f 回路电流增大时二极管动态电阻减小，反之则增大，因此调整 R_f 回路的阻值，就能达到稳定输出电压的目的。此时比例系数为

$$\dot{A}_u = 1 + \frac{R_f + r_D}{R_1} \tag{8.1.11}$$

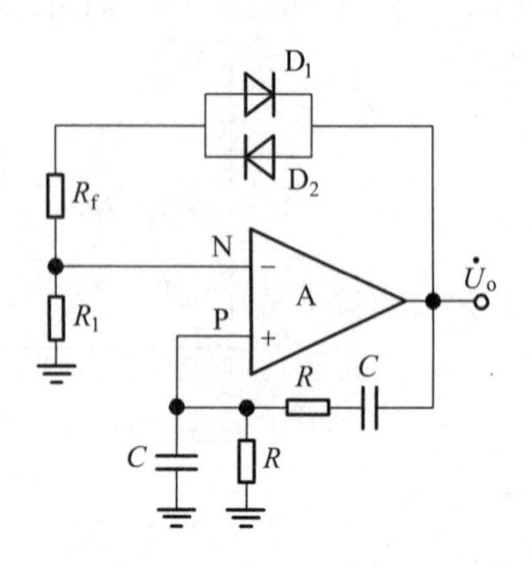

图 8.1.6　利用二极管稳幅的 RC 桥式正弦波振荡电路

8.1.3　LC 正弦波振荡电路

LC 振荡电路主要用来产生 1 MHz 以上的高频正弦信号。LC 正弦波振荡电路与 RC 桥式正弦振荡电路的组成原理在本质上是相同的，只是选频网络使用 LC 电路。在 LC 振荡电路中，当 $f=f_0$时，放大电路的放大倍数最大，而其余频率的信号均被衰减为零。由于 LC 正弦波振荡电路的振荡频率较高，而集成运放中的晶体管（或场效应管）数目较多，因而极间电容就较多，上限频率在引入负反馈后才可达几百千赫。集成运算放大器不适合作为 LC 正弦波振荡电路的放大电路，所以 LC 正弦波振荡电路一般使用分立元件作为放大电路。

8.1.3.1　LC 选频放大电路

1. 并联谐振回路

常见的 LC 正弦波振荡电路中的选频网络多采用 LC 并联网络，如图 8.1.7 所示。

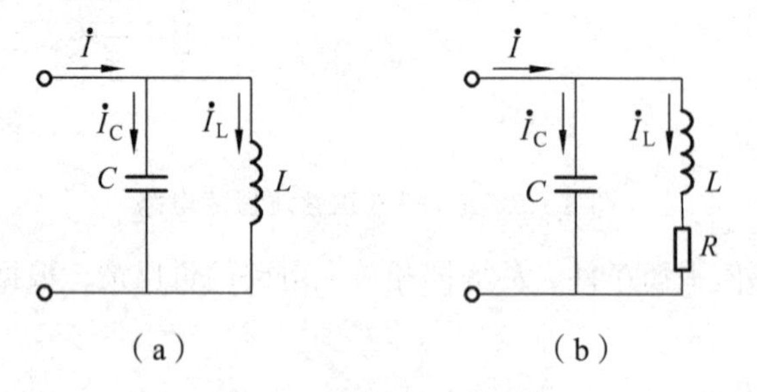

图 8.1.7　LC 并联选频网络

图 8.1.7（a）为理想电路，无损耗，谐振频率为

$$f_0 = \frac{1}{2\pi\sqrt{LC}} \tag{8.1.12}$$

在信号频率较低时，电容的容抗较大；在信号频率较高时，电感的感抗很大；只有当$f=f_0$时，网络呈纯阻性且阻抗无穷大，这时电路产生谐振，电容的电场能与电感的磁场能相互转换，但由于等效损耗电阻的存在，实际电路等效图如图 8.1.7（b）所示，电路的等效导纳为

$$\dot{Y}=\mathrm{j}\omega C+\frac{1}{R+\mathrm{j}\omega L}=\frac{R}{R^2+(\omega L)}+\mathrm{j}\left[\omega C-\frac{\omega L}{R^2+(\omega L)^2}\right] \tag{8.1.13}$$

因为谐振时呈阻性，所以令式（8.1.13）中虚部为零，就可以求出谐振角频率，即

$$\omega_0 C-\frac{\omega_0 L}{R^2+(\omega_0 L)^2}=0 \tag{8.1.14}$$

$$\Longrightarrow \omega_0=\frac{1}{\sqrt{1+\left(\dfrac{R}{\omega_0 L}\right)^2}}\cdot\frac{1}{\sqrt{LC}}=\frac{1}{\sqrt{1+\dfrac{1}{Q^2}}\cdot\sqrt{LC}} \tag{8.1.15}$$

式中，Q为品质因数，是用来评价回路中损耗大小的指标。

$$Q=\frac{\omega_0 L}{R}=\frac{1}{\omega_0 RC} \tag{8.1.16}$$

当$Q\gg 1$时，$\omega_0\approx\dfrac{1}{\sqrt{LC}}$，所以谐振频率为

$$f_0\approx\frac{1}{2\pi\sqrt{LC}} \tag{8.1.17}$$

将式（8.1.17）代入式（8.1.16）得

$$Q\approx\frac{1}{R}\sqrt{\frac{L}{C}} \tag{8.1.18}$$

式（8.1.18）表明，谐振频率相同时，电容容量越小，电感数值愈大，即品质因数愈大，选频特性愈好。

当$f=f_0$时，电路的阻抗为

$$Z_0=\frac{1}{Y_0}=\frac{R^2+(\omega_0 L)^2}{R}=R+Q^2 R \tag{8.1.19}$$

当$Q\gg 1$时，$Z_0\approx Q^2 R$，将式（8.1.18）代入，整理可得$Z_0\approx QX_L\approx QX_C$，$X_L$和$X_C$分别是电感和电容的电抗。因此，当$Q\gg 1$时，若网络的输入电流为 I_0，则电容和电感的电流约为QI_0。可以看出，输入电流与电容或电感上电流相比较而言小得多，在谐振时影响可忽略，这对分析振荡电路的相位十分有用。由式（8.1.19）知Z是频率的函数，当频率较低时，等效阻抗为电容性，输出电压滞后于电流，相角为正值；反之，频率较高时相角为负，故得其频率特性如图 8.1.8 所示。

2. 选频放大电路

若以 LC 并联网络作为共射放大电路的集电极负载，如图 8.1.9 所示，则电路的电压放大

倍数为

$$\dot{A}_u = -\beta \frac{Z}{r_{be}} \tag{8.1.20}$$

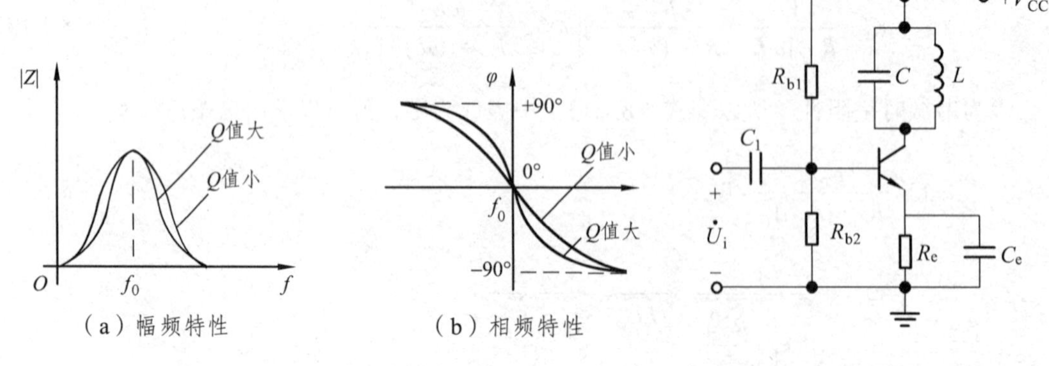

图 8.1.8　*LC* 并联电路频率特性　　　　图 8.1.9　*LC* 并联选频放大电路

根据 *LC* 并联网络的频率特性可知，当 $f=f_0$ 时，Z 值最大且呈纯阻态，电压放大倍数的数值最大；在其他频率下，随着 Z 值下降，放大倍数也减小，故电路具有选频特性。如果在输入端引入正反馈，则电路就成为正弦波振荡电路。

LC 正弦波振荡电路分为变压器反馈式、电感反馈式、电容反馈式 3 种；如果频率较高，应选择频带较宽的共基放大电路。

8.1.3.2　变压器反馈式振荡电路

1. 工作原理

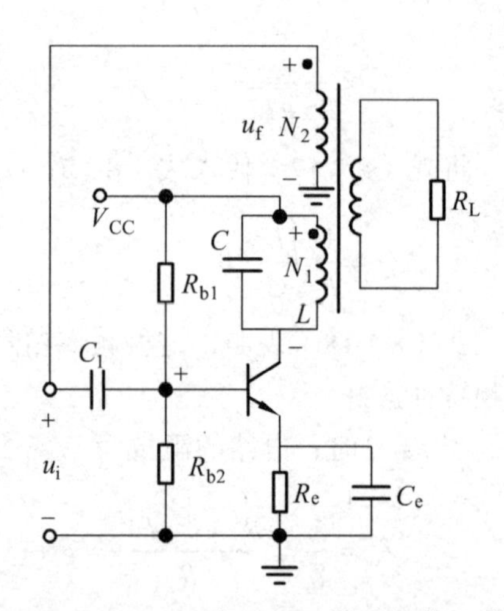

图 8.1.10　*LC* 变压器反馈式振荡电路

图 8.1.10 所示 *LC* 变压器反馈式振荡电路由共射极放大电路、选频网络、正反馈网络组成，它使用变压器将正反馈信号接入放大电路的输入端，利用晶体管的非线性特性实现稳幅环节。共射极放大电路通过 R_e 引入了直流反馈，可以保证放大电路的静态工作点稳定。根据瞬时极性法可知，若给放大电路加 $f=f_0$ 的输入电压 $\dot{U}_i$ 并假定其极性对“地”为正，则晶体管基极动态电位对“地”为正，由于放大电路为共射接法，故集电极动态电位对“地”为负；对于交流信号，电源相当于“地”，所以线圈 N_1 上电压为上“+”下“−”；根据同名端定义可知所以，N_2 上电压也为上“+”下“−”，即反馈电压对“地”为“+”，与输入电压假设极性相同，所以满足正弦波振荡的相位条件。容易判断电路通过变压器引入输入端的为并联正反馈，电感 L 和电容 C 构成选频网络，故电路满足振荡电路的条件。

图 8.1.10 所示电路表明，变压器反馈式振荡电路中，放大电路的输入电阻是放大电路负载的一部分，因此 $\dot{A}$ 与 $\dot{F}$ 相互关联。一般情况下，只要合理选择变压器原、副边线圈的匝数比以及其他电路参数，电路很容易满足幅值条件。

2. 振荡频率及起振条件

图 8.1.10 所示变压器反馈式振荡电路的交流等效电路如图 8.1.11 所示。R' 是 LC 谐振回路、负载等的总损耗，L_1' 为考虑到 N_2 回路参数折合到原边的等效电感，L_2 为副边电感，M 为 N_1 和 N_2 间的等效互感；R_i 为放大电路的输入电阻，其值 $R_i = R_{b1} // R_{b2} // r_{be}$。

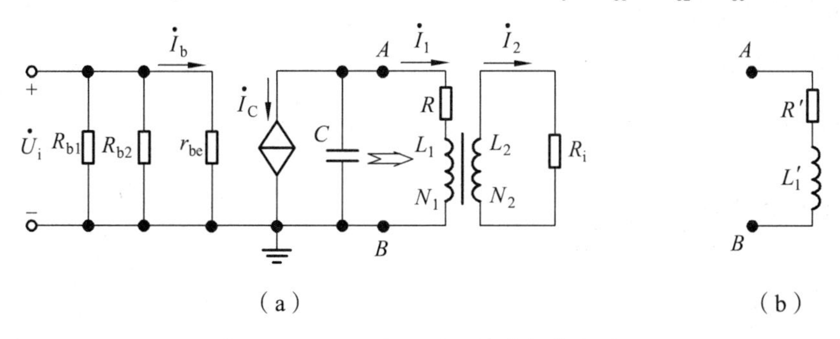

图 8.1.11 LC 变压器反馈式振荡电路

为了分析振荡频率和起振条件，首先求解图中从 A 和 B 两点向右看进去的等效电路及其参数。在变压器原边有

$$\dot{U}_o = (R + j\omega L_1)\dot{I}_1 - j\omega M\dot{I}_2 \tag{8.1.21}$$

在变压器副边，有

$$\dot{I}_2 = \frac{j\omega M\dot{I}_1}{R_i + j\omega L_2} \tag{8.1.22}$$

将式（8.1.22）代入式（8.1.21）并整理可得

$$\dot{U}_o = (R' + j\omega\dot{L}_1')\dot{I}_1 \tag{8.1.23}$$

其中

$$\left.\begin{aligned} R' &= R + \frac{\omega^2 M^2}{R_i^2 + \omega^2 L_2^2} \cdot R_i \\ L_1' &= L_1 - \frac{\omega^2 M^2}{R_i^2 + \omega^2 L_2^2} \cdot L_2 \end{aligned}\right\} \tag{8.1.24}$$

因此，从变压器原边向副边看进去的等效电路如图 8.1.11（b）所示，为典型的 LC 谐振回路。但与之相比，带负载后，电感量变小，损耗变大，因而品质因数变小，选频特性变差。其品质因数为

$$Q \approx \frac{1}{R'}\sqrt{\frac{L_1'}{C}} \tag{8.1.25}$$

当 $Q \gg 1$ 时，振荡频率为

$$f_0 \approx \frac{1}{2\pi\sqrt{L_1'C}} \tag{8.1.26}$$

由前述分析可知，在谐振频率下，L_1 中电流的数值约为晶体管集电极电流的 Q 倍，即

$$|\dot{I}_1| \approx Q|\dot{I}_c| = Q\beta|\dot{I}_b| = Q\beta\frac{|\dot{U}_i|}{r_{be}} \tag{8.1.27}$$

反馈电压为

$$\dot{U}_f = \dot{I}_f R_i = \frac{j\omega_0 M\dot{I}_1}{R_i + j\omega_0 L_2}\cdot R_i \tag{8.1.28}$$

通常 $\omega_0 L_2 \ll R_i$，所以

$$|\dot{U}_f| \approx \omega_0 M|\dot{I}_1| = \omega_0 MQ\beta\frac{|\dot{U}_i|}{r_{be}} \tag{8.1.29}$$

电路的起振条件为$\left|\frac{\dot{U}_f}{\dot{U}_i}\right| > 1$，即

$$\beta > \frac{r_{be}}{\omega_0 MQ} \tag{8.1.30}$$

式（8.1.30）表明选频网络的品质因数愈大，对晶体管电流放大系数的要求愈低。

若将式（8.1.25）和式（8.1.26）代入式（8.1.30），则得出起振条件为

$$\beta > \frac{r_{be}R'C}{M} \tag{8.1.31}$$

3. 优缺点

变压器反馈式振荡电路易于产生振荡，波形较好，应用范围广泛。但是由于输出电压与反馈电压靠磁路耦合，因而耦合不紧密，损耗较大，并且振荡频率的稳定性不高。

8.1.3.3　电感三点式 *LC* 振荡电路

1. 工作原理

除了变压器反馈式振荡电路以外，常用的还有电感三点式和电容三点式振荡电路。电感三点式 *LC* 振荡电路克服了变压器反馈式振荡电路中变压器原边线圈和副边线圈耦合不紧密的缺点，反馈电路采用中间抽头的方式可将一个线圈分为 N_1 和 N_2 两个电感，而且为了加强谐振效果，还将电容 *C* 跨接在整个线圈两端，如图 8.1.12 所示。

该电路包含了共发射极放大电路、*LC* 选频网络、三点式电感反馈网络和非线性元件（晶体管）四个部分。根据瞬时极性法可得到如图 8.1.12 中所示的极性判断，即当电路加频率 f_0 的输入电压，反馈到输入端的电压极性为正，故电路满足正弦波振荡的相位条件。只要电路参数选择得当，电路就可满足幅值条件，从而产生正弦波振荡。

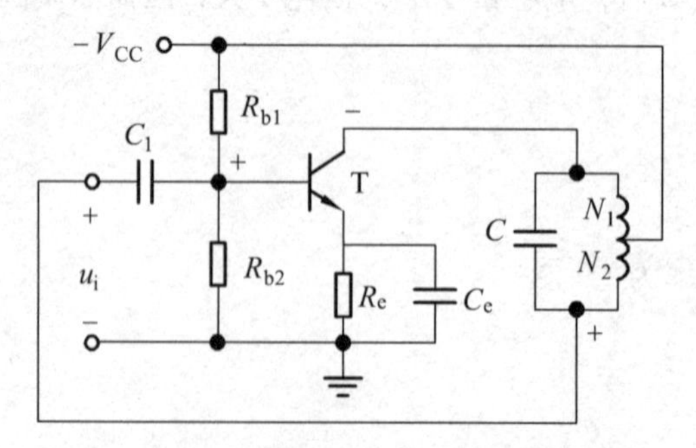

图 8.1.12　电感三点式 *LC* 反馈振荡电路

2. 振荡频率和起振条件

图 8.1.12 所示电路断开反馈且空载情况下的交流等效电路如图 8.1.13 所示。

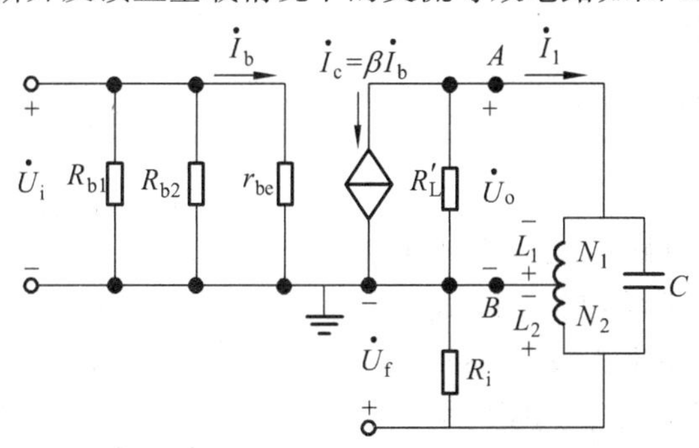

图 8.1.13　电感三点式 LC 反馈振荡电路的交流等效电路

设 N_1 的电感量为 L_1，N_2 的电感量为 L_2，N_1 与 N_2 间的互感为 M，且品质因数远大于 1，则振荡频率为

$$f_0=\frac{1}{2\pi\sqrt{(L_1+L_2+2M)C}} \tag{8.1.32}$$

反馈系数的数值为

$$|\dot{F}|=\left|\frac{\dot{U}_f}{\dot{U}_i}\right|\approx\frac{j\omega L_2+j\omega M}{j\omega L_1+j\omega M}=\frac{L_2+M}{L_1+M} \tag{8.1.33}$$

因而，从 A 和 B 两端向右看的等效电阻为

$$R_i'=\frac{R_i}{|\dot{F}|^2} \tag{8.1.34}$$

设 R_L' 是 R_L 折合到 A、B 两点间的等效负载，则集电极总负载为

$$R_L''=R_L'\ //\ R_i'$$

当 $f=f_0$ 且 $Q\gg 1$ 时，LC 回路产生谐振，等效电阻非常大，所取电流可忽略不计，因此放大电路的电压放大倍数为

$$\dot{A}_u=-\beta\frac{R_L''}{r_{be}} \tag{8.1.35}$$

根据 $|\dot{A}\dot{F}|>1$，利用式（8.1.33）和式（8.1.35），可得起振条件为

$$\beta>\frac{L_1+M}{L_2+M}\cdot\frac{r_{be}}{R_L''} \tag{8.1.36}$$

从式（8.1.33）、式（8.1.35）和式（8.1.36）可以看出，若增大 L_2 与 L_1 的比值使 $|\dot{A}_u|$ 减小，则不利于电路起振。所以，L_2/L_1 既不能太大也不能太小。在大批量生产时，应通过实验确定 N_2 与 N_2 的比值，一般为 1/8~1/4 之间。

3. 优缺点

电感反馈式振荡电路中 N_2 与 N_1 之间耦合紧密，振幅大；当 C 采用可变电容时，可以获得调节范围较宽的振荡频率，最高振荡频率可达几十兆赫。由于反馈电压取自电感，对高频信号具有较大的电抗，输出电压波形中含有高次谐波，因此，电感反馈式振荡电路常用在对波形要求不高的设备之中。

8.1.3.4 电容三点式反馈振荡电路

1. 工作原理

将电感三点式振荡电路的电容换成电感、电感换成电容，并增加集电极电阻 R_c，就可得到电容反馈式振荡电路，如图 8.1.14 所示。该电路包含了放大电路、选频网络、反馈网络和非线性元件（晶体管）4 个部分。

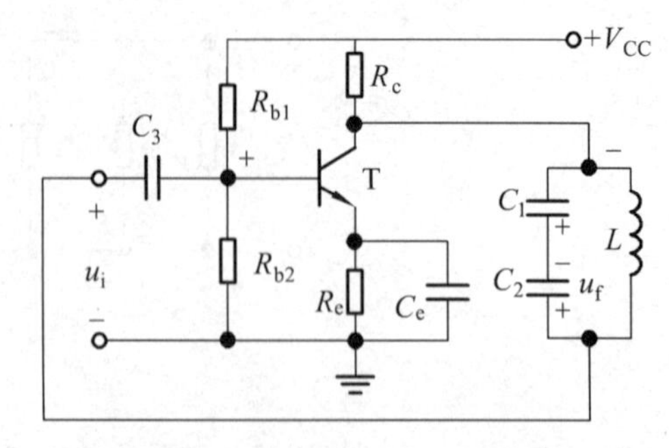

图 8.1.14 电容三点式 LC 反馈振荡电路

根据瞬时极性法可得到如图 8.1.14 所示的极性判断，即从输入端加入频率为 f_0 的电压，反馈到输入端的电压极性为正，故电路满足正弦波振荡的相位条件。只要电路参数选择得当，电路就可以满足幅值条件，从而产生正弦波振荡。

2. 振荡频率和起振条件

当由 L、C_1 和 C_2 所构成的选频网络的品质因数 Q 远大于 1 时，振荡频率为

$$f_0 \approx \frac{1}{2\pi\sqrt{L\dfrac{C_1C_2}{C_1+C_2}}} \tag{8.1.37}$$

设 C_1 和 C_2 的电流分别为 $\dot{I}_{C1}$ 和 $\dot{I}_{C2}$，则反馈系数为

$$|\dot{F}|=\left|\frac{\dot{U}_\text{o}}{\dot{U}_\text{i}}\right|=\left|\frac{\dot{I}_{C2}/\text{j}\omega C_2}{\dot{I}_{C1}/\text{j}\omega C_1}\right|\approx\frac{C_1}{C_2} \tag{8.1.38}$$

电压放大倍数为

$$|\dot{A}_u|=\left|\frac{\dot{U}_\text{o}}{\dot{U}_\text{i}}\right|=\beta\frac{R'_\text{L}}{r_\text{be}} \tag{8.1.39}$$

在空载情况下，式中集电极等效负载 R'_L 为

$$R'_\text{L}=R_\text{C}//\frac{R_i}{|\dot{F}|^2} \tag{8.1.40}$$

根据 $|\dot{A}\dot{F}|>1$，利用式（8.1.38）和式（8.1.39），可得起振条件为

$$\beta>\frac{C_2}{C_1}\cdot\frac{r_\text{be}}{R'_\text{L}} \tag{8.1.41}$$

与电感反馈式振荡电路相类似，若增大 C_1/C_2，则一方面反馈系数数值随之增大，有利于电路起振；另一方面，它又使 R'_L 减小，从而造成电压放大倍数数值减小，不利于电路起振。因此，C_1/C_2 既不能太大，又不能太小，具体数值应通过实验来确定。

3. 优缺点

电容反馈式振荡电路的输出电压波形好，但若用改变电容的方法来调节振荡频率，则会影响电路的起振条件；而若用改变电感的方法来调节振荡频率，则比较困难。所以电容反馈式振荡电路常常用在固定振荡频率的场合或振荡频率可调范围不大的场合。

正弦波振荡电路（含 *RC* 和 *LC* 振荡电路）的分析方法可归纳如下：

（1）从电路组成来看，检查其是否包括放大、反馈、选频和稳幅等基本部分。

（2）分析放大电路能否正常工作。对分立元件电路，看静态工作点是否合适；对集成运放，看输入端是否有直流通路。

（3）检查电路是否满足自激条件。

① 利用瞬时极性法检查相位平衡条件。

② 检查幅值平衡条件。$|\dot{A}\dot{F}|<1$ 不能振荡；$|\dot{A}\dot{F}|=1$ 不能振荡；$|\dot{A}\dot{F}|>1$，如果没有稳幅措施，则虽能振荡，但输出波形将失真。一般 $|\dot{A}\dot{F}|$ 应取略大于 1，起振后采取稳幅措施使电路达到 $|\dot{A}\dot{F}|=1$，这样就能产生幅度稳定、几乎不失真的正弦波。

（4）根据选频网络参数，估算振荡频率 f_0。

8.1.4 石英晶体正弦波振荡电路

石英晶体振荡电路就是用石英晶体取代 *LC* 振荡电路中的 *L*、*C* 元件所组成的正弦波振荡电路，因为它具有极高的频率稳定度，所以被广泛地应用到振荡电路。

8.1.4.1 石英晶体的基本特性

石英晶体是一种各向异性的结晶体，其化学成分是二氧化硅（SiO_2），从一块晶体上按一定方位角切下的薄片称为晶片，再将晶片两个对应的表面抛光和涂敷银层，并作为两个极引出管脚，加上封装，就构成石英晶体谐振器。其结构示意图和符号如图 8.1.15 所示。

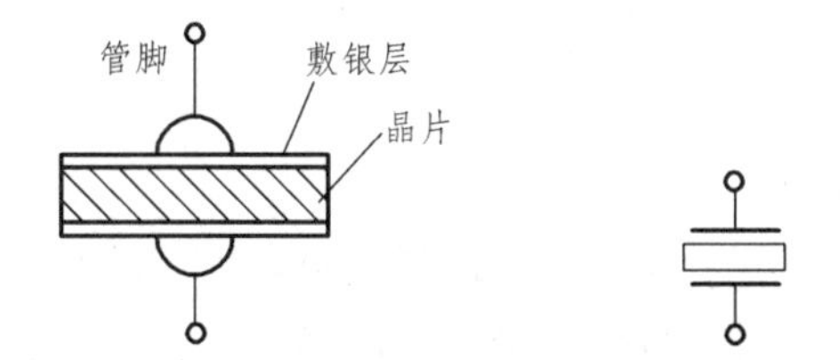

图 8.1.15 石英晶体谐振器的结构图及符号

8.1.4.2 压电效应和压电振荡

石英晶体之所以能做振荡电路是基于它的压电效应。从物理学知识可知，若在晶片的两个极板间加一电场，会使晶体产生机械变形；反之，若在极板间施加机械力，又会在相应的方向上产生电场，这种现象称为压电效应。一般情况下，无论是机械振动的振幅还是交变电场的振幅都非常小。但是，当交变电场频率为一特定值时，振幅会骤然增大，即产生共振，称之为压电谐振。这一特定频率就是石英晶体的固有频率，也称谐振频率。

8.1.4.3 石英晶体谐振器的等效电路和振荡频率

石英晶体谐振器的等效电路如图 8.1.16 所示。当石英晶体不振动时，其两极之间的金属层之间可等效为一个电容 C_0，称为静态电容；其值取决于晶片的几何尺寸和电极面积，一般约为几到几十皮法。而晶体振动时，机械振动的惯性等效为电感 L，其值为几毫亨到几十毫亨。晶片的弹性等效为电容 C，其值为 0.01~0.1 pF。晶片的摩擦损耗等效为电阻 R，其值约为 100 Ω，石英晶体的品质因数 Q 一般高达 10^4~10^6。

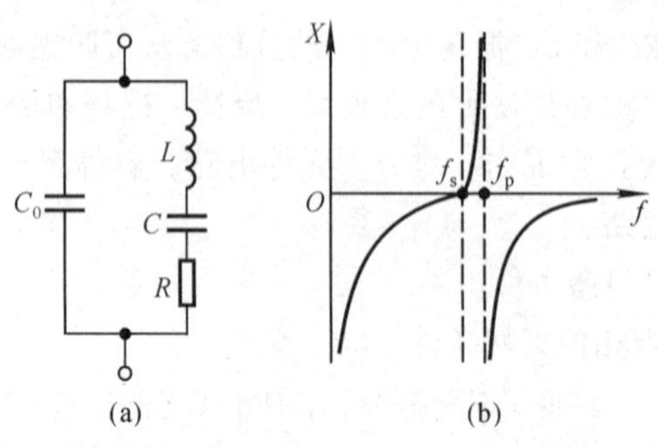

图 8.1.16　石英晶体谐振器的等效电路及频率特性图

当等效电路中的 L、C、R 支路发生串联谐振时，谐振频率为

$$f_s = \frac{1}{2\pi\sqrt{LC}}$$

由于 C_0 很小，而 $R \ll \omega_0 C_0$，因此，谐振频率下整个网络的电抗等于 R，故可以近似认为石英晶体也呈纯阻性，等效电阻为 R。

当 $f < f_s$ 时，C_0 和 C 电抗较大，起主导作用，石英晶体呈容性。

当 $f > f_s$ 时，L、C、R 支路呈感性，将与 C_0 并联谐振，石英晶体又呈纯阻性，谐振频率为

$$f_p = \frac{1}{2\pi\sqrt{L\frac{CC_0}{C+C_0}}} = f_s\sqrt{1+\frac{C}{C_0}} \tag{8.1.42}$$

由于 $C \ll C_0$，所以 $f_p \approx f_s$。

当 $f > f_p$ 时，电抗主要取决于 C_0，石英晶体又呈容性。因此，$R = 0$ 时石英晶体电抗的频率特性如图 8.1.16（b）所示。只有在 $f_s < f < f_p$ 的情况下，石英晶体才呈感性；并且 C 和 C_0 的容量相差愈悬殊，f_s 和 f_p 愈接近，石英晶体呈感性的频带愈狭窄。

由于 C 和 R 的数值都很小，L 数值很大，根据品质因数的表达式 $Q \approx \frac{1}{R}\sqrt{\frac{L}{C}}$ 可知 Q 值高达 $10^4 \sim 10^6$。而且，因为振荡频率几乎取决于晶片的尺寸，所以其稳定度 $\Delta f / f_0$ 可达 $10^{-6} \sim 10^{-8}$，一些产品甚至高达到 $10^{-10} \sim 10^{-11}$。而即使最好的 LC 振荡电路，Q 值也只能达到几百，振荡频率的稳定度也只能达到 10^{-5}。因此，石英晶体的选频特性是其他选频网络无法比拟的。

8.1.4.4　石英晶体正弦波振荡电路

1. 并联型石英晶体正弦波振荡电路

并联型石英晶体正弦波振荡电路如图 8.1.17 所示。图中电容 C_1 和 C_2 与石英晶体中的 C_0

并联，总容量大于 C_0，当然远大于石英晶体中的 C，所以电路的振荡频率约等于石英晶体的并联谐振频率 f_p。

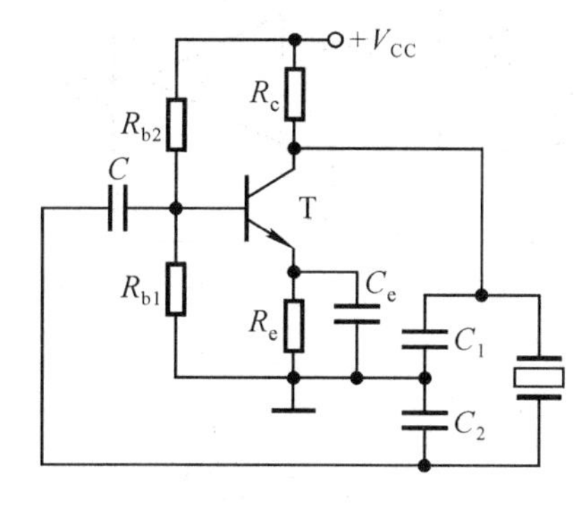

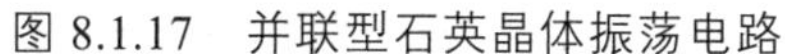
图 8.1.17　并联型石英晶体振荡电路

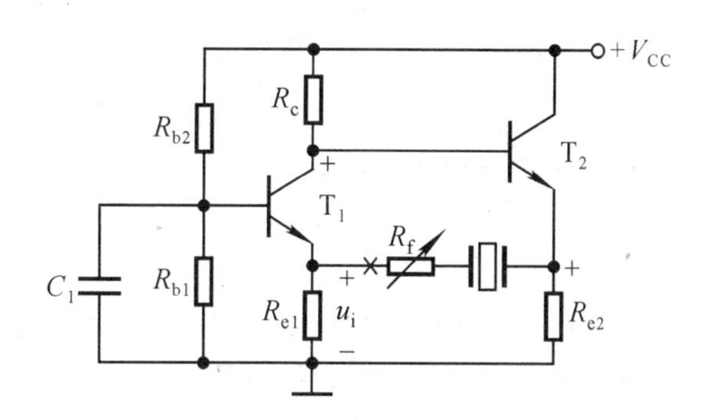

图 8.1.18　串联型石英晶体振荡电路

2. 串联型石英晶体振荡电路

图 8.1.18 所示为串联型石英晶体振荡电路。旁路电容 C_1 对交流信号可视为短路。电路的第一级为共基放大电路，第二级为共集放大电路。若断开反馈，给放大电路加输入电压，极性上“+”下“–”；则 T_1 管集电极动态电位为“+”，T_2 管的发射极动态电位也为“+”。只有在石英晶体呈纯阻性，即产生串联谐振时，反馈电压才与输入电压同相，电路才满足正弦波振荡的相位平衡条件。所以电路的振荡频率为石英晶体的串联谐振频率 f_s。调整 R_f 的阻值，可使电路满足正弦波振荡的幅值平衡条件。

思考题

8.1.1　负反馈放大电路产生自激振荡与正弦波振荡电路产生自激振荡有什么相同之处和不同之处？为什么负反馈放大电路产生的自激振荡不能作为信号发生电路用？

8.1.2　分别用单管共射放大电路、共基放大电路或共集放大电路与 RC 串并联网络相连接，能构成正弦波振荡电路吗？为什么？在桥式正弦波振荡电路的放大电路中，为什么必须引入电压串联负反馈？

8.1.3　如何根据应用场合（如振荡频率的高低、振荡频率的稳定性）选择正弦波振荡电路？

习　题

8.1.1 电路如图题 8.1.1 所示，试求解：

（1）R_w 的下限值；

（2）振荡频率的调节范围。

8.1.2　图题 8.1.2 所示电路为正交正弦波振荡电路，它可产生频率相同的正弦信号和余弦信号。已知稳压管的稳定电压$\pm U_Z = \pm 6$ V，$R_1 = R_2 = R_3 = R_4 = R_5 = R$，$C_1 = C_2 = C$。

（1）试分析电路为什么能够满足产生正弦波振荡的条件；

（2）求出电路的振荡频率；

（3）画出 u_{O1} 和 u_{O2} 的波形图，要求表示出它们的相位关系，并分别求出它们的峰值。

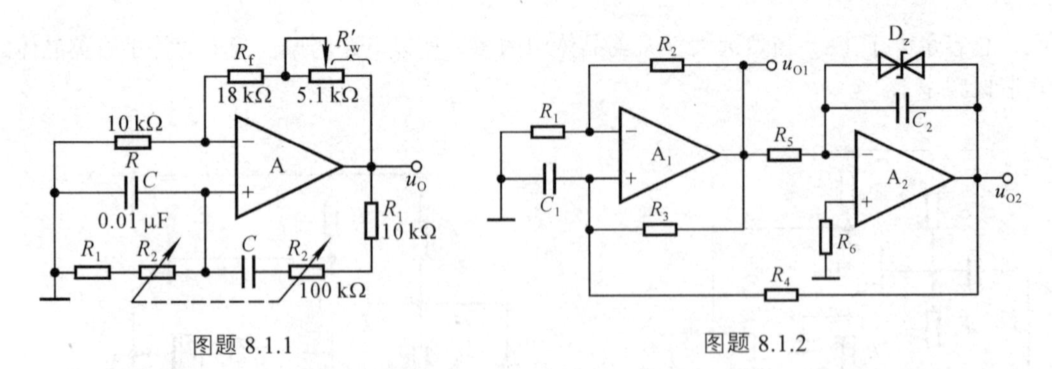

图题 8.1.1　　　　图题 8.1.2

8.1.3 电路如图题 8.1.3 所示，稳压管 D_Z 起稳幅作用，其稳定电压 $\pm U_Z = \pm 6$ V，试估算：

（1）输出电压不失真情况下的有效值；

（2）振荡频率。

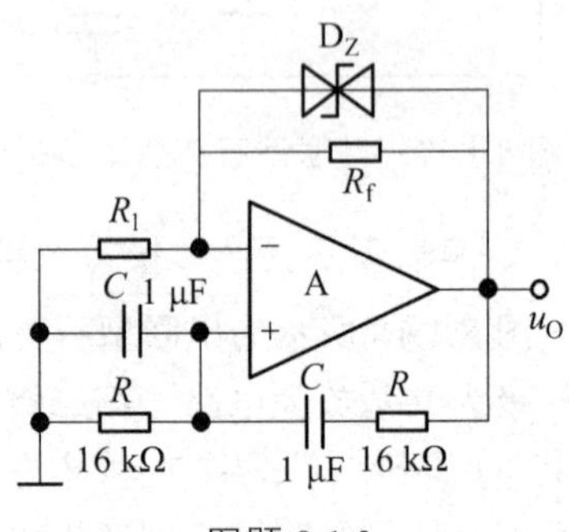
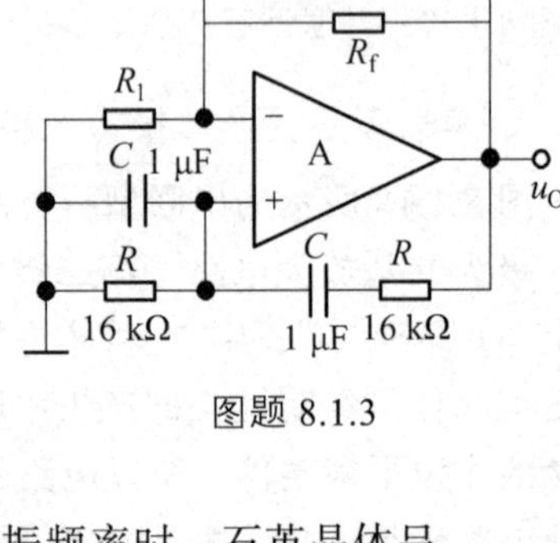

图题 8.1.3

8.1.4　选择下面一个答案填入空内，只需填入 A、B 或 C。

A. 容性　　B. 阻性　　C. 感性

（1）LC 并联网络在谐振时呈______，在信号频率大于谐振频率时呈______，在信号频率小于谐振频率时呈_______ 。

（2）当信号频率等于石英晶体的串联谐振频率或并联谐振频率时，石英晶体呈 ______；当信号频率在石英晶体的串联谐振频率和并联谐振频率之间时，石英晶体呈 ______；其余情况下石英晶体呈 ________ 。

（3）当信号频率 $f = f_0$ 时，RC 串并联网络呈 ______ 。

8.1.5　电路如图题 8.1.5 所示。

（1）为使电路产生正弦波振荡，标出集成运放的“+”和“−”；并说明电路是哪种正弦波振荡电路。

（2）若 R_1 短路，则电路将产生什么现象？

（3）若 R_1 断路，则电路将产生什么现象？

（4）若 R_f 短路，则电路将产生什么现象？

（5）若 R_f 断路，则电路将产生什么现象？

图题 8.1.5

8.1.6　分别判断图题 8.1.6 所示各电路是否满足正弦波振荡的相位条件。

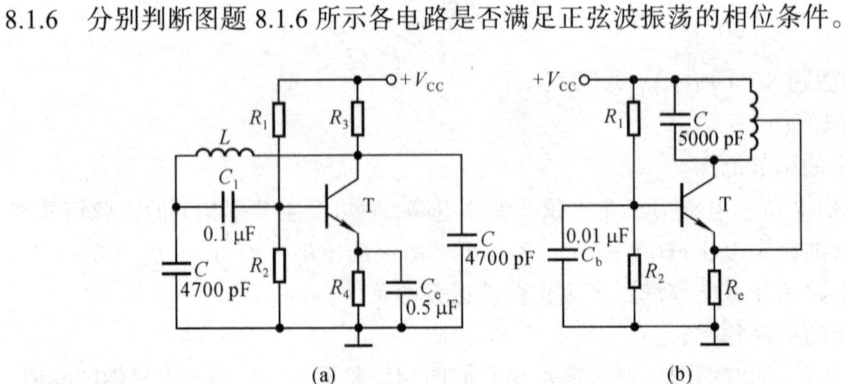

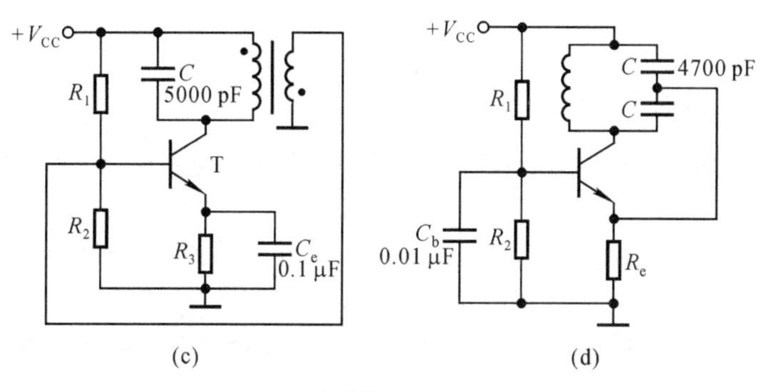

图题 8.1.6

8.1.7　试分别指出图题 8.1.7 所示两电路中的选频网络、正反馈网络和负反馈网络，并说明电路是否满足正弦波振荡的相位条件。

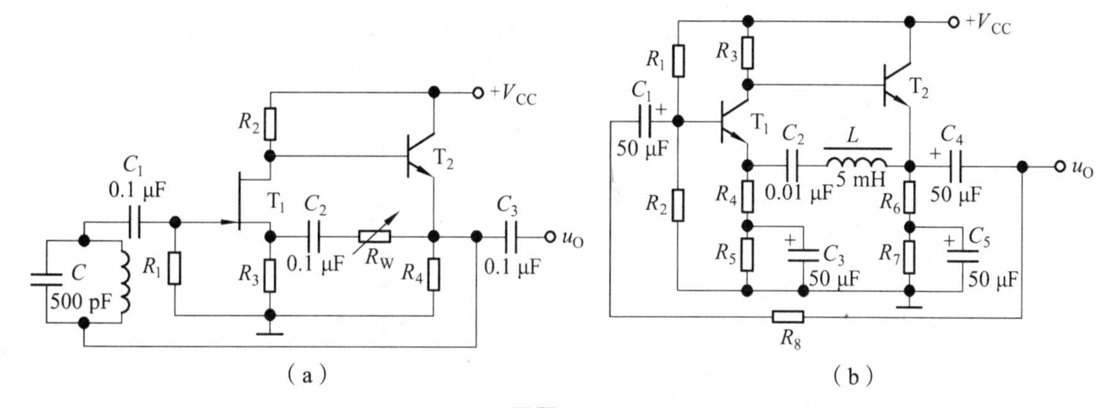

图题 8.1.7

8.1.8　试将图题 8.1.8 所示电路合理连线，使其组成 *RC* 桥式正弦波振荡电路。

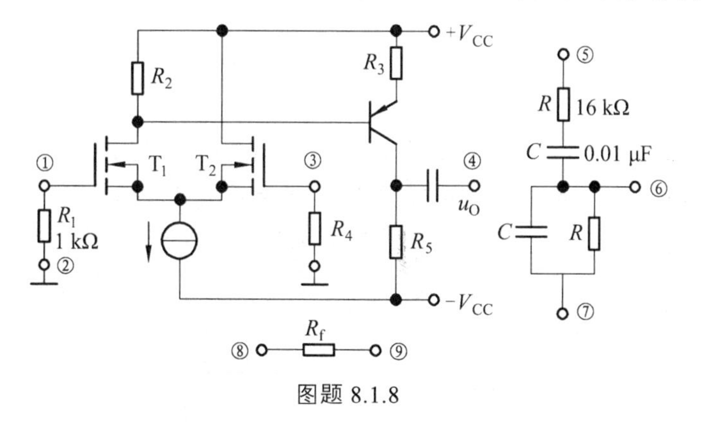

图题 8.1.8

8.2　电压比较电路

电压比较电路（comparator）是运算放大电路在开环状态下的一种应用。运算放大电路的开环电压增益很大，因此，当运算放大电路的两个输入端电压不同时，运算放大电路的输出端电压为正向最大值或反向最大值。比较电路广泛应用于自动控制、波形变换、取样保持等电路中。电压比较电路是组成非正弦波发生电路的基本单元电路。

8.2.1 概述

8.2.1.1 电压比较电路的电压传输特性

电压比较电路的输出电压 u_O 与输入电压 u_I 的函数关系 $u_O = f(u_I)$ 一般用曲线来描述，称为电压传输特性。

在电压比较电路中，主要利用运算放大电路工作在开环或正反馈时放大倍数很高的特点，当输入电压 u_I 很小时，输出可以达到最大值，一般用高电平 U_{OH}，低电平 U_{OL} 来表示。使 u_O 从 U_{OH} 跃变为 U_{OL} 或者从 U_{OL} 跃变为 U_{OH} 的输入电压，称为阈值电压或转折电压，记作 U_T。

8.2.1.2 集成运放的非线性工作区

电压比较电路如图 8.2.1 所示，图中反馈通路为电阻网络。对于理想运放，由于差模增益无穷大，当 $u_P \neq u_N$ 时，输出可达到最大值，$(u_P - u_N)$ 与 u_O 不再是线性关系，称集成运放工作在非线性工作区，其电压传输特性如图 8.2.2 所示。若输出电压 u_O 的幅值为 $\pm U_{OM}$，则当 $u_P > u_N$ 时 $u_O = +U_{OM}$，当 $u_N > u_P$ 时 $u_O = -U_{OM}$。并且由于理想运放的差模输入电阻无穷大，故净输入电流为零，即 $i_P = i_N = 0$。

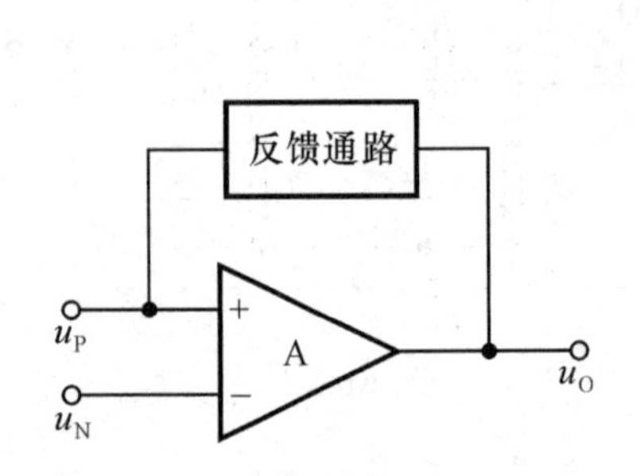

图 8.2.1　集成运放工作在非线性区电路

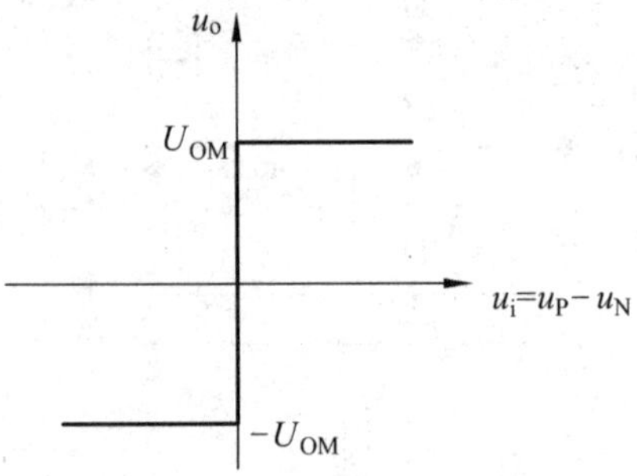

图 8.2.2　集成运放工作在非线性区电路的传输特性

8.2.2 单限比较电路

8.2.2.1 过零比较电路

过零比较电路如图 8.2.3（a）所示，集成运放工作在开环状态。由于该电路的同相输入端接地，反相端接输入电压，故当输入 $u_I < 0$ V 时，$u_O = +U_{OM}$；当 $u_I > 0$ V 时，$u_O = -U_{OM}$。因此电压传输特性如图 8.2.3（b）所示。由于输出信号在 0 V 时发生改变，所以其阈值电压 $U_T = 0$ V。

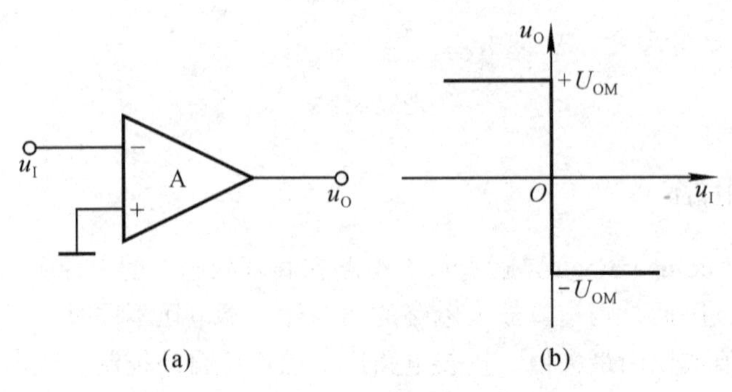

图 8.2.3　过零比较电路

实用电路中，为了限制输入电流，在输入端加入限流电阻和限幅二极管，如图 8.2.4 所示。同时，为了输出能满足负载并且得到稳定的输出波形，常在集成运放的输出端串接两个稳压管组成限幅电路，从而获得合适的 U_{OL} 和 U_{OH}，如图 8.2.5（a）所示。图中 R 为限流电阻，两只稳压管的稳定电压均应小于集成运放的最大输出电压 U_{OM}。设稳压管 D_{Z1} 的稳定电压为 U_{Z1}，D_{Z2} 的稳定电压为 U_{Z2}；D_{Z1} 和 D_{Z2} 的正向导通电压均为 U_D。当 $u_I < 0$ V 时，由于集成运放输出电压 $u'_O = +U_{OM}$，使 D_{Z1} 工作在稳压状态、D_{Z2} 工作在正向导通状态，所以输出电压 $u_O = U_{OH} = +(U_{Z1} + U_D)$。当 $u_I > 0$ V 时，集成运放的输出电压 $u_O = U_{OL} = -(U_{Z2} + U_D)$。如果将两个特性相同的稳压管反接在一起，就可以得到高、低电平幅值相同的输出，如图 8.2.5（b）所示。

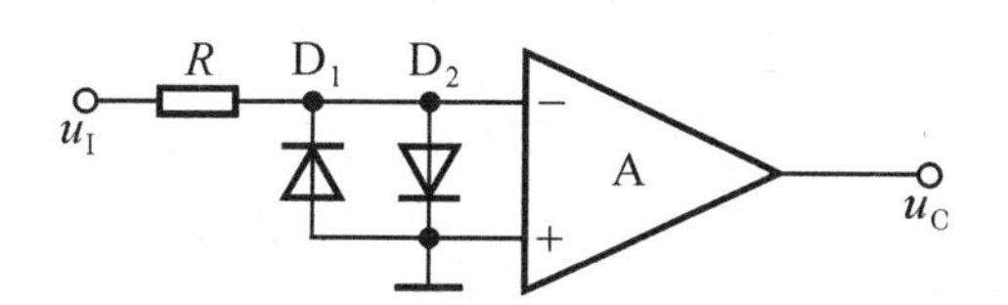

图 8.2.4　限制输入电流和电压的过零比较电路

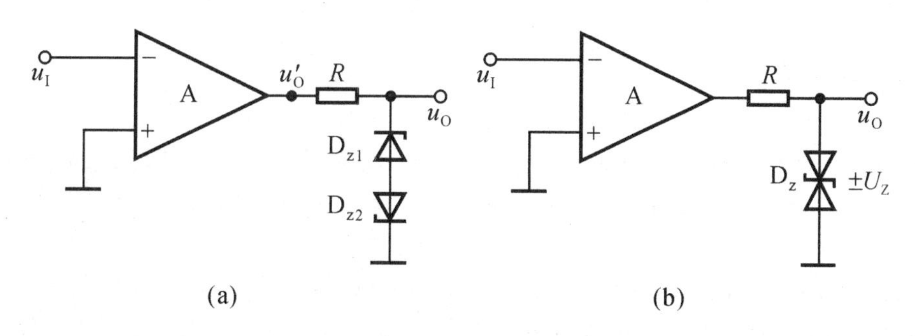

图 8.2.5　输出电压稳定的过零比较电路

另一种电路为限幅电路稳压管跨接在集成运放的输出端和反相输入端之间，如图 8.2.6 所示。当稳压管截止时，集成运放必然工作在开环状态，输出电压不是 $+U_{OM}$ 就是 $-U_{OM}$；D_Z 工作在稳压导通状态，由于反相输入端为“虚地”，故输出电压 $u_O = \pm U_Z$。由于引入了负反馈，根据“虚断”“虚短”的概念，电流 i_R 等于稳压管的电流 i_Z，集成运放的净输入电流近似为 0，不会产生过流现象，同时，净输入电压近似为零，差分输入级工作在线性区，可提高电路的转换速度。

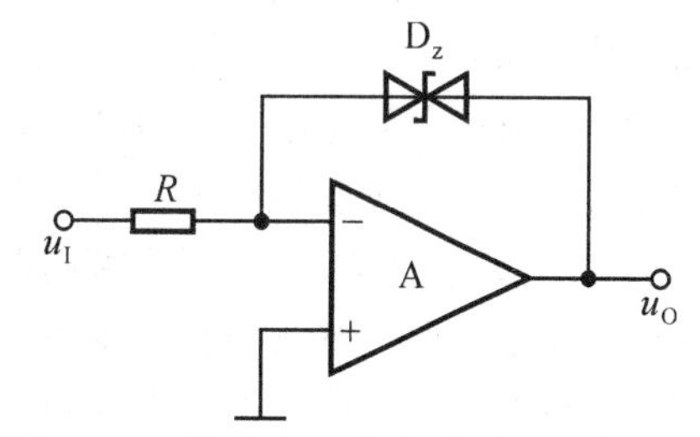

图 8.2.6　输出电压稳定的过零比较电路

8.2.2.2　一般单限比较电路

图 8.2.7（a）所示为一般单限比较电路，U_{REF} 为外加参考电压。

根据叠加原理，集成运放反相输入端的电位为

$$u_N = \frac{R_1}{R_1 + R_2} u_I + \frac{R_2}{R_1 + R_2} U_{REF} \tag{8.2.1}$$

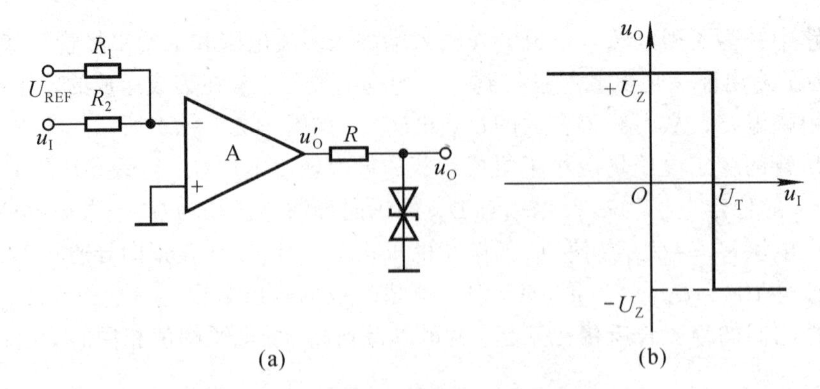

图 8.2.7　输出电压稳定的过零比较电路

由于 $u_P = 0$，而电路工作在非线性区，故有 $u_N = u_P$，即

$$\frac{R_1}{R_1+R_2}u_I + \frac{R_2}{R_1+R_2}U_{REF} = 0 \tag{8.2.2}$$

否则电路的输出由 $u_N - u_P$ 的差值决定，这时的 u_I 即为阈值电压，故得

$$U_T = -\frac{R_2}{R_1}U_{REF} \tag{8.2.3}$$

当 $u_I < U_T$ 时，$u_N < u_P$，所以 $u'_O = +U_{OM}$，$u_O = U_{OH} = +U_Z$；当 $u_I > U_T$ 时，$u_N > u_P$，所以 $u'_O = -U_{OM}$，$u_O = U_{OL} = -U_Z$。若 $U_{REF} < 0$，则图 8.2.7（a）所示电路的电压传输特性如图 8.2.7（b）所示。

根据式（8.2.3）可知，只要改变参考电压的大小和极性以及电阻 R_1 和 R_2 的阻值，就可以改变阈值电压的大小和极性。若要改变 u_I 过 U_T 时 u_O 的跃变方向，则应将集成运放的同相输入端和反相输入端所接外电路互换。

综上所述，可总结出分析电压传输特性的方法如下：

（1）通过研究集成运放输出端所接的限幅电路来确定电压比较器的输出低电平 U_{OL} 和输出高电平 U_{OH}。

（2）分别求出集成运放同相输入端电位 u_P 和反相输入端电位 u_N 的表达式，令 $u_P = u_N$，解得的输入电压就是阈值电压 U_T。

（3）u_O 在 u_I 过 U_T 时的跃变方向取决于 u_I 作用于集成运放的哪个输入端。当 u_I 从反相输入端（或通过电阻）输入时，若 $u_I<U_T$，则 $u_O = U_{OH}$；若 $u_I>U_T$，则 $u_O = U_{OL}$。当 u_I 从同相输入端（或通过电阻）输入时，若 $u_I<U_T$，则 $u_O = U_{OL}$；若 $u_I>U_T$，则 $u_O = U_{OH}$。

8.2.3　滞回比较电路

单门限电压比较器虽然有电路简单、灵敏度高等特点，但其抗干扰能力差。例如，图 8.2.8 所示单门限电压比较器，当 u_I 中含有噪声或干扰电压时，其输入和输出电压波形如图 8.2.9 所示。由于在 $u_I = U_T = U_{REF}$ 附近出现干扰，u_O 将时而为 U_{OH}，时而为 U_{OL}，导致比较器输出不稳定。如果用这个输出电压 u_O 去控制电机，将出现频繁的启停现象，这种情况是不允许的。提高抗干扰能力的一种方案是采用迟滞比较器。

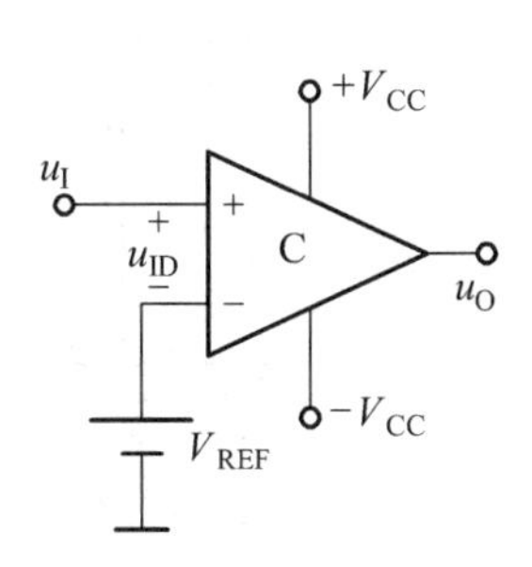

图 8.2.8　同相输入单门限电压比较器

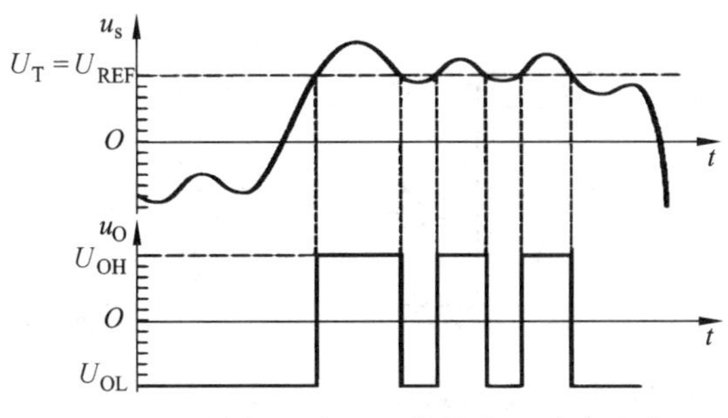

图 8.2.9　单门限电压比较器在 u_I 中包含有干扰电压时的输出电压 u_O 波形

8.2.3.1　电路组成

滞回比较电路是一个具有滞回传输特性的比较电路，如图 8.2.10 所示。滞回比较电路在同相输入端引入了正反馈。由于正反馈的作用，这种比较电路的阈值电压是随输出电压的变化而改变的，因而电路的灵敏度低一点，但抗干扰能力却提高了很多。

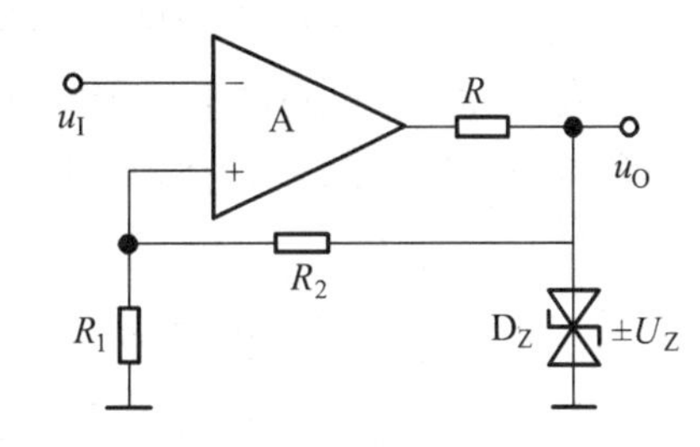

图 8.2.10　滞回比较电路

8.2.3.2　阈值电压的估算

从集成运放输出端的限幅电路可以看出，$u_O=\pm U_Z$。集成运放反相输入端电位 $u_N=u_I$，同相输入端电位为

$$u_P=\frac{R_1}{R_1+R_2}\cdot U_Z \tag{8.2.4}$$

当 $u_N=u_P$ 时，求出的 u_I 就是阈值电压，因此得出

$$\pm U_T=\pm\frac{R_1}{R_1+R_2}\cdot U_Z \tag{8.2.5}$$

上门限电压 U_{T+}和下门限电压 U_{T-} 分别为：

$$\left.\begin{aligned}U_{T+}&=+\frac{R_1}{R_1+R_2}\cdot U_Z\\U_{T-}&=-\frac{R_1}{R_1+R_2}\cdot U_Z\end{aligned}\right\} \tag{8.2.6}$$

8.2.3.3　电压传输特性

当 u_I 由一个无穷小量向正方向增加到接近 U_{T+}前，u_O 一直保持 $u_O=+U_Z$ 不变。当 u_I 增加到略大于 U_{T+} 时，u_O 由 $+U_Z$ 下跳到 $-U_Z$，同时使 u_P 下跳到 U_{T-}；u_I 再增加，u_O 保持 $u_O=-U_Z$ 不变。其传输特性如图 8.2.11（a）所示。

若减小 u_I，只要 $u_I>u_P=-U_Z$，则 u_O 将始终保持 $-U_Z$ 不变；只有当 $u_I<U_{T-}$ 时，u_O 才由 $-U_Z$ 跳变到 $+U_Z$，其传输特性如图 8.2.11（b）所示。把图 8.2.11（a）和 8.2.11（b）的传输特性结合在一起，就构成了如图 8.2.11（c）所示的完整的传输特性。

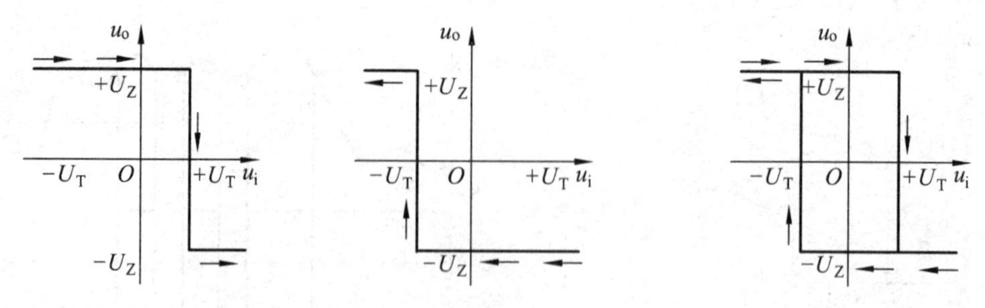

（a）u_I 增加时的传输特性　（b）u_I 减少时的传输特性　（c）合成（输入-输出）传输特性

图 8.2.11　反相输入迟滞比较器的传输特性

8.2.3.4　加了参考电压的滞回比较电路

为使滞回比较电路的电压传输特性曲线向左或向右平移，需将两个阈值电压叠加相同的正电压或负电压。把 R_1 的接地端接参考电压 U_{REF}，可达到此目的，如图 8.2.12 所示。

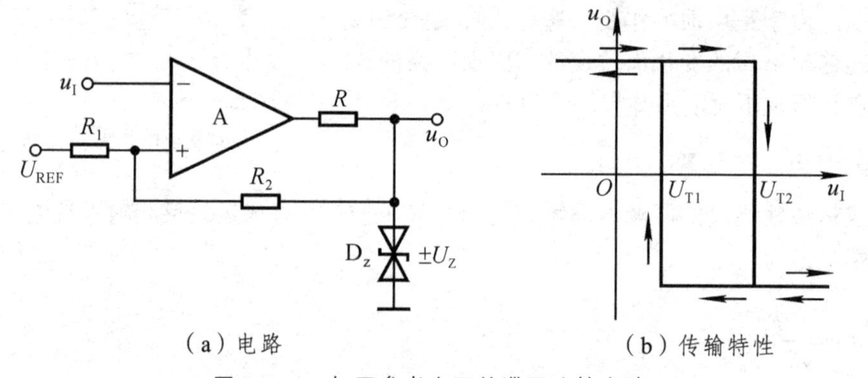

（a）电路　（b）传输特性

图 8.2.12　加了参考电压的滞回比较电路

根据叠加定理得图中同相输入端的电位为

$$u_P = \frac{R_2}{R_1 + R_2} U_{REF} \pm \frac{R_1}{R_1 + R_2} U_Z \tag{8.2.7}$$

令 $u_N = u_P$，求出的 u_I 就是阈值电压，因此得出

$$\left.\begin{aligned} U_{T1} &= \frac{R_2}{R_1 + R_2} U_{REF} - \frac{R_1}{R_1 + R_2} U_Z \\ U_{T2} &= \frac{R_2}{R_1 + R_2} U_{REF} + \frac{R_1}{R_1 + R_2} U_Z \end{aligned}\right\} \tag{8.2.8}$$

两式中第一项是曲线在横轴左移或右移的距离，当 $U_{REF} > 0\ \text{V}$ 时，图 8.2.12（a）中所示电路的电压传输特性如图 8.2.12（b）所示，改变 U_{REF} 的极性即可改变曲线平移的方向。

通过对上述几种电压比较器的分析，可得出如下结论：

（1）电压比较器通常工作在开环或正反馈状态，运放工作在非线性区，其输出电压只有高电平 U_{OH} 和低电平 U_{OL} 两种情况，所以“虚断”“虚短”不再成立。

（2）一般用电压传输特性来描述输出电压与输入电压的函数关系。

（3）电压传输特性的三个要素是输出电压的高电平 U_{OH} 和低电平 U_{OL}、门限电压和输出电压的跳变方向。令 $u_P = u_N$ 所求出的 u_I 就是阈值电压；u_O 等于门限电压时，输出电压的跳变方向取决于输入电压作用于同相输入端还是反相输入端。

8.2.4 集成电压比较电路

集成电压比较电路可将模拟信号转换为二值信号，即只有高电平和低电平两种状态的离散信号。因此，可用电压比较电路作为模拟电路和数字电路的接口电路。

集成电压比较电路比集成运放开环增益低、失调电压大、共模抑制比小，但比其响应速度快、传输延迟时间短，并且带负载能力强。

集成电压比较电路按个数可分为单、双和四电压比较电路；按功能，可分为通用型、高速型、低功耗型、低电压型和高精度型电压比较电路；按输出方式，可分为普通、集电极（或漏极）开路输出或互补输出 3 种情况。

此外，还有的集成电压比较电路带有选通端，用来控制电路是处于工作状态还是处于禁止状态。所谓工作状态，是指电路按电压传输特性工作；所谓禁止状态，是指电路不再按电压传输特性工作，从输出端看进去相当于开路，即处于高阻状态。

思考题

8.2.1 如何识别电路是否为电压比较器？滞回比较器与其他比较器电路的区别是什么？

8.2.2 电压比较器的电压传输特性有哪几个基本要素？如何求解它们？

8.2.3 已知方波在一个周期内高电平的时间与周期之比称为占空比，试利用电压比较器将正弦波电压分别变换成与之同频率的方波（占空比为 50%）和方波（占空比不为 50%）以及二倍频的方波，画出原理电路图，不必计算电路参数。

习 题

8.2.1 判断下列说法是否正确，用“√”或“×”表示判断结果。

（1）只要集成运放引入正反馈，就一定工作在非线性区。（　　）

（2）当集成运放工作在非线性区时，输出电压不是高电平就是低电平。（　　）

（3）一般情况下，在电压比较电路中，集成运放不是工作在开环状态，就是仅仅引入了正反馈。（　　）

（4）如果一个滞回比较电路的两个阈值电压和一个窗口比较电路的相同，那么当它们的输入电压相同时，它们的输出电压波形也相同。（　　）

（5）在输入电压从足够低逐渐增大到足够高的过程中，单限比较电路和滞回比较电路的输出电压均只跃变一次。（　　）

（6）单限比较电路比滞回比较电路抗干扰能力强，而滞回比较电路比单限比较电路灵敏度高。（　　）

8.2.2 试分析图题 8.2.2 所示各电路的电压传输特性。

8.2.3 已知图题 8.2.3 所示方框图各点的波形如图（b）所示，填写各电路的名称。

电路 1 为____________，电路 2 为_____________，电路 3 为____________，电路 4 为_____________ 。

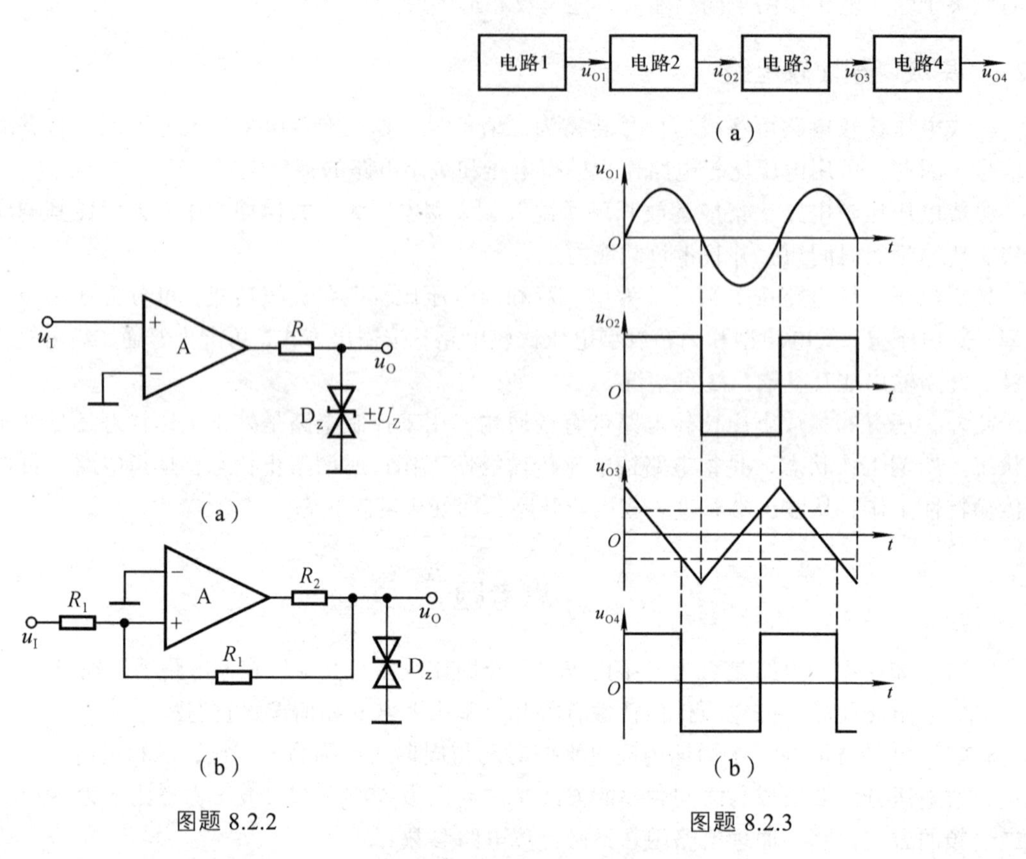

图题 8.2.2　　图题 8.2.3

8.2.4　试分别求解图题 8.2.4 所示各电路的电压传输特性。

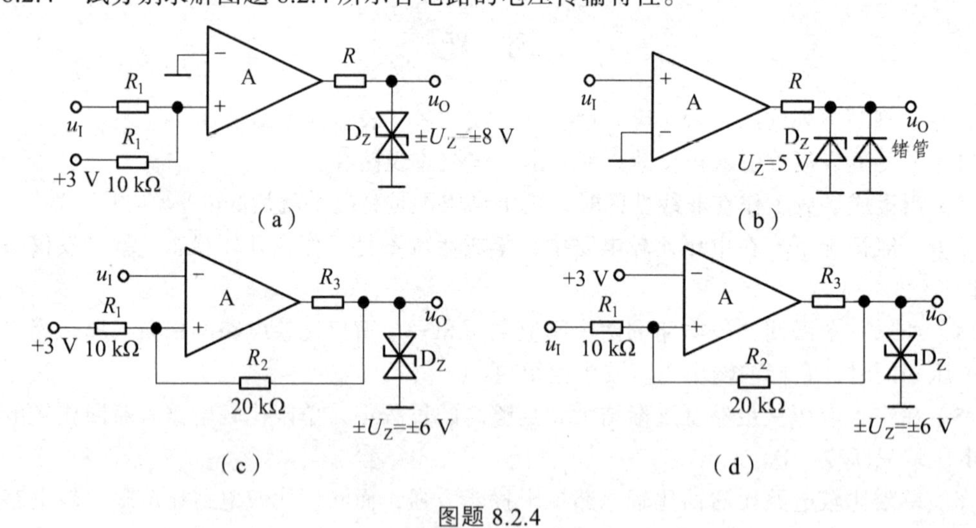

图题 8.2.4

8.3　非正弦波发生电路

在实用电路中除了常见的正弦波外，还有矩形波、三角波、锯齿波、尖顶波和阶梯波，如图 8.3.1 所示。

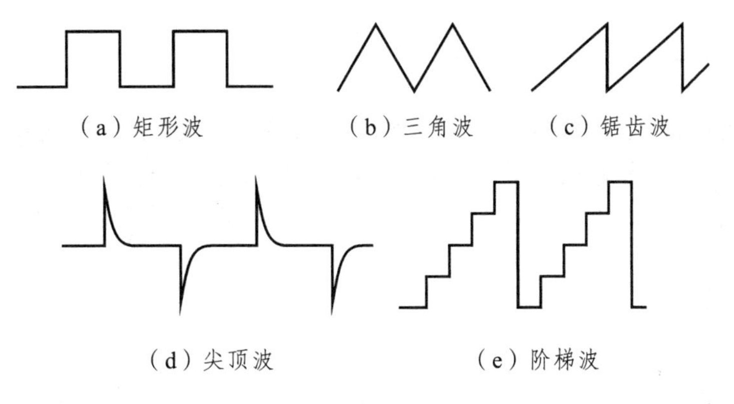

图 8.3.1　几种常见的非正弦波

本节主要讲述模拟电子电路中常用的方波、三角波和锯齿波发生电路的组成、工作原理、波形分析和主要参数，以及波形变换电路的原理。

8.3.1　方波发生电路

方波发生电路是一种能够直接产生方波的非正弦信号发生电路，由于方波含有丰富的谐波，因此，这种电路也称为多谐振荡电路。

8.3.1.1　方波发生电路的组成及工作原理

方波发生电路是在滞回比较电路的基础上增加 *RC* 积分电路组成的，如图 8.3.2 所示。*RC* 回路既作为延迟环节，又作为反馈网络，通过 *RC* 充放电实现输出状态按一定的时间间隔交替变化，即产生周期性变化输出状态的自动转换。

根据电路中滞回电路的特性，有输出电压 $u_O = \pm U_Z$，阈值电压为

$$\pm U_T = \pm \frac{R_1}{R_1 + R_2} \cdot U_Z \tag{8.3.1}$$

其电压传输特性如图 8.3.3 所示。

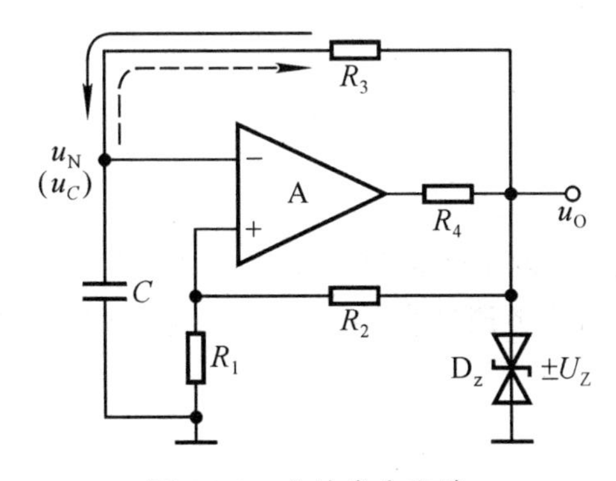

图 8.3.2　方波发生电路

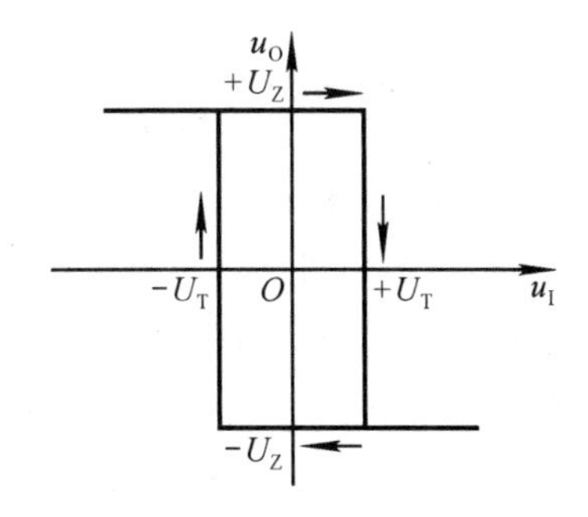

图 8.3.3　滞回比较电路电压传输特性

方波发生电路的工作原理分析如下。

假定某一时刻电路扰动使得 $u_N - u_P < 0$，则 $u_O = +U_Z$，由 R_2 反馈回路得

$$u_P = \frac{R_1}{R_1 + R_2} \cdot U_Z = +U_T \tag{8.3.2}$$

此时 u_O 通过 R_3 对电容 C 正向充电，如图 8.3.2 中实线箭头所示，反相输入端电位 u_N 随时间 t 增长而逐渐升高；当 u_N 增大至稍大于 $+U_T$ 时，$u_N - u_P > 0$，u_O 就从 $+U_Z$ 跃变为 $-U_Z$。

由于输出 u_O 为 $-U_Z$，输出 u_O 又通过 R_3 对电容 C 反向充电，或者说 C 开始放电，如图中虚线箭头所示。这时

$$u_P = \frac{R_1}{R_1 + R_2} \cdot (-U_Z) = -U_T \tag{8.3.3}$$

反相输入端电位 u_N 随时间 t 增长而逐渐降低，一旦 u_N 减少至稍小于 $-U_T$，又有 $u_N - u_P < 0$，u_O 就从 $-U_Z$ 跃变为 $+U_Z$，与此同时 u_P 从 $-U_T$ 跃变为 $+U_T$，电容又开始正向充电。上述过程周而复始，电路产生了自激振荡。

8.3.1.2　波形分析及主要参数

图 8.3.2 所示电路中电容正向充电与反向充电的时间常数为 RC，而且充电的总幅值也相等，因而在一个周期内 $u_O = +U_Z$ 的时间与 $u_O = -U_Z$ 的时间相等，u_O 为对称的方波。电容上电压 u_C（也称集成运放反相输入端电位 u_N）和电路输出电压 u_O 波形如图 8.3.4 所示。方波的宽度 T_k 与周期 T 之比称为占空比，因此 u_O 的占空比为 $1/2$。

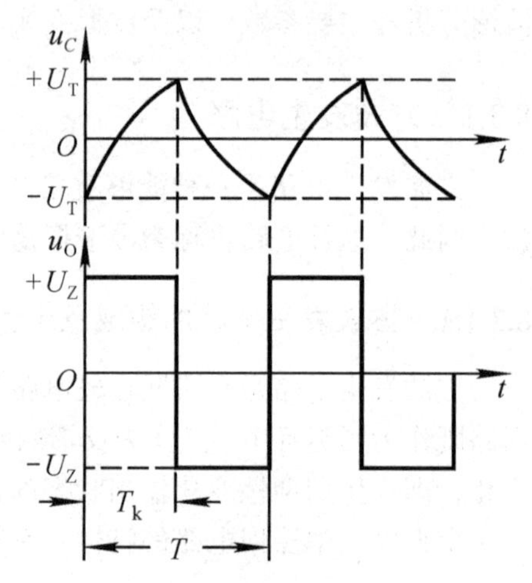

图 8.3.4　方波发生电路的波形图

根据电容上电压波形可知，在二分之一周期内，电容充电的起始值为 $-U_T$，终了值为 $+U_T$，时间常数为 R_3C；当时间 t 趋于无穷时，u_C 趋于 $+U_Z$。利用一阶 RC 电路的三要素法可列出如下方程：

$$+U_T = (U_Z + U_T)\left(1 - e^{-\frac{T/2}{R_3C}}\right) + (-U_T) \tag{8.3.4}$$

将式 $\pm U_T = \pm\frac{R_1}{R_1 + R_2} \cdot U_Z$ 代入上式，即可求出振荡周期为

$$T = 2R_3C\ln\left(1 + \frac{2R_1}{R_2}\right) \tag{8.3.5}$$

振荡频率 $f = 1/T$。

通过以上分析可知，调整电压比较电路的电路参数 R_1 和 R_2 可以改变 u_C 的幅值，调整 R_1、R_2、R_3 和电容 C 的数值可以改变电路的振荡频率。而要调整输出电压 u_O 的振幅，则要换稳压管以改变 U_Z，此时 u_C 的幅值出将随之变化。

8.3.1.3　占空比可调的方波发生电路

通过对方波发生电路的分析可以想象，欲改变输出电压的占空比，就必须使电容正向和反向充电的时间常数不同，即两个充电回路的参数不同。利用二极管的单向导电性可以引导电流流经不同的通路，从而组成占空比可调的方波发生电路，如图 8.3.5（a）所示，电容上电

压和输出电压波形如图 8.3.5（b）所示。

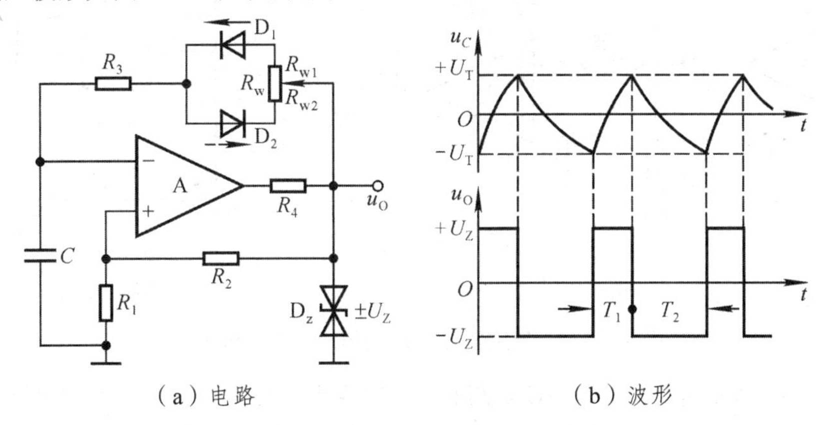

（a）电路　　　　　　　　　　　（b）波形

图 8.3.5　占空比可调的方波发生电路及波形图

当 $u_O = +U_Z$ 时，u_O 通过 R_{w1}、D_1 和 R_3 对电容 C 正向充电，若忽略二极管导通时的等效电阻，则时间常数为

$$\tau_1 \approx (R_{w1} + R_3)C \tag{8.3.6}$$

当 $u_O = -U_Z$ 时，u_O 通过 R_{w2}、D_2 和 R_3 对电容 C 反向充电，若忽略二极管导通时的等效电阻，则时间常数

$$\tau_2 \approx (R_{w2} + R_3)C \tag{8.3.7}$$

利用一阶 RC 电路的三要素法可以解出

$$\left.\begin{aligned} T_1 &\approx \tau_1 \ln\left(1+\frac{2R_1}{R_2}\right) \\ T_2 &\approx \tau_2 \ln\left(1+\frac{2R_1}{R_2}\right) \end{aligned}\right\} \tag{8.3.8}$$

$$\Rightarrow T = T_1 + T_2 \approx (R_w + 2R_3)C\ln\left(1+\frac{2R_1}{R_2}\right) \tag{8.3.9}$$

占空比为

$$q = \frac{T_1}{T} \approx \frac{R_{w1} + R_3}{R_{w2} + R_3} \tag{8.3.10}$$

式（8.3.9）和式（8.3.10）表明，改变电位器滑动端可以改变占空比，但周期不变。

8.3.2　三角波发生电路

8.3.2.1　三角波发生电路的组成

三角波发生电路由方波发生电路和积分电路组成，通过对积分运算放大电路充放电，输出就能得到三角波电压。如图 8.3.6（a）所示，当方波发生电路的输出 $u_{O1} = +U_Z$ 时，积分运算放大电路中的电容充电，由于 $u_O = -u_C$，所以输出电压 u_O 将线性下降；同理，当 $u_{O1} = -U_Z$ 时，积分运算放大电路中的电容放电，u_O 将线性上升，波形如图 8.3.6（b）所示。

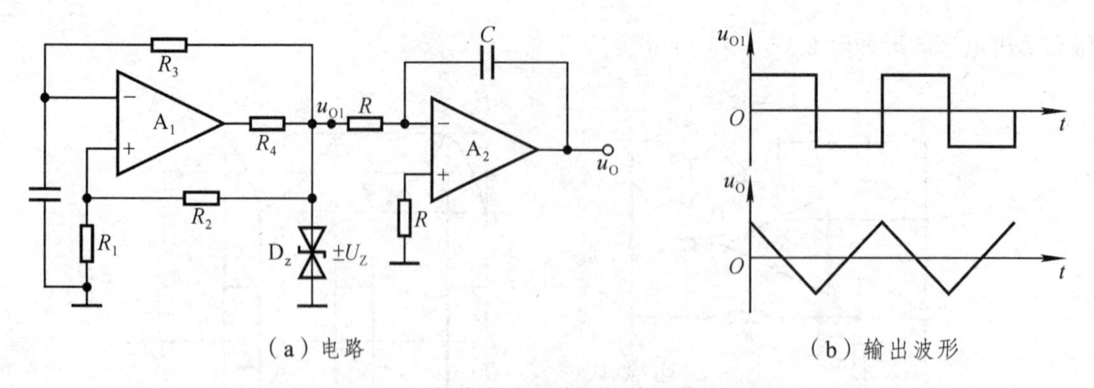

（a）电路　　　　　　　　（b）输出波形

图 8.3.6　三角波发生电路的组成及输出波形图

图 8.3.6（a）所示电路中存在 *RC* 电路和积分电路两个延迟环节，在实用电路中，可以将它们“合二为一”，即去掉方波发生电路中的 *RC* 回路，使积分运算放大电路既作为延迟环节，又作为方波-三角波变换电路，滞回比较电路和积分运算放大电路的输出互为对方的输入，如图 8.3.7 所示。由于前者 *RC* 回路充电方向与后者积分电路的积分方向相反，故为了满足极性的需要，滞回比较电路改为同相输入。

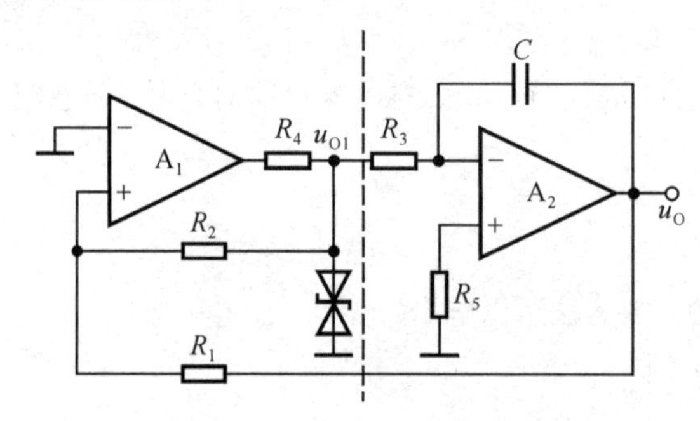

图 8.3.7　实用三角波发生电路

8.3.2.2　三角波发生电路工作原理

在图 8.3.7 所示三角波发生电路中，虚线左边为同相输入滞回比较电路，右边为积分运算放大电路，对于由多个集成运放组成的应用电路，一般应先分析每个集成电路的输出与输入的函数关系，然后分析各电路间的相互联系，在此基础上得出电路的功能。

图中滞回比较电路的输出电压 $u_{O1}=\pm U_Z$，它的输入电压是积分电路的输出电压 u_O，根据叠加原理，集成运放 A_1 同相输入端的电位为

$$\begin{aligned}u_{P1}&=\frac{R_2}{R_1+R_2}u_O+\frac{R_1}{R_1+R_2}u_{o1}\\&=\frac{R_2}{R_1+R_2}u_O\pm\frac{R_1}{R_1+R_2}U_Z\end{aligned}\qquad(8.3.11)$$

令 $u_{P1}=u_{N1}=0$，可求得阈值电压为

$$\pm U_T=\pm\frac{R_1}{R_2}U_Z\qquad(8.3.12)$$

因此，滞回比较电路的电压传输特性如图 8.3.8 所示。

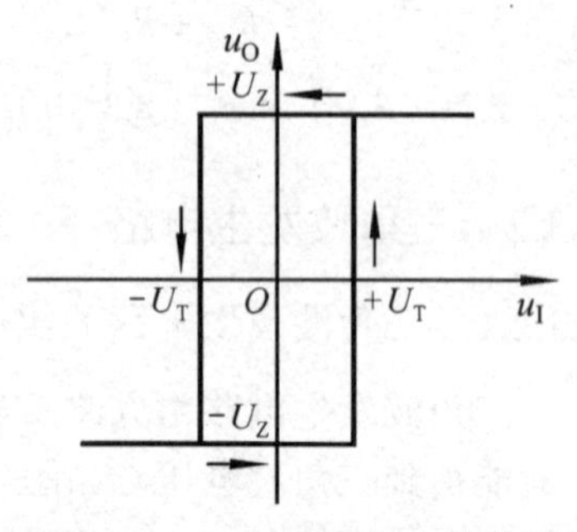

图 8.3.8　三角波发生电路中滞回比较电路的电压传输特性

积分电路的输入电压是滞回比较电路的输出电压 u_{O1}，

而且 u_{O1} 不是 $+U_Z$ 就是 $-U_Z$，所以输出电压的表达式为

$$u_O = -\frac{1}{R_3C}u_{O1}(t_1 - t_0) + u_O(t_0) \tag{8.3.13}$$

式（8.3.13）中，$u_O(t_0)$ 为初态时的输出电压。设初态时 u_{O1} 正好从 $-U_Z$ 跃变为 $+U_Z$，则应写成

$$u_O = -\frac{1}{R_3C}U_Z(t_1 - t_0) + u_O(t_0) \tag{8.3.14}$$

积分电路反向积分，u_O 随时间的增长线性下降，根据图 8.3.8 所示的电压传输特性，一旦 u_O 减小至稍小于 $-U_T$，u_{O1} 将从 $+U_Z$ 跃变为 $-U_Z$，使得式（8.3.13）变成为

$$u_O = \frac{1}{R_3C}U_Z(t_2 - t_1) + u_O(t_1) \tag{8.3.15}$$

$u_O(t_1)$ 为 u_{O1} 产生跃变时的输出电压。积分电路正向积分，u_O 随时间的增长线性增大，根据图 8.3.8 所示电压传输特性可知，一旦 u_O 增大至稍大于 $+U_T$，u_{O1} 将从 $-U_Z$ 跃变为 $+U_Z$，回到初态，积分电路又开始反向积分。电路重复上述过程，因此产生自激振荡。

由以上分析可知，u_O 是三角波，幅值为 $\pm U_T$；u_{O1} 是方波，幅值为 $\pm U_Z$，如图 8.3.9 所示。因此也可称图 8.3.7 所示电路为三角波—方波发生电路。由于积分电路引入了深度电压负反馈，所以在负载电阻相当大的变化范围里，三角波电压几乎不变。

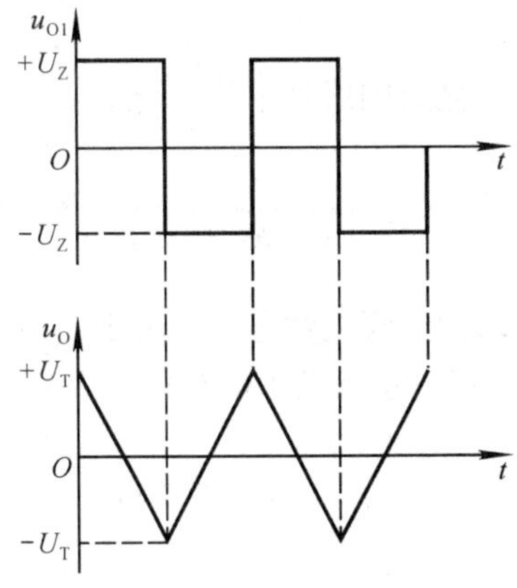

图 8.3.9　三角波、方波发生电路的波形图

8.3.2.3　三角波发生电路的振荡频率

根据图 8.3.9 所示波形可知，正向积分的起始值为 $-U_T$，终了值为 $+U_T$，积分时间为二分之一周期，将它们代入式（8.3.4），得出

$$+U_T = \frac{1}{R_3C}U_Z \cdot \frac{T}{2} + (-U_T) \tag{8.3.16}$$

式（8.3.16）中 $U_T = \frac{R_1}{R_2}U_Z$，经整理可得出振荡周期为

$$T = \frac{4R_1R_3C}{R_2} \tag{8.3.17}$$

振荡频率为

$$f = \frac{1}{T} = \frac{R_2}{4R_1R_3C} \tag{8.3.18}$$

调节电路中 R_1、R_2、R_3 的阻值和 C 的容量，可以改变振荡频率；而调节 R_1 和 R_2 的阻值，可以改变三角波的幅值。

8.3.3　锯齿波发生电路

用占空比可调的方波发生电路和积分电路，可以实现锯齿波发生电路。如图 8.3.10（a）

所示，利用二极管的单向导电性，使积分电路两个方向的积分通路不同，就可以得到锯齿波发生电路，图中 R_3 的阻值远小于 R_W。

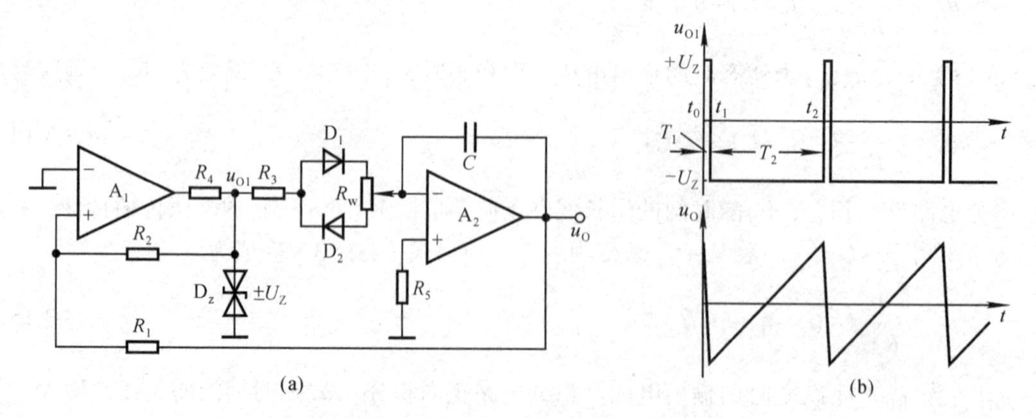

8.3.10　锯齿波、方波发生电路和波形图

设二极管导通时的等效电阻可忽略不计，电位器的滑动端移到最上端。当 $u_{O1}=+U_Z$ 时，D_1 导通，D_2 截止，输出电压的表达式为

$$u_O=-\frac{1}{RC}U_Z(t_1-t_0)+u_O(t_0) \tag{8.3.19}$$

u_O 随时间线性下降。当 $u_{O1}=-U_Z$ 时，D_2 导通，D_1 截止，输出电压的表达式为

$$u_O=\frac{1}{(R_3+R_w)C}U_Z(t_2-t_1)+u_o(t_1) \tag{8.3.20}$$

u_O 随时间线性上升。由于 $R_w\gg R_3$，u_{O1} 和 u_O 的波形如图 8.3.10（b）所示。

根据三角波发生电路振荡周期的计算方法，可得出下降时间和上升时间分别为

$$T_1=t_1-t_0\approx 2\cdot\frac{R_1}{R_2}\cdot R_3C\text{，}\quad T_2=t_2-t_1\approx 2\cdot\frac{R_1}{R_2}\cdot(R_3+R_w)C$$

所以振荡周期为

$$T=T_1+T_2=\frac{2R_1(2R_3+R_w)C}{R_2} \tag{8.3.21}$$

因为 R_3 的阻值远小于 R_W，所以可以认为 $T\approx T_2$。

根据 T_1 和 T 的表达式，可得 u_{O1} 的占空比为

$$\frac{T_1}{T}=\frac{R_3}{2R_3+R_w} \tag{8.3.22}$$

由以上分析可知：调整 R_1 和 R_2 的阻值，可以改变锯齿波的幅值；调整 R_1、R_2 和 R_w 的阻值以及 C 的容量，可以改变振荡周期；调整电位器滑动端的位置，可以改变 u_{O1} 的占空比以及锯齿波上升和下降的斜率。

8.3.4　函数发生器

函数发生器是一种可以同时产生方波、三角波和正弦波的专用集成电路；当调节外部电路参数时，还可以获得占空比可调的矩形波和锯齿波。因此，函数发生器广泛用于仪器仪表中。

8.3.4.1　函数发生器的电路结构

函数发生器电路的基本原理框图如图 8.3.11 所示，为了有足够强的带负载能力，输出级为缓冲电路，可用电压跟随器。图中各方框表述的是其实现的功能，在实际芯片中，电路结构是多种多样的。另外，为了使振荡频率、振荡幅值、三角波的对称性、直流偏置等均可调，实际电路会更加复杂。

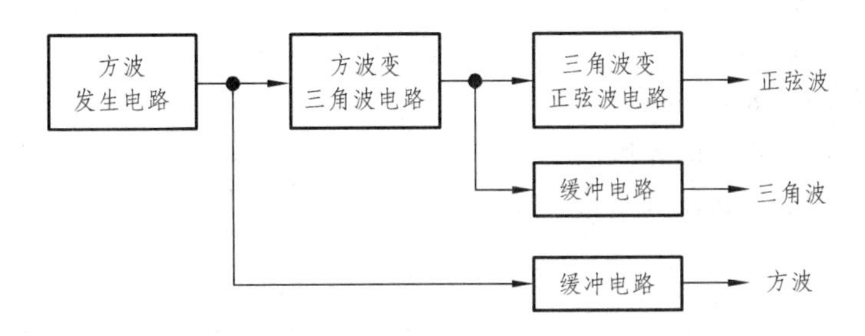

图 8.3.11　函数发生器电路的基本原理框图

8.3.4.2　函数发生器 ICL8038 的性能特点

ICL8038 是性能优良的集成函数发生器，其引脚图如图 8.3.12 所示。可用单电源供电，即将引脚 11 接地，引脚 6 接+V_{CC}，V_{CC} 为 10~ 30 V；也可用双电源供电，即将引脚 11 接–V_{EE}，引脚 6 接+V_{CC}，它们的值为±5~ ±15 V。

ICL8038 频率的可调范围为 0.001 Hz~300 kHz；输出矩形波的占空比可调范围为 2%~98%，上升时间为 180 ns，下降时间为 40 ns；输出三角波（斜坡波）的非线性小于 0.05%；输出正弦波的失真度小于 1%。

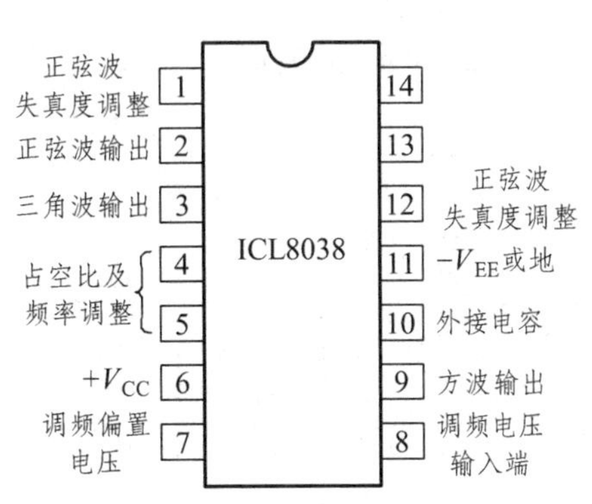

图 8.3.12　ICL8038 的引脚图

引脚 8 为频率调节（简称调频）电压输入端，电路的振荡频率与调频电压成正比。引脚 7 输出调频偏置电压，数值是引脚 7 与电源+V_{CC}之差，它可作为引脚 8 的输入电压。

思考题

8.3.1 如何判断电路是否会产生非正弦波振荡？与判断电路是否产生正弦波振荡的方法有何区别？如果已知电路为振荡电路，则如何区分它是非正弦波振荡电路还是正弦波振荡电路？

8.3.2 试利用基本运算电路、有源滤波电路、电压比较器等实现尽可能多的波形转换。

习 题

8.3.1 在图题 8.3.1 所示电路中，已知 $R_1 = 10\ \text{k}\Omega$，$R_2 = 20\ \text{k}\Omega$，$C = 0.01\ \mu\text{F}$，集成运放的最大输出电压幅值为±12 V，二极管的动态电阻可忽略不计。

（1）求出电路的振荡周期；

（2）画出 u_O 和 u_C 的波形。

8.3.2 电路如图题 8.3.2 所示。

（1）定性画出 u_{O1} 和 u_O 的波形；

（2）估算振荡频率与 u_I 的关系式。

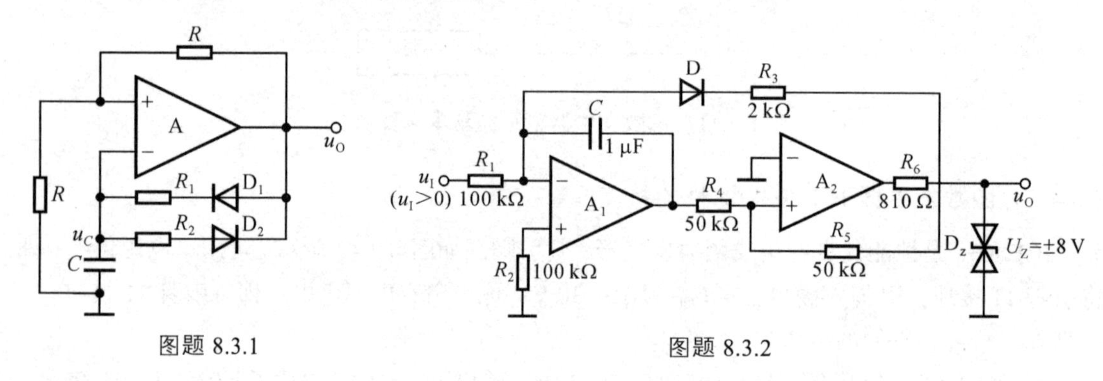

图题 8.3.1　　　　图题 8.3.2

8.3.3 电路如图题 8.3.3 所示，已知集成运放的最大输出电压幅值为 ±12V，u_I 的数值在 u_{O1} 的峰-峰值之间。

（1）求解 u_{O3} 的占空比与 u_I 的关系式。

（2）设 $U_i = 2.5\ \text{V}$，画出 u_{O1}，u_{O2} 和 u_{O3} 的波形。

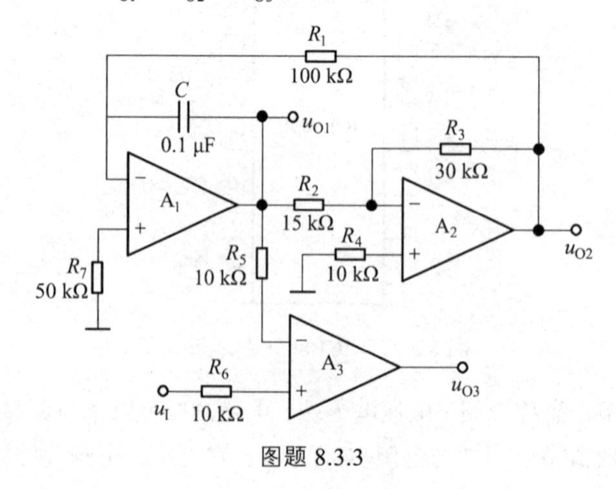

图题 8.3.3

8.3.4　电路如图题 8.3.4 所示，$\pm U_Z = \pm 6\ \mathrm{V}$，试回答下列问题：

（1）为使电路能够起振，$(R_2 + R_f)$应大于何值？

（2）电路的振荡频率 f_0 为多少？

（3）稳定振荡时，输出电压的峰值为多少？

8.3.5　电路如图题 8.3.5 所示，$\pm U_Z = \pm 8\ \mathrm{V}$：

（1）分别说明两个运算放大电路构成哪种基本电路；

（2）求出 u_{O1} 与 u_O 的关系曲线 $u_{O1} = f(u_O)$；

（3）求出 u_{O1} 与 u_O 的关系式 $u_O = f(u_{O1})$；

（4）定性画出 u_O 和 u_{O1} 的波形；

（5）若要提高振荡频率，可以改变哪些电路参数？如何改变？

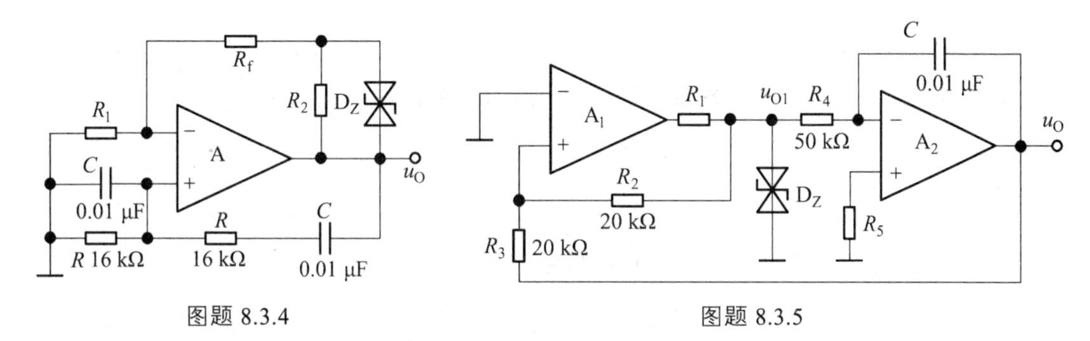

图题 8.3.4　　　　图题 8.3.5

8.3.6　理想运放组成的波形发生电路如图题 8.3.6 所示，已知 D_1、D_2 性能相同，$U_Z = 5.3\ \mathrm{V}$，$U_{D(on)} = 0.7\ \mathrm{V}$。

（1）分析说明电路图中各运放构成何种电路；

（2）试画出 u_{O1}、u_{O2} 和 u_O 的波形；

（3）若要求电路的振荡频率 $f = 10^3\ \mathrm{Hz}$，试确定电容 C 的数值。

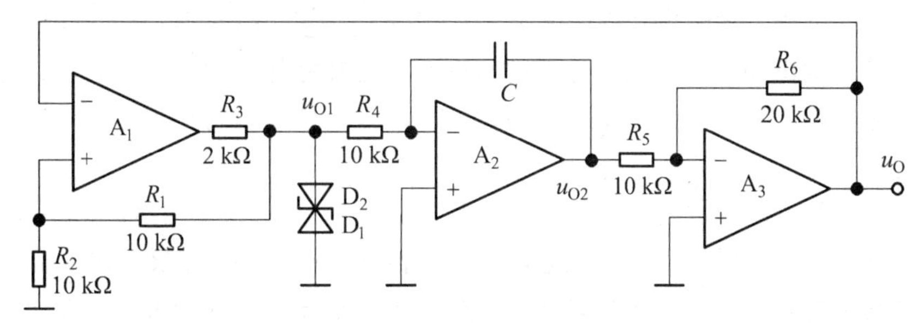

图题 8.3.6

第9章 功率放大电路

本章介绍功率放大电路的特点、分类及工作状态。重点介绍 OCL 功率放大电路的工作原理及性能指标计算。最后介绍几种常用功率器件及其散热问题。

9.1 概 述

9.1.1 功率放大电路的特点及主要研究对象

实用的电子设备（如放大器）常常要求它们的输出级能够带动一定的负载，例如驱动扬声器发出声音，推动电机转动，等等。这就要求输出级能够输出足够大的信号功率，输出级具有这种性能的放大电路称为功率放大电路。

功率放大电路与前面讨论的电压放大电路有所不同，电压放大电路是放大微弱的电压信号，属于小信号放大电路；而功率放大电路是大信号放大电路。对功率放大电路的要求主要有以下几个方面：

（1）要求有尽可能大的输出功率。

为了得到最大输出功率，要求晶体管的电压和电流都有足够大的输出幅度，处于大信号工作状态，甚至接近极限工作状态。输出的最大功率 P_{om} 等于最大输出电压有效值与最大输出电流有效值的乘积。

（2）具有较高的效率。

从能量转换的观点来看，功率放大电路是将直流电源提供的能量转换成交流电能输出给负载。在能量转换过程中，电路中的晶体管、电阻也要消耗一定的能量，这个问题在大功率输出时比较突出，因此要求功率放大电路具有较高的转换效率。

（3）非线性失真要小。

功率放大电路是在大信号状态下工作，输出电压和电流的幅值都很大，所以不可避免地会产生非线性失真（三极管工作在非线性区）。因此把非线性失真限制在允许的范围内，是设计功率放大电路时必须考虑的问题。

（4）晶体管的散热和保护问题。

在功率放大电路中，晶体管的集电结要消耗较大的功率而使结温和管壳温度升高，因此要考虑晶体管的散热问题。此外，由于管子承受的电压高，通过的电流大，所以还必须考虑晶体管的保护问题，如对晶体管加装一定面积的散热片，或在电路中增加电流保护环节。

另外，在分析功率放大电路时，由于管子处于大信号状态下工作，放大电路的微变等效电路分析法不再适用，通常采用图解法分析。

9.1.2 功率放大电路的几种类型

功率放大电路类型根据静态工作点处于负载线的中点、近截止区和截止区的位置，分别称为甲类、甲乙类、乙类功率放大电路，分别如图 9.1.1（b）、（c）、（d）所示，其集电极信号电流的导通角 θ 分别为 2π、$\pi\sim2\pi$ 和 π。

甲类功率放大电路的特征是在输入信号的整个周期内，晶体管均导通，有电流流过；乙类功率放大电路的特征是在输入信号的整个周期内，晶体管仅在半个周期内导通，有电流流过；甲乙类功率放大电路的特征是在输入信号周期内，管子导通时间大于半个周期而小于一个周期。

甲类仅须用一个管子工作，而甲乙类和乙类必须采用两个管子组成互补对称功率放大电路进行工作。但甲类功率放大电路在输入信号为零时，静态 I_{CQ} 较大，电源消耗功率较大，尽管有信号输入时，部分可转化为有用功率输出，但其效率总是比乙类和甲乙类都低。

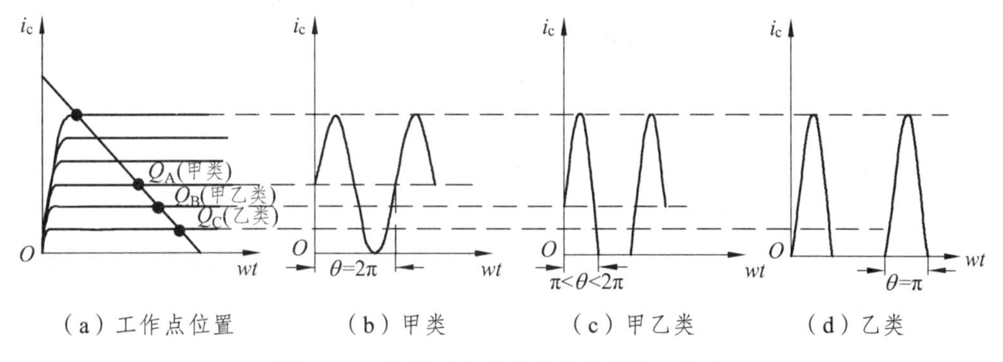

图 9.1.1 各类功率放大电路的静态工作点

怎样才能使电源供给的功率大部分转化为有用的信号功率输出呢？从甲类放大电路中可知，静态电流是造成管耗的主要因素。如果能把静态工作点 Q 向下移动，使信号等于零时电源供给的功率也减小甚至为零，信号增大时电源供给的功率也随之增大，这样电源供给功率及管耗都随着输出功率的大小而变，就能改变甲类放大时效率低的问题。利用图 9.1.1（c）、（d）所示工作情况，就可实现上述设想。甲乙类和乙类放大主要用于功率放大电路中。

虽然甲乙类和乙类放大减小了静态功耗，提高了效率，但都出现了严重的波形失真，因此，既要保持静态时管耗小，又要使失真不太严重，这就需要在电路结构上采取措施。有关这方面的讨论将在 9.3 节进行。下面首先研究一个甲类功率放大电路实例。

思考题

9.1.1 功率放大器功能是什么？它与电压放大器相比有哪些主要异同点？

9.1.2 功率放大器中，甲类、乙类、甲乙类三种工作状态下静态工作点分别选取在三极管伏安特性什么位置？在输入信号一周内，三种工作状态下，三极管导通角度有何差别？

习　题

9.1.1　分析下列说法是否正确，对者在括号内打“√”，错者在括号内打“×”。

（1）在功率放大电路中，输出功率愈大，功放管的功耗愈大。(　　)

（2）功率放大电路的最大输出功率是指在基本不失真情况下，负载上可能获得的最大交流功率。(　　)

（3）功率放大电路与电压放大电路、电流放大电路的共同点是：

① 都使输出电压大于输入电压；(　　)

② 都使输出电流大于输入电流；(　　)

③ 都使输出功率大于信号源提供的输入功率。(　　)

（4）功率放大电路与电压放大电路的区别是：

① 前者比后者电源电压高；(　　)

② 前者比后者电压放大倍数数值大；(　　)

③ 前者比后者效率高；(　　)

④ 在电源电压相同的情况下，前者比后者的最大不失真输出电压大。(　　)

（5）功率放大电路与电流放大电路的区别是：

① 前者比后者电流放大倍数大；(　　)

② 前者比后者效率高；(　　)

③ 在电源电压相同的情况下，前者比后者的输出功率大。(　　)

9.1.2　选择合适的答案填入空内。

（1）功率放大电路的最大输出功率是在输入电压为正弦波时，输出基本不失真情况下，负载上可能获得的最大_______。

A. 交流功率　　B. 直流功率　　C. 平均功率

（2）功率放大电路的转换效率是指_______。

A. 输出功率与晶体管所消耗的功率之比

B. 最大输出功率与电源提供的平均功率之比

C. 晶体管所消耗的功率与电源提供的平均功率之比

9.2　甲类功率放大电路

射极输出器虽然电压增益近似为 1，但电流增益很大，所以依然可获得较大的功率增益。由于它具有输出电阻小、带负载能力强的突出优点，因而常用作集成放大器的输出级。

用电流源作射极偏置和负载的射极输出器简化电路如图 9.2.1 所示，下面介绍其工作原理。

设 u_i 为正弦波，T 工作在放大区，它的基-射极间电压 U_BE 近似为 0.6 V，因此输出电压与输入电压的关系为

$$u_\mathrm{o} \approx u_\mathrm{i} - 0.6\ \mathrm{V} \qquad (9.2.1)$$

当 u_i 为正半周、T 进入临界饱和时，u_o 正向振幅达到最大值。设 T 的饱和压降 $U_\mathrm{CES} \approx 0.2$

V，则有

$$U_{\text{om+}} \approx V_{\text{CC}} - 0.2\text{ V} \tag{9.2.2}$$

当 u_i 为负半周时，加在 T 管基-射极间电压 u_{BE} 将减小，如 u_i 幅值太大，将导致 T 出现截止，u_o 出现削波。在临界截止时，由于 $i_C \approx i_E = 0$，输出的（负向）电流和电压的振幅分别为

$$I_{\text{om-}} = |-I_{\text{bias}}|,\quad U_{\text{om-}} = |-I_{\text{bias}}R_L|$$

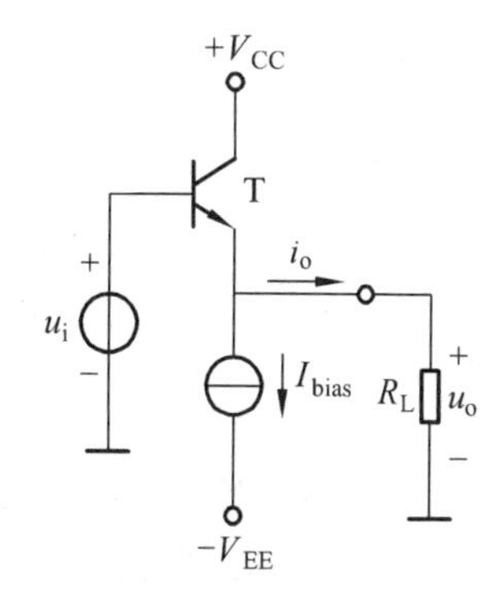

图 9.2.1　射极输出器简化电路

通过计算可知，工作在甲类的图 9.2.1 所示射极输出器的效率小于 25%。可以证明，即使在理想情况下，甲类放大电路的效率最高也只能达到 50%。

思考题

9.2.1　甲类功率放大电路中效率与静态工作点选择有何关系？

9.2.2　某收音机末级采用单管甲类功放电路，当音量开大时或关小时，哪一种情况下输出功率大？哪一种情况管耗耗大？

9.3　乙类双电源功率放大电路

9.3.1　互补对称功率放大电路（OCL）及其工作原理

9.3.1.1　电路组成

乙类双电源互补对称功率放大电路又称无输出电容的功放电路（简称 OCL），其原理电路图如图 9.3.1（a）所示。T_1 为 NPN 型管，T_2 为 PNP 型管，两管的基极、发射极分别连接在一起，信号从基极输入、从射极输出，R_L 为负载。这个电路可以看成是由图 9.3.1（b）、（c）所示的两个射极输出器组合而成。

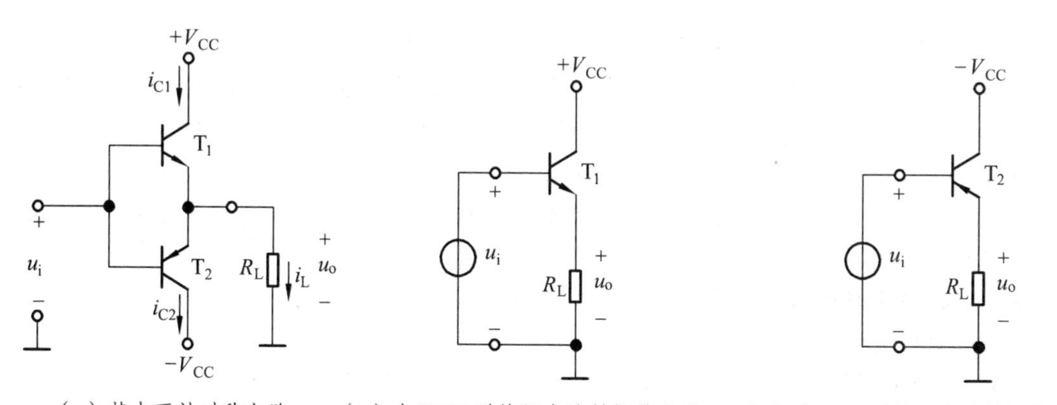

图 9.3.1　两射极输出器组成的基本互补对称电路

考虑到 BJT 发射结处于正向偏置，为了保证工作状态良好，要求 T_1、T_2 两管的特性对称

一致，并且正负电源对称。两管的基极相连作为输入端，两管射极相连作为接负载的输出端，两管的集电极分别接上一组正电源和一组负电源。从电路可知，每个管子组成共集组态放大电路，即电压跟随器电路。当信号为零时，偏流为零，它们均工作在乙类放大状态。

为了便于分析工作原理和估算功率，暂不考虑管子饱和管压降 U_{CES} 和 b、e 极导通电压 U_{BE}。下面用图解法分析其工作原理。

9.3.1.2　静态工作点的分析

由于电路无偏置电压，故两管的静态工作点参数 U_{BE}、I_B 和 I_C 均为零。其负载线方程式为 $U_{CE} = V_{CC}-I_C R_L$。由此式可作出如图 9.3.2 所示的负载线，斜率为$-1/R_L$，工作点位于 $U_{CE} = V_{CC}$ 的 Q 点，属乙类工作状态。为分析信号形状方便起见，将 T_2 管的输出特性相对于 T_1 管特性旋转 180°布置，让两管静态工作点 Q 重合，形成两管合成曲线。

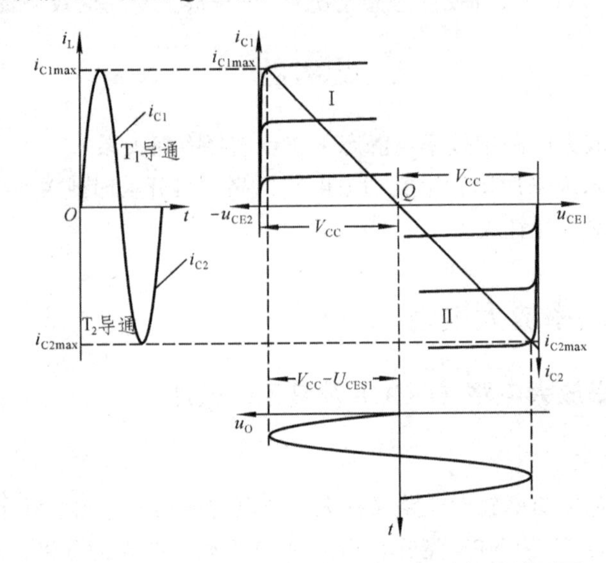

图 9.3.2　互补对称功率放大电路图解分析的波形图

9.3.1.3　加信号工作情况

设输入信号为正弦电压信号 u_i，在 0~π 为正半周时，由于 $u_i > 0$，T_1 发射结承受正向电压，T_2 发射结承受反向电压，故 T_1 导通、T_2 截止，电流 I_{C1} 流过负载电阻 R_L，在 R_L 上获得正半周信号电压 $u_o \approx u_i$；在 π~2π 期间，$u_i < 0$，这时，T_1 发射结承受反向电压、T_2 发射结承受正向电压，故 T_1 截止、T_2 导通，电流 i_{C2} 流过电阻 R_L，但方向与正半周相反，发射极输出为负半周信号 $u_o \approx u_i$。由于 T_1、T_2 交替工作，这样负载 R_L 上就获得了完整的正弦波信号电压。虽然电路对电压没有放大作用（$u_o \approx u_i$），但对电流有放大作用[$i_0 = i_E = (1+\beta)i_B$]，因此具有功率放大作用。这种电路的结构和工作情况处于对称状态，两管在信号的两个半周期内轮流导通工作，故称之为互补对称电路。

图 9.3.2 中画出了两管信号电流 i_{C1} 和 i_{C2} 波形。从图中可知，任一个半周期内，每个管子 c、e 两端信号电压为 $|u_{CE}| = |V_{CC}| - |u_o|$，而输出电压 $u_o = i_o \times R_L = i_C \times R_L$。在一般情况下，输出电压大小随输入信号幅度而变，而最大输出电压幅值为

$$U_{om(max)} = V_{CC}-U_{CES} \approx V_{CC}。$$

这些参数间的关系是计算输出功率和管耗的重要依据。

9.3.2 乙类双电源功率放大电路功率参数分析计算

9.3.2.1 参数的计算

对功率放大电路，主要根据图 9.3.2 所示正弦波形来分析计算输出功率、电源供给功率、管耗及效率参数。

1. 输出功率 P_o

输出功率是负载 R_L 上的电流 I_o 和电压 U_o 有效值的乘积，即

$$P_o = I_o U_o = \frac{U_{om}}{\sqrt{2}} \cdot \frac{I_{om}}{\sqrt{2}} = \frac{1}{2}\frac{U_{om}^2}{R_L} \tag{9.3.1}$$

图 9.3.1（a）中的 T_1、T_2 可以看成工作在射极输出器状态，$A_u \approx 1$。当输入信号足够大时，可获得最大输出电压为

$$U_{om} = V_{CC} - U_{CES} \approx V_{CC}$$

这时获得最大输出功率为

$$P_{om} = \frac{1}{2}\frac{(V_{CC} - V_{CES})^2}{R_L} \approx \frac{1}{2}\frac{V_{CC}^2}{R_L} \tag{9.3.2}$$

2. 每只管子平均管耗 P_{T1}、P_{T2}

考虑到 T_1 和 T_2 在一个信号周期内各导电约 180°，且通过两管的电流和两管电极的电压 u_{ce} 在数值上都分别相等（只是在时间上错开了半个周期）。因此，要求出总管耗，只需先求出单管的损耗就行了。设输出电压为 $u_o = U_{om}\sin\omega t$，则 T_1 的管耗为

$$\begin{aligned} P_{T1} &= \frac{1}{2\pi}\int_0^{\pi}\left(V_{CC} - u_o\right)\frac{u_o}{R_L}\mathrm{d}(\omega t) \\ &= \frac{1}{2\pi}\int_0^{\pi}\left[\left(V_{CC} - U_{om}\sin\omega t\right)\frac{U_{om}\sin\omega t}{R_L}\mathrm{d}(\omega t)\right] \\ &= \frac{1}{2\pi}\int_0^{\pi}\left[\frac{V_{CC}U_{om}}{R_L}\sin\omega t - \frac{U_{om}^2}{R_L}\sin^2\omega t\right]\mathrm{d}(\omega t) \\ &= \frac{1}{R_L}\left(\frac{V_{CC}U_{om}}{\pi} - \frac{U_{om}^2}{4}\right) \end{aligned} \tag{9.3.3}$$

而两管的管耗为

$$P_T = \frac{2}{\pi}\frac{U_{om}}{R_L} \cdot V_{CC} - \frac{1}{2}\frac{U_{om}^2}{R_L} \tag{9.3.4}$$

3. 直流电源供给功率 P_V

直流电源供给的功率 P_V 包括负载得到的信号功率和 T_1、T_2 消耗的功率两部分。

当 $u_i = 0$ 时，$P_V = 0$；当 $u_i \neq 0$ 时，由式（9.3.1）和式（9.3.4）得

$$P_V = P_0 + P_T = \frac{2V_{CC}U_{om}}{\pi R_L} \tag{9.3.5}$$

当输出电压幅值达到最大，即 $U_{om} \approx V_{CC}$ 时，则得电源供给的最大功率为

$$P_V = \frac{2}{\pi} \cdot \frac{V_{CC}^2}{R_L} \tag{9.3.6}$$

4. 效率 η

功率放大电路的效率是指输出功率与电源供给功率之比，即

$$\eta = \frac{P_o}{P_V} = \frac{\pi}{4}\frac{U_{om}}{V_{CC}} \tag{9.3.7}$$

当 $U_{om} \approx V_{CC}$ 时，则

$$\eta = \frac{P_o}{P_V} = \frac{\pi}{4} \approx 78.5\% \tag{9.3.8}$$

这个结论是假定互补对称电路工作在乙类、负载电阻为理想值，忽略管子的饱和压降 U_{CES} 和输入信号足够大情况下得来的，实际效率比这个数值要低些。

9.3.2.2 功率管的选择

1. 最大管压降

两只功放管中处于截止状态的管子将承受较大的管压降。设输入电压为正半周，T_1 导通、T_2 截止，当 u_i 从零逐渐增大到峰值时，T_1 和 T_2 管的发射极电位 u_E 从零逐渐增大到（$V_{CC}-U_{CES1}$），因此，T_2 管压降 U_{EC2} 的数值[$U_{EC2} = u_E-（-V_{CC}）= u_E + V_{CC}$]将从 V_{CC} 增大到最大值

$$U_{EC2\max} = (V_{CC} - U_{CES}) + V_{CC} = 2V_{CC} - U_{CES1} \tag{9.3.9}$$

利用同样的分析方法可得，当 u_i 为负峰值时，T_1 管承受最大管压降数值为[$2V_{CC}-(-U_{CES2}$]。所以，考虑留有一定的余量，管子承受的最大管压降为

$$|U_{CE\max}| = 2V_{CC} \tag{9.3.10}$$

2. 集电极最大电流

从电路最大输出功率的分析可知，晶体管的发射极电流等于负载电流，负载电阻上的最大电压为 $V_{CC}-U_{CES1}$，故集电极电流的最大值为

$$I_{C\max} \approx I_{E\max} = \frac{V_{CC} - U_{CES1}}{R_L} \tag{9.3.11}$$

考虑留有一定的余量，取

$$I_{C\max} = \frac{V_{CC}}{R_L} \tag{9.3.12}$$

3. 最大管耗 $P_{T1(max)}$

当输出功率达到最大时，管耗并非最大，这是由于当管压降和电流幅度均处于较大值时其管耗才为最大，而在最大输出功率时，管压降较小，管耗也较小。最大管耗可用求极值方法解之。对式（9.3.3）求导并令其为零，即

$$\frac{dP_{T1}}{dU_{om}}=\frac{1}{R}\left(\frac{V_{CC}}{\pi}-\frac{U_{om}}{2}\right)=0$$

所以 $$U_{om}=\frac{2}{\pi}V_{CC}$$

这说明当 $U_{om}=\frac{2}{\pi}V_{CC}=0.6V_{CC}$ 时，管耗最大。将其代入式（9.3.3）得到每只管子的最大功耗值为

$$P_{T1m}\approx\frac{1}{\pi^2}\frac{V_{CC}^2}{R_L}\approx 0.2P_{om} \tag{9.3.13}$$

4. 功率管的选择条件

功率管的极限参数 P_{CM}、I_{CM}、$U_{(BR)CEO}$ 应满足下列条件：

（1）考虑到当 T_2 导通时，$-U_{CE2}\approx 0$，此时 U_{CE1} 具有最大值且等于 $2V_{CC}$。因此，应选用 $|U_{(BR)CEO}|\geqslant 2V_{CC}$。

（2）通过功率 BJT 的最大集电极电流为 V_{CC}/R_L，所选功率 BJT 的 I_{CM} 一般不宜低于此值。

（3）每只 BJT 的最大允许管耗 $P_{CM}\geqslant P_{T1m}=0.2P_{om}$。

例 9.3.1 在图 9.3.1（a）所示电路中，已知 V_{CC}=15 V，输入电压为正弦波，晶体管的饱和管压降 $|U_{CES}|$=3 V，电压放大倍数约为 1，负载电阻 R_L =4 Ω。

（1）求解负载上可能获得的最大功率和效率；

（2）若输入电压最大有效值为 8 V，则负载上能够获得的最大功率为多少?

（3）若 T_1 管的集电极和发射极短路，则将产生什么现象?

解：（1）根据式（9.3.1）和式（9.3.7）可得

$$P_{om}=\frac{\left(V_{CC}-|U_{CES}|\right)^2}{2R_L}=\frac{(15-3)^2}{2\times 4}\text{W}=18\text{ W}$$

$$\eta=\frac{\pi}{4}\cdot\frac{V_{CC}-|U_{CES}|}{V_{CC}}\approx\frac{12-3}{12}\times 78.5\%=62.8\%$$

（2）因为 $U_o\approx U_i$，所以 $U_{om}\approx$8 V，最大输出功率 P_{om} 为

$$P_{om}=\frac{U_{om}^2}{R_L}=\left(\frac{8^2}{4}\right)\text{W}=16\text{ W}$$

可见，功率放大电路的最大输出功率除了取决于功放自身的参数外，还与输入电压是否足够大有关。

（3）若 T_1 管的集电极和发射极短路，则 T_2 管静态管压降为 $2V_{CC}$，且从 $+V_{CC}$ 经 T_2 管的 e-b 至 $-V_{CC}$ 形成基极静态电流，由于 T_2 管工作在放大状态，集电极电流势必很大，使之因功耗过大而损坏。

思考题

9.3.1 OCL、OTL 电路的结构有什么区别？

9.3.2 试分析 OCL、OTL 电路的最大不失真输出电压、最大输出功率和效率。

习 题

9.3.1 选择合适的答案填入空内。

（1）在选择功放电路中的晶体管时，应当特别注意的参数有________。

A. β　　B. I_{CM}　　C. I_{CBO}

D. $U_{(BR)CEO}$　　E. P_{CM}　　F. f_T

（2）若图题 9.3.1 所示电路中晶体管饱和管压降的数值为$|U_{CES}|$，则最大输出功率 P_{om} = ________。

A. $\dfrac{(V_{CC}-|U_{CES}|)^2}{2R_L}$　　B. $\dfrac{\left(\frac{1}{2}V_{CC}-|U_{CES}|\right)^2}{R_L}$　　C. $\dfrac{\left(\frac{1}{2}V_{CC}-|U_{CES}|\right)^2}{2R_L}$

9.3.2 已知电路如图题 9.3.2 所示，T_1 和 T_2 管的饱和管压降$|U_{CES}| = 3$ V，$V_{CC} = 15$ V，$R_L = 8\ \Omega$。选择正确答案填入空内。

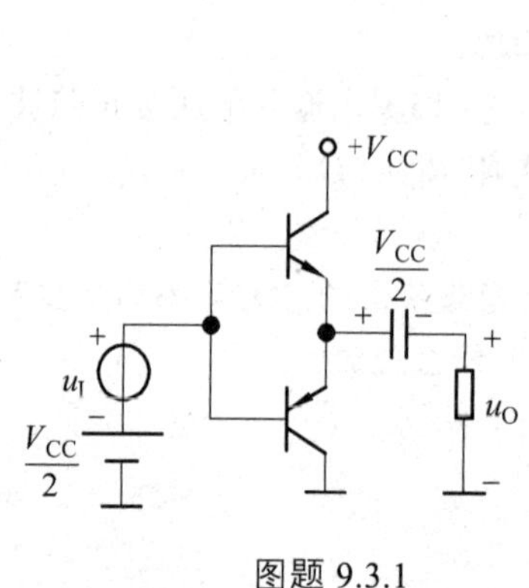

图题 9.3.1

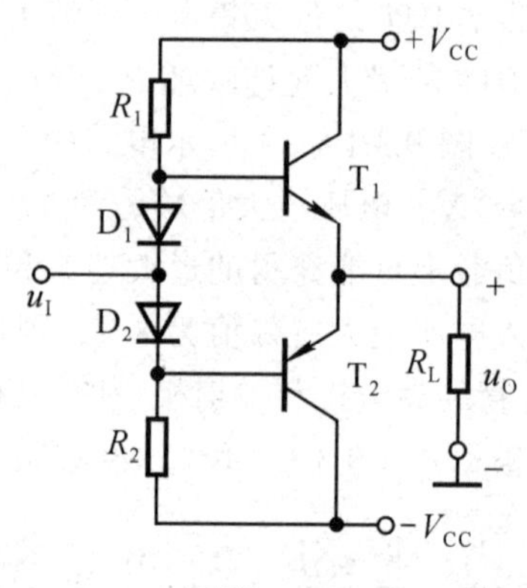

图题 9.3.2

（1）电路中 D_1 和 D_2 管的作用是消除____________。

A. 饱和失真　　B. 截止失真　　C. 交越失真

（2）静态时，晶体管发射极电位 U_{EQ} = ________。

A. >0V　　B. = 0V　　C. <0V

（3）最大输出功率 P_{om} = ________。

A. ≈ 28 W　　B. = 18 W　　C. = 9 W

（4）当输入为正弦波时，若 R_1 虚焊，即开路，则输出电压________。

A. 为正弦波　　B. 仅有正半波　　C. 仅有负半波

（5）若 D_1 虚焊，则 T_1 管________

A. 可能因功耗过大烧坏　　B. 始终饱和　　C. 始终截止

9.4 其他类型互补对称功率放大电路

上述乙类双电源互补对称功率放大电路虽较简单，但实用上还存在—些问题。下面对实用的甲乙类双电源互补对称功率放大电路所采取的一些措施进行介绍。

9.4.1 甲乙类双电源互补对称电路

9.4.1.1 乙类功放的交越失真

在乙类互补对称功率放大电路的原理电路中，由于静态工作点参数 I_B、I_C、U_{BE} 均为零，没有设置偏置电压。我们知道，三极管 U_{BE} 存在一定的阈值电压，对硅管来说，在信号电压小于 0.6 V 的信号部分，T_1 和 T_2 都截止，并不产生基极信号电流 i_b，负载 R_L 上无电流流过，因此小信号 i_c、i_b 和 u_o 在过零点附近，其波形出现严重失真，称为交越失真，如图 9.4.1 所示。

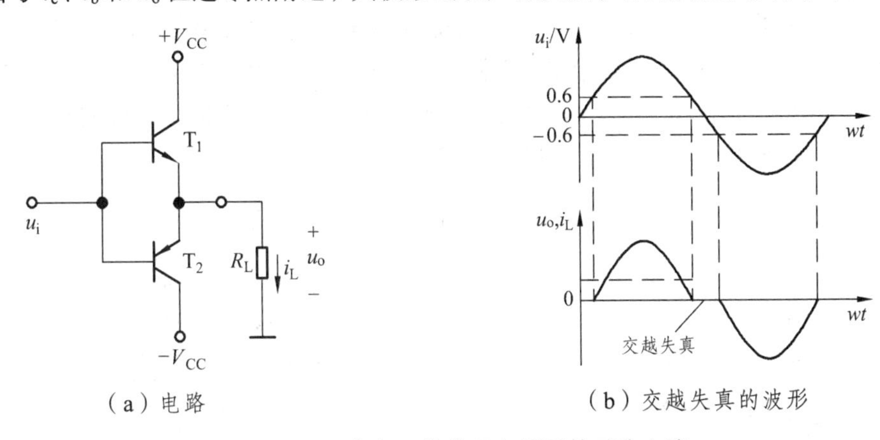

（a）电路　　（b）交越失真的波形

图 9.4.1　工作在乙类的双电源互补对称电路

9.4.1.2 甲乙类双电源互补对称电路

为了消除交越失真，采用如图 9.4.2 所示的原理电路。在两管的基极之间通过正负电源加两个二极管产生一个较小的偏置电压 U_{BB}（两基极间的电压），其值约为两管的阈值电压之和。静态时，两管处于微导通的甲乙类工作状态，产生静态工作电流 I_B，这时虽有静态电流 $I_{E1} = -I_{E2}$ 流过负载 R_L，但互为等值反向，所以负载 R_L 上无静态电流，仍保持 $u_i = 0$、$u_o = 0$ 时 OCL 电路的特点。而在正弦信号作用下，输出为一个完整不失真的正弦波信号，不存在交越失真。

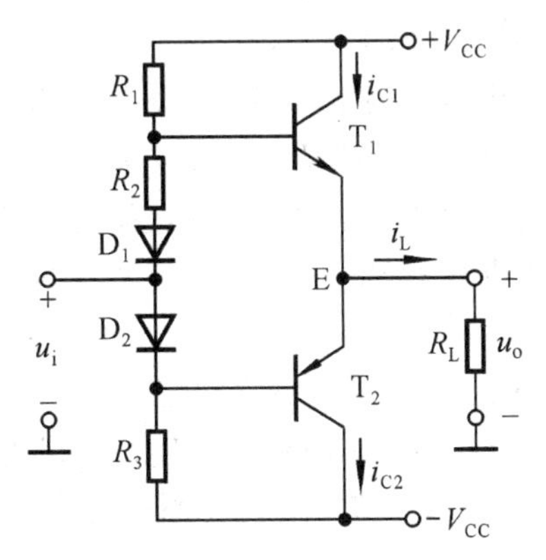

图 9.4.2　有偏置电压的功放电路

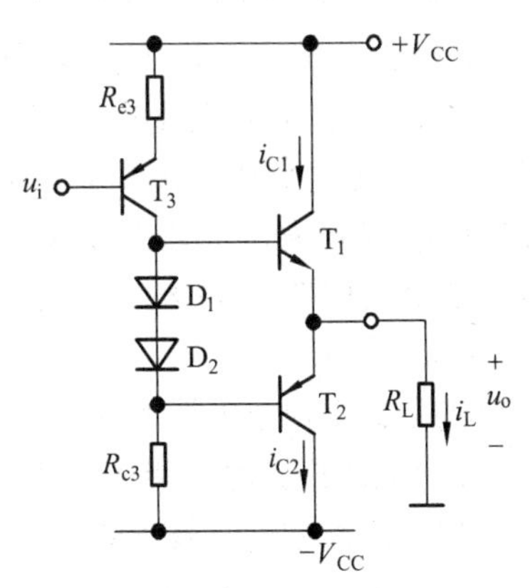

图 9.4.3　有偏置电压的功放电路

应注意的是，工作点 Q 不能太高，否则静态 I_C 太大，会使管子静态功耗太大而发生热损坏。一般所加偏置电压大小，以刚好消除交越失真为宜。

另外一种常用的克服交越失真的电路如图 9.4.3 所示。由图可见，T_3 组成前置放大级（图中未画出 T_3 的直流偏置电路），只要 T_3 能正常工作，D_1、D_2 就始终处于正向导通状态，可以近似用恒压降模型代替 D_1 和 D_2，与 T_1 和 T_2 组成互补输出级。静态时，在 D_1、D_2 上产生的压降为 T_1、T_2 提供了一个适当的偏压，使之处于微导通状态。适当调整 R_{e3} 和 R_{c3}，可以使输出电路上下两部分达到对称，静态时 $i_{C1}=i_{C2}$，$i_L=0$，$u_o=0$。而有信号时，由于电路工作在甲乙类，即使输入交流信号 u_i 很小，也可以产生相应的输出 u_o。另外要注意的是，D_1 和 D_2 采用恒压降模型时，T_1 和 T_2 两管基极的交流信号电压完全相同，基本上可以线性地进行放大。

图 9.4.2 和图 9.4.3 偏置电路的缺点是 T_1 和 T_2 两基极间的静态偏置电压不易调整。所以，一般采用 U_{BE} 倍增电路产生的偏置电压来消除交越失真，电路如图 9.4.4 所示，流入 T_4 的基极电流远小于 R_1、R_2 上的电流，因此由图可求出 T_1、T_2 的偏置电压 $U_{CE4}\approx U_{BE4}(R_1+R_2)/R_2$，当 T_4 采用硅管时，$U_{BE4}\approx 0.6\text{~}0.7\ \text{V}$，因此只需调节 R_1 和 R_2 的比值，即可改变 $U_{B1B2}=U_{CE4}$ 形成的偏压值。这种方法常应用在模拟集成电路中。

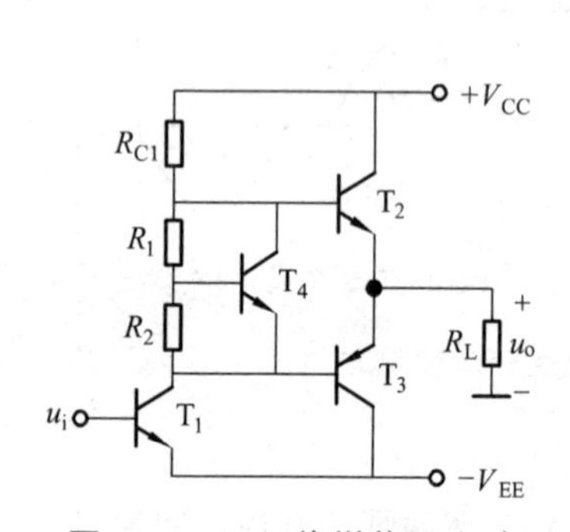

图 9.4.4　U_{BE} 倍增偏置电路

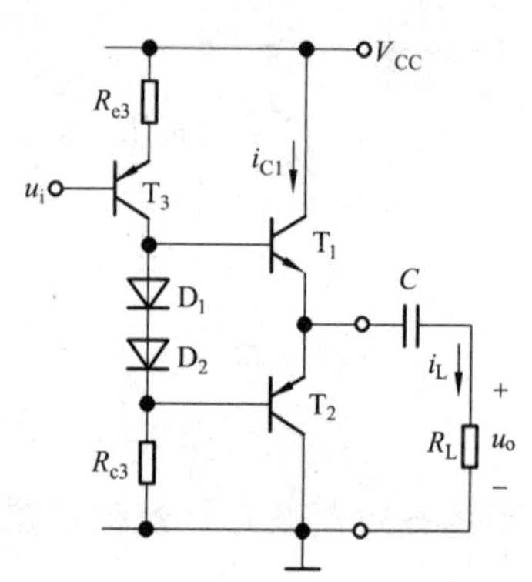

图 9.4.5　用单电源的互补对称原理电路

9.4.2　甲乙类单电源互补对称电路

在图 9.4.3 的基础上，令 $-V_{CC}=0$，并在输出端与负载 R_L 之间接入一大电容 C，就得到图 9.4.5 所示单电源互补对称原理电路。由图可见，在输入信号 $u_i=0$ 时，由于电路对称，$i_{C1}=i_{C2}$，$i_L=0$，$u_o=0$，从而使 K 点电位 $U_K=U_C$（电容 C 两端电压）$\approx V_{CC}/2$。

当有信号时，在信号 u_i 的负半周，T_3 集电极输出电压为正半周，T_1 导通，有电流通过负载 R_L，同时向 C 充电，负载上获得正半周信号；在信号的正半周，T_3 集电极为负半周，T_2 导通，则已充电的电容 C 通过负载 R_L 放电，负载上得到负半周信号。只要选择时间常数 R_LC 足够大（比信号的最长周期还大得多），就可以认为用电容 C 和一个电源 V_{CC} 可代替原来的 $+V_{CC}$ 和 $-V_{CC}$ 两个电源的作用。

值得指出的是，采用单电源的互补对称电路，由于每个管子的工作电压不是原来的 V_{CC}，而是 $V_{CC}/2$（输出电压最大也只能达到约 $V_{CC}/2$），所以前面导出的计算 P_O、P_T，P_V 和 P_{Tm} 的公式必须加以修正才能使用。修正的方法也很简单，只要以 $V_{CC}/2$ 代替原来的式（9.3.1）、式（9.3.4）、式（9.3.6）和式（9.3.13）中的 V_{CC} 即可。

思考题

9.4.1　什么是交越失真？请说明如何克服交越失真。

9.4.2　谈谈甲乙类双电源互补对称电路与甲类功率放大电路、乙类功率放大电路的区别。

习　题

9.4.1　在图题 9.4.1 所示电路中，已知 $V_{CC} = 16\ V$，$R_L = 4\ \Omega$，T_1 和 T_2 管的饱和管压降 $|U_{CES}| = 2\ V$，输入电压足够大。试问：

（1）最大输出功率 P_{om} 和效率 η 各为多少？

（2）晶体管的最大功耗 P_{Tmax} 为多少？

（3）为了使输出功率达到 P_{om}，输入电压的有效值约为多少？

9.4.2　电路如图题 9.4.1 所示。在出现下列故障时，分别产生什么现象？

（1）R_1 开路；（2）D_1 开路；（3）R_2 开路；（4）T_1 集电极开路；（5）R_1 短路；（6）D_1 短路。

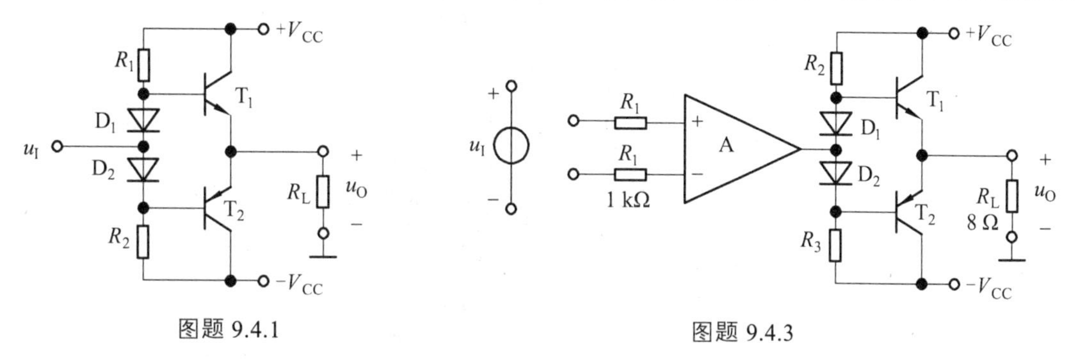

图题 9.4.1　　　　图题 9.4.3

9.4.3　在图题 9.4.3 所示电路中，已知 $V_{CC} = 15\ V$，T_1 和 T_2 管的饱和管压降 $|U_{CES}| = 1\ V$，集成运放的最大输出电压幅值为±13 V，二极管的导通电压为 0.7 V。

（1）若输入电压幅值足够大，则电路的最大输出功率为多少？

（2）为了提高输入电阻，稳定输出电压，且减小非线性失真，应引入哪种组态的交流负反馈？画出图来。

（3）若 $U_i = 0.1\ V$ 时，$U_o = 5\ V$，则反馈网络中电阻的取值约为多少？

9.4.4　电路如图题 9.4.4 所示，已知 T_1 和 T_2 的饱和管压降 $|U_{CES}| = 2\ V$，直流功耗可忽略不计。

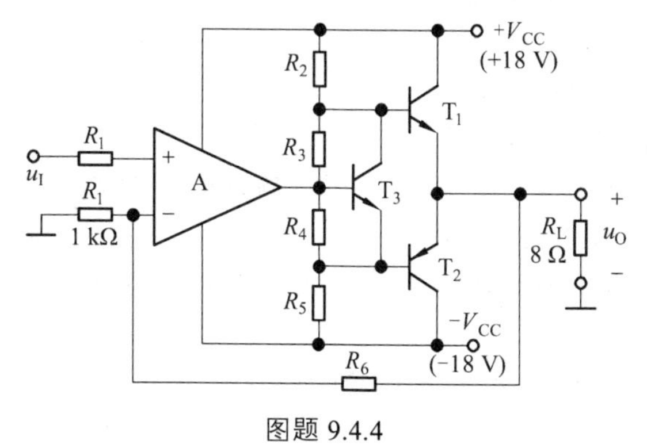

图题 9.4.4

（1）R_3、R_4和 T_3 的作用是什么？

（2）负载上可能获得的最大输出功率 P_{om} 和电路的转换效率 η 各为多少？

（3）设最大输入电压的有效值为 1 V。为了使电路的最大不失真输出电压的峰值达到 16 V，电阻 R_6 至少应取多少千欧？

9.4.5　在图题 9.4.5 所示电路中，已知二极管的导通电压 $U_D = 0.7$ V，晶体管导通时的 $|U_{BE}| = 0.7$ V，T_2 和 T_4 管发射极静态电位 $U_{EQ} = 0$ V。试问：

（1）T_1，T_3 和 T_5 管基极的静态电位各为多少？

（2）设 $R_2 = 10$ kΩ，$R_3 = 100Ω$。若 T_1 和 T_3 管基极的静态电流可忽略不计，则 T_5 管集电极静态电流为多少？静态时 $u_I = ?$

（3）若静态时 $i_{B1}>i_{B3}$，则应调节哪个参数可使 $i_{B1}>i_{B3}$？如何调节？

（4）电路中二极管的个数可以是 1、2、3、4 吗？你认为哪个最合适？为什么？

9.4.6　电路如图题 9.4.5 所示。在出现下列故障时，分别产生什么现象？

（1）R_2 开路；（2）D_1 开路；（3）R_2 开路；（4）T_1 集电极开路；（5）R_3 短路。

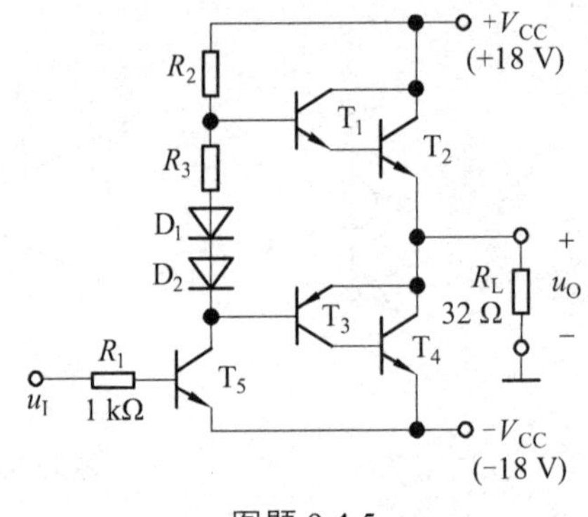

图题 9.4.5

9.4.7　在图题 9.4.5 所示电路中，已知 T_2 和 T_4 管的饱和管压降 $|U_{CES}| = 2$ V，静态时电源电流可忽略不计。试问：

（1）负载上可能获得的最大输出功率 P_{om} 和效率 η 各约为多少？

（2）T_2 和 T_4 管的最大集电极电流、最大管压降和集电极最大功耗各约为多少？

9.4.8　在图题 9.4.8 所示电路中，已知 $V_{CC} = 15$ V，T_1 和 T_2 管的饱和管压降 $|U_{CES}| = 2$ V，输入电压足够大。求解：

（1）最大不失真输出电压的有效值；

（2）负载电阻 R_L 上电流的最大值；

（3）最大输出功率 P_{om} 和效率 η。

9.4.9　OTL 电路如图题 9.4.9 所示。

（1）为了使得最大不失真输出电压幅值最大，静态时 T_2 和 T_4 管的发射极电位应为多少？若不合适，则一般应调节哪个元件参数？

（2）若 T_2 和 T_4 管的饱和管压降 $|U_{CES}| = 3$ V，输入电压足够大，则电路的最大输出功率 P_{om} 和效率 η 各为多少？

（3）T_2 和 T_4 管的 I_{CM}、$U_{(BR)CEO}$ 和 P_{CM} 应如何选择？

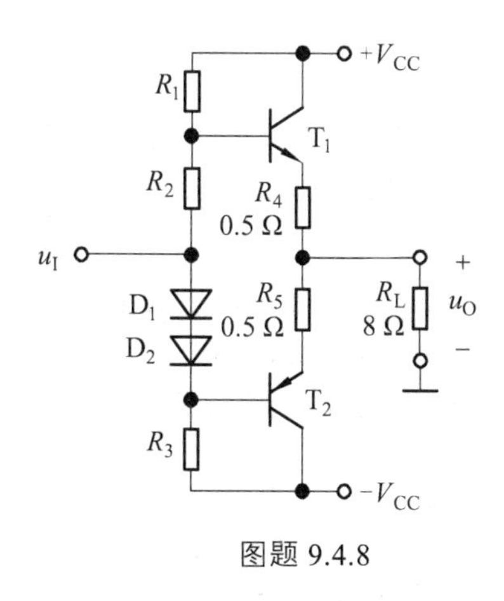

图题 9.4.8

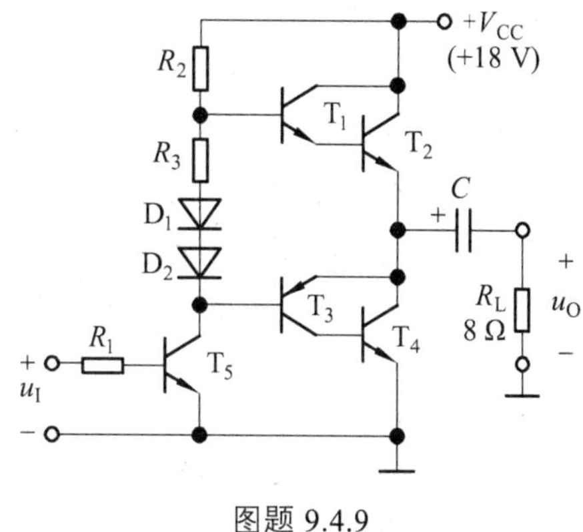

图题 9.4.9

9.5 功率放大电路的安全运行

在功率放大电路中，功放管既要流过大电流，又要承受高电压。例如，在 OCL 电路中，只有功放管满足极限值的要求，电路才能正常工作。因此，所谓功率放大电路的安全运行，就是要保证功放管安全工作。在实用电路中，常加保护措施，以防止功放管过电压、过电流和过功耗。本节仅就 BJT 功放管的二次击穿和散热问题作简单介绍。

典型的功率 BJT 外形如图 9.5.1 所示。通常 BJT 有一个大面积的集电结，为了使热传导达到理想情况，BJT 的集电极衬底与它的金属外壳保持良好的接触。

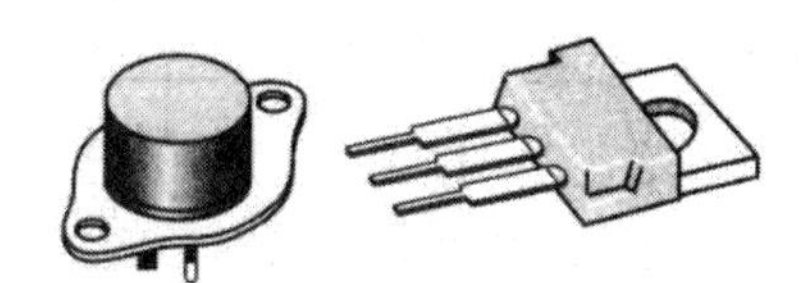

图 9.5.1　功率 BJT 外形图

9.5.1.1　功放管的散热问题

功放管损坏的重要原因是其实际耗散功率超过额定数值 P_{CM}。而晶体管的耗散功率取决于管子内部的 PN 结（主要是集电结）温度 T_j。当 T_j 超过允许值后，集电极电流将急剧增大而烧坏管子。硅管的结温允许值为 100~180 °C，锗管的结温允许值为 85 °C 左右。耗散功率等于结温在允许值时集电极电流与管压降之积。管子的功耗愈大，结温愈高。因而改善功放管的散热条件，可以在同样的结温下提高集电极最大耗散功率 P_{CM}，也就可以提高输出功率。

功放管的两种散热器如图 9.5.2 所示。经验表明，当散热器垂直或水平放置时，有利于通风，故散热效果较好。散热器表面钝化涂黑，有利于热辐射，从而可以减小热阻。在产品手册中给出的最大集电极耗散功率，是在指定散热器（材料、尺寸等）及一定环境温度下的允许值；若改善散热条件，如加大散热器、用电风扇强制风冷，则可获得更大一些的耗散功率。

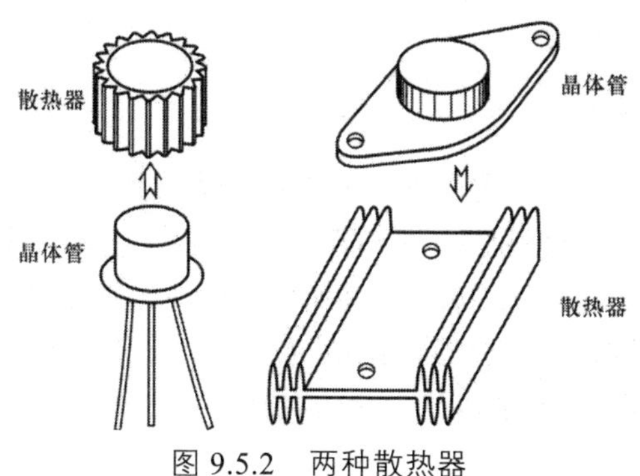

图 9.5.2　两种散热器

9.5.1.2　功放管的二次击穿

前面讨论了功率 BJT 的散热问题，在实际工作中，常发现功率 BJT 的功耗并未超过允许的 P_{CM} 值，管身也并不烫，但功率 BJT 却突然失效或者性能显著下降。这种损坏的原因，不少是由于二次击穿所造成的。

产生二次击穿的原因至今尚不完全清楚。一般说来，二次击穿是一种与电流、电压、功率和结温都有关系的效应。它的物理过程多数认为是由于流过 BJT 结面的电流不均匀，造成结面局部高温（称为热斑），因而产生热击穿所致。这与 BJT 的制造工艺有关。

BJT 的二次击穿特性对功率管，特别是外延型功率管，在运用性能的恶化和损坏方面起着重要影响。为了保证功率管安全工作，必须考虑二次击穿的因素。因此，功率管的安全工作区，不仅受集电极允许的最大电流 I_{CM}、集射间允许的最大击穿电压 $V_{(BR)CE}$ 和集电极允许的最大功耗 P_{CM} 所限制，而且还受二次击穿临界曲线所限制，其安全工作区如图 9.5.3 中虚线内所示。显然，考虑了二次击穿以后，功率 BJT 的安全工作范围变小了。

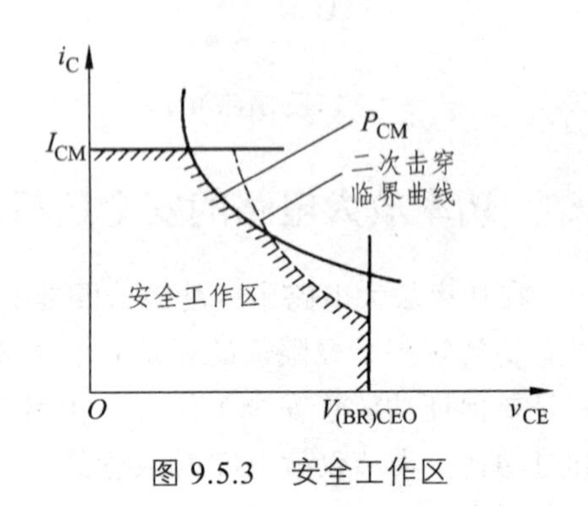

图 9.5.3　安全工作区

9.5.1.3　提高功率 BJT 可靠性的主要途径

降低功率 BJT 使用时的额定值是提高可靠性的主要途径，从可靠性和节约的角度来看，推荐使用下面几种方法来降低额定值：

（1）在最坏的条件下（包括冲击电压在内），工作电压不应超过极限值的 80%；

（2）在最坏的条件下（包括冲击电流在内），工作电流不应超过极限值的 80%；

（3）在最坏的条件下（包括冲击功耗在内），工作功耗不应超过器件最大工作环境温度下的最大允许功耗的 50%；

（4）工作时，器件的结温不应超过器件允许的最大结温的 70%~80%。

对于开关电路中使用的功率器件，其工作电压、功耗、电流和结温（包括波动值在内）都不得超过极限值。

思考题

9.5.1　功放电路中功放管常常处在极限工作状态，试问选择功放管时特别要考虑哪些参数？

9.5.2　功率管为什么会出现二次击穿？

9.6　集成功率放大电路

功率放大电路的集成化产品种类很多，通常可分为通用型和专用型两大类。通用型是指可以用于多种场合的电路，专用型是指用于某种持定场合（如电视、音响专用功率放大集成电路等）的电路。OTL、OCL 和 BTL 电路均有各种不同输出功率和不同电压增益的集成电路。应当注意，在使用 OTL 电路时，需外接输出电容。为了改善频率特性，减小非线性失真，很多电路内部还引入深度负反馈。本节以低频集成功放 LM386 为例，介绍集成功放的电路组成、主要性能指标和典型应用。

9.6.1 集成功放 LM386

LM386 是一种音频集成功放，具有自身功耗低、电压增益可调、电源电压范围大、外接元件少和总谐波失真小等优点，广泛应用于录音机和收音机之中。

9.6.1.1 LM386 内部电路

LM386 内部电路原理图如图 9.6.1 所示，与通用型集成运放相类似，它是一个三级放大电路，如点划线所划分。

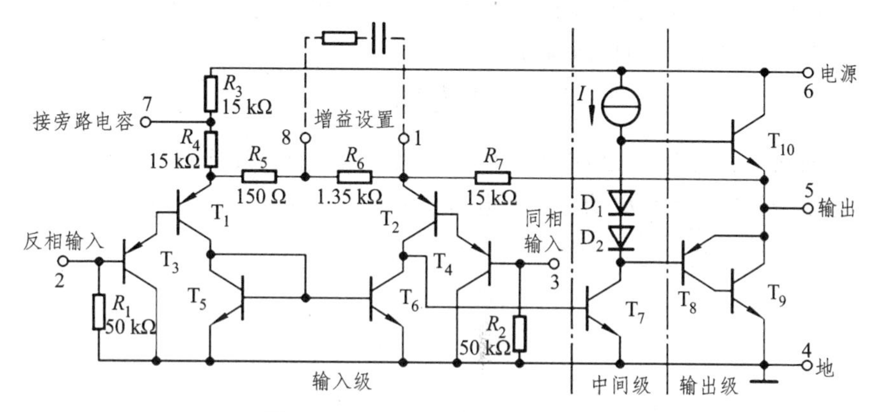

图 9.6.1 LM386 内部电路原理图

第一级为差分放大电路，T_1 和 T_3、T_2 和 T_4 分别构成复合管，作为差分放大电路的放大管；T_5 和 T_6 组成镜像电流源作为 T_1 和 T_2 的有源负载；信号从 T_3 和 T_4 管的基极输入，从 T_2 管的集电极输出，为双端输入单端输出差分电路。根据镜像电流源作为差分放大电路有源负载的分析可知，它可使单端输出电路的增益近似等于双端输出电路的增益。

第二级为共射放大电路。T_7 为放大管，恒流源作有源负载，以增大放大倍数。

第三级中的 T_8 和 T_9 管复合成 PNP 型管，与 NPN 型管 T_{10} 构成准互补输出级。二极管 D_1 和 D_2 为输出级提供合适的偏置电压，可以消除交越失真。

利用瞬时极性法可以判断出，引脚 2 为反相输入端，3 为同相输入端。电路由单电源供电，故为 OTL 电路。输出端（引脚 5）应外接输出电容后再接负载。

电阻 R_7 从输出端连接到 T_2 的发射极，形成反馈通路，并与 R_5 和 R_6 构成反馈网络，从而引入了深度电压串联负反馈，使整个电路具有稳定的电压增益。

应当指出，在引脚 1 和 8（或者 1 和 5）外接电阻时，应只改变交流通路，所以必须在外接电阻回路中串联一个大容量电容。外接不同阻值的电阻时，电压放大倍数的调节范围为 20~200，即电压增益的调节范围为 26~46 dB。

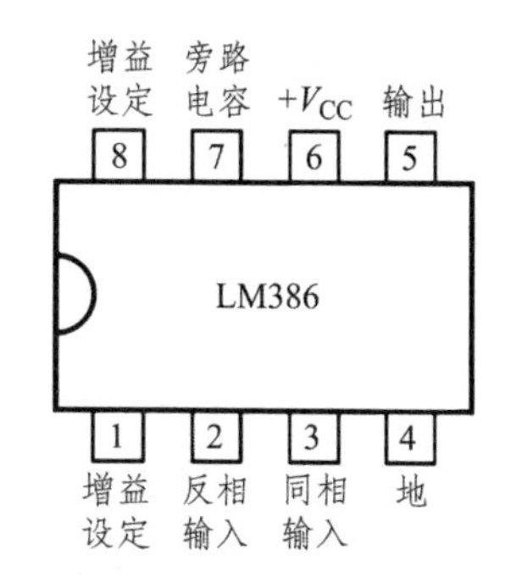

图 9.6.2 LM386 的外形和引脚的排列

9.6.1.2 LM386 的引脚图

LM386 的引脚图如图 9.6.2 所示。引脚 2 为反相输入端，3 为同相输入端；引脚 5 为输出端；引脚 6 和 4 分别为电源和地；引脚 1 和 8 为电压增益设定端；使用时在引脚 7 和地之间接旁路电容，通常取 10 μF。使用时应认真查阅手册，以便获得更确切的数据。

9.6.2 集成功率放大电路的主要性能指标

集成功率放大电路的主要性能指标有最大输出功率、电源电压范围、电源静态电流、电压增益、带宽、输入阻抗、输入偏置电流、总谐波失真等。

对于同一负载，当电源电压不同时，最大输出功率的数值将不同；而对于同一电源电压值，当负载不同时，最大输出功率的数值也将不同。当已知电源的静态电流和负载电流最大值时，可求出电源的功耗，从而得到转换效率。

思考题

9.6.1 如何从集成功率放大应用电路的组成来判断集成功放是 OCL、OTL 还是 BTL?

9.6.2 通用型和专用型集成功率放大电路分别适用在什么场合?

第10章 直流稳压电源

10.1 概 述

由交流市电转变为直流稳压电源的工作过程是这样的：首先电源变压器将交流电网 220 V 的电压变为略高于所需要的电压值（要考虑后续电路的损耗），然后通过整流电路将交流电压变成脉动的直流电压。由于此脉动的直流电压还含有较大的纹波，所以必须通过滤波电路（电容 C、电感 L）加以滤除，才能得到平滑的直流电压。但这样的电压还会随电网电压波动（一般有±10%左右的波动）、负载和温度的变化而变化。因而在整流、滤波电路之后，还要接稳压电路。稳压电路的作用是当电网电压波动、负载和温度变化时，维持输出直流电压稳定。

直流稳压电源可分为线性稳压电源和开关稳压电源两大类。线性稳压电源输出电压稳定、纹波小、结构简单，但功率较小、效率低；而开关稳压电源应用更广，还可用于大功率电源，它的效率高，但纹波较大。

由 220 V、50 Hz 交流电转变为直流电的过程如图 10.1.1 所示。

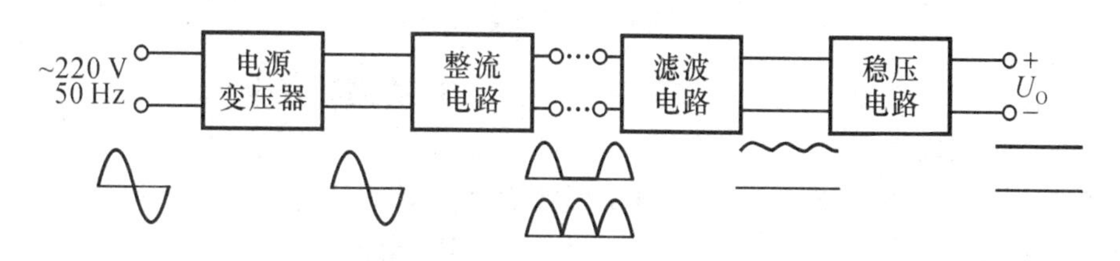

图 10.1.1 直流稳压电源框图

图中各部分电路的功能如下：

（1）整流部分包括变压器和整流电路。变压器将电网交流电以一定变压比（通常为降压）变成符合整流电路需要的交流电压；整流电路将交流电变成单向脉动的直流电；

（2）滤波电路用来滤除脉动直流电中的交流成分；

（3）稳压电路用来稳定输出电压，克服电网波动、负载变化等因素对输出电压的影响。

思考题

10.1.1 如何将 50 Hz、220 V 的交流电压变为 6 V 的直流电压？其主要步骤是什么？

10.1.2　220 V 电网电压的波动范围是多少？220 V 交流电压经整流后是否输出 220 V 的直流电压？

10.1.3　将市场销售的 6 V 直流电源接到收音机上，为什么有的声音清晰，有的含有交流声？

习　题

10.1.1　判断下列说法是否正确，用“√”或“×”表示判断结果填入空内。

（1）整流电路可将正弦电压变为脉动的直流电压。（　　）

（2）直流电源是一种将正弦信号转换为直流信号的波形变换电路。（　　）

（3）直流电源是一种能量转换电路，它将交流能量转换为直流能量。（　　）

（4）在变压器副边电压和负载电阻相同的情况下，桥式整流电路的输出电流是半波整流电路输出电流的 2 倍。（　　）因此，它们的整流管的平均电流比值为 2∶1。（　　）

（5）若 U_2 为电源变压器副边电压的有效值，则半波整流电容滤波电路和全波整流电容滤波电路在空载时的输出电压均为 $\sqrt{2}U_2$。（　　）

（6）电容滤波电路适用于小负载电流，而电感滤波电路适用于大负载电流。（　　）

（7）在单相桥式整流电容滤波电路中，若有一只整流管断开，输出电压平均值变为原来的一半。（　　）

（8）对于理想的稳压电路，$\triangle U_O/\triangle U_I = 0$，$R_o = 0$。（　　）

（9）当输入电压 U_I 和负载电流 I_L 变化时，稳压电路的输出电压是绝对不变的。（　　）

（10）一般情况下，开关型稳压电路比线性稳压电路效率高。（　　）

（11）线性直流电源中的调整管工作在放大状态，开关型直流电源中的调整管工作在开关状态。（　　）

（12）因为串联型稳压电路中引入了深度负反馈，因此也可能产生自激振荡。（　　）

10.1.2　选择合适答案填入空内。

（1）整流的目的是 ______。

A. 将交流变为直流　　B. 将高频变为低频

C. 将正弦波变为方波

（2）在单相桥式整流电路中，若有一只整流管接反，则 ______。

A. 输出电压约为 $2U_D$　　B. 变为半波直流

C. 整流管将因电流过大而烧坏

（3）直流稳压电源中滤波电路的目的是 ______。

A. 将交流变为直流　　B. 将高频变为低频

C. 将交、直流混合量中的交流成分滤掉

（4）滤波电路应选用 ______。

A. 高通滤波电路　　B. 低通滤波电路

C. 带通滤波电路

（5）若要组成输出电压可调、最大输出电流为 3A 的直流稳压电源，则应采用______。

A. 电容滤波稳压管稳压电路　　B. 电感滤波稳压管稳压电路

C. 电容滤波串联型稳压电路　　D. 电感滤波串联型稳压电路

（6）串联型稳压电路中的放大环节所放大的对象是 ______。

A. 基准电压　　B. 采样电压　　C. 基准电压与采样电压之差

10.2 整　流

整流电路的作用是将交流电变成单向脉动的直流电。利用二极管的单向导电性可组成多种形式的整流电路，常见的有半波、全波、桥式和倍压整流电路。

10.2.1 单相半波整流电路

10.2.1.1 工作原理

单相半波整流电路如图 10.2.1 所示。为简化起见，设二极管是理想的，即二极管正向导通时电阻和压降为零，反向电阻为无穷大。

单相半波整流电路是最简单的一种整流电路，设变压器的二次电压有效值为 U_2，则其瞬时值 $u_2 = \sqrt{2}U_2 \sin \omega t$ 。

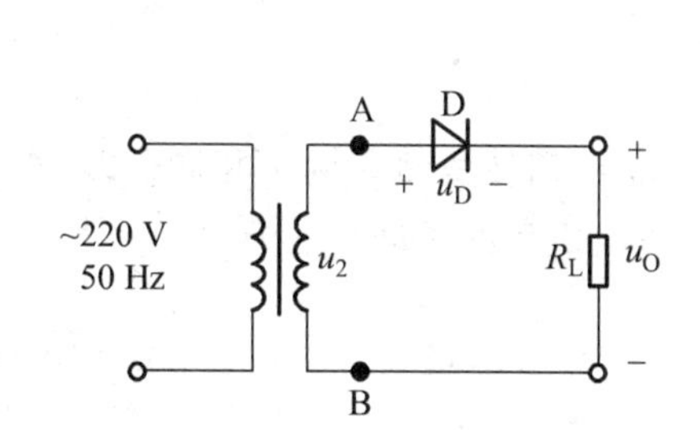

图 10.2.1　单相半波整流电路

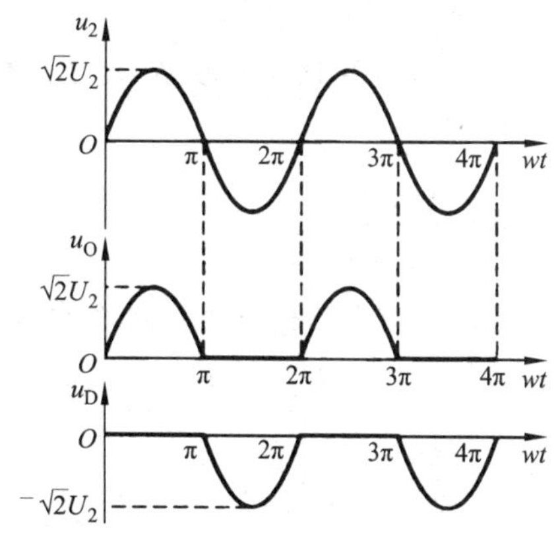

图 10.2.2　半波整流电路的波形图

在 u_2 的正半周，A 点为正，B 点为负，二极管外加正向电压，因而处于导通状态。电流从 A 点流出，经过二极管 D 和负载电阻 R_L 流入 B 点，$u_O = u_2 = \sqrt{2}U_2 \sin \omega t(\omega t = 0 \sim \pi)$ 。在 u_2 的负半周，B 点为正，A 点为负，二极管外加反向电压，因而处于截止状态，$u_O = 0(\omega t = 0 \sim \pi)$ 。负载电阻 R_L 的电压和电流都具有单一方向脉动的特性。图 10.2.2 所示为变压器二次电压 u_2、输出电压 u_O（也可表示输出电流和二极管的电流）、二极管端电压的波形。

分析整流电路工作原理时，应研究变压器二次电压极性不同时二极管的工作状态，从而得出输出电压的波形，也就弄清了整流原理。整流电路的波形分析是其定量分析的基础。

10.2.1.2 主要参数

在研究整流电路时，至少应考查整流电路输出电压平均值和输出电流平均值两项指标，有时还需考虑脉动系数，以便定量反映输出波形脉动的情况。

1. 输出电压平均值

输出电压平均值就是负载电阻上电压的平均值 $U_{O(AV)}$。从图 10.2.2 所示波形图可知，当 $\omega t = 0 \sim \pi$ 时，$u_O = \sqrt{2}U_2 \sin \omega t$；当 $\omega t = \pi \sim 2\pi$ 时，$u_O = 0$ 。所以，求解 u_O 的平均值 $U_{O(AV)}$，

就是将 0~π 的电压平均在 0 ~2π 时间间隔之中，如图 10.2.3 所示，写成表达式为

$$U_{O(AV)}=\frac{1}{2\pi}\int_0^{\pi}\sqrt{2}U_2\sin\omega t\mathrm{d}(\omega t)=\frac{\sqrt{2}U_2}{\pi}\approx 0.45U_2 \tag{10.2.1}$$

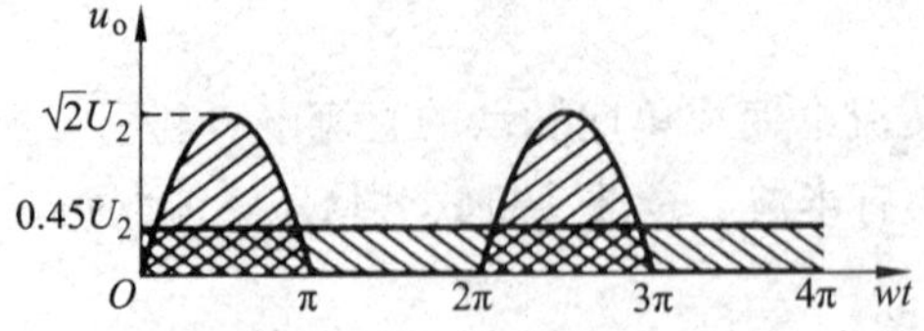

图 10.2.3　单相半波整流电路输出电压平均值

2. 负载电流的平均值

$$I_{O(AV)}=\frac{U_{O(AV)}}{R_L}\approx\frac{0.45U_2}{R_L} \tag{10.2.2}$$

3. 输出电压的脉动系数 S

整流输出电压的脉动系数 S 定义为整流输出电压的基波峰值 U_{O1M} 与输出电压平均值 $U_{O(AV)}$之比，即

$$S=\frac{U_{O1m}}{U_{O(AV)}} \tag{10.2.3}$$

由于半波整流电路输出电压 u_O 的周期与 u_2 相同，u_O 的基波角频率与 u_2 相同，即 50 Hz。通过谐波分析，可得 $U_{O1M}=U_2/\sqrt{2}$，故半波整流电路输出电压的脉动系数为

$$S=\frac{U_2/\sqrt{2}}{\sqrt{2}U_2/\pi}=\frac{\pi}{2}\approx 1.57 \tag{10.2.4}$$

说明半波整流电路的输出脉动很大，其基波峰值约为平均值的 1.57 倍。

10.2.1.3　二极管的选择

当整流电路的变压器二次电压有效值和负载电阻值确定后，电路对二极管参数的要求也就确定了。一般应根据流过二极管电流的平均值和它所承受的最大反向电压来选择二极管。

1. 二极管的正向平均电流

在单相半波整流电路中，二极管的正向平均电流等于负载电流平均值，即

$$I_{D(AV)}=I_{O(AV)}\approx\frac{0.45U_2}{R_L} \tag{10.2.5}$$

2. 二极管承受的最大反向电压

二极管承受的最大反向电压等于变压器二次侧的峰值电压，即

$$U_{DRM}=\sqrt{2}U_2 \tag{10.2.6}$$

一般情况下，允许电网电压有±10%的波动，即电源变压器一次侧电压为 198 ~242 V，因此在选用二极管时，对于最大整流平均电流 I_F 和最高反向工作电压 U_{DRM} 应至少留有 10%的余

地，以保证二极管安全工作，即选取

$$I_{\mathrm{F}} > 1.1 I_{\mathrm{O(AV)}} = 1.1 \frac{\sqrt{2} U_2}{\pi R_{\mathrm{L}}} \tag{10.2.7}$$

$$U_{\mathrm{DRM}} > 1.1 \sqrt{2} U_2 \tag{10.2.8}$$

单相半波整流电路简单易行，所用二极管数量少。但是由于它只利用了交流电压的半个周期，所以输出电压低，交流分量大（即脉动大），效率低。因此，这种电路仅适用于整流电流较小、对脉动要求不高的场合。

10.2.2 单相桥式整流电路

10.2.2.1 工作原理

单相桥式整流电路如图 10.2.4(a)所示。图中电源变压器的作用是将电网电压(~220 V，50 Hz)变成整流电路要求的交流电压 $u_2 = \sqrt{2} U_2 \sin\omega t$，$R_{\mathrm{L}}$ 是负载电阻，4 只二极管 D_1~D_4 接成电桥形式，故称为桥式整流电路。

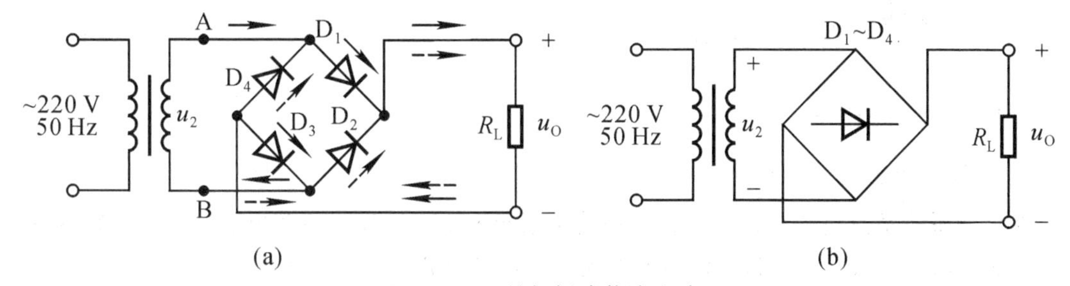

图 10.2.4 单相桥式整流电路

如图 10.2.4（b）所示是桥式整流电路的简化画法。在 u_2 的正半周，设变压器次级绕组 A 端为正，B 端为负，二极管 D_1，D_3 导通，负载电流 i_{L} 的流通路径为 A→D_1→R_{L}→D_3→B，如图 10.2.4（a）中的实线所示。这时负载 R_{L} 上得到一个半波电压，如图 10.2.5 中 u_{o} 的 0~π 段所示；在 u_2 的负半周时，则二极管 D_2，D_4 导通，负载电流 i_{L} 的流通路径为 B→D_2→R_{L}→D_4→A，如图 10.2.4（a）中的虚线所示。同样在负载 $\mathrm{R_L}$ 上得到一个与 0~π 段相同的半波电压，如图 10.2.5 中 u_{O} 的 π~2π 段所示。可见在 u_2 的整个周期里，单相桥式整流电路负载电阻 R_{L} 上始终有从上往下的电流流过。R_{L} 上的电压 u_{O} 及二极管的端电压 u_{D} 和流过二极管的电流 i_{D} 的波形如图 10.2.5 所示。显然，它们都是单方向的脉动波形。

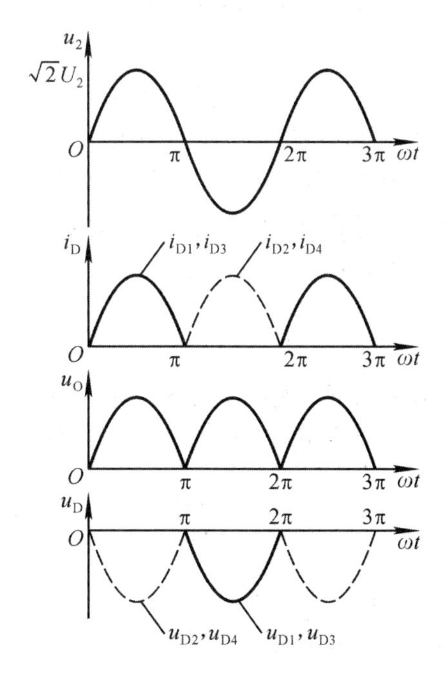

图 10.2.5 电流 i_{D} 及电压 u_{D} 和 u_{O} 的波形

10.2.2.2 计算分析

1. 负载 R_L 的平均电压

$$U_{O(AV)}=\frac{1}{2\pi}\int_0^{\pi}\sqrt{2}U_2\sin\omega t\mathrm{d}(\omega t)=\frac{2\sqrt{2}U_2}{\pi}\approx 0.9U_2 \tag{10.2.9}$$

2. 负载 R_L 的平均电流

流过负载电阻的电流 i_O 的平均值为：

$$I_{O(AV)}=\frac{U_{O(AV)}}{R_L}\approx\frac{0.9U_2}{R_L} \tag{10.2.10}$$

3. 脉动系数

整流输出电压的基波分量与直流分量的比值称为脉动系数，用 S 表示。单相桥式整流电路的脉动系数为

$$S=\frac{4\sqrt{2}U_2}{3\pi}/\frac{2\sqrt{2}U_2}{\pi}=0.67 \tag{10.2.11}$$

10.2.2.3 二极管的选择

1. 二极管的正向平均电流

在单相桥式整流电路中，每两只二极管串联导电半个周期，负载电阻在一个周期内均有电流流过，所以，每只二极管中流过的电流平均值是负载电流的一半，即

$$I_{D(AV)}=\frac{I_{O(AV)}}{2}\approx\frac{0.45U_2}{R_L} \tag{10.2.12}$$

2. 二极管承受的最高反向电压

在变压器次级电压 u_2 的正半周，D_1，D_3 导通，相当于短路，D_2，D_4 的阴极接于 A 点，而阳极接于 B 点，所以 D_2、D_4 所承受的最高反向电压就是 u_2 的幅值 $\sqrt{2}U_2$。同理，在 u_2 的负半周，D_1、D_3 所承受的最高反向电压也是 $\sqrt{2}U_2$。因此，单相桥式整流电路中二极管承受的最高反向电压 U_{DRM} 为：

$$U_{DRM}=\sqrt{2}U_2 \tag{10.2.13}$$

一般情况下，允许电网电压有 ±10%的波动，对于最大整流平均电流 I_F 和最高反向工作电压 U_{RM} 应至少留有 10%的余地，以保证二极管安全工作，即选取

$$I_F>1.1I_{O(AV)}=1.1\frac{\sqrt{2}U_2}{\pi R_L} \tag{10.2.14}$$

$$U_{DRM}>1.1\sqrt{2}U_2 \tag{10.2.15}$$

桥式整流电路的优点是输出电压高，二极管承受的反压较低，脉动系数也较小。变压器在正负半周内都有电流流过，利用效率高，应用广泛。

思考题

10.2.1　若单相半波整流电路中的二极管接反，则将产生什么现象？

10.2.2　试问单相桥式整流电路中若有一只二极管接反，则将产生什么现象？

习　题

10.2.1 电路如图题 10.2.1 所示，变压器副边电压有效值为 $2U_2$。

（1）画出 u_2、u_{D1} 和 u_O 的波形；

（2）求出输出电压平均值 $U_{O(AV)}$ 和输出电流平均值 $I_{L(AV)}$ 的表达式；

（3）二极管的平均电流 $I_{D(AV)}$ 和所承受的最大反向电压 U_{Rmax} 的表达式。

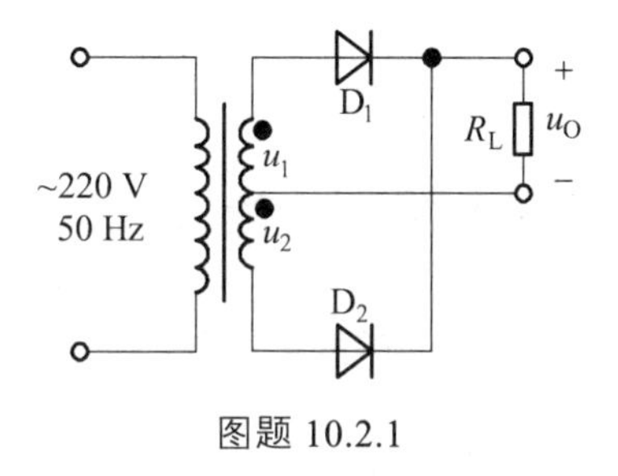

图题 10.2.1

10.2.2　电路图题 10.2.2 所示。

（1）分别标出 u_{O1} 和 u_{O2} 对地的极性；

（2）u_{O1}、u_{O2} 分别是半波整流还是全波整流？

（3）当 $U_{21} = U_{22} = 20$ V 时，$U_{O1(AV)}$ 和 $U_{O2(AV)}$ 各为多少？

（4）当 $U_{21} = 18$ V，$U_{22} = 22$ V 时，画出 u_{O1}、u_{O2} 的波形；并求出 $U_{O1(AV)}$ 和 $U_{O2(AV)}$ 各为多少？

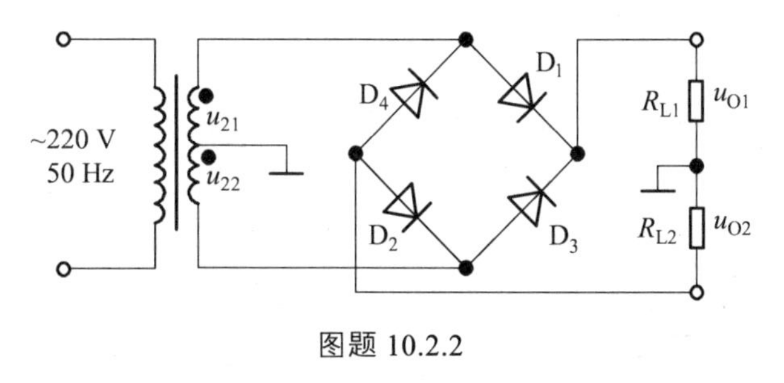

图题 10.2.2

10.3　滤波电路

整流电路的输出是单向脉动电压，其中含有直流和交流分量。因此，在整流电路之后，必须加接滤波电路，以尽量减小输出电压中的交流分量，使之接近于理想的直流电压。滤波电路一般由电抗元件组成，如在负载两端并联电容器 C，或与负载串联电感器 L，以及由电容、电感组合而成的各种复式滤波电路。常用的结构如图 10.3.1 所示。

由于电抗元件在电路中有储能作用，与负载并联的电容器 C 在电源供给的电压升高时，能将部分能量存储起来，而当电源电压降低时，又能将能量释放出来，使负载电压比较平滑，因此电容 C 具有滤波作用；与负载串联的电感 L，当电源供给的电流增大（由电源电压升高引起）时，它将能量存储起来，而当电源供给的电流减小时，又能将能量释放出来，使负载电流比较平滑，因此电感 L 也有滤波作用。这里我们重点介绍一下电容 C 滤波电路。

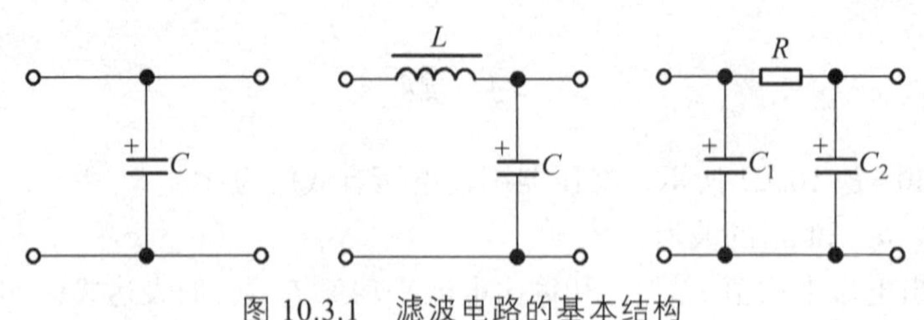

图 10.3.1　滤波电路的基本结构

10.3.1　电容滤波电路

10.3.1.1　滤波原理

电容滤波电路是最常见也是最简单的滤波电路，在整流电路的输出端（即负载电阻两端）并联一个电容即构成电容滤波电路，如图 10.3.2 所示。滤波电容容量较大，因而一般均采用电解电容，在接线时要注意电解电容的正、负极。电容滤波电路利用电容的充放电作用，使输出电压趋于平滑。

如图 10.3.2 所示，在这个电路里，要特别注意电容两端的电压对二极管的影响。先分析没有负载 R_L 接入的情况。设电容两端的初始电压为零，u_2 在正半周，此时 a 端（上端）为正、b 端（下端）为负，u_2 通过 D_1、D_3 向电容充电；在负半周，a 端为负、b 端为正，u_2 通过 D_2、D_4 向电容充电。其充电时间常数为

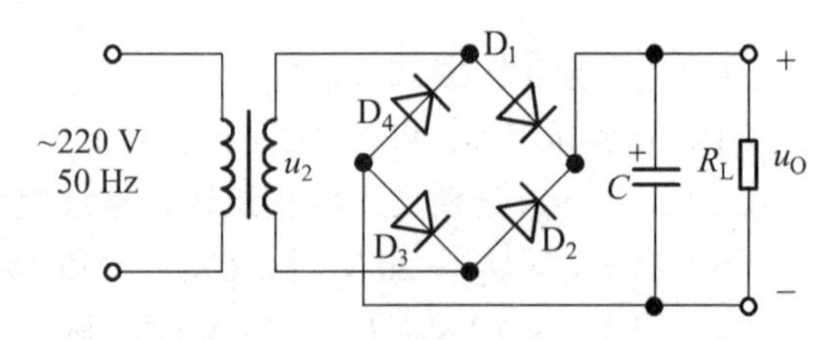

图 10.3.2　桥式整流电容滤波电路

$$\tau = R_i C$$

式中，R_i 是变压器次级绕组电阻与二极管正向导通电阻之和。通常 R_i 很小，电容器很快就充电到变压器次级绕组电压 u_2 的峰值 $\sqrt{2}\,U_2$。由于电容器 C 无放电回路，故输出电压 u_O 保持恒定 $\sqrt{2}\,U_2$。

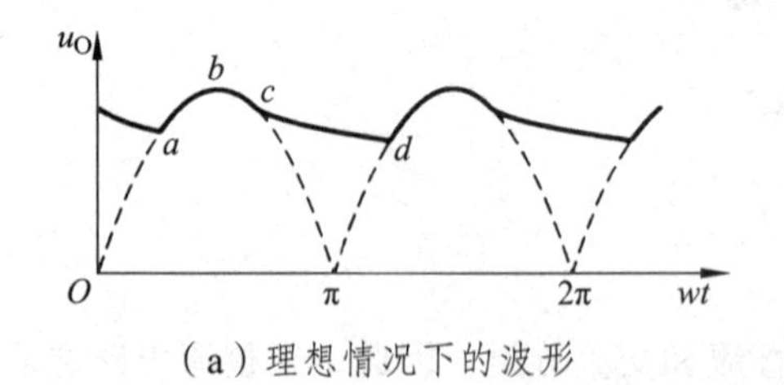

（a）理想情况下的波形

（b）考虑整流电路内阻时的波形

图 10.3.3　单相桥式整流电容滤波电路及稳态时的波形分析

如果在变压器次级电压 u_2 从零开始上升时接入负载（开关 s 合上），一路流经负载电阻 R_L，另一路对电容 C 充电。因为在理想情况下，变压器二次侧无损耗，二极管导通电压为零，所以电容两端电压 $u_C(u_L)$ 与 u_2 相等，见图 10.3.3（a）中曲线的 ab 段。当 u_2 上升到峰值后开

始下降，电容通过负载电阻 R_L 放电，其电压 u_C 也开始下降，趋势与 u_2 基本相同，见图（a）中曲线的 bc 段。但是由于电容按指数规律放电，所以当 u_2 下降到一定数值后，u_C 的下降速度小于 u_2 的下降速度，使 u_C 大于 u_2 从而导致 D_1、D_3 反向偏置而变为截止。此后，电容 C 继续通过 R_L 放电，u_C 按指数规律缓慢下降，见图 10.3.3（a）中 cd 段。

当 u_2 的负半周幅值变化到恰好大于 u_C 时，D_2、D_4 因加正向电压变为导通状态，u_2 再次对 C 充电，u_C 上升到 u_2 的峰值后又开始下降；下降到一定数值时 D_2、D_4 变为截止，C 对 R_L 放电，u_C 按指数规律下降；放电到一定数值时 D_1、D_3 变为导通，重复上述过程。

从图 10.3.3 所示波形可以看出，经滤波后的输出电压不仅变得平滑，而且平均值也得到提高。若考虑变压器内阻和二极管的导通电阻，则 u_C 的波形如图（b）所示，阴影部分为整流电路内阻上的压降。

从以上分析可知，电容充电时，回路电阻为整流电路的内阻，即变压器内阻和二极管的导通电阻之和，其数值很小，因而时间常数很小。电容放电时，回路电阻为 R_L，放电时间常数为 R_LC，通常远大于充电的时间常数。因此，滤波效果取决于放电时间。电容愈大，负载电阻愈大，滤波后输出电压愈平滑，并且其平均值愈大，如图 10.3.4 所示。换言之，当滤波电容容量一定时，若负载电阻减小（即负载电流增大），则时间常数 R_LC 减小，放电速度加快，输出电压平均值随即下降且脉动变大。

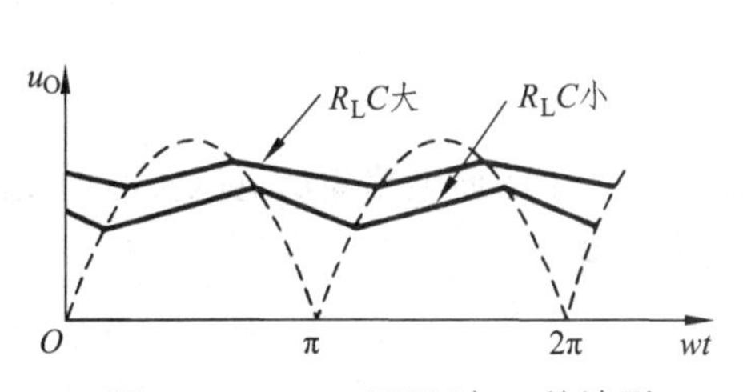

图 10.3.4　R_LC 不同时 u_O 的波形

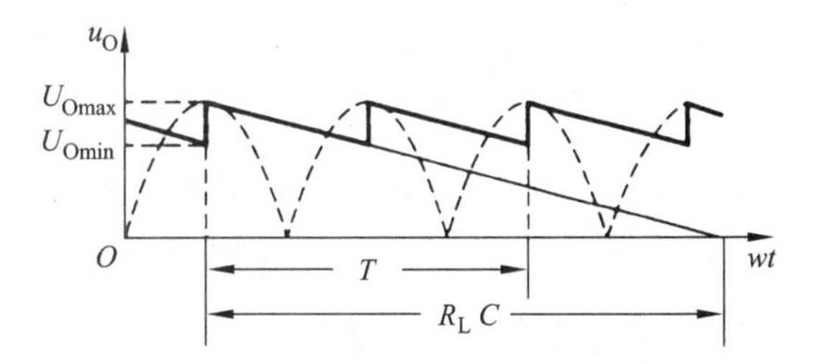

图 10.3.5　电容滤波电路输出电压平均值的分析

滤波电路输出电压波形难以用解析式来描述，近似估算时，可将图 10.3.3（b）所示波形近似为锯齿波，如图 10.3.5 所示。图中 T 为电网电压的周期。设整流电路内阻较小而 R_LC 较大，电容每次充电均可达到 u_2 的峰值（即 $U_{O\max}=\sqrt{2}U_2$），然后按 R_LC 放电的起始斜率直线下降，经 R_LC 交于横轴且在 $T/2$ 处的数值为最小值 U_{Omin}，则输出电压平均值为

$$U_{O(AV)}=\frac{U_{Omax}+U_{Omin}}{2}$$

同时按相似三角形关系可得

$$\frac{U_{Omax}-U_{Omin}}{U_{Omax}}=\frac{T/2}{R_LC}$$

$$U_{O(AV)}=\frac{U_{Omax}+U_{Omin}}{2}=U_{Omax}-\frac{U_{Omax}-U_{Omin}}{2}=U_{Omax}\left(1-\frac{T}{4R_LC}\right) \tag{10.3.1}$$

因而

$$U_{O(AV)}=\sqrt{2}U_2\left(1-\frac{T}{4R_LC}\right) \tag{10.3.2}$$

式（10.3.2）表明，当负载开路，即 $R_L=\infty$时，$U_{O(AV)}=\sqrt{2}U_2$；当 R_LC 为 3~5 倍 $T/2$ 时，有

$$U_{O(AV)}\approx 1.2U_2 \tag{10.3.3}$$

为了获得较好的滤波效果，在实际电路中，应选择滤波电容的容量满足 $R_LC=$（3~5）$T/2$ 的条件。由于采用电解电容，考虑到电网电压的波动范围为±10%，电容的耐压值应大于 $1.1\sqrt{2}U_2$。在整流电路中，为了获得较好的滤波效果，电容容量应选得更大些。

10.3.1.2　脉动系数

在图 10.3.5 所示的近似波形中，交流分量的基波峰-峰值为（U_{Omax}-U_{Omin}），根据式（10.3.1）可得基波峰值为

$$\frac{U_{Omax}-U_{Omin}}{2}=\frac{T}{4R_LC}\cdot U_{Omax}$$

因此，脉动系数为

$$S=\frac{\dfrac{T}{4R_LC}\cdot U_{Omax}}{U_{Omax}\left(1-\dfrac{T}{4R_LC}\right)}=\frac{T}{4R_LC-T}\quad 或\quad S=\frac{1}{\dfrac{4R_LC}{T}-1} \tag{10.3.4}$$

应当指出，由于图 10.3.4 所示锯齿波所含的交流分量大于滤波电路输出电压实际的交流分量，因而根据式（10.3.4）计算出的脉动系数大于实际数值。

10.3.1.3　整流二极管的导通角

在未加滤波电容之前，无论是哪种整流电路中的二极管均有半个周期处于导通状态，也称二极管的导通角 θ 等于 π。加滤波电容后，只有当电容充电时，二极管才导通，因此，每只二极管的导通角都小于 π。而且，R_LC 的值愈大，滤波效果愈好，导通角 θ 将愈小。由于电容滤波后输出平均电流增大，而二极管的导通角反而减小，所以整流二极管在短暂的时间内将流过一个很大的冲击电流为电容充电，如图 10.3.6 所示。这对二极管的寿命很不利，所以必须选用较大容量的整流二极管，通常应选择其最大整流平均电流 I_F 大于负载电流的 2~3 倍。

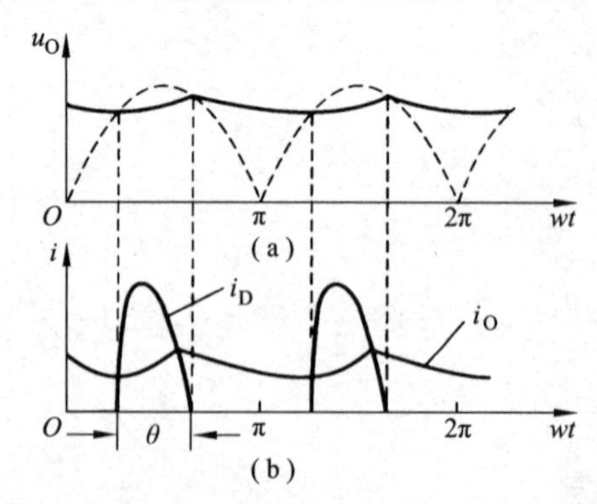

（a）输出电压波形　　（b）二极管电流波形及导通角

图 10.3.6　电容滤波电路中二极管的电流和导通角

负载电压随负载电流的增大而减小。即电容滤波电路的输出外特性较差，故适用于负载电压较高、负载变动不大的场合。

例 10.3.1 单相桥式整流电容滤波电路如图 10.3.2 所示。已知交流电源电压为 220 V，交流电源频率 $f = 50$ Hz，要求直流电压 U_L=30 V，负载电流 I_L = 50 mA。试求电源变压器二次电压 u_2 的有效值；选择整流二极管及滤波电容器。

解：（1）变压器二次电压有效值。

由式（10.3.3）取 $U_L=1.2U_2$，则

$$U_2=U_L/1.2=25\text{ V}$$

（2）选择整流二极管。

根据 $I_D=(2\sim3)I_L$，可算出流经二极管的平均电流为

$$I_D=(2\sim3)\times50\text{ mA}=100\sim150\text{ mA}$$

二极管承受的最大反向电压 $U_{RM}=\sqrt{2}U_2\approx35\text{ V}$，反向击穿电压应为

$$U_{BR}\geqslant1.1\sqrt{2}U_2=38.5\text{ V}$$

因此，可选用 2CZ54C 整流二极管(其允许最大电流 I_F=500 mA，最大反向电压 U_{RM} =100 V)，也可选用硅桥堆 QL51-I 型(I_F=500 mA，U_{RM}=100 V)。

（3）选择滤波电容器负载电阻。

$$R_L=\frac{U_L}{I_L}=\frac{30}{50}\text{k}\Omega=0.6\text{ k}\Omega$$

由于 $\tau_d=R_LC\geqslant(3\sim5)T/2$，取 $R_LC=4\times\frac{T}{2}=2T=2\times\frac{1}{50}\text{ s}=0.04\text{ s}$，由此得滤波电容为

$$C=\frac{0.04}{R_L}=\frac{0.04}{600}\text{F}=66.7\ \mu\text{F}$$

若考虑电网电压波动+10%，则电容器承受的最高电压为

$$U_{CM}\geqslant1.1\sqrt{2}U_2=38.5\text{ V}$$

因此，可选用标称值为 100 μF/50 V 的电解电容器。

10.3.2 其他滤波电路

10.3.2.1 电感滤波电路

在大电流负载情况下，由于负载电阻 R 很小，若采用电容滤波电路，则电容容量势必很大，而且整流二极管的冲击电流也非常大，这就使得整流管和电容器的选择变得很困难，甚至不太可能，在此情况下应当采用电感滤波。在整流电路与负载电阻之间串联一个电感线圈 L 就构成了电感滤波电路，如图 10.3.7 所示。由于电感线

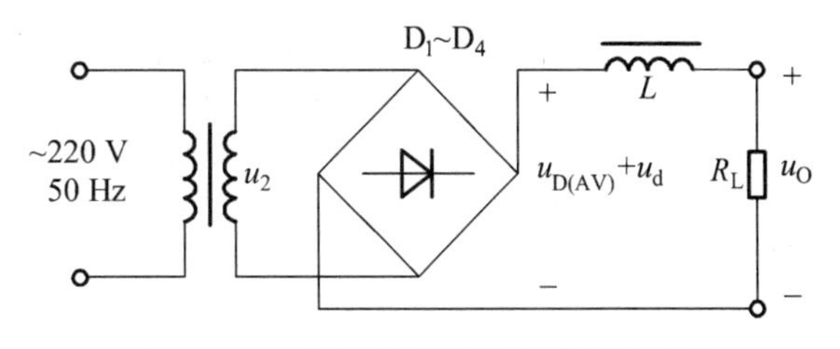

图 10.3.7 单相桥式整流电感滤波电路

圈的电感量要足够大，所以一般需要采用有铁心的线圈。

电感的基本性质是当流过它的电流变化时，电感线圈中产生的感生电动势将阻止电流的变化。当通过电感线圈的电流增大时，电感线圈产生的自感电动势与电流方向相反，阻止电流的增加，同时将一部分电能转化成磁场能存储于电感之中；当通过电感线圈的电流减小时，自感电动势与电流方向相同，阻止电流的减小，同时释放出存储的能量，以补偿电流的减小。因此，经电感滤波后，不但负载电流及电压的脉动减小、波形变得平滑，而且整流二极管的导通角增大。

整流电路输出电压可分解为两部分：一部分为直流分量，它就是整流电路输出电压的平均值 $U_{O(AV)}$，对于全波整流电路，其值约为 $0.9U_2$；另一部分为交流分量 u_d；如图 10.3.7 所标注。电感线圈对直流分量呈现的电抗很小，就是线圈本身的电阻 R；而对交流分量呈现的电抗为 ωL。所以若二极管的导通角近似为 π，则电感滤波后的输出电压平均值为

$$U_{O(AV)} = \frac{R_L}{R+R_L} \cdot U_{D(AV)} \approx \frac{R_L}{R+R_L} \cdot 0.9U_2 \tag{10.3.5}$$

输出电压的交流分量为

$$u_o \approx \frac{R_L}{\sqrt{(\omega L)^2 + R_L^2}} \cdot u_d \approx \frac{R_L}{\omega L} \cdot u_d \tag{10.3.6}$$

从式（10.3.5）可以看出，电感滤波电路输出电压平均值小于整流电路输出电压平均值，在线圈电阻可忽略的情况下，$U_{O(AV)} \approx 0.9U_2$。从式（10.3.6）可以看出，在电感线圈不变的情况下，负载电阻愈小（即负载电流愈大），输出电压的交流分量愈小，脉动愈小。注意，只有在 R_L 远远小于 ωL 时，才能获得较好的滤波效果。显然，L 愈大，滤波效果愈好。

另外，由于滤波电感电动势的作用，可以使二极管的导通角等于 π，减小了二极管的冲击电流，平滑了流过二极管的电流，从而延长了整流二极管的寿命。

10.3.2.2 复式滤波电路

当单独使用电容或电感进行滤波效果仍不理想时，可采用复式滤波电路。电容和电感是基本的滤波元件，利用它们对直流量和交流量呈现不同电抗的特点，只要合理地接入电路都可以达到滤波的目的。图 10.3.8（a）所示为 LC 滤波电路，图（b）、（c）所示为两种 π 形滤波电路。读者可根据上面的分析方法分析它们的工作原理。

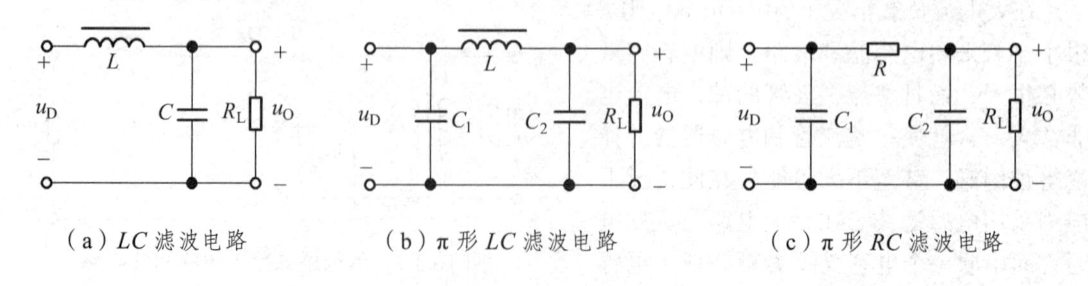

（a）LC 滤波电路　（b）π 形 LC 滤波电路　（c）π 形 RC 滤波电路

图 10.3.8　复式滤波电路

思考题

10.3.1 在单相桥式整流电容滤波电路中，若有一只二极管断路，则输出电压平均值是否为正常时的一半?为什么?

10.3.2 为什么用电容滤波要将电容与负载电阻并联，而用电感滤波要将电感与负载电阻串联?

习 题

10.3.1 分别判断图题 10.3.1 所示各电路能否作为滤波电路，简述理由。

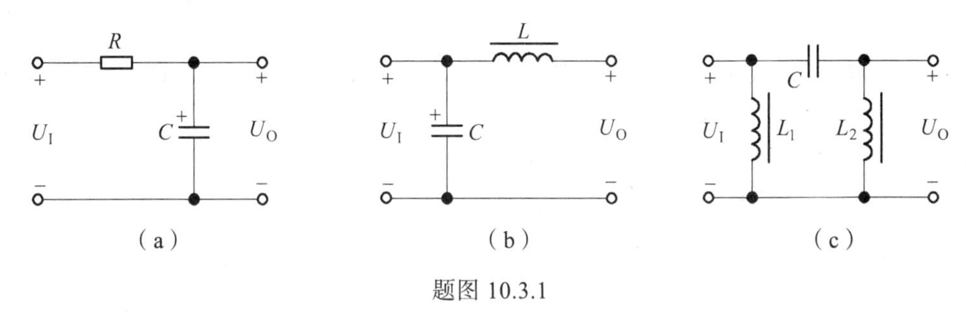

题图 10.3.1

10.4 稳压电路

虽然整流滤波电路能将正弦交流电压变换成较为平滑的直流电压，但是，一方面，由于输出电压平均值取决于变压器二次电压有效值，所以当电网电压波动时，输出电压平均值将随之产生相应的波动；另一方面，由于整流滤波电路内阻的存在，当负载变化时，内阻上的电压将产生变化，于是输出电压平均值也将随之产生相反的变化。例如，如果负载电阻减小，则负载电流增大，内阻上的电流也就随之增大，其压降必然增大，输出电压平均值必将相应减小。因此，整流滤波电路输出电压会随着电网电压的波动而波动，随着负载电阻的变化而变化。为了获得稳定性好的直流电压，必须采取稳压措施。

10.4.1 稳压电路性能指标

经整流滤波后的电压，虽然脉动的交流成分很小，但仍会随交流电压的波动及负载的变化而变化，因此需要采取一定的稳压措施，以保持输出电压值的稳定。常常用一些质量指标来衡量稳压电路的性能，其中包括稳压系数、输出电阻、温度系数及纹波电压等。它们的含义简述如下。

由于输出直流电压 U_O 随输入直流电压 U_I（即整流滤波电路的输出电压，其数值可近似认为与交流电源电压 u_2 成正比）、输出电流 I_L 及环境温度 T（℃）的变动而变动，因此输出电压的变化量可表示为

$$\Delta U_O = \frac{\partial U_O}{\partial U_I}\Delta U_I + \frac{\partial U_O}{\partial I_L}\Delta I_L + \frac{\partial U_O U_O}{\partial T}\Delta T$$

或 $$\Delta U_O = K_u \Delta U_I + R_O \Delta I_L + S_T \Delta T$$

上式中的 3 个系数定义如下：

1. 输入调整系数

$$K_u = \left.\frac{\Delta U_\mathrm{O}}{\Delta U_\mathrm{I}}\right|_{\Delta I_\mathrm{L}=0,\Delta T=0}$$

K_u 反映了输入电压波动对输出电压的影响。通常亦用输入电压变化引起输出电压的相对变化来表示，称电压调整率，即

$$S_u = \left.\frac{\Delta U_\mathrm{O}/U_\mathrm{O}}{\Delta U_\mathrm{I}}\times 100\%\right|_{\Delta I_\mathrm{L}=0,\Delta T=0} \quad (\%/\mathrm{V})$$

有时也用输出电压与输入电压的相对变化之比来表示稳压性能，称为稳压系数，即

$$S_r = \left.\frac{\Delta U_\mathrm{O}/U_\mathrm{O}}{\Delta U_\mathrm{I}/U_\mathrm{I}}\right|_{\Delta I_\mathrm{L}=0,\Delta T=0} \tag{10.4.1}$$

2. 输出电阻

$$R_\mathrm{O} = \left.\frac{\Delta U_\mathrm{O}}{\Delta I_\mathrm{L}}\right|_{\Delta U_\mathrm{I}=0,\Delta T=0} \quad (\Omega) \tag{10.4.2}$$

R_O 反映了负载电流的变化对输出电压的影响。

3. 温度系数

$$S_T = \left.\frac{\Delta U_\mathrm{O}}{\Delta T}\right|_{\Delta U_\mathrm{I}=0,\Delta I_\mathrm{L}=0} (\mathrm{mV/C}) \tag{10.4.3}$$

显然上述的系数越小，输出电压越稳定。

下面对不同稳压电路的组成、工作原理和电路参数的选择加以介绍。

10.4.2 稳压管稳压电路

10.4.2.1 电路组成

由稳压二极管 D_Z 和限流电阻所组成的稳压电路如图 10.4.1 中点画线框内所示。其输入电压 U_I 是整流滤波后的电压，输出电压 U_O 就是稳压管的稳定电压 U_Z，R_L 是负载电阻。

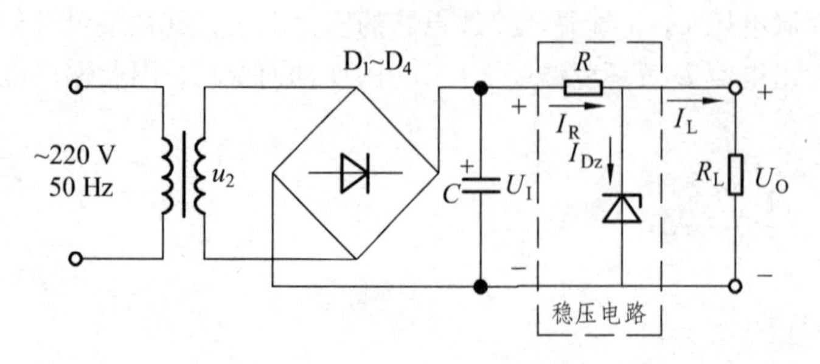

图 10.4.1　稳压管稳压电路

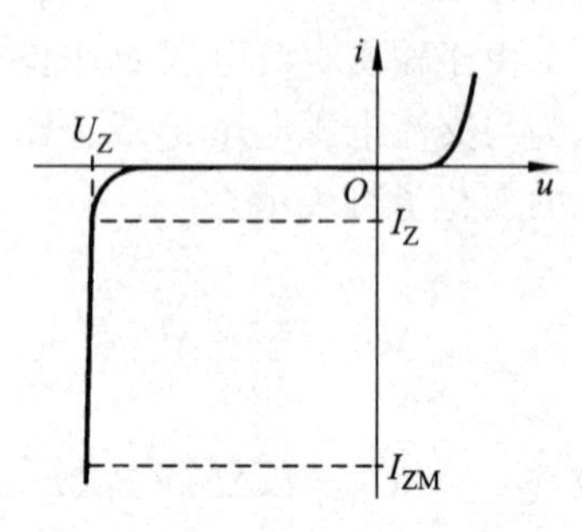

图 10.4.2　稳压管的伏安特性

从稳压管稳压电路可得两个基本关系式

$$U_I = U_R + U_O \tag{10.4.4}$$

$$I_R = I_{Dz} + I_L \tag{10.4.5}$$

从图 10.4.2 所示稳压管的伏安特性中可以看出，在稳压管稳压电路中，只要能使稳压管始终工作在反向击穿区，即保证稳压管的电流 $I_Z \leqslant I_{Dz} \leqslant I_{ZM}$，输出电压 U_O 就基本稳定。

10.4.2.2　稳压原理

对任何稳压电路都应从两个方面考察其稳压特性：一是设电网电压波动，研究其输出电压是否稳定；二是设负载变化，研究其输出电压是否稳定。

在图 10.4.1 所示稳压管稳压电路中，当电网电压升高时，稳压电路的输入电压 U_I 随之增大，输出电压 U_O 也随之按比例增大；但是，由于 $U_O = U_Z$，根据稳压管的伏安特性，U_Z 的增大将使 I_{Dz} 急剧增大；根据式（10.4.5）可知 I_R 必然随着 I_{Dz} 急剧增大，U_R 会同时随着 I_R 而急剧增大；根据式（10.4.4）可知，U_R 的增大必将使输出电压 U_O 减小。因此，只要参数选择合适，R 上的电压增量就可以与 U_I 的增量近似相等，从而使 U_O 基本不变。上述过程可简单描述如下：

$$\text{电网电压}\uparrow \longrightarrow U_I\uparrow \longrightarrow U_O(U_Z)\uparrow \longrightarrow I_{D_Z}\uparrow \longrightarrow I_R\uparrow \longrightarrow U_R\uparrow$$
$$U_O\downarrow \longleftarrow U_R\uparrow$$

当电网电压下降时，各电量的变化与上述过程相反。

可见，当电网电压变化时，稳压电路通过限流电阻 R 上电压的变化来抵消 U_I 的变化，即 $\Delta U_R \approx \Delta U_I$，从而使 U_O 基本不变。

当负载电阻 R_L 减小即负载电流 I_L 增大时，将导致 I_R 增加，U_R 也随之增大；由式（10.4.4）可知，此时 U_O 必然下降，即 U_Z 下降；根据稳压管的伏安特性，U_Z 的下降使 I_{Dz} 急剧减小，从而 I_R 随之急剧减小。如果参数选择恰当，就可使 $\Delta I_{Dz} \approx -\Delta I_L$，使 I_R 基本不变，从而 U_O 也就基本不变。上述过程可简单描述如下：

$$R_L\downarrow \rightarrow U_O(U_Z)\downarrow \rightarrow I_{D_Z}\downarrow \rightarrow I_R\downarrow \rightarrow \Delta I_{D_Z} \approx -\Delta I_L \rightarrow I_R\ \text{基本不变} \rightarrow U_O\ \text{基本不变}$$
$$R_L\downarrow \longrightarrow I_L\uparrow \rightarrow I_R\uparrow \longrightarrow \Delta I_{D_Z}$$

相反，如果 R_L 增大即 I_L 减小，则 I_{Dz} 增大，同样可使 I_R 基本不变，从而保证 U_O 基本不变。

显然，在电路中只要能使 $\Delta I_{Dz} \approx -\Delta I_L$，就可以使 I_R 基本不变，从而保证负载变化时输出电压基本不变。

综上所述，在稳压二极管所组成的稳压电路中，利用稳压管所起的电流调节作用，通过限流电阻 R 上电压或电流的变化进行补偿，来达到稳压的目的。限流电阻 R 是必不可少的元件，它既限制稳压管中的电流使其正常工作，又与稳压管相配合以达到稳压的目的。一般情况下，在电路中如果有稳压管存在，就必然有与之匹配的限流电阻。

10.4.2.3　电路参数的选择

设计一个稳压管稳压电路，就是合理地选择电路元件的有关参数。在选择元件时，应首先知道负载所要求的输出电压 U_O，负载电流 I_L 的最小值 I_{Lmin} 和最大值 I_{Lmax}（或者负载电阻 R_L 的最大值 R_{Lmax} 和最小值 R_{Lmin}），输入电压 U_I 的波动范围（一般为±10%）。

1. 稳压电路输入电压 U_I 的选择

根据经验，一般选取

$$U_I = (2\sim3)U_O \tag{10.4.6}$$

U_I 确定后，就可以根据此值选择整流滤波电路的元件参数。

2. 稳压管的选择

在稳压管稳压电路中有 $U_O = U_Z$；当负载电流 I_L 变化时，稳压管的电流将产生一个变化，即 $\Delta I_{Dz} \approx -\Delta I_L$，所以稳压管工作在稳压区所允许的电流变化范围应大于负载范围，即 $I_{Zmax}-I_{Zmin}>I_{Lmax}-I_{Lmin}$。选择稳压管时应满足

$$\left.\begin{array}{l} U_Z = U_O \\ I_{Z\max} - I_{Z\min} > I_{L\max} - I_{L\min} \end{array}\right\} \tag{10.4.7}$$

若考虑到空载时稳压管流过的电流 I_{Dz} 将与 R 上电流 I_R 相等，满载时 I_{Dz} 应大于 $\frac{1}{2}I_{\min}$，稳压管的最大稳定电流 I_{ZM} 的选取应留有充分的余量，则还应满足

$$I_{ZM} \geqslant I_{Lmax}+I_{Zmin} \tag{10.4.8}$$

3. 限流电阻 R 的选择

R 的选择必须满足两个条件：一是稳压管流过的最小电流 I_{Dzmin} 应大于稳压管的最小稳定电流 I_{Zmin}（即手册中的 I_Z）；二是稳压管流过的最大电流 I_{Dzmax} 应小于稳压管的最大稳定电流 I_{Zmax}（即手册中的 I_{ZM}）。即

$$I_{Zmin} \leqslant I_{Dz} \leqslant I_{Zmax} \tag{10.4.9}$$

从图 10.4.1 所示电路可以看出

$$I_R = \frac{U_I - U_Z}{R} \tag{10.4.10}$$

$$I_{DZ} = I_R - I_L \tag{10.4.11}$$

（1）当电网电压最低（即 U_I 最低）且负载电流最大时，流过稳压管的电流最小，根据式（10.4.9）~式（10.4.11）可写成表达式

$$I_{DZ\min} = I_{R\min} - I_{L\max} = \frac{U_{I\min} - U_Z}{R} - I_{L\max} \geqslant I_{Z\min}$$

由此得出限流电阻的上限值为

$$R_{\max} = \frac{U_{I\min} - U_Z}{I_Z + I_{L\max}} \tag{10.4.12}$$

式中 $I_{Lmax} = U_Z/R_{Lmin}$。

（2）当电网电压最高（即 U_I最高）且负载电流最小时，流过稳压管的电流最大，根据式（10.4.9）~（10.4.11）可写成表达式

$$I_{DZ\max}=I_{R\max}-I_{L\min}=\frac{U_{I\max}-U_Z}{R}-I_{L\min}\geqslant I_{ZM}$$

由此得出限流电阻的下限值为

$$R_{\min}=\frac{U_{I\max}-U_Z}{I_{ZM}+I_{L\min}} \tag{10.4.13}$$

式中，$I_{L\min}=U_Z/R_{L\max}$。

电阻 R 的阻值一旦确定，根据它的电流即可算出其功率。

10.4.3 串联型稳压电路

稳压管稳压电路输出电流较小，输出电压不可调，不能满足很多场合下的应用。串联型稳压电路以稳压管稳压电路为基础，利用晶体管的电流放大作用，增大负载电流；在电路中引入深度电压负反馈使输出电压稳定，并通过改变反馈网络参数使输出电压可调。

10.4.3.1 串联型稳压电路的方框图

实用的串联型稳压电路至少包含调整管、基准电压电路、采样电路和比较放大电路四个部分。此外，为使电路安全工作，还常在电路中加保护电路，所以串联型稳压电路的方框图如图 10.4.3 所示。

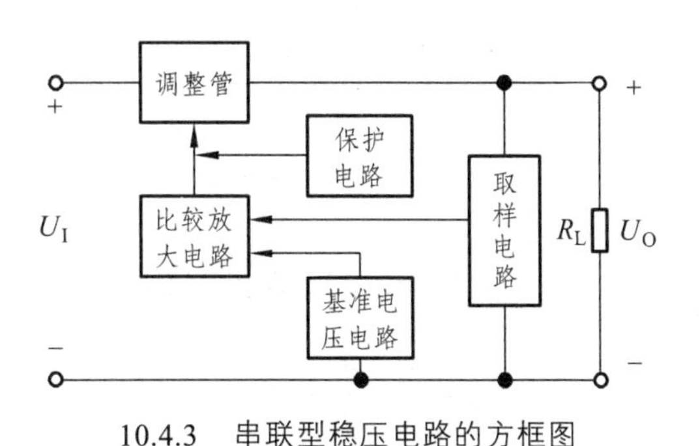

10.4.3 串联型稳压电路的方框图

10.4.3.2 具有放大环节的串联型稳压电路

1. 电路的构成

若同相比例运算电路的输入电压为稳定电压且比例系数可调，则其输出电压就可调节；同时，为了扩大输出电流，集成运放输出端加晶体管，并保持射极输出形式，就构成具有放大环节的串联型稳压电路，如图 10.4.4（a）所示。输出电压为

$$U_O=\left(1+\frac{R_1+R_2''}{R_2'+R_3}\right)U_Z \tag{10.4.14}$$

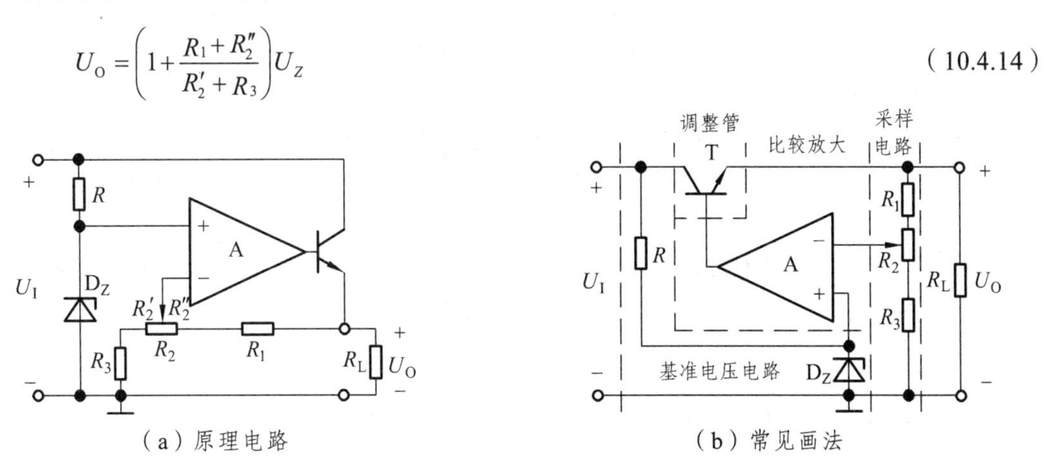

（a）原理电路　　（b）常见画法

图 10.4.4 具有放大环节的串联型稳压电路

由于集成运放开环差模增益可达 80 dB 以上，电路引入深度电压负反馈，输出电阻趋近于零，因而输出电压相当稳定。图 10.4.4（b）所示为电路的常见画法。

在图 10.4.4（b）所示电路中，晶体管 T 为调整管，电阻 R 与稳压管 D_Z 构成基准电压电路，电阻 R_1、R_2 和 R_3 为输出电压的采样电路，集成运放作为比较放大电路，如图中所标注。调整管、基准电压电路、采样电路和比较放大电路是串联型稳压电路的基本组成部分。

2. 稳压原理

当由于某种原因（如电网电压波动或负载电阻的变化等）使输出电压 U_O 升高（降低）时，采样电路将这一变化趋势送到 A 的反相输入端，并与同相输入端电位 U_z 进行比较放大；A 的输出电压即调整管的基极电位降低（升高）；因为电路采用射极输出形式，所以输出电压 U_O 必然降低（升高），从而使 U_O 得到稳定。可简述如下：

$U_O\uparrow\rightarrow U_N\uparrow\rightarrow U_B\downarrow\rightarrow U_O\downarrow$ 或 $U_O\downarrow\rightarrow U_N\downarrow\rightarrow U_B\uparrow\rightarrow U_O\uparrow$

可见，电路是靠引入深度电压负反馈来稳定输出电压的。

3. 输出电压的可调范围

在理想运放条件下，$U_N = U_P = U_Z$。所以，当电位器 R_2 的滑动端在最上端时，输出电压最小，为

$$U_{O\min} = \frac{R_1 + R_2 + R_3}{R_2 + R_3} \cdot U_Z \tag{10.4.15}$$

当电位器 R_2 的滑动端在最下端时，输出电压最大，为

$$U_{O\max} = \frac{R_1 + R_2 + R_3}{R_3} \cdot U_Z \tag{10.4.16}$$

若 $R_1 = R_2 = R_3 = 300\ \Omega$，$U_Z = 6$ V，则输出电压 $9\ \text{V} \leqslant U_O \leqslant 18\ \text{V}$。

4. 调整管的选择

在串联型稳压电路中，调整管是核心元件，它的安全工作是电路正常工作的保证。调整管常为大功率管，因而选用原则与功率放大电路中的功放管相同，主要考虑其极限参数 I_{CM}、$U_{(BR)CEO}$ 和 P_{CM}。调整管极限参数的确定，必须考虑到输入电压 U_I 由于电网电压波动而产生的变化，以及输出电压的调节和负载电流的变化所产生的影响。

从图 10.4.4（b）所示电路可知，调整管 T 的发射极电流 I_E 等于采样电阻 R_1 中电流和负载电流 I_L 之和（$I_E = I_{R1}+I_L$）；调整管 T 的管压降 U_{CE} 等于输入电压 U_I 与输出电压 U_O 之差（$U_{CE} = U_I-U_O$）。

显然，当负载电流最大时，流过 T 管发射极的电流最大，即 $I_{Emax}= I_{R1}+I_{Lmax}$。通常，$R_1$ 上电流可忽略，且 $I_{Emax} \approx I_{Cmax}$，所以调整管的最大集电极电流

$$I_{Cmax} \approx I_{Lmax} \tag{10.4.17}$$

当电网电压最高（即输入电压最高）同时输出电压又最低时，调整管承受的管压降最大，即

$$U_{CEmax} = U_{Imax}-U_{Omin} \tag{10.4.18}$$

当晶体管的集电极（发射极）电流最大（即满载）且管压降最大时，调整管的功率损耗最大，即

$$P_{\mathrm{Cmax}} = I_{\mathrm{Cmax}} U_{\mathrm{CEmax}} \tag{10.4.19}$$

根据式（10.4.17）~式（10.4.19），在选择调整管 T 时，应保证其最大集电极电流、集电极与发射极之间的反向击穿电压和集电极最大耗散功率满足下式：

$$\left.\begin{array}{l} I_{\mathrm{CM}} > I_{\mathrm{L\,max}} \\ U_{\mathrm{(BR)CEO}} > U_{\mathrm{I\,max}} - U_{\mathrm{O\,min}} \\ P_{\mathrm{CM}} > I_{\mathrm{L\,max}}(U_{\mathrm{I\,max}} - U_{\mathrm{O\,min}}) \end{array}\right\} \tag{10.4.20}$$

实际选用时，不但要考虑一定的余量，还应按手册上的规定采取散热措施。

例 10.4.1 电路如图 10.4.4（b）所示，已知输入电压 U_{I} 的波动范围为±10%，调整管的饱和管压降 U_{CES}=2 V，输出电压 U_{O} 的调节范围为 5~20 V，R_1=R_3=200 Ω。试问：

（1）稳压管的稳定电压 U_{Z} 和 R_2 的取值各为多少？

（2）为使调整管正常工作，U_{I} 的值至少应取多少？

解:（1）输出电压范围的表达式为

$$U_{\mathrm{O\,min}} = \frac{R_1 + R_2 + R_3}{R_2 + R_3} \cdot U_Z \qquad U_{\mathrm{O\,max}} = \frac{R_1 + R_2 + R_3}{R_3} \cdot U_Z$$

将 U_{Omin}=5 V、U_{Omax}=20 V、R_1=R_3=200 Ω 代入上式，解二元方程，可得 R_2 =600 Ω，U_{Z}=4 V。

（2）所谓调整管正常工作，是指在输入电压波动和输出电压改变时调整管应始终工作在放大状态。研究电路的工作情况可知，在输入电压最低且输出电压最高时管压降最小，若此时管压降大于饱和管压降，则在其他情况下管子一定会工作在放大区。用式子表示为 U_{CEmin}=U_{Imin}−U_{Omax}>U_{CES}，即

$$U_{\mathrm{Imin}} > U_{\mathrm{Omax}} + U_{\mathrm{CES}}$$

代入数据得

$$0.9U_{\mathrm{I}} > (20+2)\mathrm{V}$$

得出 U_{I}>24.7 V，故 U_{I} 至少应取 25 V。

10.4.4 集成稳压器电路

从外形上看，集成串联型稳压电路有三个引脚，分别为输入端、输出端和公共端（或调整端），因而称为三端稳压器。集成稳压电路按功能可分为固定式稳压电路和可调式稳压电路；前者的输出电压不能进行调节，为固定值；后者可通过外接元件使输出电压得到很宽的调节范围。本节首先对型号为 W78××的固定式集成稳压器电路加以简要分析，然后介绍 W117 型可调式集成稳压器的特点。

10.4.4.1　正、负输出稳压电路

1. 正输出 W78××三端稳压器

W78××系列三端稳压器的输出电压有 5 V、6 V、9 V、12 V、15 V、18 V 和 24 V 七个档，型号后面的××表示输出电压值。输出电流有 1.5 A（W78××）、0.5 A（W78M××）和 0.1 A（W78L××）三个档。例如，W7805 表示输出电压为 5 V、最大输出电流为 1.5 A；W78M05 表示输出电压为 5 V、最大输出电流为 0.5 A；W78L05 表示输出电压为 5 V、最大输出电流为 0.1 A，其他以此类推。它因性能稳定、价格低廉而得到广泛的应用。

2. 负输出 W79××三端稳压器

W79××系列芯片是一种输出负电压的固定式三端稳压器，与 W78××类似，输出电压有–5 V、–6 V、–9 V、–12 V、–15 V、–18 V 和–24 V 七个档，并且也有 1.5 A、0.5 A 和 0.1 A 三个电流挡，使用方法与 W78××系列稳压器相同，只是要特别注意输入电压和输出电压的极性。

3. W117 三端稳压器

与 W78××系列产品一样，W117、W117M 和 W117L 的最大输出电流分别为 1.5 A、0.5 A 和 0.1 A。而军品级 W117、工业品级 W217 和民品级 W317 具有相同的引出端、相同的基准电压和相似的内部电路，它们的工作温度范围依次为–55~150 °C、–25~150 °C、0~125 °C。其中 U_{REF} 的典型值为 1.25 V。

10.4.4.2　三端集成稳压器的应用

与其他大功率器件一样，三端稳压器的外形便于自身散热和安装散热器。封装形式有金属封装和塑料封装两种。图 10.4.5（a）、（b）、（c）所示分别为 W78××系列产品金属封装、塑料封装的外形图和方框图，图（d）所示为 W117 系列产品金属封装、塑料封装的外形图和方框图。

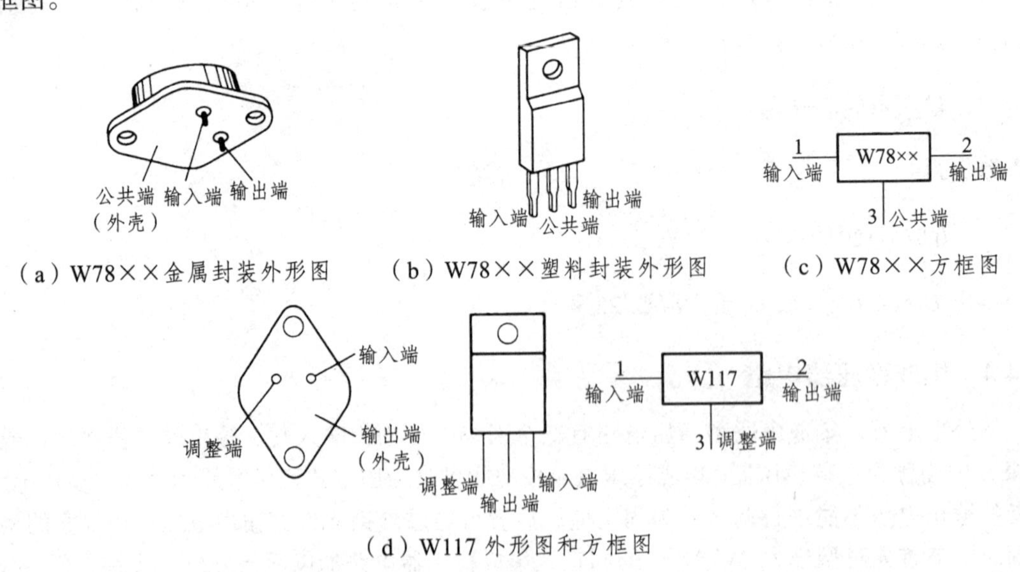

图 10.4.5　三端稳压器的外形图和方框图

1. W78××的应用

（1）基本应用电路。

W78××基本应用电路如图 10.4.6 所示，输出电压和最大输出电流取决于所选三端稳压器。图中电容 C_i 用于抵消输入线较长时的电感效应，以防止电路产生自激振荡，其容量较小，一般小于 1 μF。电容 C_o 用于消除输出电压中的高频噪声，可取小于 1 μF 的电容，也可取几微法甚至几十微法的电容，以便输出较大的脉冲电流。但是若 C_o 容量较大，一旦输入端断开，C_o 将从稳压器输出端向稳压器放电，易使稳压器损坏。因此，可在稳压器的输入端和输出端之间跨接一个二极管，如图中虚线所画，起保护作用。

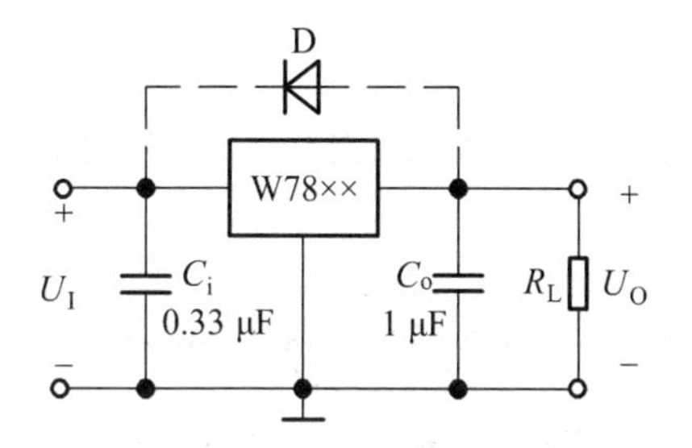

图 10.4.6　W78××的基本应用电路

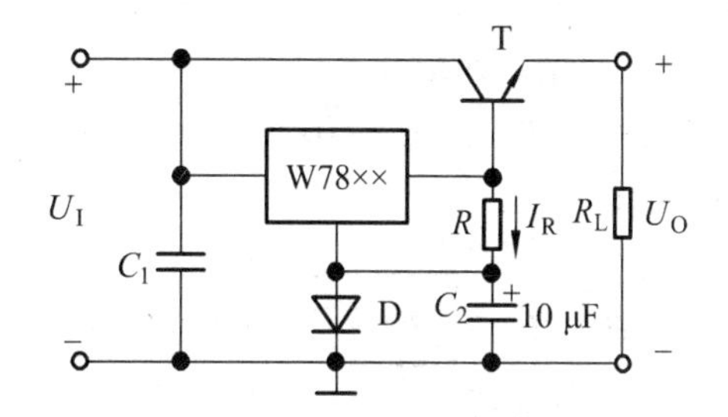

图 10.4.7　一种输出电流扩展电路

（2）扩大输出电流的稳压电路。

若所需输出电流大于稳压器标称值，则可采用外接电路来扩大输出电流。图 10.4.7 所示为实现输出电流扩展的一种电路。设三端稳压器的输出电压为 U'_O，图示电路的输出电压 $U_O = U_D + U'_O - U_{BE}$，在理想情况下，即 $U_D = U_{BE}$ 时，有 $U_O = U'_O$。可见，二极管用于消除 U_{BE} 对输出电压的影响。

设三端稳压器的最大输出电流为 I_{Omax}，则晶体管的最大基极电流 $I_{Bmax} = I_{Omax} - I_R$，因而负载电流的最大值为

$$I_{L\max} = (1+\beta)(I_{O\max} - I_R) \tag{10.4.21}$$

（3）输出电压可调的稳压电路。

如图 10.4.8 所示，改变 R_2 滑动端位置，可以调节 U_O 的大小。三端稳压器既作为稳压器件，又为电路提供基准电压。图中电压跟随器的输出电压等于三端稳压器的输出电压 U'_O，即电阻 R_1 与 R_2 上部分的电压之和是一个常量，改变电位器滑动端的位置，即可调节输出电压 U_O 的大小。以输出电压的正端为参考点，不难求出输出电压为

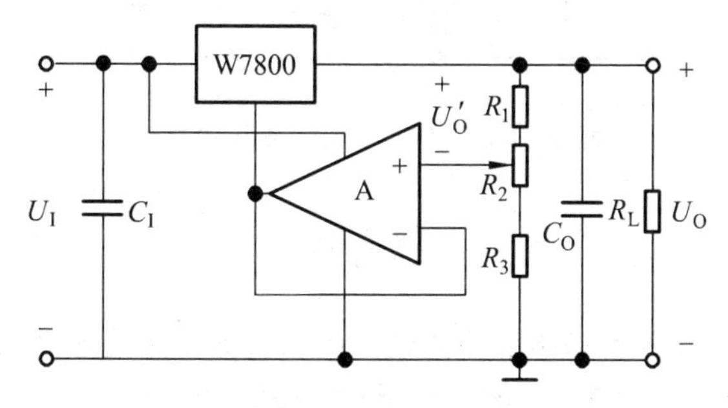

图 10.4.8　输出电压可调的实用稳压电路

$$U_{O\min} = \frac{R_1 + R_2 + R_3}{R_1 + R_2} \cdot U_O', \quad U_{O\max} = \frac{R_1 + R_2 + R_3}{R_1} \cdot U_O' \tag{10.4.22}$$

设 $R_1 = R_2 = R_3 = 3000\ \Omega$，$U_O' = 12\ \text{V}$，则输出电压的调节范围为 18~36 V。可以根据输出电压的调节范围及输出电流大小选择三端稳压器及采样电阻。

2. W117 的应用

（1）基准电压源电路。

图 10.4.9 所示是由 W117 组成的基准电压源电路，输出端和调整端之间的电压是非常稳定的电压，其值为 1.25 V；输出电流可达 1.5 A。

（2）典型应用电路。

W117 可调式三端稳压器的外接采样电阻是稳压电路不可缺少的组成部分，其典型电路如图 10.4.10 所示。

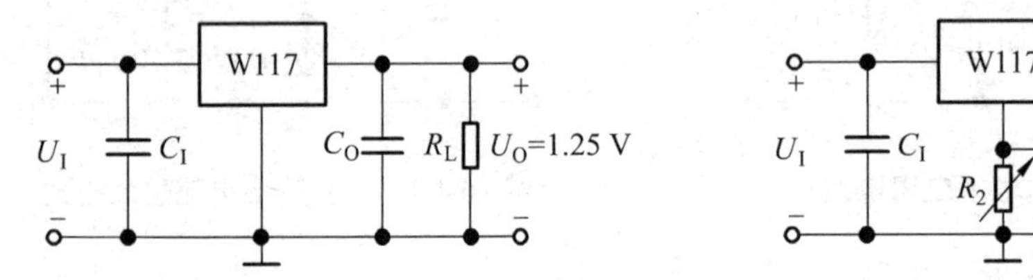

图 10.4.9　基准电压源电路　　　图 10.4.10　典型应用电路

由于调整端的电流可忽略不计，所以输出电压为

$$U_O = \left(1 + \frac{R_2}{R_1}\right) \times 1.25\ \text{V} \tag{10.4.23}$$

为了减小 R_2 上的纹波电压，可在其上并联一个 10 μF 电容 C。但是，在输出开路时，C 将向稳压器调整端放电并使调整管发射结反偏。为了保护稳压器，可加二极管 D_2 提供一个放电回路，如图 10.4.11 所示。

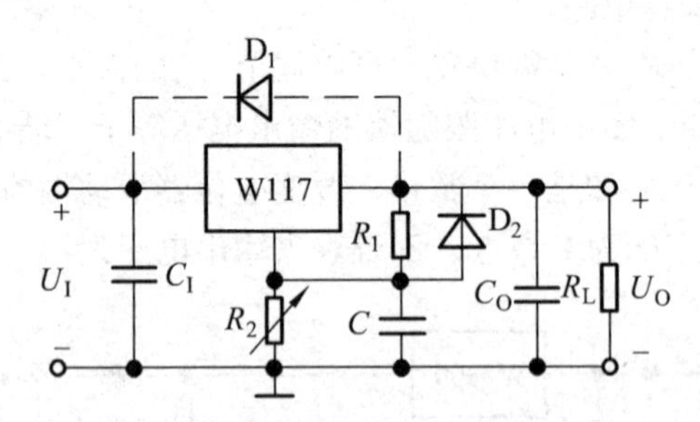

图 10.4.11　W117 的外加保护电路

思考题

10.4.1　为什么串联开关型稳压电路的输出电压会低于其输入电压?而并联开关型稳压电路的输出电压在一定条件下会高于其输入电压?条件是什么?

习 题

10.4.1 填空：

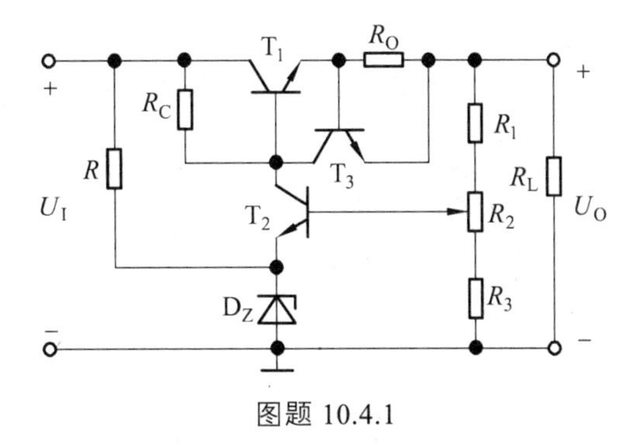

图题 10.4.1

在图题 10.4.1 所示电路中，调整管为_____，采样电路由_____组成，基准电压电路由__组成，比较放大电路由________组成，保护电路由_________组成；输出电压最小值的表达式为______，最大值的表达式为_________。

10.4.2 电路如图题 10.4.2 所示。合理连线，构成 5V 的直流电源。

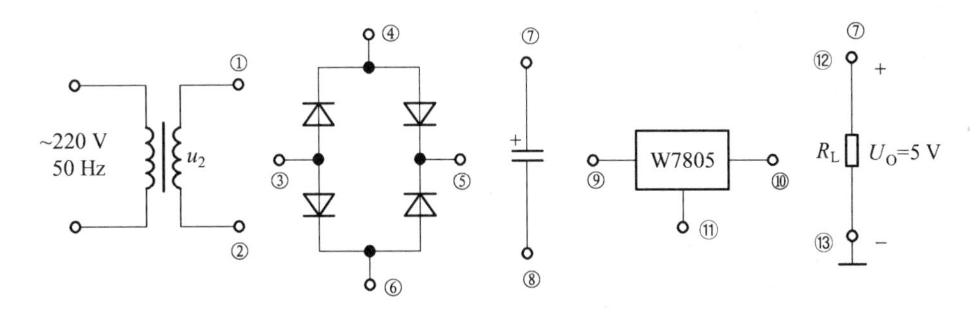

图题 10.4.2

10.4.3 电路如图题 10.4.3 所示，已知稳压管的稳定电压为 6 V，最小稳定电流为 5 mA，允许耗散功率为 240 mW；输入电压为 20 ~ 24 V，R_1 = 360 Ω。试问：

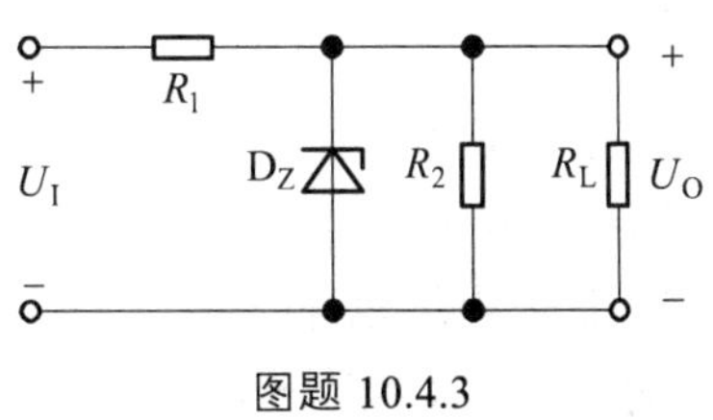

图题 10.4.3

（1）为保证空载时稳压管能够安全工作，R_2 应选多大？

（2）当 R_2 按上面原则选定后，负载电阻允许的变化范围是多少？

10.4.4 在图题 10.4.4 所示稳压电路中，已知稳压管的稳定电压 U_Z 为 6 V，最小稳定电流 I_{Zmin} 为 5 mA，最大稳定电流 I_{Zmax} 为 40 mA；输入电压 U_I 为 15 V，波动范围为±10%；限流电阻 R 为 200 Ω。

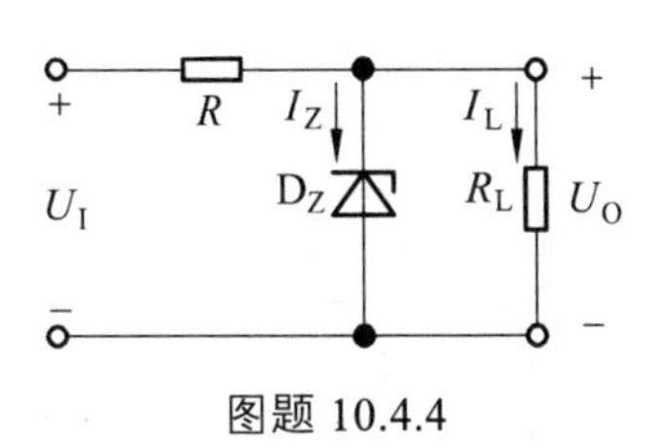

图题 10.4.4

（1）电路是否能空载？为什么？

（2）作为稳压电路的指标，负载电流 I_L 的范围为多少？

10.4.5 电路如图题 10.4.5 所示，稳压管的稳定电压 $U_Z = 4.3\text{V}$，晶体管的 $U_{BE} = 0.7\text{ V}$，$R_1 = R_2 = R_3 = 300\ \Omega$，$R_o = 5\ \Omega$。试估算：

（1）输出电压的可调范围；

（2）调整管发射极允许的最大电流；

（3）若 $U_I = 25\text{ V}$，波动范围为±10%，则调整管的最大功耗为多少。

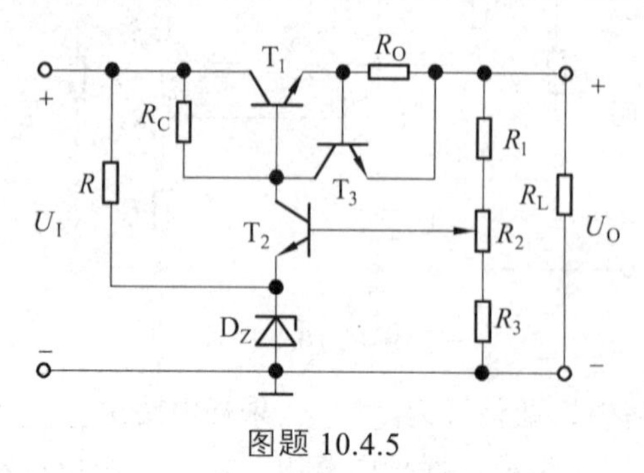

图题 10.4.5

10.4.6 直流稳压电源如图题 10.4.6 所示。

（1）说明电路的整流电路、滤波电路、调整管、基准电压电路.比较放大电路、采样电路等部分各由哪些元件组成。

（2）标出集成运放的同相输入端和反相输入端。

（3）写出输出电压的表达式。

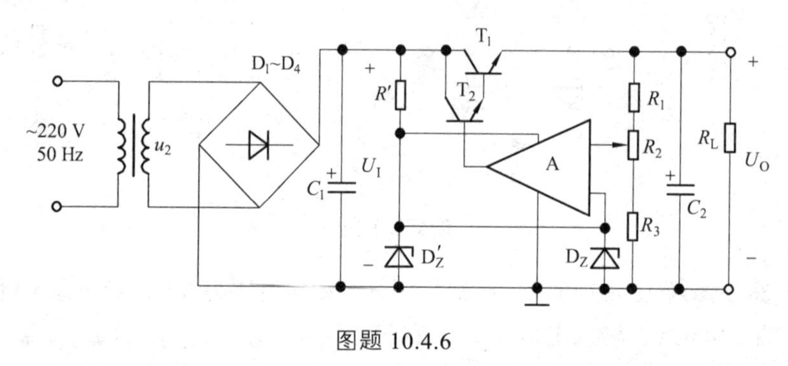

图题 10.4.6

10.4.7 在图题 10.4.7 所示电路中，$R_1 = 240\ \Omega$，$R_2 = 3\text{ k}\Omega$；W117 输入端和输出端电压允许范围为 3~40 V。输出端和调整端之间的电压 U_R 为 1.25 V。试求解：（1）输出电压的调节范围；（2）输入电压允许的范围。

10.4.8 试求出图题 10.4.8 所示各电路输出电压的表达式。

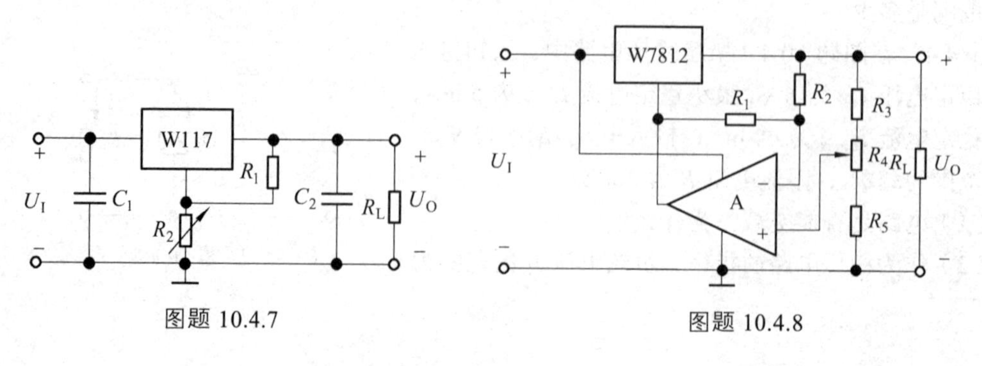

图题 10.4.7

图题 10.4.8

10.4.9　两个恒流源电路分别如图题 10.4.9（a）、（b）所示。

（1）求解各电路负载电流的表达式；

（2）设输入电压为 20 V，晶体管饱和压降为 3 V，b–e 间电压数值$|U_{BE}| = 0.7$ V；W7805 输入端和输出端间的电压最小值为 3 V；稳压管的稳定电压 $U_z = 5$ V；$R_1 = R = 50\ \Omega$。分别求出两电路负载电阻的最大值。

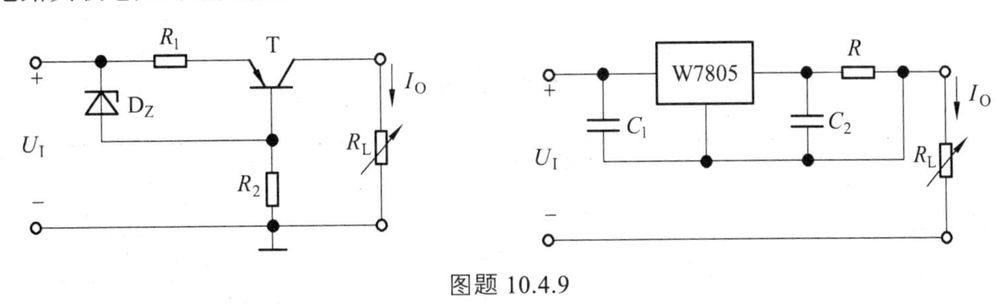

图题 10.4.9

符号说明

几条原则

电流和电压			
以基极电流为例			
I_B	大写字母、大写下标，表示直流量	$\dot{I}_b$	代表上述电流的复数量
I_b	大写字母、小写下标，表示交流有效值	ΔI_B	表示直流变化量
i_B	小写字母、大写下标，表示包含直流的瞬时总值	Δi_B	表示瞬时值的变化量
i_b	小写字母、小写下标，表示交流瞬时值	$I_{B(AV)}$	表示平均值
电阻			
R	大写字母表示电路的电阻或等效电阻	r	小写字母表示器件内部的等效电阻
下标意义			
i	输入量（例 U_i 为输入电压）	F	反馈量（例 U_F 为反馈电压）
O	输出量（例 U_O 为输出电压）	s	信号源量（例 U_s 为信号源电压）
L	负载（例 R_L 为负载电阻）		
基本符号			
I、i	电流的通用符号	I_-、U_-	集成运放反相输入电流、电压
U、u	电压的通用符号	U_{ic}	共模输入电压
I_f、U_f	反馈电流、电压	U_{id}、$\dot{U}_d$	差模输入电压
I_i、U_i	交流输入电流、电压	U_s	信号源电压
I_O、U_O	交流输出电流、电压	V_{CC}	集电极回路电源对地电压
I_Q、U_Q	电流、电压静态值	V_{DD}	场效应管漏极电源对地电压
I_R、U_R	参考电流、电压	I_+、U_+	集成运放同相输入电流、电压
功率			
P	功率通用符号	P_T	晶体管消耗的功率
p	瞬时功率	P_V	电源消耗功率
P_O	输出交变功率		
频率			
f	频率通用符号	f_H	放大电路的上限（下降 3dB）频率
ω	角频率通用符号	f_L	放大电路的下限（下降 3dB）频率
BW	通频带	f_O	振荡频率、中心频率
f_C	电路单位增益带宽		

续表

电阻、电导、电容、电感			
R_i	电路的输入电阻	R_+	集成运放同相输入端外接电阻的等效阻值
R_{if}	有反馈时电路的输入电阻	R_-	集成运放反相输入端外接电阻的等效阻值
R_L	负载电阻	G	电导的通用符号
R_O	电路的输出电阻	C	电容的通用符号
R_{of}	有反馈时的输出电阻	L	电感的通用符号
R_s	信号源内阻		
增益或放大倍数			
A	增益或放大倍数的通用符号	$\dot{A}_{uL}$	低频电压放大倍数的复数量
A_{uc}	共模电压放大倍数	A_{uM}	中频电压放大倍数
A_{ud}	差模电压放大倍数	A_{vS}	考虑信号源内阻时的放大倍数，即 $A_{us}=U_o/U_s$
A_{od}	开环增益	A_{VV}	第一个下标表示输出量，第二个下标表示输入量，电压放大倍数符号，其余类推
A_g	互导增益	A_{uF}	有反馈时的电压放大倍数符号，其余类推
A_r	互阻增益	F	反馈系数的通用符号
G_P	功率增益	F_{VV}	第一个下标表示反馈量，第二个下标表示输出量，反馈网络的反馈系数，即 $F_{VV}=U_f/U_o$
G_{PA}	放大器（额定）功率增益		
A_u	电压放大倍数的通用符号，即 $A_u=U_o/U_i$	$\dot{A}_{uH}$	高频电压放大倍数的复数量
器件参数符号			
B 或 b	晶体管基极	f_T	晶体管的特征频率，即共射接法下电流放大系数为 1 的频率
C 或 c	晶体管集电极	f_M	晶体管的最高振荡频率
E 或 e	晶体管发射极	g_m	微变跨导
f	共射接法下晶体管电流放大系数的上限频率	h_{11e}、h_{12e}、h_{21e}、h_{22e} 晶体管的混合参数（共射接法）$h_{11e}=h_{ie}$、$h_{12e}=h_{re}$、$h_{21e}=h_{fe}$、$h_{22e}=h_{oe}$	
n	电子浓度	I_{IO}	集成运放输入失调电流
$n_{P(0)}$	在 P 区边界处的电子浓度	I_R	二极管的反向电流
n_{PO}	在 P 区达到平衡时的电子浓度	I_S	二极管的反向饱和电流
p	空穴浓度	N	电子型半导体

器件参数符号			
$r_{bb'}$	基区体电阻	P	空穴型半导体
$r_{b'e}$	发射结的微变等效电阻	P_{CM}	集电极最大允许耗散功率
r_{be}	共射接法下基射极之间的微变电阻	P_{DM}	漏极最大允许耗散功率
$r_{be(on)}$	基射极之间的导通电阻值	S	场效应管的源极
r_{ce}	共射接法下集射极之间的微变电阻	S_R	集成运放的转换速率
$r_{d(on)}$	二极管的导通电阻值	T	半导体三极管
r_{DS}	场效应管漏源间的等效电阻	$U_{(BR)}$	二极管的击穿电压
A_{od}	集成运放的开环增益	$U_{(BR)CBO}$	射极开路时 c-b 间的击穿电压
C_b	势垒电容	$U_{(BR)CEO}$	基极开路时 c-e 间的击穿电压
C_d	扩散电容	$U_{(BR)CER}$	b-e 间接入电阻时 c-e 间的击穿电压
C_j	结电容	$U_{(BR)CES}$	b-e 间短路时 c-e 的击穿电压
C_{ob}	共基接法下的输出电容	$U_{(BR)DS}$	漏源间的击穿电压
C_u	混合 π 等效模型中的集电结的等效电容	U_P	耗尽型场效应管的夹断电压
C_π	混合 π 等效模型中的发射结的等效电容	$U_{GS(th)}$	增强型场效应管的开启电压
C_{GS}	场效应管栅源间的等效电容	U_b	平衡时 PN 结的位垒
D	二极管、场效应管的漏极	U_{IO}	集成运放的输入失调电压
D_Z	稳压管	U_{on}	二极管、晶体管的导通电压
G	场效应管的栅极	U_T	温度的电压当量
I_{CBO}	发射极开路时 c-b 间的反向电流	U_{OAV}	整流输出平均电压
$I_{CEO(pt)}$	基极开路时 c-e 间的穿透电流	α	共基接法下集电极电流的变化量与发射极电流的变化量之比，即 $\alpha=\Delta I_C/\Delta I_E$
I_{CM}	集电极最大允许电流	$\bar{\alpha}$	从发射极到达集电极的载流子形成的电流与发射极电流之比
I_D	二极管电流，漏极电流	β	共射接法下集电极电流的变化量与基极电流的变化量之比，即 $\beta=\Delta I_C/\Delta I_B$
$I_{D(AV)}$	整流管整流电流平均值	$\bar{\beta}$	共射接法下，不考虑穿透电流时，I_C 与 I_B 的比值
I_{DO}	增强型场效应管 $U_{GS}=2U_{GS(th)}$ 时的 I_D 值	I_F	二极管的正向电流
I_{DSS}	耗尽型场效应管 $U_{GS}=0$ 时的 I_D 值	I_{IB}	集成运放输入偏置电流

常见基本电路元件的符号	
u + − u + − 独立电压源	i + − i + − 受控电压源
i + − i + − 独立电流源	u + − u + − 受控电压源

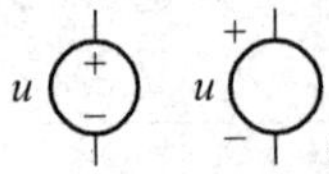

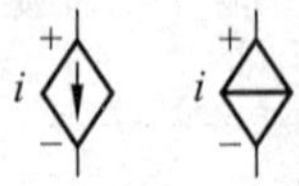

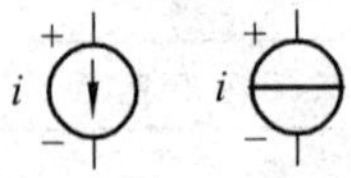

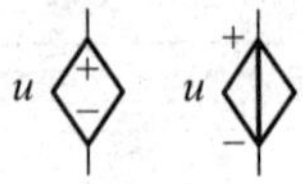

续表

常见基本电路元件的符号			
A K 二极管		稳压管	
R 电阻		L 电感	
C 电容器		− + ▷∞ 集成运算放大器	
其他符号			
D	非线性失真系数	S_r	稳压电路中的稳压系数
K	绝对温度	T	周期，温度
K_{CMR}	共模抑制比	η	效率
N_F	噪声系数	τ	时间常数
Q	静态工作点，LC 回路的品质因数	φ	相位角
S	整流电路中的脉动系数		

参考文献

[1] 清华大学电子组编，华成英．童诗白主编．模拟电子技术基础（第四版）．北京：高等教育出版社，2006.

[2] 清华大学电子组编，华成英．叶朝辉主编．模拟电子技术基础（第五版）．北京：高等教育出版社，2015.

[3] 华中科技大学电子技术课程组编，康华光主编．电子技术基础（模拟部分）（第五版）．北京：高等教育出版社，2006.

[4] 高海生．模拟电子技术基础．南昌：江西科学技术出版社，2009.

[5] 西安交通大学电子学教研组编，沈尚贤主编．电子技术导论．北京：高等教育出版社，1985.

[6] 谢嘉奎．电子线路（第五版）．北京：高等教育出版社，2010.

[7] 浙江大学电工电子基础教学中心课程组编．郑家龙，陈隆道，蔡忠法主编．集成电子技术基础教程（第二版）．北京：高等教育出版社，2008.

[8] 朱正涌．半导体集成电路（第二版）．北京：清华大学出版社，2009.

[9] 陈大钦等主编．模拟电子技术基础学习与解题指南．武汉：华中科技大学出版社，2001.

[10] 童诗白，何金茂．电子技术基础试题汇编（模拟部分）．北京：高等教育出版社，1992.

[11] 赵世平．模拟电子技术基础．北京：中国电力出版社，2004.

[12] 谢沅清，解月珍．电子电路基础．北京：人民邮电出版社，1999.

[13] 冯民昌．模拟集成电路系统（第二版）．北京：中国铁道出版社，1998.